中国石油天然气集团公司统编培训教材

工程建设业务分册

储罐施工

《储罐施工》编委会 编

石 油 工 业 出 版 社

内 容 提 要

本书从钢制立式圆筒形储罐及球形储罐的基础知识出发，系统详细地介绍了储罐用钢材及焊材、施工准备、基础施工及处理、立式储罐的预制与组装焊接、球形储罐的预制与组装焊接、附件安装、无损检测、质量检验与试验等内容，是一本指导储罐工程施工的参考书。

本书是中国石油天然气集团公司组织编写的"统编培训教材"系列丛书之一，是参与石油天然气储罐工程施工的中、高级工程技术人员的培训教材，适合于从事储罐工程施工的技术人员和管理人员业务学习，同时也可供与储罐施工相关的设计、建设、监理等单位员工参考。

图书在版编目（CIP）数据

储罐施工 /《储罐施工》编委会编．
北京：石油工业出版社，2016.2
（中国石油天然气集团公司统编培训教材）
ISBN 978-7-5183-0729-6

Ⅰ．储…
Ⅱ．储…
Ⅲ．储罐—工程施工—技术培训—教材
Ⅳ．TE972

中国版本图书馆 CIP 数据核字（2015）第 112830 号

出版发行：石油工业出版社
　　　　（北京安定门外安华里 2 区 1 号　100011）
　　　　网　　址：www.petropub.com
　　　　编辑部：（010）64523580　图书营销中心：（010）64523633
经　　销：全国新华书店
印　　刷：北京中石油彩色印刷有限责任公司

2016 年 2 月第 1 版　2016 年 2 月第 1 次印刷
710×1000 毫米　开本：1/16　印张：26.5
字数：466 千字

定价：93.00 元
（如出现印装质量问题，我社图书营销中心负责调换）
版权所有，翻印必究

《中国石油天然气集团公司统编培训教材》
编审委员会

主 任 委 员： 刘志华

副主任委员： 张卫国　金　华

委　　　员： 刘　晖　　　　翁兴波　王　跃

马晓峰　闫宝东　杨大新　吴苏江

赵金法　　　　古学进　刘东徐

张书文　雷　平　郑新权　邢颖春

张　宏　侯创业　李国顺　杨时榜

张永泽　张　镇

《储罐施工》编委会

主　　　任：白玉光

副 主 任：杨庆前　李崇杰　杨时榜

委　　　员：陈　广　辛荣国　于国锋　孙　申

　　　　　　陈中民　赵彦龙　徐　鹰　刘春贵

　　　　　　朱广杰　李松柏　孟　博　李明华

　　　　　　刘晓明　周　平　陶　涛　魏斯钊

《储罐施工》编审人员

主　　　编：刘家发

副 主 编：曲文忠　韩宝林

编 写 人 员：赵洪元　贺长河　王怀庆　高安翔

　　　　　　刘古文　吕　滨　李英华　官云胜

　　　　　　单　凌　张艳玲　纪海涛　邹志宏

　　　　　　康　军　王剑勃　孟振铎　王宏红

　　　　　　刘　聪　周俊鹏　张信飞　李　杨

审 定 人 员：张德山　张家晖

序

  企业发展靠人才，人才发展靠培训。当前，集团公司正处在加快转变增长方式，调整产业结构，全面建设综合性国际能源公司的关键时期。做好"发展"、"转变"、"和谐"三件大事，更深更广参与全球竞争，实现全面协调可持续，特别是海外油气作业产量"半壁江山"的目标，人才是根本。培训工作作为影响集团公司人才发展水平和实力的重要因素，肩负着艰巨而繁重的战略任务和历史使命，面临着前所未有的发展机遇。健全和完善员工培训教材体系，是加强培训基础建设，推进培训战略性和国际化转型升级的重要举措，是提升公司人力资源开发整体能力的一项重要基础工作。

  集团公司始终高度重视培训教材开发等人力资源开发基础建设工作，明确提出要"由专家制定大纲、按大纲选编教材、按教材开展培训"的目标和要求。2009年以来，由人事部牵头，各部门和专业分公司参与，在分析优化公司现有部分专业培训教材、职业资格培训教材和培训课件的基础上，经反复研究论证，形成了比较系统、科学的教材编审目录、方案和编写计划，全面启动了《中国石油天然气集团公司统编培训教材》（以下简称"统编培训教材"）的开发和编审工作。"统编培训教材"以国内外知名专家学者、集团公司两级专家、现场管理技术骨干等力量为主体，充分发挥地区公司、研究院所、培训机构的作用，瞄准世界前沿及集团公司技术发展的最新进展，突出现场应用和实际操作，精心组织编写，由集团公司"统编培训教材"编审委员会审定，集团公司统一出版和发行。

  根据集团公司员工队伍专业构成及业务布局，"统编培训教材"按"综合管理类、专业技术类、操作技能类、国际业务类"四类组织编写。综合管理类侧重中高级综合管理岗位员工的培训，具有石油石化管理特色的教材，以自编方式为主，行业适用或社会通用教材，可从社会选购，作为指定培训教材；专业技术类侧重中高级专业技术岗位员工的培训，是教材编审的主体，按照《专业培训教材开发目录及编审规划》逐套编审，循序推进，计划编审300余门；操作技能类以国家制定的操作工种技能鉴定培训教材为基础，侧重主体专业（主要工种）骨干岗位的培训；国际业务类侧重海外项目中外员工的培训。

"统编培训教材"具有以下特点：

一是前瞻性。教材充分吸收各业务领域当前及今后一个时期世界前沿理论、先进技术和领先标准，以及集团公司技术发展的最新进展，并将其转化为员工培训的知识和技能要求，具有较强的前瞻性。

二是系统性。教材由"统编培训教材"编审委员会统一编制开发规划，统一确定专业目录，统一组织编写与审定，避免内容交叉重叠，具有较强的系统性、规范性和科学性。

三是实用性。教材内容侧重现场应用和实际操作，既有应用理论，又有实际案例和操作规程要求，具有较高的实用价值。

四是权威性。由集团公司总部组织各个领域的技术和管理权威，集中编写教材，体现了教材的权威性。

五是专业性。不仅教材的组织按照业务领域，根据专业目录进行开发，且教材的内容更加注重专业特色，强调各业务领域自身发展的特色技术、特色经验和做法，也是对公司各业务领域知识和经验的一次集中梳理，符合知识管理的要求和方向。

经过多方共同努力，集团公司首批39门"统编培训教材"已按计划编审出版，与各企事业单位和广大员工见面了，将成为首批集团公司统一组织开发和编审的中高级管理、技术、技能骨干人员培训的基本教材。首批"统编培训教材"的出版发行，对于完善建立起与综合性国际能源公司形象和任务相适应的系列培训教材，推进集团公司培训的标准化、国际化建设，具有划时代意义。希望各企事业单位和广大石油员工用好、用活本套教材，为持续推进人才培训工程，激发员工创新活力和创造智慧，加快建设综合性国际能源公司发挥更大作用。

《中国石油天然气集团公司统编培训教材》
编审委员会
2011年4月18日

前 言

油气储罐以储存石油、天然气等液态和气态介质为主要功能，是复杂的焊接壳体结构容器，广泛应用于石油、天然气、化工、石油化工等工业领域。随着我国经济建设的高速发展，对石油、天然气等能源的需求数量逐渐增大，同时为了保障能源安全，国家大力提高储备能力，进一步推进了储罐工程的建设规模及水平。

我国储罐的设计及建造技术主要来源于国外，经过多年的消化和吸收，已经逐步掌握了设计、材料制造及施工技术。国内各储罐施工单位在长期的生产活动中，积累了丰富的施工经验，总结出了许多科学且行之有效的施工方法，无论在理论上还是应用技术上，都取得了不少成果。国内的专家、学者也先后出版了一些储罐设计、建造方面的书籍，对推进储罐建设的标准化和规范化起到了积极作用。但总体上看，现有专著的内容偏向于储罐的设计和基础理论，对储罐施工方面的论述还不够全面、深入和系统。

为满足广大储罐施工技术人员业务培训需要，我们组织工程技术人员从材料、土建、金属预制加工、安装、焊接、防腐保温等多个专业角度出发，总结了储罐施工单位的经验，汲取了广大技术人员的成果，并与当前和今后一个时期储罐施工技术发展趋势相结合，编制完成了本书。希望能对从事储罐工程施工的技术人员的学习提高有所帮助。

本书依据现行的储罐工程施工规范、规程和质量验收标准，并汲取了储罐工程的新技术、新工艺、新材料、新机具成果，按照合理的施工程序，对储罐施工的全过程进行了介绍。在内容上力求从实际出发，立足油气田储罐工程，突出行业特点，并将管理和技术有机地结合起来，保证教材的科学性、实用性和可操作性。本教材共分13章，主要内容包括储罐施工特点及技术发展，储罐用钢材及焊材，施工准备，基础施工及处理，立式储罐的预制、安装及焊接，球罐的预制及组装焊接，附件安装，防腐保温，无损检测，质量检验与试验等。

本教材由中国石油天然气集团公司工程建设分公司牵头组织，由大庆油田工程建设有限公司负责组织编写。全书各章的编者为：第一章由刘家发、王怀庆编写，第二章由赵洪元、吕滨编写，第三章由贺长河、韩宝林编写，第四章由李英华、纪海涛、刘聪编写，第五章由高安翔、韩宝林、王剑勃编写，第六章由曲文忠、孟振铎、李杨编写，第七章由高安翔、刘古文、王宏红编写，第八章由官云胜、周俊鹏编写，第九章由刘家发、高安翔编写，第十章由刘家发、邹志宏编写，第十一章由王怀庆、高安翔、张信飞编写，第十二章由康军、张艳玲编写，第十三章由单凌、曲文忠编写。本教材由大庆油田工程建设有限公司刘家发主编，由中国石油天然气管道局第二工程分公司张德山和中国石油工程建设公司第一建设公司张家晖主审。全书由刘家发、王怀庆和高安翔进行统稿整理。

  本书在编写过程中得到了中国石油天然气集团公司人事部员工培训处和工程建设分公司综合管理处的大力帮助和指导，得到了大庆油田有限责任公司基建管理中心的全力支持，在此一并表示衷心的感谢。

  本书编写过程中，参考和引用了相关领域专家、学者和工程技术人员的著作和研究成果，在此我们向这些技术文献的原作者致以深切的谢意，正是由于他们的辛勤劳动才丰富了本书教材的内容。

  由于时间仓促，加之编者水平有限，错误和疏漏之处在所难免，恳请广大读者提出宝贵意见和建议。

编 者

2015 年 1 月

说 明

本教材可作为中国石油天然气集团公司所属各建设、设计、预制、施工、监理、检测、生产等相关单位储罐培训的专用教材。本教材主要是针对从事储罐建设及管理的中高级技术人员和管理人员编写的，也适用于操作人员的技术培训。教材的内容来源于实际工程施工，实践性和专业性很强，涉及内容广。为便于正确使用本教材，在此对培训对象进行了划分，并规定了各类人员应该掌握或了解的主要内容。

培训对象主要划分为以下几类：

（1）生产管理人员，包括项目经理、预制厂厂长、施工员、材料员、预算员、生产单位管理人员等。

（2）专业技术人员，包括建设单位监督员、监理工程师、设计人员、施工单位技术及质量人员、预制厂技术及质量人员、检测技术人员等。

（3）现场作业人员，包括预制厂工人、项目部工人、生产单位维修及操作工人等。

各类人员应该掌握或了解的主要内容如下：

（1）立式储罐生产管理人员，要求掌握第三章、第四章、第五章、第六章、第七章、第十一章的内容，要求了解第一章、第二章、第十二章、第十三章的内容。

（2）球形储罐生产管理人员，要求掌握第八章、第九章、第十章、第十一章的内容，要求了解第一章、第二章、第十二章、第十三章的内容。

（3）立式储罐专业技术人员，要求掌握第一章、第二章、第三章、第四章、第五章、第六章、第七章、第十一章、第十二章、第十三章的内容。

（4）球形储罐专业技术人员，要求掌握第一章、第二章、第八章、第九章、第十章、第十一章、第十二章、第十三章的内容。

（5）立式储罐现场作业人员，要求了解第一章、第二章、第三章、第四章、第五章、第六章、第七章、第十一章、第十二章、第十三章的内容。

（6）球形储罐现场作业人员，要求了解第一章、第二章、第八章、第九章、第十章、第十一章、第十二章、第十三章的内容。

各单位在教学中要密切联系生产实际，在课堂教学为主的基础上，还应增加施工现场的实习、实践环节。建议根据教材内容，进一步收集和整理施工过程照片或视频，以进行辅助教学，从而提高教学效果。

目 录

第一章　绪论 …………………………………………………………… 1
　第一节　储罐的种类和构造 ………………………………………… 1
　第二节　储罐的施工特点和内容 …………………………………… 9
　第三节　储罐发展及施工技术概况 ………………………………… 12
　第四节　本书的内容和教学要求 …………………………………… 16
第二章　储罐用材 ……………………………………………………… 17
　第一节　储罐用材种类与要求 ……………………………………… 17
　第二节　储罐用钢材简介 …………………………………………… 25
　第三节　储罐的焊接材料选用及管理 ……………………………… 31
第三章　施工准备 ……………………………………………………… 38
　第一节　技术准备 …………………………………………………… 38
　第二节　人力资源准备 ……………………………………………… 45
　第三节　施工机具设备准备 ………………………………………… 46
　第四节　施工物资准备 ……………………………………………… 47
　第五节　施工现场准备 ……………………………………………… 49
第四章　储罐地基处理与基础施工 …………………………………… 52
　第一节　储罐地基处理的目的和方法 ……………………………… 52
　第二节　储罐地基处理施工工艺 …………………………………… 57
　第三节　储罐基础类型与施工 ……………………………………… 77
第五章　立式储罐的预制 ……………………………………………… 89
　第一节　预制场地的建立 …………………………………………… 89
　第二节　罐底板的预制 ……………………………………………… 93
　第三节　罐壁板的预制 ……………………………………………… 97

  第四节 拱顶的预制 …………………………………… 102
  第五节 浮顶的预制 …………………………………… 106
  第六节 预制安全技术措施 …………………………… 108
第六章 立式储罐的组装 …………………………………… 111
  第一节 组装工艺介绍 ………………………………… 111
  第二节 组装设备与机具 ……………………………… 119
  第三节 正装法组装工艺 ……………………………… 127
  第四节 倒装法组装工艺 ……………………………… 137
  第五节 组装安全技术措施 …………………………… 146
第七章 立式储罐的焊接 …………………………………… 150
  第一节 概述 …………………………………………… 150
  第二节 焊接设备与机具 ……………………………… 158
  第三节 储罐底板的焊接 ……………………………… 168
  第四节 储罐壁板的焊接 ……………………………… 173
  第五节 罐顶的焊接 …………………………………… 180
  第六节 焊接安全技术措施 …………………………… 183
第八章 球罐的工厂预制 …………………………………… 185
  第一节 球壳板的成型 ………………………………… 185
  第二节 球壳板下料及坡口加工 ……………………… 191
  第三节 支柱和接管与球壳板的组焊 ………………… 204
  第四节 球壳板的检验 ………………………………… 209
  第五节 球壳板的存放及运输 ………………………… 212
第九章 球罐的现场组装 …………………………………… 214
  第一节 组装方案的编制 ……………………………… 214
  第二节 组装设备及工具 ……………………………… 217
  第三节 组装准备 ……………………………………… 226
  第四节 组装方法 ……………………………………… 233
  第五节 球罐防护棚的安装 …………………………… 255
  第六节 组装安全措施 ………………………………… 257
第十章 球罐的焊接 ………………………………………… 259
  第一节 焊接技术方案的制订 ………………………… 259
  第二节 球罐焊接的一般要求 ………………………… 264

第三节　球罐的焊条电弧焊 ………………………………… 269
　　第四节　球罐的气体保护自动焊 ……………………………… 277
　　第五节　焊接缺陷的修补 ……………………………………… 282
　　第六节　焊后整体热处理 ……………………………………… 285
第十一章　储罐附件安装与防腐保温 ……………………………… 295
　　第一节　储罐附件安装 ………………………………………… 295
　　第二节　储罐防腐 ……………………………………………… 308
　　第三节　储罐保温 ……………………………………………… 325
第十二章　储罐的无损检测 ………………………………………… 331
　　第一节　概述 …………………………………………………… 331
　　第二节　储罐射线检测 ………………………………………… 335
　　第三节　储罐超声检测 ………………………………………… 343
　　第四节　储罐渗透检测 ………………………………………… 347
　　第五节　储罐磁粉检测 ………………………………………… 351
　　第六节　储罐的检测实例 ……………………………………… 355
第十三章　储罐的质量检验、试验与交工验收 …………………… 364
　　第一节　立式储罐的质量检验与试验 ………………………… 364
　　第二节　球形储罐的质量检验与试验 ………………………… 380
　　第三节　储罐的交工验收 ……………………………………… 400
参考文献 ……………………………………………………………… 406

第一章　绪　论

储罐作为油品、天然气和石油液化气及液态化工产品的专用储存设备，是石油化工装置和储运系统设施的重要组成部分。在石油和天然气的开采、储备、加工和消费过程中，都需要建设储油储气设备，都离不开各种容量和类型的储罐。

第一节　储罐的种类和构造

一、储罐的分类

目前，对储罐的分类尚无统一规定，通常按照储罐的建造位置、建造材料、几何形状、结构形式、储存介质、介质温度、用途等方面进行分类，并以几何形状分类最为常用。

1. 按建造位置分类

按储罐的建造位置可分为地上储罐、地下储罐、半地下储罐、海上储罐、海底储罐等。

2. 按建造材料分类

按建造储罐的材料可分为非金属储罐和金属储罐两大类。

非金属储罐有混凝土和预应力钢筋混凝土储罐、砖砌储罐、水封岩洞储罐、塑料储罐、玻璃钢储罐等。

金属储罐有钢制储罐、铝制储罐及铝镁合金储罐等，其中钢制储罐最常用。目前我国的储油储气设施以地面金属储罐为主。

3. 按几何形状分类

按储罐的外部几何形状可分为立式圆筒形储罐（以下简称为立式储罐）、卧式圆筒形储罐、球形储罐（以下简称为球罐）、双曲线储罐和悬链式储罐五类。

图1-1为常见的立式圆筒形储罐、卧式圆筒形储罐和球形储罐实物图。

(a)立式圆筒形储罐　　　(b)卧式圆筒形储罐　　　(c)球形储罐

图1-1　常见的储罐形状实物图

立式储罐适用于储存常压、大容量的液体，如原油等；卧式圆筒形储罐适用于储存容量较小且需要压力较高的液体；球罐适用于储存容量较大、有一定压力的液体及气体，如液氨、液化石油气、乙烯等；双曲线储罐因结构复杂、施工困难、造价高，国内没建造过，国外也很少采用，实际上已经被淘汰；悬链式储罐在国内又称为无力矩储罐，国内在20世纪50—60年代曾建造过，但由于顶板过薄且易积水，出现锈蚀损坏，目前已被淘汰。

4. 按结构形式分类

立式储罐按其罐顶结构可分为固定顶储罐和浮顶储罐两种类型。

固定顶储罐又可分为锥顶储罐、拱顶储罐、伞形顶储罐和网壳顶储罐。浮顶储罐又可分为外浮顶储罐和内浮顶储罐。目前油气储运工程中常用的是拱顶储罐和外浮顶储罐，如图1-2所示。

(a)拱顶立式储罐　　　　　　　(b)外浮立式储罐

图1-2　立式储罐的结构形式

球罐按支承结构分为柱式支承和裙式支承、半埋入式支承、高架支承；按球壳的组合方式分为纯橘瓣式、纯足球瓣式和足球橘瓣混合式，如图1-3所示。目前，工程中广泛采用的是纯橘瓣式和足球橘瓣混合式球罐。

储罐按壳体层数可分为单层壳体储罐和双层壳体储罐。现在已经广泛采用双层壳体结构的是储存低温介质（如液化天然气）的储罐（图1-4），其余储罐多采用单层壳体。

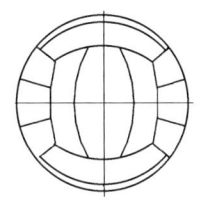

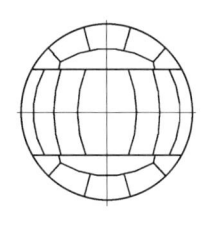

(a)纯橘瓣式　　　　(b)纯足球瓣式　　　　(c)足球橘瓣混合式

图 1-3　球形储罐球壳板的结构形式

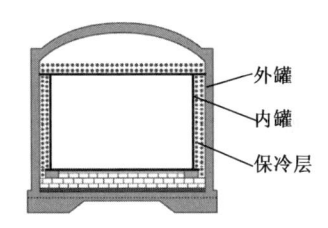

(a)实物图　　　　(b)结构示意图

图 1-4　低温双层储罐

5. 按容积大小分类

按储罐容积大小分,有大型储罐和小型储罐。所谓大型储罐是指公称容积为 $(5\sim100)\times10^4 m^3$ 的平底储罐和固定顶储罐,以及公称容积为 $1\times10^4 m^3$ 以上的浮顶储罐;小型储罐大多是公称容积小于 $100 m^3$ 的储罐,一般为卧式的小型容器。

6. 按储存介质压力分类

按储罐内储存介质压力可分为常压储罐(-4～2000Pa)、低压储罐(0.002～0.1MPa)和压力储罐(亦称压力容器)。

7. 按储存介质温度分类

储罐按储存介质温度可分为深冷储罐(-163～-100℃)、低温储罐(-100～-20℃)、常温储罐(-20～90℃)和高温储罐(90～250℃)。

二、立式储罐的构造

立式储罐由罐底、罐壁、罐顶和附件组成,其罐壁部分的外形为母线垂直于地面的圆柱体。目前应用最广泛的立式储罐是钢制拱顶储罐和浮顶储罐。

1. 拱顶储罐的构造

拱顶储罐是指罐顶为球冠状、罐体为圆柱形的一种容器。如图1-5所示，拱顶储罐的罐顶一般由厚度为4～8mm的压制薄钢板和加强筋（通常用扁钢或型钢）构成，或由拱形架（用型钢组成）和薄钢板构成。拱顶荷载通过拱顶周边传递于罐壁上，这种罐顶可承受较高的剩余压力，有利于减少罐内液体介质的挥发损耗。拱顶储罐除罐顶板的制作较复杂外，其他部位的制作较易，造价较低，故在国内外石油和石油化工行业应用较为广泛。目前国内拱顶储罐的最大容积已达 $5 \times 10^4 m^3$，最常用的容积为 $2 \times 10^4 m^3$ 以下。

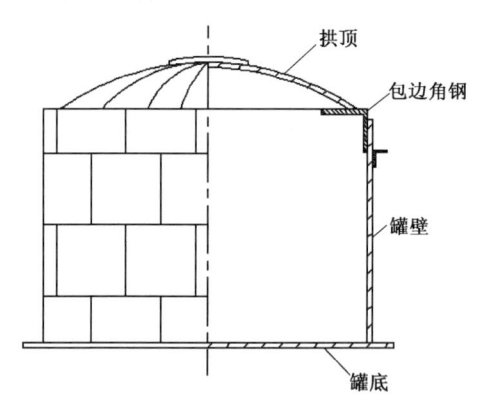

图1-5 拱顶储罐示意图

1) 罐底

罐底由多块薄钢板拼装而成，其排列方式一般由设计给定。罐底中部钢板称为中幅板，采用搭接焊缝形式；周边的钢板称为边缘板（边板），主要采用对接焊缝形式。边缘板可采用条形板，也可采用弓形板，依储罐的直径、容量及与底板相焊接的第一节壁板的材质而定。一般情况下，储罐内径<16.5m时，宜用条形边缘板；储罐内径≥16.5m时，宜用弓形边缘板。

2) 罐壁

罐壁由多圈钢板组对焊接而成，钢板厚度沿罐壁的高度自下而上逐渐减小，最小厚度为4mm。目前，由于安装工艺的进步，罐壁板主要采用对接焊缝形式，已很少采用搭接。罐壁板底部与罐底板采用角接焊缝形式，双面连续焊接。

3) 罐顶

罐顶由多块厚度为4～8mm的压制薄钢板和加强筋（通常用角钢或扁钢）组成的扇形罐顶板构成，或由构架和薄钢板构成（图1-6），各扇形罐顶板之间采用搭接焊缝。

图1-6 网壳式罐顶示意图

2. 浮顶储罐的构造

浮顶储罐是近几年来得到广泛使用的一种储罐,根据储罐外壳是否封顶分为外浮顶储罐和内浮顶储罐两种。外浮顶储罐通常用于储存原油,内浮顶储罐一般用于储存轻质油品。

浮顶储罐由浮顶和立式圆柱形罐壁所构成。浮顶储罐的底板、壁板与拱顶储罐大同小异,主要区别是增加了一个浮顶,其结构和操作使用比拱顶储罐复杂。

浮顶是一个覆盖在油面上的盘状物,随罐内油品介质储量的增加或减少而升降,浮顶外缘与罐壁之间有环形密封装置,罐内油品介质始终被浮顶直接覆盖,浮顶与油面间几乎不存在气体空间,可以极大地减少油品的蒸发损耗,减少油气对人身的危害和对大气的污染,降低发生油气火灾的可能性。

1)外浮顶储罐的构造

外浮顶储罐可分为单盘式浮顶储罐和双盘式浮顶储罐,其结构如图1-7和图1-8所示。外浮顶储罐上口是敞开的,不再另设顶盖,浮顶的顶板直接与大气接触。为了解决外浮顶储罐风载作用下罐壁的失稳问题、增加罐壁的刚度,除了在壁板上边缘设包边角钢外,在距离壁板上边缘下方约1m处还要设置抗风圈。抗风圈是由钢板和型钢拼装的组合断面结构,其外形可以是圆的,也可以是多边形的。对于大型储罐,其抗风圈下面的罐壁还要设置一圈或数圈加强环,以防抗风圈下面的罐壁失稳。

外浮顶储罐不仅可以降低油品蒸发损耗,而且特别适宜建造大容积储罐。我国目前最大的外浮顶储罐容积为 $15 \times 10^4 m^3$。建造大容积储罐,不仅可以节

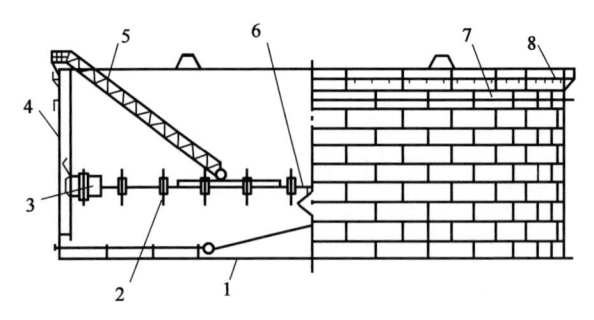

图 1-7 单盘式浮顶储罐

1—罐底板；2—浮顶立柱；3—浮船；4—罐壁；5—转动浮梯；
6—单盘板；7—加强圈；8—抗风圈

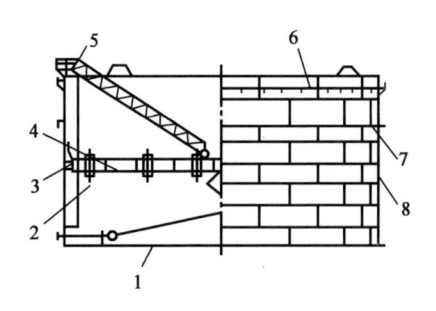

图 1-8 双盘式浮顶储罐

1—罐底板；2—浮顶立柱；3—密封装置；4—双盘顶；
5—滑动浮梯；6—抗风圈；7—加强圈；8—罐壁

省单位储油容积的钢材耗量和建设投资，而且可以减少罐区的占地面积，节省储罐附件和罐区管网。

(1)罐底。浮顶储罐的罐底排板方式与拱顶储罐基本相同，但边缘板不采用条形板。$5\times10^4 m^3$ 及以上浮顶储罐的罐底中幅板，采用带垫板的对接焊缝形式。

(2)罐壁。罐壁采用对接焊缝，焊缝内表面要打磨光滑，防止划损浮顶密封装置。浮顶储罐上部为敞口，为增加壁板刚度、提高抗风载能力，罐壁顶部需设置抗风圈和加强圈。

(3)浮顶。浮顶常见的结构形式是单盘式和双盘式。单盘式浮顶是由环形船舱和圆形单盘顶板构成。双盘式浮顶是由上盘板、下盘板和环形船舱组成，均由钢板拼焊而成。单盘式和双盘式浮顶罐，顶面都装有转动扶梯、平台和栏杆。转动扶梯可随浮顶的升降而改变坡度，踏步则始终保持水平状态，保证检修人员上下安全、方便。不论哪一种浮顶罐,浮顶与罐壁之间的密封装置都需进行经常性的维修保养。

2)内浮顶储罐的构造

内浮顶储罐是在拱顶储罐内部增设浮顶而成,罐内增设浮顶可减少介质的挥发损耗,外部的拱顶又可以防止雨水、积雪及灰尘等进入罐内,保证罐内介质清洁。这种储罐主要用于储存轻质油,例如汽油、航空煤油等。内浮顶储罐采用直线式罐壁,壁板对接焊制,拱顶按拱顶储罐的要求制作。目前国内的内浮顶有两种结构:一种是与浮顶储罐相同的钢制浮顶;另一种是拼装成型的铝合金浮顶。如图1-9所示。

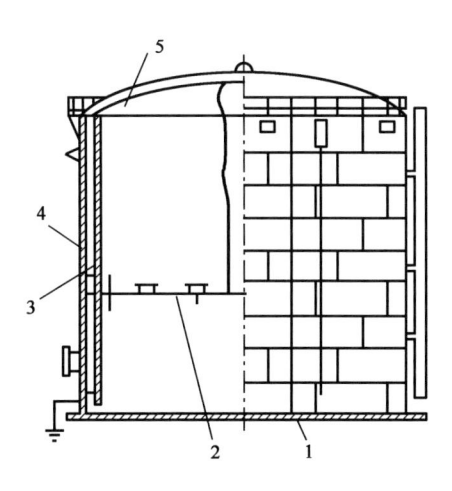

图1-9 内浮顶储罐
1—罐底;2—内浮盘;3—密封装置;
4—罐壁;5—固定罐顶

内浮顶储罐与固定顶储罐和外浮顶储罐比较有以下优点:

(1)大量减少蒸发损耗。

(2)由于液面上有浮动顶覆盖,储液与空气隔离,可减少空气污染和降低着火爆炸风险,易于保证储液质量,特别适用于储存高级汽油和有毒、易污染的液体化学品。

(3)因有固定顶,能有效地防止风沙、雨雪或灰尘污染储液,在各种气候条件下保证储液的质量,有"全天候储罐"之称。

(4)在密封效果相同情况下,与外浮顶罐相比,能进一步降低蒸发损耗,这是由于固定顶盖的遮挡以及固定顶与内浮盘之间的气相层甚至比双盘式浮顶具有更为显著的隔热效果。

(5)密封部分的材料可以避免日光照射而老化。

三、球罐的构造

球罐为大容量、承压的球形储存容器,广泛应用于石油、化工、冶金等部门。它可以用来作为液化石油气、液化天然气、液氧、液氨、液氮及其他介质的储存容器,也可作为压缩气体(空气、氧气、氮气、城市煤气)的储罐。

球罐与立式储罐相比,在相同容积和相同压力下,球罐的表面积最小,故所需钢材少;在相同直径情况下,球罐壁内应力最小,而且均匀,其承载能力比圆筒形容器大1倍,故球罐的壁板厚度只需相应圆筒形容器壁板厚度的一半;球罐占地面积较小,基础工程量小,可节省土地面积;但球罐的制造、焊接和组装要求很严,检验工作量大,制造费用较高。

球罐由本体、支柱(承)及附件组成,如图1-10所示。

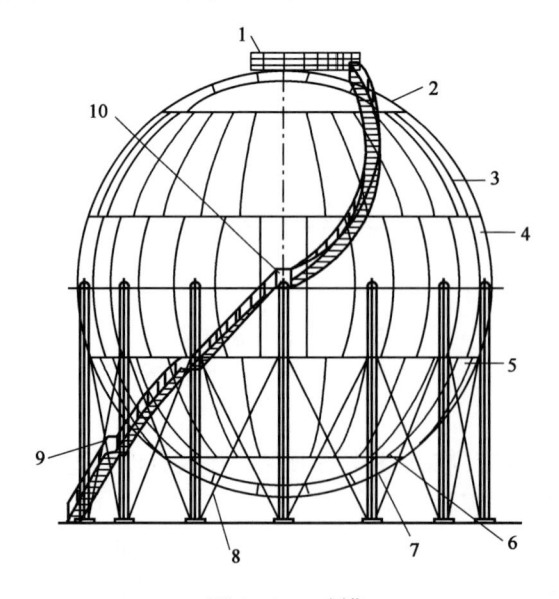

图1-10 球罐
1—顶部操作平台;2—上部极带板;3—上部温带板;4—赤道带;5—下部温带板;6—下部极带板;7—支柱;
8—拉杆;9—盘梯;10—中间休息台

(1)球罐本体。球罐本体是球罐结构的主体,它是球罐储存物料、承受物料工作压力和液体静压力的构件。

(2)球罐支柱(承)。球罐支柱(承)是用于支承本体重量和储存物料重量的结构部件,有柱式、裙式、半埋入式及高架式支座多种。

(3)球罐的附件:梯子平台、人孔和接管、水喷淋装置、隔热和保冷设施、液面计、压力表。

第二节 储罐的施工特点和内容

一、立式储罐的施工特点和内容

1. 立式储罐施工特点

储罐工程属于油气储运站场工程,储罐为静置设备,安装在储罐基础上。一般由数台储罐构成一个罐区,储罐的施工主要在罐区内进行。储罐施工具有以下特点:

(1)储罐建造地点相对固定,施工场地集中,现场露天作业。

储罐工程与长输管线工程不同,建造期间的施工地点是固定的,有利于施工管理。为方便施工、减少材料及半成品倒运,一般将储罐的材料堆放场、预制加工区、储罐安装区集中设置在罐区及附近。储罐安装时通过大型履带式吊装设备和拖车将钢板及附件拉运吊装就位。由于储罐体积较大,不适合工厂整体制作,一般均在罐基础上进行组装。储罐施工为露天作业,施工受天气的影响较大。

(2)储罐用钢量大,长直焊缝数量多,宜应用自动焊接技术。

储罐是由多块钢板拼制焊接而成,钢板的数量和尺寸需要根据储罐规格、钢板规格以及施工工艺来确定,此外,储罐上还有人孔、清扫孔、液位计、工艺接管、通气孔等多个需要开孔焊接的附件。总之,储罐上焊缝数量较大,并且对焊接变形的控制、焊缝外观及内部质量的要求较高。储罐可用焊条电弧焊、半自动焊、全自动焊等多种焊接方法,焊条电弧焊因其操作灵活、使用方便而得到最广泛的应用。由于储罐的长直焊缝数量较多,宜应用全自动、半自动焊接技术,如浮船及顶板可采用半自动焊,壁板及底板采用全自动焊。

(3)储罐施工工序复杂,使用设备及机具较多。

储罐施工涉及土建、预制、组对、焊接、检测、防腐、试压等多种工艺,工序复杂,施工设备种类较多,包括吊车、拖车、卷板机、切割机、焊机、提升设备、倒链、焊条烘干箱、水泵、真空箱检漏仪等多种设备和机具。此外,还要制作大量的胎具、支架、胀圈、卡具、脚手架、平台等施工用临时设施,如拼装立式储罐罐顶搭设的支撑平台、立式拱顶储罐倒装法施工使用的胀圈、防止焊接变形使用的卡具、用于人员操作和行走的平台等。

(4)储罐的种类和容积不同,组装方法较多。

常见的立式储罐种类有拱顶储罐、外浮顶储罐、内浮顶储罐,容积从几十立方米到十多万立方米,较常用的组装方法有正装法和倒装法,而正装法又分为内挂件(内脚手架)正装法、水浮正装法、外挂件(外脚手架)正装法;倒装法又分为充气顶升倒装法、机械(倒链、液压)提升倒装法、中心柱提升倒装法。各种方法都有其适用范围和优缺点,需要根据工程具体情况及企业施工能力合理选用。

(5)储罐容积庞大,存在高空作业、交叉作业。

立式储罐的容积比较大,以 $15 \times 10^4 m^3$ 储罐为例,直径约 96m,壁板高约 22.8m。当采用正装法施工时,随着壁板的逐层安装,作业面也在逐渐升高,高空作业量较大。壁板吊运需要使用大型吊装设备,壁板组对时需要起重、铆工、焊工等多工种协作,并且操作空间有限,存在安全隐患。储罐施工时,壁板组对焊接、浮船组对焊接、挂件及附件安装、防腐、无损检测等多种作业常常交叉进行,存在诸多不安全因素。

2. 立式储罐施工内容

储罐工程是一项庞大而复杂的系统工程,其施工过程一般包括开工前的准备工作、工程施工、试运、投产和交工。工程施工内容如下。

1)土建工程

土建工程包括:储罐基础施工,主要包括测量放线、基础开槽、土方回填、地基处理(强夯、碾压、桩基等)、环墙开槽、绑筋支模、垫层浇筑、环墙浇筑、砂垫层及沥青砂铺设等;防火围墙施工;阀组间房屋施工;罐前阀室、消防操作间、泡沫发生站及配电室施工;储罐防火堤施工等。

2)储罐安装工程

储罐安装工程包括:储罐罐体安装,主要包括罐底板的预制、铺设及组焊,罐壁板的预制、组装及组焊,浮船板的预制、铺设及组焊等;储罐附属构件安装,包括抗风圈、加强圈、盘梯、罐顶扶梯、刮蜡密封装置、浮顶排水装置、罐体喷淋和泡沫消防系统等的预制安装;无损检测;充水试压等。

3）工艺配套工程

工艺配套工程包括：储罐配套储运、消防工艺管线的组对和焊接；阀组间内的工艺管线安装、给排水自动排放系统安装等。

4）防腐保温工程

防腐保温工程包括：罐壁、罐底、浮船及附件的除锈、刷漆和保温；储运、消防工艺管线的除锈、刷漆和保温等。

5）相关电气、仪表工程

相关电气、仪表工程主要包括接地、电气盘柜、电缆桥架、电缆、仪表、电气设备的安装等。

二、球罐施工特点和内容

1. 球罐施工特点

球罐与立式储罐相比，具有一些相同的施工特点，如建造地点相对固定，施工场地集中，现场露天作业；施工工序复杂，使用设备及机具较多；存在高空作业、交叉作业等，但也有一些立式储罐所不具有的特点：

（1）需建立特种设备质量保证体系。

球罐属于三类压力容器范畴，对施工单位资质要求高。依据TSG Z0004—2007《特种设备制造、安装、改造、维修质量保证体系基本要求》的规定，球罐施工单位需要建立质量保证体系，任命质量保证体系责任人员（包括质量保证工程师和各相应专业质量控制系统责任人员），还要编制完整的质量保证体系文件（包括质量保证手册、程序文件、作业文件和记录等），从而保证体系的有效运行。此外，还必须遵守《特种设备安全监察条例》、TSG R0004—2009《固定式压力容器安全技术监察规程》等相关国家法规、标准的规定。

（2）焊后要进行现场热处理。

大多数的球罐在焊接完毕并经无损检测合格后，要进行焊后热处理，而且通常都是现场焊后整体热处理。焊后热处理是消除球罐焊接残余应力、改善焊接接头及母材性能、保证球罐质量的重要技术手段，可以极大地提高球罐的安全使用可靠性。常用的球罐现场热处理方法是燃油内燃法。

（3）采用全位置焊接工艺。

球罐球壳板上所有的对接焊缝均为空间曲面上的曲线焊缝，焊接时，需要根据焊缝位置的变化而随时调整焊接工艺。当采用自动焊接技术时，应选用全位置自动焊设备,设备中的爬行机构、焊接机构和柔性(半柔性)轨道是实现全位置自动焊的核心部分。

(4)需要搭设整体防风棚。

为防止风速过大影响焊接质量,通常需要在球罐全部组装完毕后,在其外围搭设整体的防风棚,防风棚多用彩钢板或镀锌钢板等材料。

2. 球罐施工内容

球罐的土建、管道、防腐保温、电气仪表专业的施工内容与立式储罐类似,此处不再重复介绍,与立式储罐的差异在于储罐罐体的安装。

球罐罐体施工的内容包括:主体安装(包括支柱的对接、赤道板、温带板、极板的组装及焊接)、附属构件安装(包括转梯、防火喷淋装置、安全阀等的预制安装)、热处理、外观检查、无损检测、充水试压等。

第三节 储罐发展及施工技术概况

一、储罐发展概况

1. 立式储罐发展概况

1962 年,美国首先建成了 $10 \times 10^4 m^3$ 浮顶储罐;1967 年,委内瑞拉建成了 $15 \times 10^4 m^3$ 的浮顶储罐;1971 年,日本建成了 $16 \times 10^4 m^3$ 的浮顶储罐,其直径达 109m,高 17.8m;接着沙特阿拉伯建成 $20 \times 10^4 m^3$ 巨型储罐,其直径达 110m,高 22.5m。

国内大型储罐的发展从 20 世纪 70 年代开始,1975 年,国内首台 $5 \times 10^4 m^3$ 浮顶储罐在上海陈山码头建成。其后,相继在石化企业、港口、油田、管道系统建造了数十台 $5 \times 10^4 m^3$ 浮顶储罐。

20 世纪 80 年代中后期,国内开始建造 $10 \times 10^4 m^3$ 浮顶储罐。首先在秦皇岛、大庆等地分别建造了 4 台,这 4 台罐均由日本引进,按日本设计规范进行设计,并由日方提供材料和施工技术,由国内施工企业施工。2000 年后,我国已经完全掌握了大型储罐的设计方法,最大设计能力已达 $20 \times 10^4 m^3$。我国自主研发的储罐建造材料、储罐设备、施工设备、施工工艺已经可以取代国外进口。

2003年,我国开始在镇海、岙山、黄岛、大连四个沿海地区建设第一批战略石油储备基地,标志着国内大型储罐建设迎来了成熟发展期,已经完全实现了自主设计、制造及施工。自1999年到2008年,我国相继在沿海地区建成了160余台$10×10^4 m^3$浮顶储罐。

2004年,在仪征油库建成的2台$15×10^4 m^3$双浮盘储罐,是国内最早建成的容积最大的原油储罐,这两台储罐是我国自主研发建造的,实现了国内$15×10^4 m^3$双浮盘储罐建设零的突破。随后,又相继在福建青岚山、上海白沙湾油库、大庆南三油库建成一批$15×10^4 m^3$双浮盘储罐。$15×10^4 m^3$双浮盘储罐建设也逐步实现了国产化,国产焊条及高强钢板得到了部分应用,大型储罐的建设进入了快速发展阶段。

根据我国石油及化工行业的发展要求,今后储罐建设的发展方向是大容积、高参数、国产化、新技术等。通过大型储罐的设计、建造和使用,发现采用大容量储罐具有节省钢材、减少占地面积、方便操作管理、减少附件及管线长度和节省投资等优点。我国大型原油储罐已由$10×10^4 m^3$过渡到$15×10^4 m^3$,并逐步向$20×10^4 m^3$发展。

2. 球罐的发展概况

球罐最早出现在19世纪末到20世纪初,为铆接结构,用于储存低压气态介质。由于其制造困难、材料浪费大、质量难保证,不能得到广泛应用。第二次世界大战后,随着焊接技术的发展,球罐改用焊接方法制造,其应用得到了飞速发展。1958年,德国制成了直径47.3m、容量为$5.55×10^4 m^3$、壁厚为33mm的大型球罐。这一时期的球罐虽然体积可以做得很大,但压力较低,总储气能力也很低。从20世纪60年代开始至今,球罐的制造技术得到了进一步的发展,工作压力也得到了进一步提高,并可应用于低温液化气体的储存。除了单层壳体之外,还研制出双重壳低温球罐。从以上历史发展概况可以看出,球罐的建造虽然较早,但发展较慢,其进程先为低压、常温、气体,其后逐渐过渡到中高压、低温、液化气体和大型化。

我国球罐制造始于20世纪50年代末,1958年制造了第一台$50 m^3$的球罐。改革开放以来,为满足我国的国防、科研、石油化工、冶金等工业对储存容器的要求,我国的球罐工业得到快速发展。1986年,在北京引进了国外的球壳板,自行安装了$5000 m^3$的球罐;1988年,以同样的方式引进安装了$1×10^4 m^3$球罐;1988年,在大连利用引进日本的钢板,自行设计并压制成功了$8000 m^3$的储存C_4的球罐。进入21世纪以后,随着国产高强钢板制造技术的发展,我国已具备

了生产大型国产高强钢球罐的基本条件。2005年，茂名石化用武钢产530MPa级15MnNiNbR建成一台丙烯球罐。2007年9月，惠州炼化项目选用宝钢－50℃的B610CF－L2钢板，在国内首次建成2台3000m³丙烯球罐。采用高强钢制造球罐具有减少壁厚、减少附件数量、运输和安装方便、不需整体热处理、节省投资等优点，在大型炼油、乙烯等项目上得到越来越普遍的应用。近年来，$1×10^4 m^3$的天然气球罐已经在我国大量应用，但球罐在石油化工、煤化工等领域中的应用场合也日益苛刻，耐高温、高压和耐腐蚀球罐的研制与开发一直是球罐行业所面临的重大课题。

二、储罐施工技术概况

储罐的施工技术是随着工程材料、工程机械和装备制造技术的发展而不断发展进步的。

1. 立式储罐施工技术

1）预制技术

立式储罐预制包括罐底板、壁板、浮船板以及储罐附件的下料、切割、滚板、接管法兰的焊接、壁板热处理、除锈防腐等工序，目前已经全部实现了机械化。下料采用大型龙门式数控自动切割机，实现了多枪头切割，可一次精确切割坡口成型。热处理采用便于拆卸的台式加热炉，除锈防腐采用了抛丸除锈喷涂自动化流水线，整个预制程序实现了工厂化流水作业，加大了大型储罐的预制深度，提高了预制质量，为提高安装质量提供了保证，同时也加快了施工的总体进度。

2）安装技术

立式储罐主体安装方法有正装法和倒装法两类。正装法是指以罐底为基准平面，罐壁板从底层第一节开始，逐块逐节向上安装。倒装法是指以罐底为基准平面，先安装顶圈壁板和罐顶，然后自上而下，逐圈壁板组装焊接与顶起，交替进行，依次直到底圈壁板安装完毕。

对拱顶储罐，国内普遍采用的是倒装法安装。目前，采用较多的是倒链提升倒装法，有手动和电动两种方式，其优点是安全可靠、施工效率高、设备简单、造价低。随着液压和机械顶升设备能力的提高，以及倒装工艺的改进，液压和电动机械顶升倒装法在大型拱顶储罐施工中得到推广应用，具有提高工作效率、保障操作安全、减轻工人劳动强度的优点，特别是可以准确地控制提升高度、调整焊缝间隙，能够提高焊接质量；主要缺点是成套设备价格较贵，设备购置一次性投入较大。

浮顶储罐的安装主要采用正装法,目前主要采用的是内挂件(内脚手架)正装法和外挂件(外脚手架)正装法。正装法的优点是可以充分利用大型吊装设备,加大预制深度,易于掌握,便于推广储罐的自动焊接技术,成为大型储罐施工的主流方法;其缺点则是要求有较大的施工场地,技术难度大,高空作业多,不安全等。近年来,随着大吨位储罐液压提升装置和自动焊设备的研发成功,在 $5\times10^4\,\mathrm{m}^3$ 和 $10\times10^4\,\mathrm{m}^3$ 浮顶储罐施工中,成功应用了液压提升倒装法施工技术,提高了大型储罐施工的安全性、施工工效和施工质量。

3)焊接技术

国内外在大型浮顶储罐的建造中,罐体普遍采用自动焊工艺,技术已相当成熟。我国在 20 世纪 80 年代初就引进了大型储罐自动焊接技术及设备,目前储罐自动焊技术装备已经实现了国产化。在拱顶储罐的施工中,国内主要采用焊条电弧焊,自动焊应用较少。目前,储罐施工应用最多的焊接方法是焊条电弧焊和埋弧自动焊(包括横焊、平焊、角焊),其次是 CO_2 气电立焊。此外,实心或药芯焊丝的 CO_2/MAG 气体保护自动焊和半自动焊也得到应用,但应用范围还比较窄。

2. 球罐施工技术概况

受尺寸较大、运输困难等因素的影响,球罐很难完全在工厂制造。通常分为工厂预制及现场安装两部分。工厂预制工作内容包括球壳板瓣片的下料成型、坡口加工、极板与接管的组焊、赤道板与支柱的组焊、附件加工、焊后热处理、防锈、包装等。现场安装工作内容包括基础施工、组装、焊接、检验、整体热处理、防腐保温等。

由于球罐的组装工程耗费大,且组装的质量直接影响到焊接质量,因而球罐的现场组装就成为球罐建造过程中一个十分重要的环节。球罐的组装方法有多种,可根据球罐的容量、结构形式、施工现场及组装平台的大小、施工单位吊装机具及人力资源情况进行合理选择。目前,我国普遍采用的球罐现场组装方法有整体组装法和分带组装法两种。整体组装法生产专业性强、进度快、便于管理,适用于不同大小和形式的球罐的安装;分带组装法各环带纵焊缝的组装精度好,组装拘束力小,且纵缝的焊接质量易于保证。

目前,球罐的焊接主要采用的还是焊条电弧焊和半自动气体保护焊,工作效率较低,而国外多采用全自动焊接,能够大幅提高劳动生产效率和焊接质量,降低工人劳动强度。

第四节　本书的内容和教学要求

一、本书的内容

本书以现行的储罐工程施工规范、规程和质量验收标准为依据，汲取了储罐工程的新技术、新工艺、新材料、新机具成果，按照合理的施工程序，对储罐施工的全过程进行了介绍。在内容上力求从实际出发，立足石油及石化工程，突出行业特点，保证内容的科学性、实用性和可操作性。本书共分13章，主要内容包括储罐施工特点及技术发展、储罐用钢材及焊材、施工准备、基础施工及处理、立式储罐的预制与组装焊接、球形储罐的预制与组装焊接、附件安装、无损检测、质量检验与试验等。

储罐的种类很多，目前我国的储油、储气设施以地面金属储罐为主，故本书将重点介绍钢制焊接储罐的施工。

二、教学要求

本书主要是针对从事储罐建造的中高级施工技术人员和施工管理人员的专业培训编写的，内容来源于实际工程施工，实践性和专业性很强，涉及内容很广，因此教学中要密切联系生产实际，在课堂教学为主的基础上，还应增加施工现场的实习、实践环节。本书课时按40学时制定，教学中，建议根据内容，进一步收集和整理施工过程中的照片或视频，进行辅助教学，从而提高教学效果。

第二章 储罐用材

材料是储罐设计、制造的基础,材料的性能和质量的优劣直接影响着储罐的施工质量和使用安全。储罐制造安装所需的材料种类较多,包括基础用建筑材料、储罐罐体用钢材、焊接用焊材、附属构件、防腐保温材料等,本章重点介绍储罐罐体用钢材和焊接用焊材。

第一节 储罐用材种类与要求

一、储罐用材类别

储罐罐体上使用的钢材包括钢板、钢管、锻件、结构型钢、螺栓和螺母等,按材质可将常用的钢材分为低碳钢、低合金钢、不锈耐酸钢、低温用钢四类。

(1)低碳钢。低碳钢是指含碳量小于 0.25% 的铁碳合金,低碳钢还可分为普通低碳钢(常用的有 Q235-A·F、Q235-A、Q235-B、Q235-C)和优质低碳钢(常用的有 Q245R、10、20)。其特点是强度较低,但塑性和韧性较好,加工性能和焊接性能优异,得到了广泛应用。低碳钢在储罐建造中主要用于低压、常温的中小型立式储罐罐体、储罐的接管和附件,以及对钢材强度要求较低的浮船、抗风圈、加强圈、盘梯、扶梯、转梯、防火喷淋装置等。

(2)低合金钢。在优质碳素钢的基础上加入少量的一种或多种合金元素(合金元素总含量在 5% 以下),以提高钢的屈服强度和改善综合性能为主要目的的钢材称为低合金钢。用低合金钢代替普通碳素钢能减轻设备自重,节省钢材。主要加入的合金元素有硅、锰、钼、钒、钛、铌和稀土元素等。屈服强度≥490MPa 的低合金钢称为低合金高强度钢,多用于大型立式储罐和球罐的罐体。立式储罐常用的低合金钢有 Q345R、12MnNiVR、08MnNiVR、SPV490Q 等;球形储罐常用的低合金钢有 Q345R、Q370R、07MnCrMoVR 等。

(3)不锈耐酸钢。不锈耐酸钢是指在空气、水、酸、碱及其他化学侵蚀性介质中具有高度化学稳定性的钢。这种钢包括两大类,一类是仅能在空气中耐腐蚀的钢(称为不锈钢);另一类是能抵抗某些化学介质腐蚀的钢(称为耐酸钢),习惯上将两者统称为不锈钢。不锈钢主要用于介质为酸液、碱液等腐蚀性液体的储罐,常用的不锈钢有 S30408、S30403、S31608、S31603 等。

(4)低温用钢。通常称工作在－20℃及更低温度的设备为低温条件下工作的设备,制造这些设备所用的钢,则称为低温用钢。衡量低温用钢性能的主要指标是低温韧性,包括低温冲击韧性和韧性转变温度。目前,随着越来越普遍地使用液化天然气、液化石油气等液化气体,另外,寒冷地区的储罐及其构件常常使用在低温环境中,这就需要使用低温用钢建造储罐。储罐常用的－40℃级低温用钢主要有 16MnDR、15MnNiDR、07MnNiVDR、07MnNiCrMoVDR 等,－70℃级低温用钢主要有 09MnNiDR。

二、储罐用材特点

1.用材的多样性

储罐所用钢材受投资、采购、生产、设计、环境等多种因素影响,为满足不同的使用工况(如压力、温度、介质特性和操作特点等),储罐需使用包括普通碳素钢、低合金钢、不锈钢、低温用钢、高强度钢等多种材质的钢材。同一台立式储罐的底板、顶板、壁板以及浮船、附件的材质和规格会存在一些差异,大型立式储罐壁板的厚度及材质会随安装高度的变化而变化。如某项目一台 $15×10^4 m^3$ 立式浮顶储罐,其所用的主要钢材见表 2-1。与立式储罐不同的是,同一台球罐的球壳板通常使用同一材质和规格的钢板,但同一台球罐的球壳板与其人接管和锻件的材质也不完全相同。

表 2-1　$15×10^4 m^3$ 立式浮顶储罐用钢材

名称	位置	规格(mm)	材质
底板	中幅板	12×2800×13800	Q235-B
	边缘板	23×2450×8500	SPV490Q
壁板	第一圈	40×3000×12600	SPV490Q
	第二圈	33×3000×12600	
	第三圈	27×3000×12600	
	第四圈	22×3000×12600	
	第五圈	17×3000×12600	
	第六圈	13×3000×12600	

第二章 储罐用材

续表

名称	位置	规格(mm)	材质
壁板	第七圈	12×2410×12600	Q345R
	第八圈	12×2410×12600	Q235-B
浮顶板	浮顶顶板	5×1600×6000	Q235-B
	浮顶底板	5×1600×6000	
抗风圈 加强圈	抗风圈	12	Q235-B
	加强圈	10	
其他钢结构	盘梯、转动浮梯等		Q235-B

2. 受设计温度和板厚的限制

设计温度是指在正常工作情况下,设定的受压元件的金属温度(沿元件金属截面的温度平均值)。设计温度与设计压力一起作为设计载荷条件。设计温度不得低于元件金属在工作状态下可能达到的最高温度;对于0℃以下的金属温度,设计温度不得高于元件金属可能达到的最低温度。随着储罐容积的增大,壁板的厚度会相应增加,当增大到一定程度时,为消除制造和焊接时产生的应力,必须进行现场消除应力的热处理。但对于球罐,过厚的球壳板会造成整体热处理难以控制,而大型立式储罐壁板整体热处理又难以实施,所以只能限制壁板的板厚以确保储罐的安全运行。最大板厚的限制是各国按其生产的钢材和施工经验提出来的,我国储罐常用国产钢板的温度和板厚使用范围见表2-2。

表2-2 储罐常用国产钢板使用范围

序号	钢号	使用范围		钢板标准
		设计温度(℃)	最大板厚(mm)	
1	Q235-A	>-20	12	GB/T 700—2006①
		>0	20	GB/T 3274—2007②
2	Q235-B	>-20	12	GB/T 700—2006
		>0	24	GB/T 3274—2007
3	Q235-C	>-20	16	GB/T 700—2006
		>0	30	GB/T 3274—2007
4	Q245R	>-20	34	GB 713—2008③
5	Q345-B	>-20	34	GB/T 1591—2008④
		>0	20	GB/T 3274—2007

续表

序号	钢号	使用范围		钢板标准
		设计温度(℃)	最大板厚(mm)	
6	Q345-C	>-20	12	GB/T 1591—2008
		>0	24	GB/T 3274—2007
7	Q345R	>-20	34	GB 713—2008
8	16MnDR	>-40	16	GB 3531—2008⑤
9	12MnNiVR	>-20	34	GB 19189—2011⑥
10	07MnNiMoDR	>-40	16	GB 19189—2011
11	06Cr19Ni10		14	GB 24511—2009⑦

注：①GB/T 700—2006《碳素结构钢》。
②GB/T 3274—2007《碳素结构钢和低合金结构钢热轧厚钢板和钢带》。
③GB 713—2008《锅炉和压力容器用钢板》。
④GB/T 1591—2008《低合金高强度结构钢》。
⑤GB 3531—2008《低温压力容器用低合金钢钢板》。
⑥GB 19189—2011《压力容器用调质高强度钢板》。
⑦GB 24511—2009《承压设备用不锈钢钢板及钢带》。

3.大型立式储罐罐体采用低合金高强度钢

为降低容积 $5×10^4 m^3$ 以上大型立式储罐建造的材料成本，罐体多采用低合金高强度钢板，以减少罐壁厚度，节约钢材，如采用屈服强度为490MPa的钢板替代屈服强度为350MPa的钢板，壁厚可以减薄25%～30%。

大型立式储罐用高强度钢需满足以下三项要求：

(1)满足力学性能指标要求(高屈服强度和抗拉强度、高韧性、高均匀性和稳定性等)，一般采用调质钢。

(2)适应大热输入焊接。采用50～10kJ/cm的大热输入焊接后，其焊接热影响区塑韧性不明显降低，接头力学性能达到与母材相同的要求。因此，石油储罐用钢又称为大热输入焊接用钢。

(3)低裂纹敏感性。为适合现场焊接，焊接前不需要预热，焊后不产生焊接冷裂纹，此类钢又称为低裂纹敏感性系数钢。

大型立式储罐用钢主要特点就是在满足力学性能要求前提下，具有适应大热输入焊接和低裂纹敏感的特性。大型立式储罐用钢不同于制造球罐用CF钢，大型立式储罐用钢必须适应大热输入焊接要求，且大型立式储罐通常不需要进行焊后整体热处理(有时仅进行局部焊后热处理)。CF钢虽然具有低裂纹敏感性,但通常不能适合大热输入焊接。

4.球罐对钢材的性能要求较高

球罐储存的介质一般为压缩气体或液化气体,大部分为易燃、易爆有毒物质。因此球罐用钢的安全可靠性是最重要的,必须满足GB 150—2011《压力容器》和TSG R0004—2009《固定式压力容器安全技术监察规程》等标准对材料的要求。

球罐长期承受静载荷或低周波疲劳载荷,为使球罐能够适应此种工况,结构保持长期稳定,球罐应具有较高的刚度,不允许产生塑性变形和断裂,因此要求球罐用钢应具有较高的屈服点和抗拉强度,塑性和韧度均较好。同时由于球罐长期在介质环境下工作,球罐用材应具有足够的耐蚀性。某些低温球罐的用钢还应具有足够低的脆性转化温度。由于钢材必须预先在制造厂进行剪切下料,进行必要的冷变形加工,制成各种部件,然后运到现场组装焊接而成。因此,要求球罐用钢必须具有良好的冷变形性和焊接性。

三、储罐用材的基本要求

1.立式储罐用材的基本要求

立式储罐的罐壁为圆筒形,除微内压固定顶油罐有较低内压之外,罐壁主要承受静液压。静液压由上到下逐渐增大,呈三角形分布,储罐不同部位的受力状况不同,对材料性能要求也有不同。罐壁、罐底边缘板要求较高,罐顶、罐底中幅板次之。罐壁厚度也由上至下逐渐增厚,且储罐越大,罐壁越厚。立式储罐所用材料的许用应力影响其建造费用,钢材的强度越高,所用钢材越少。

立式储罐壁板用材料应根据安全可靠、经济合理的原则,考虑使用温度(气温条件、操作温度等)、储存介质及其特性、使用部位、材料力学性能、化学成分、焊接性能、工艺性能和抗腐蚀性能等因素。另外,国内外对用于罐壁的各种材料的最大使用厚度都有限制,在选材时,应考虑最大厚度的限制。

罐壁用材料有三项基本要求是强度、可焊性、冲击韧性。

1)强度

材料强度是保证储罐安全、可靠使用的基本条件之一,通常是指材料在达到允许的变形程度或在断裂前所承受的最大应力,主要包括抗拉强度和屈服强度。由于储罐的操作温度在250℃以下,且大部分储罐处在90℃以下,因此其强度大多是常温下的强度。选择储罐用材的主要依据是钢材的力学性能、工艺性能（主要是成型性和焊接性）和经济性，而这里必须首先满足的力学性能指标就是所选钢材的强度，只要满足这一指标，才能保证储罐使用中的安全可靠。

强度是决定罐壁厚度大小的力学性能指标。储罐特别是大型储罐是消耗钢材较多的设备，而罐壁的重量在储罐总重量中占的比重较大（约50%～60%）。储罐大型化发展的趋势对罐壁用材料强度的要求越来越高，其原因有两个方面：首先，采用强度较高的材料在经济上比较合理，采用高强度钢在适当高径比要求下能节约投资，以Q235 A和Q345R（原16MnR）为例，Q345R比Q235-A单价高出大约15%，但强度却提高了约30%，用Q345R代替Q235-A作为储罐壁板可节省费用约20%；其次，由于罐壁最大使用厚度的限制，开发罐壁用高强度钢（保证可焊性和V形缺口冲击功），成为发展大型储罐的趋势。

需指出的是，钢材强度的增加往往会影响到钢材的可焊性，容易产生脆性破坏。同时，强度与材料的使用状态（热处理状态）有关。高强度钢常用的有正火钢和调质钢。前者热处理方法简单，材质均匀；后者热处理工艺较复杂，但强度比正火钢要高，V形缺口冲击功也比较高，因此罐壁可减薄，同时又能改善钢材的焊接性能。

2）可焊性

储罐的结构特点决定了其罐体由许多块钢板焊接而成，因此，作为储罐用材料，其焊接性能尤为重要。材料的可焊性一般用两个指标来控制，一是碳当量或焊接裂纹敏感性系数；二是热影响区的硬度。

第一个指标取决于钢材的化学成分。碳当量和焊接裂纹敏感性系数的计算方法不是唯一的，因此，在限定时，应明确计算方法。

对于中、低强度的碳素钢和低合金钢，由于碳含量和其他合金元素含量都较低，所以焊接性能优良，一般不用限定碳当量和焊接裂纹敏感性系数。对于高强度钢，为了提高强度，有时必须提高碳含量，添加其他合金元素。所以，限定碳当量和焊接裂纹敏感性系数就尤为重要，特别是通过正火处理改善性能的材料。另外，由于储罐焊缝长，在考虑焊接性的时候，必须考虑高效焊接方法的可实施性。

随着高强度钢的快速发展，尤其是用调质处理来获得优良的、综合性能的高强度钢，碳含量、碳当量和焊接裂纹敏感性系数都比较低，焊接性能非常优异。但在适应高效自动焊时（如气电立焊等大热输入焊接方法）方面，有时存在焊接接头性能恶化的现象。

第二章 储罐用材

可焊性的另一个指标是热影响区的硬度。热影响区的硬度与碳当量值及焊接时冷却速度有关。碳当量值越高,冷却速度越快,热影响区的硬度越高。

3)冲击韧性

储罐破坏造成灾难性后果的原因往往是罐体的脆性破坏,国内外也曾多次发生过油罐破裂事故。材料良好的冲击韧性是防止储罐脆性破坏的一个重要方面,这就要求对罐壁用材提出恰当的冲击韧性指标。储罐用材经过几十年的发展,国际上技术先进的国家的储罐设计标准几乎都用钢板的V形缺口冲击试验得到钢板的韧性——冲击功(吸收能量)的值来预测钢板的韧性。

钢板的厚度、材料的强度、化学成分中杂质含量、设计温度等对冲击韧性要求的指标都有影响,因此,在选择材料时应根据不同的情况,对材料提出不同的韧性指标要求。一般来讲,钢板厚度越大,越容易发生脆性断裂(一是因为随着板厚的增加,一般冲击韧性也随之降低;二是因为板厚的增加容易产生裂纹),需要的冲击韧性值越高;材料的强度等级越高,冲击功中和断裂无关的成分(如消耗于弹性变形的功值)越多,同时钢板的强度等级越高,越容易产生脆性破坏,且产生裂纹的敏感性也越大,因而,需要的冲击韧性值越高;温度越低;材料能够提供的韧性指标越低,温度越低越容易产生脆性破坏,所以对设计温度较低的罐壁,应有较高的冲击韧性值。所谓储罐的最低设计温度,是指储罐最低金属温度,它是指设计最低使用温度与充水试验时的水温两者中的较低值。对于设计温度不高于−20℃的储罐,应当按照低温储罐设计,必须考虑低温对材料性能、结构形式等方面的影响。对于特定的材料,钢板中杂质的含量对冲击韧性影响很大,因此,应限定杂质的含量,以确保较高的冲击韧性值。

储罐选材时,必须同时考虑强度、可焊性、冲击韧性三个因素。材料强度的增加往往会影响到可焊性,并且更容易产生脆性破坏。

2. 球罐用材的基本要求

球罐是压力容器的一种结构形式,因而在选材的基本要求方面与压力容器相同,但球罐与其他压力容器相比也有其特殊性,伴随石油化工行业的迅猛发展,球罐需求的大型化(高压力、高容积)给球罐设计、制造、安装提出了更高的要求。较一般压力容器而言,球罐因需现场组装,组装时对口多、再变形大、相应局部应力大;球罐现场施焊、焊接条件苛刻,相应焊接性能保证难度大等特点,要求球罐设计特别是选材要充分考虑。球罐用材要求在满足强度条件下,具有良好的焊接性能、耐蚀性能、成型性能及经济性能,同时还要考虑其配套的锻件。

1)足够的强度指标

强度指标主要指屈服强度、抗拉强度,它们决定着球罐受力状况和造价。目前用作球罐的材料有高强钢、中强钢,在低压大型球罐中还有低强钢。

高强钢因其强度高、球壳壁薄、有时不需热处理而越来越多应用在盛装丙烯、乙烯这类压力较高的大中型球罐中。而中强钢以其性能稳定,生产技术、制造、安装技术成熟,且对所盛介质要求不甚苛刻而广泛应用在中压球罐中,如液化石油气球罐。

2)充足的韧性储备

韧性是衡量材料抗开裂能力和止裂能力的重要性能参数。韧性与材料的化学成分、冶炼工艺、使用状态及本身厚度、热处理状态等因素有关。

3)良好的焊接性能

焊接性能是指是否易于焊接在一起并能保证焊缝因质量的性能。常用焊接处的出现各种缺陷的倾向来衡量。化学成分中C含量是影响焊接性能的主要因素,通常判别焊接性能的指标有碳当量、裂纹敏感性指数、裂纹敏感性系数,裂纹敏感性系数不大于20％的钢通常称为焊接无裂纹钢。

为保证材料的焊接性能,主要控制C含量。但在焊接过程中,还可以采取诸如焊前预热、焊后消氢及控制焊接电流、热输入、层间温度等手段来改善焊接性能,提高焊接质量。采用整体热处理则用来消除焊接过程中产生的焊接残余应力。

4)优良的抗H_2S应力腐蚀性能

材料的耐蚀性能是指材料抵抗各种介质的侵蚀能力。对球罐而言,主要指其抗H_2S应力腐蚀能力。球罐耐H_2S腐蚀能力与其用的材料强度、钢质纯净程度以及球罐的应力水平有关,高强钢耐腐蚀能力比中强钢弱。高强钢应用到球罐上应严格控制H_2S含量,而中、低强度钢则没有这方面要求。

5)易成型,不需预热

由于热成型破坏调质钢板机械性能、设备复杂、劳动强度大、能量消耗大、加工减薄量较大,且成型难以保证球罐瓣片的几何尺寸,所以目前大型球罐的制造都采用冷成型方法。这种方法相应要求钢板具有良好的塑性及经过塑性变形后还能保持较完善的综合力学性能。

6)经济性好

球罐本身造价高,其投资在项目中占相当大的比例,因此除满足上述性能指标外,还应具有较好的经济性,即造价最低。若有多种材料可供选择,应选择韧性值高、造价合理的材料,做到使用性、安全性、经济性三方面和谐统一。

7)有配套的锻件和焊材

球罐的锻件主要用于人孔颈、人孔盲板、法兰及接管,人孔规格通常为 DN500mm,相应锻件毛坯达 ϕ1000mm 以上,为保证球罐的整体质量,配置相应的锻件至关重要。应考虑到:一是锻件要有良好的综合机械性能及焊接性能;二是锻件级别要达到应有的要求;三是锻件要和采用的钢板匹配,不同钢板配置不同的锻件。

第二节 储罐用钢材简介

一、立式储罐常用钢材

立式储罐直径大于 5m 时,由于受到运输条件的限制,通常是在建造现场拼装、组焊而成,这就要求建造储罐的钢材具有良好的冷加工性能和焊接性能。储罐用材的选择应根据储罐的设计温度、物料的特性(腐蚀性、毒性、易爆性等)、钢材的性能和使用限制,保证储罐各部位安全、可靠。国内几十年来,逐步完善和制定储罐设计标准,采用 Q235-A、Q235-、F、Q235-B、Q235-C、Q245R(原 20R)、Q345R(原 16MnR)、16MnDR、12MnNiVR、08MnNiVR、07MnNiMoDR、06Cr19Ni10(原 0Cr18Ni9)等国产钢材以及国外引进 SPV490Q 等钢材建造储罐,并积累了较丰富的经验。

对于一般油品储罐,主体材质多采用低碳钢和低合金钢;容积 $5\times10^4 m^3$ 以上的大型立式储罐的壁板和罐底边缘板多采用屈服强度大于 490MPa、抗拉强度大于 610MPa 的低合金高强度钢板。我国首台 $10\times10^4 m^3$ 大型浮顶式油罐于 1985 年建造,所用高强度钢板为日本引进的 SPV50 钢板,其牌号后按 JIS G-3115—2010《压力容器用钢板》标准调整为 SPV490Q,为热轧调质钢板,具有高强度、高韧性、焊接性能优良、能满足气电立焊等大线能量焊接等特点。之后 20 多年来,我国建造的 $10\times10^4 m^3$ 大型浮顶式油罐绝大多数仍使用日本高强度钢板,但近年来我国逐渐以国产的 12MnNiVR(2003 年纳入 GB 19189—2001《压力容器用调质高强度钢板》)、08MnNiVR 等高强度钢板来代替日本高强度钢板,结束了我国建造 $10\times10^4 m^3$ 原油储罐用高强度钢板长期依赖进口的历史局面。

常用国产钢板化学成分见表2-3,常用国产钢板力学性能和工艺性能见表2-4。日本SPV490Q钢板化学成分见表2-5,力学性能和工艺性能见表2-6。

表2-3 常用国产钢板化学成分

牌号	等级	各化学成分的质量分数(%)									
		C	Si	Mn	P	S	Al	Ni	Cr	Mo	V
Q235	A	≤0.22	≤0.35	≤1.40	≤0.045	≤0.050					
	B	≤0.20			≤0.045	≤0.045					
	C	≤0.17			≤0.040	≤0.040					
	D	≤0.17			≤0.035	≤0.035					
Q245R		≤0.20	≤0.35	0.50~1.00	≤0.025	≤0.015	≥0.020				
Q345R		≤0.20	≤0.55	1.20~1.60	≤0.025	≤0.015	≥0.020				
07MnNiVDR		≤0.09	0.15~0.40	1.20~1.60	≤0.018	≤0.008		0.20~0.50	≤0.30	≤0.30	0.02~0.06
08MnNiVR		≤0.11	0.15~0.55	1.20~1.60	≤0.015	≤0.005		≤0.30	≤0.30	≤0.30	0.02~0.06
12MnNiVR		≤0.15	0.15~0.40	1.20~1.60	≤0.020	≤0.010		0.15~0.40	≤0.30	≤0.30	0.02~0.06

表2-4 常用国产钢板力学性能和工艺性能

牌号	钢板厚度(mm)	拉伸试验			冲击试验		弯曲试验 180° $b^①=2a^②$
		抗拉强度(N/mm²)	屈伸强度(N/mm²)	断后伸长率(%)	温度(℃)	冲击功(J)	弯心直径 d
			不小于			不小于	
Q235	≤16	370~500	235	26	B级钢板+20;C级钢板0;D级钢板-20	27	纵向 a 横向 1.5a
	>16~40		225	26			
	>40~60		215	25			
	>60~100		215	24			
	>100~150		195	22			纵向 2a 横向 2.5a
	>150~200		185	21			
Q245R	3~16	400~520	245	25	0	31	d=1.5a
	>16~36	400~520	235	25			d=1.5a
	>36~60	400~520	225	25			d=1.5a
	>60~100	390~510	205	24			d=2a
	>100~150	380~500	185	24			d=2a

续表

牌号	钢板厚度(mm)	拉伸试验 抗拉强度(N/mm²)	拉伸试验 屈伸强度(N/mm²)	拉伸试验 断后伸长率(%)	冲击试验 温度(℃)	冲击试验 冲击功(J)	弯曲试验 180° $b^{②}=2a^{①}$ 弯心直径 d
				不小于		不小于	
Q345R	3～16	510～640	345	21	0	31	$d=2a$
	≥16～36	500～630	325	21			$d=3a$
	≥36～60	490～620	315	21			$d=3a$
	≥60～100	490～620	305	20			$d=3a$
	≥100～150	480～610	285	20			$d=3a$
	≥150～200	470～600	265	20			$d=3a$
07MnNiVDR	10～60	610～730	≥490	≥17	−40	≥80	$d=3a$
08MnNiVR	12～45	610～730	≥490	≥18	−20	≥100	$d=3a$
12MnNiVR	10～60	610～730	≥490	≥17	−20	≥80	$d=3a$

注：① a 为试样厚度，单位 mm。
② b 为试样宽度，单位 mm。

表 2-5 SPV490Q 钢板化学成分

钢号	各化学成分的质量分数(%) C	Si	Mn	P	S	碳当量①(%)	焊接裂纹敏感性系数②(%)
SPV490Q	≤0.18	≤0.75	≤1.60	≤0.030	≤0.030	≤0.45	≤0.28

注：① 碳当量(%)=C+Mn/6+Si/24+Ni/40+Cr/5+Mo/4+V/14。
② 焊接裂纹敏感性系数(%)=C+Si/30+Mn/20+Cu/20+Ni/60+Cr/20+Mo/15+V/10+5B。

表 2-6 SPV490Q 力学性能和工艺性能

钢号	屈服点或屈服强度(N·mm²)	抗拉强度(N·mm²)	伸长率 厚度(mm)	伸长率 %	弯曲性 弯曲角度	弯曲性 弯心半径	夏比冲击吸收功 试验温度(℃)	夏比冲击吸收功 3个试样平均值(J)	夏比冲击吸收功 单个试样值(J)
SPV490Q	≥490	610～740	≤16 >16 >20	≥18 ≥25 ≥19	180°	厚度的1.5倍	−10	≥47	≥27

二、球形储罐常用钢材

球罐是储存气体或液体介质的固定式压力容器，球罐不仅按其储存物料的性质、压力、温度等因素选定具有足够强度的材料，而且还应考虑到所选材料应具有良好的焊接性能和加工性能，同时还应考虑材料的供给可靠性及经济性等。

以往我国自行设计、建造的球罐用材主要是 A3R、20R、16MnR、16MnDR、15MnVR、15MnVNR，到 20 世纪末为止，我国建设的球罐主要选用 16MnR，约占总量的 85% 左右。由于钢材的屈服极限低，多用于建造容积为 400～1000m³ 的球罐，远远不能满足石油、化工等工业发展的需要，所以大量引进大型球罐。

近年来，国内球罐用钢研制进步较快，出现了多种新钢种。国家标准 GB 12337—1998《钢制球形储罐》中新增了 11 种钢材，分别是 Q370R、15MnNiDR、15MnNiNbDR、09MnNiDR、07MnMoVR、07MnNiVDR、07MnNiMoDR、S30408、S30403、S31608、S31603，再加上 Q245R（原 20R）、Q345R（原 16MnR）、16MnDR，总量达到 14 种。这大大增加了国内球罐用材方面的选择性，拓宽了球罐的应用领域，为我国球罐大型化奠定了基础。

国内球罐常用钢材化学成分见表 2-7，钢板许用应力见表 2-8，球罐锻件许用应力见表 2-9，钢管许用应力见表 2-10。

表 2-7 常用球罐钢板化学成分

牌号	各化学成分的质量分数(%)										
	C	Si	Mn	V	P	S	Al	Ni	Nb	Cr	Mo
Q245R	≤0.20	≤0.35	0.50～1.00	—	≤0.025	≤0.015	≥0.020				
Q345R	≤0.20	≤0.55	1.20～1.60	—	≤0.025	≤0.015	≥0.020				
Q370R	≤0.18	≤0.55	1.20～1.60	0.015～0.050	≤0.025	≤0.015	—				
16MnDR	≤0.20	0.15～0.50	1.20～1.60		≤0.025	≤0.012	≥0.020				
15MnNiDR	≤0.18	0.15～0.50	1.20～1.60	≤0.06	≤0.025	≤0.012	≥0.020	0.20～0.60			
15MnNiNbDR	≤0.18	0.15～0.55	1.20～1.60		≤0.020	≤0.010	≥0.015	0.50～0.70	0.015～0.040		
09MnNiDR	≤0.12	0.15～0.50	1.20～1.60		≤0.020	≤0.012	≥0.020	0.30～0.80	≤0.04		

第二章 储罐用材

续表

牌号	各化学成分的质量分数(%)										
	C	Si	Mn	V	P	S	Al	Ni	Nb	Cr	Mo
07Mn MoVR	≤0.09	0.15~0.40	1.20~1.60	0.02~0.06	≤0.020	≤0.010	≥0.40			≤0.30	0.10~0.30
07Mn NiVDR	≤0.09	0.15~0.40	1.20~1.60	0.02~0.06	≤0.018	≤0.008		0.20~0.50		≤0.30	≤0.30
07Mn NiMoDR	≤0.09	0.15~0.40	1.20~1.60	≤0.06	≤0.015	≤0.005		0.30~0.60		≤0.30	0.10~0.30

表2-8　常用球罐钢板许用应力

牌号	钢板标准	使用状态	厚度(mm)	室内强度指标		在下列温度下的许用应力(MPa)			
				$R_m^{③}$ (MPa)	$R_{eL}^{④}$ (MPa)	≤20℃	100℃	150℃	200℃
Q245R	GB 713—2008①	热轧,控轧,正火	3~16	400	245	148	147	140	131
			>16~36	400	235	148	140	133	124
			>36~60	400	225	148	133	127	119
			>60~100	390	205	137	123	117	109
Q345R	GB 713—2008	热轧,控轧,正火	3~16	510	345	189	189	189	183
			>16~36	500	325	185	185	183	170
			>36~60	490	315	181	181	173	160
			>60~100	490	305	181	181	167	150
Q370R	GB 713—2008	正火	10~16	530	370	196	196	196	196
			>16~36	530	360	196	196	196	193
			>36~60	520	340	193	193	193	180
16MnDR	GB 3531—2008	正火,正火加回火	6~16	490	315	181	181	180	167
			>16~36	470	295	174	174	167	157
			>36~60	460	285	170	170	160	150
			>60~100	450	275	167	167	157	147
15MnNiDR	GB 3531—2008②	正火,正火加回火	6~16	490	325	181	181	181	173
			>16~36	480	315	178	178	178	167
			>36~60	470	305	174	174	173	160
15MnNiNbDR	—	正火,正火加回火	10~16	530	370	196	196	196	196
			>16~36	530	360	196	196	196	193
			>36~60	520	350	193	193	193	187

续表

牌号	钢板标准	使用状态	厚度（mm）	室内强度指标 R_m（MPa）	R_{el}（MPa）	≤20℃	100℃	150℃	200℃
09MnNiDR	GB 3531—2008	正火，正火加回火	6～16	440	300	163	163	163	160
			>16～36	440	280	163	163	157	150
			>36～60	430	270	159	159	150	143
			>60～100	420	260	156	156	147	140
07MnMoVR	GB 19189—2001	调质	10～16	610	490	226	226	226	226
07MnNiVDR	GB 19189—2001	调质	10～16	610	490	226	226	226	226
07MnNiMoDR	GB 19189—2001	调质	10～16	610	490	226	226	226	226

注：①GB 713—2008《锅炉和压力容器用钢板》。
②GB 3531—2008《低温压力容器用低合金钢钢板》。
③R_m 为材料标准抗拉强度下限值，单位为 MPa。
④R_{el} 为材料标准常温屈服强度，单位为 MPa。

表2-9 常用球罐钢板许用应力

牌号	锻件标准	使用状态	公称厚度（mm）	室内强度指标 R_m（MPa）	R_{el}（MPa）	≤20℃	100℃	150℃	200℃
20	NB/T 47008—2010①	正火，正火加回火	≤100	410	235	152	140	133	124
			>100～200	400	225	148	133	127	119
			>200～300	380	205	137	123	117	109
16Mn	NB/T 47008—2010	正火，正火加回火，调质	≤100	480	305	178	178	167	150
			>100～200	470	295	174	174	163	147
			>200～300	450	275	167	167	157	143
20MnMo	NB/T 47008—2010	调质	≤300	530	370	196	196	196	196
16MnD	NB/T 47008—2010	调质	≤100	480	305	178	178	167	150
			>100～200	470	295	174	174	163	147
			>200～300	450	275	167	167	157	143
20MnMoD	NB/T 47009—2010②	调质	≤300	530	370	196	196	196	196

续表

牌号	锻件标准	使用状态	公称厚度 (mm)	室内强度指标 R_m (MPa)	室内强度指标 R_{el} (MPa)	≤20℃	100℃	150℃	200℃
08MnNiMoVD	NB/T 47009—2010	调质	≤300	600	480	222	222	222	222
10Ni3MoVD	NB/T 47009—2010	调质	≤300	600	480	222	222	222	222
09MnNiD	NB/T 47009—2010	调质	≤200	440	280	163	163	157	150
09MnNiD	NB/T 47009—2010	调质	>200~300	430	270	159	159	150	143

注：①NB/T 47008—2010《承压设备用碳素钢和合金钢锻件》。
②NB/T 47009—2010《低温承压设备用低合金钢锻件》。

表2-10 常用球罐用钢管许用应力

钢号	钢板标准	使用状态	壁厚 (mm)	室内强度指标 R_m (MPa)	室内强度指标 R_{el} (MPa)	≤20℃	100℃	150℃	200℃
10	GB/T 8163—2008①	热轧	≤10	335	205	124	121	115	108
10	GB 9948—2013②	正火	≤16	335	205	124	121	115	108
10	GB 9948—2013②	正火	>16~30	335	195	124	117	111	105
20	GB/T 8163—2008	正火	≤8	410	245	152	147	140	131
20	GB 9948—2013	正火	≤16	410	245	152	147	140	131
20	GB 9948—2013	正火	>16~30	410	235	152	140	133	124
20	GB 9948—2013	正火	>30~50	410	235	150	133	127	117
09MnD	—	正火	≤8	420	270	156	156		
09MnNiD	—	正火	≤8	440	280	163	163		

注：①GB/T 8163—2008《输送流体用无缝钢管》。
②GB 9948—2013《石油裂化用无缝钢管》。

第三节 储罐的焊接材料选用及管理

焊接材料包括焊条、焊丝、焊剂、保护气体等。焊接材料在焊接中起到填充金属并参与焊接冶金反应的作用，焊接材料质量的好坏、选择是否合理将直接影响到焊缝金属的组织和性能,并对其起着决定性的作用。本节介绍焊接材料的选用、焊接材料的使用及保管、常用的焊接材料等内容。

一、储罐的焊材选用

焊接是储罐施工中的一道至关重要的工序,而要想获得满意的焊接效果,获得与母材等强度的、质量优良的焊缝,就必须正确选择合适的焊接材料。

1. 焊条的选用

1)焊条选用的原则

焊条的选用须在确保焊接结构安全、可靠使用的前提下,根据被焊金属的化学成分、机械性能、抗裂性能等要求,同时考虑焊接结构形状、工作条件、焊接设备情况等多方面因素。必要时还可进行可焊性试验来选择焊接材料以及采取必要的工艺措施。选用焊条一般应考虑以下原则:

(1)对于普通结构钢,通常要求焊缝金属与母材等强度,应选用抗拉强度等于或稍高于母材的焊条。对于合金结构钢,通常要求焊缝金属的主要合金成分与母材金属相同或相近。

(2)在被焊结构刚度大、接头应力高、焊缝容易产生裂纹的情况下,可以考虑选用比母材强度低一级的焊条。

(3)对结构形状复杂、刚度大及大厚度焊件,由于焊接过程中产生很大的应力,容易使焊缝产生裂纹,应选用抗裂性能好的低氢型焊条。

(4)在没有直流电源,而焊接结构又要求必须使用低氢型焊条的场合,应选用交流、直流两用低氢型焊条。

(5)在狭小或通风条件差的场所,应选用酸性焊条或低尘焊条。

(6)为改善操作工艺性能,在满足产品性能要求的条件下,尽量选用电弧稳定、飞溅少、焊缝成形均匀整齐、容易脱渣,工艺性能好的酸性焊条。焊条工艺性能要满足施焊操作需要。如在非水平位置施焊时,应选用适于各种位置焊接的焊条。

2)焊接低碳钢时焊条的选用

根据等强的原则,焊接低碳钢时在一般情况下选用E43××(J42××)系列焊条。E43××系列焊条有多种型号(或牌号),每种焊条的特点、性能等也不尽相同。可根据受载情况、结构特点等加以选用。

随着母材厚度的增大,焊接接头的冷却速度加快,促使焊缝金属硬化,接头内残余应力增大。因此,当厚度增加时,在同等强度等级中应选用抗裂性能好的焊条,如低氢型焊条。

焊接接头形式或焊接位置的不同,焊条的选用也有所不同。立、横、仰焊焊接位置时,应选用全位置焊接适应性好、焊条直径较小的焊条(一般≤4mm)。

在严寒冬天或类似气温下焊接低碳钢结构时,由于冷却速度加快,应力增加,产生裂纹倾向增大,特别是焊接大厚板、大刚度的结构时裂纹倾向更大。因此,尽可能采用低氢或超低氢焊接材料。

3)焊接低合金高强钢的焊条选用

焊接低合金高强钢时主要根据产品对焊缝金属的性能要求选用焊条。焊接高强钢时一般应选用与母材强度相当的焊条,但必须综合考虑焊缝金属的韧度、塑性及强度。

对焊后需经热处理的焊件,应考虑焊缝经受高温处理作用对其力学性能的影响,应保证焊缝金属经热处理后仍具有要求的强度、塑性和韧性等。如焊后需经正火处理或消除应力处理时,应选用焊缝金属合金成分较高的焊条。

对于厚度、拘束度及冷裂倾向大的焊接结构,应选用低氢型或超低氢型焊条,以提高抗裂性能,降低预热温度,简化焊接工艺。

2.焊丝的选用

焊丝的选用要根据被焊钢材种类、焊接部位的质量要求、焊接施工条件(板厚、坡口形状、焊接位置、焊接条件、焊后热处理及焊接操作等)、成本等综合考虑。

焊丝选用要考虑的顺序如下:

(1)根据被焊结构的钢种选择焊丝。对于碳钢及低合金高强钢,主要是按"等强匹配"的原则,选择满足力学性能要求的焊丝。

(2)根据被焊部件的质量要求(特别是冲击韧性)选择焊丝。与焊接条件、坡口形状、保护气体混合比等工艺条件有关,要在确保焊接接头性能的前提下,选择达到最大焊接效率及降低焊接成本的焊接材料。

(3)根据现场焊接位置选择焊丝。对应于被焊工件的板厚选择所使用的焊丝直径,确定所使用的电流值,参看各生产厂的产品介绍资料及使用经验,选择适合于焊接位置及使用电流的焊丝牌号。

3.焊剂的选用

焊剂的焊接工艺性能和和化学冶金性能是决定焊缝金属化学成分和性能的主要因素之一,采用相同的焊丝和同样的焊接参数,而配用的焊剂不同,所得焊缝的性能将有很大的差别。一种焊丝可与多种焊剂合理的组合。

4.气体的选用

CO_2 气体保护焊、惰性气体保护焊、混合气体保护焊等都要使用相应的气体,焊接用气体的选择主要取决于焊接、切割方法,除此之外,还与被焊金属的性质、焊接接头质量要求、焊件厚度和焊接位置及工艺方法等因素有关。根据在施焊过程所采用的焊接方法不同,焊接或保护用的气体也不同,焊接方法与焊接用气体的选用见表 2-11。

表 2-11　焊接方法与焊接气体的选用

焊接方法		焊接气体		
钨极惰性气体保护焊(TIG)		Ar	He	Ar+He
实心焊丝	熔化极惰性气体保护焊(MIG)	Ar	He	Ar+He
	熔化极活性气体保护焊(MAG)	$Ar+O_2$	$Ar+CO_2$	$Ar+CO_2+O_2$
	CO_2 气体保护焊	CO_2	CO_2+O_2	
药芯焊丝		CO_2	$Ar+O_2$	$Ar+CO_2$

用于保护的二氧化碳气体应符合现行行业标准 HG/T 2537—1993《焊接用二氧化碳》的规定;用于保护的氩气应符合现行国家标准 GB/T 4842—2006《氩》的有关规定。

二、储罐的焊材管理

为了保证焊接材料的使用性能,现场除了具备必要的储存、烘干、清理设施外,还应建立可靠的管理规程,并严格贯彻执行。

1.焊接材料进场检验

焊接材料进场入库前应进行验收。验收内容应依据其制造标准、种类、重要性以及其他相关规定来确定。一般情况下验收的主要项目有以下几种。

1)包装检验

检验焊接材料的包装是否符合有关标准要求,如产品名称、型号、牌号、规格、数量、出厂日期等有关内容,包装是否完好,是否有雨淋或受潮现象等。

2)质量证明书

对应附有质量证明书的焊接材料,应认真核对质量证明书的内容是否完整,数据是否齐全并符合规定要求。

第二章 储罐用材

3）外观检验

检验焊接材料的外表面是否有污染；在储运过程中是否有可能影响焊接质量的缺陷产生，如雨淋受潮、生锈、破损等；标识标志是否清晰、牢固，与产品实物是否相符等。

4）成分及性能试验

根据有关标准或供货协议要求，进行相应的试验。如按现行国家标准GB 50094—2010《球形储罐施工规范》规定，球壳的对接焊缝以及直接与球壳焊接的焊缝，采用焊条电弧焊时应选用低氢型药皮焊条，并按批号进行扩散氢复验，扩散氢试验方法应按现行国家标准GB/T 3965—2012《熔敷金属中扩散氢测定方法》的有关规定执行。

2. 焊接材料保管

检验合格的焊接材料才可入库，入库的焊接材料应建立相应的库存档案，如入库记录、质量证明书、验收检验报告、检查及出库记录等。

焊接材料的储存应保持适宜的温度及湿度。室内温度应在5℃以上，相对湿度应不超过60%，室内应保持干燥、洁净，不得存放有害或有腐蚀性的介质。

焊接材料的保管应符合有关技术要求和安全规程。对因吸潮而可能导致失效的焊接材料，如焊条、焊剂等，存放时应采取必要的防潮措施，如设置货架、垫离地面、远离墙壁、采用防潮剂或去湿器等。

对品种、型号（或牌号）、批号、规格、入库时间等不同的焊接材料应分类存放，并有明显的区别标识，以免混杂，造成混发、错用。

为了保证焊接材料在其有效期内得到使用，避免库存超期，造成不良后果，发放时应遵守先入先出的原则。焊接材料的出库应按照产品消耗定额进行控制，发放及回收应有记录。

3. 焊接材料的烘干

烘干焊接材料的场所应具备合适的烘干、保温设施。烘干、保温设施应有可靠的温度控制、时间控制及显示装置。焊接材料制造厂对有烘干要求的焊接材料应提供明确的烘干条件，焊接材料的烘干规范应参照焊接材料说明书的要求确定。常用焊材烘干温度及保温时间如无明确要求，可参照表2-12执行。焊接材料的摆放应合理有序，使其能均匀受热，潮气能均匀排放。烘干焊条时还应注意防止因骤冷骤热而导致药皮开裂、破损脱落，影响焊条的正常使用和焊接质量。不同类型的焊接材料原则上应分别烘干。焊前要求必须烘干的焊接材料（如碱性低氢型焊条及陶质焊剂等）如烘干后在常温下搁置4h以上，在使用时应再次烘干。

表 2-12　焊接材料烘干和使用要求

种类		烘干温度(℃)	恒温时间(h)	允许使用时间(h)	重复烘干次数
非低氢型焊条(纤维素型除外)		100～150	0.5～1	8	≤3
低氢型焊条		350～400	1～2	4	≤2
焊剂	熔炼型	150～300	1～2	4	—
	烧结型	200～400			

4. 焊接材料的使用

焊接材料在使用过程中应注意保持标识，以免发生错用。焊丝的表面必须光滑、清洁。对非镀铜或防锈处理的焊丝，在使用前必须进行除锈、脱脂处理。

焊工领用焊条时，应将焊条放在已加热至规定温度的保温筒内。焊接工作结束时，应及时回收剩余的焊接材料。回收的焊接材料必须标记清楚、整洁、无污染。

焊剂一般不宜重复使用，但若能将旧焊剂中的熔渣、杂质和粉尘等清除，并与同批号的新焊剂混合均匀、颗粒度符合规定要求，且旧焊剂混合比例在50%以下时，允许重复使用。

三、储罐施工常用焊材

对石油天然气行业储罐常用的钢材，按照焊条电弧焊、埋弧自动焊、气电立焊、CO_2气保护焊等四种主要焊接方法，推荐选用表 2-13 中的焊接材料（仅供参考，具体焊接材料选用还应以各单位焊接工艺评定文件为准）。

表 2-13　储罐推荐焊接材料选用表

序号	母材钢号	焊条电弧焊	埋弧自动焊	气电立焊	CO_2气保护焊
1	Q235	E4303(J422) E4315(J427)	H08A/HJ431	EG-1(新日铁)/ DWS-43G(神钢)	ER49-1 ER50-6
2	Q245R(原20R)	E4315(J427)	H08A/HJ431	EG-1(新日铁)/ DWS-43G(神钢)	ER49-1 ER50-6
3	Q345R(原16MnR)	E5015(J507) E5016(J506)	H10Mn2/HJ431 或 SJ101	EG-1(新日铁)/ DWS-43G(神钢)	ER49-1 ER50-6

第二章 储罐用材

续表

序号	母材钢号	焊接材料			
		焊条电弧焊	埋弧自动焊	气电立焊	CO_2气护保焊
4	12MnNiVR	E6015-G（J607RH）LB-62（神钢）L-60（新日铁）	CHWS7CG/CHE26H（大西洋）Y-E/NF-11H（新日铁）US49/MF-33H（神钢）	EG-60（新日铁）/DWS-60G（神钢）	—
5	08MnNiVR	LB-62（神钢）L-60（新日铁）E6015-G（J607RH）	CHWS7CG/CHE26H（大西洋）Y-E/NF-11H（新日铁）US49/MF-33H（神钢）	EG-60（新日铁）/DWS-60G（神钢）	—
6	SPV490Q	LB-62（神钢）L-60（新日铁）	Y-E/NF-11H（新日铁）US49/MF-33H（神钢）	EG-60（新日铁）/DWS-60G（神钢）	—
7	Q235+Q345R	E4315（J427）	H08A/HJ431	—	ER49-1 ER50-6
8	Q345R+SPV490Q	E5015（J507）E5016（J506）	H10Mn2/HJ431 或 SJ101	—	—
9	Q345R+12MnNiVR	E5015（J507）E5016（J506）	H10Mn2/HJ431 或 SJ101	—	—
10	Q235+12MnNiVR	E4315（J427）	H08A/HJ431	—	ER49-1 ER50-6
11	Q370R	E5515-G（J557）E5516-G（J556RH）	—	—	—
12	16MnDR	E5015-G（J507RH）E5016-G（J506RH）	—	—	—
13	15MnNiDR	E5015-G（W607）	—	—	—
14	15MnNiNbDR	E5515-G（J557RH）	—	—	—
15	09MnNiDR	E5015-C1L	—	—	—
16	07MnMoVR	E6015-G（J607RH）	—	—	—
17	07MnNiVDR	E6015-G（J607RH）	—	—	—
18	07MnNiMoDR	E6015-G（J607RH）	—	—	—

第三章 施工准备

施工准备是进行储罐工程项目施工的基础和前提条件,做好工程项目施工准备工作是顺利进行施工的基本要求,施工准备工作不仅会影响工程的工期,而且会影响到整个工程的质量、安全、经济效益和社会效益。因此,在工程开工前,必须充分做好施工前的各项准备工作。

储罐工程项目施工前的准备工作内容比较多,概括起来主要有包括:技术准备、人力资源准备、施工机具设备准备、施工物资准备和现场准备等。本章就这几方面进行简要的介绍。

第一节 技术准备

技术准备在整个工程项目施工准备中非常重要,是其他施工准备的基础,技术准备是否全面和详细都会直接影响到其他准备工作的进行,任何技术上的差错和失误都会带来安全隐患和质量事故的发生。

储罐施工技术准备工作主要包括:准备施工标准与验收规范等技术资料;熟悉设计文件、施工图样及标书内容,组织内部会审;进行施工现场的踏勘,参加设计交底、图样会审;编制施工组织设计、检验试验计划及设备调试计划,编制专项施工方案、施工作业指导书等。

一、准备施工标准与验收规范,熟悉和学习设计文件

施工标准、验收规范及设计文件是储罐施工的依据,是指导储罐施工与验收投产全过程的重要技术文件,熟悉并掌握施工标准、验收规范及设计文件是储罐施工的前提与基础。储罐工程开工前,要求参加施工的技术人员充分了解和掌握施工图样和技术要求,内容包括:

(1)施工图样是否完整和齐全。储罐施工图通常都是由总图和各部位单体图组成,按照总体目录索引来检查各单体图及各专业图是否齐全;施工图样是

否符合国家有关工程设计和施工的方针及政策。

(2)储罐施工各专业图样与其图样说明书在内容上是否一致;储罐施工总图及其各组成部分之间有无矛盾和错误。

(3)储罐基础图与主体图在尺寸、坐标、标高和说明方面是否一致,技术要求是否明确。

(4)熟悉与储罐连接的生产工艺流程和技术要求,掌握配套投产的先后次序和相互关系;审查工艺安装图样总体图与各单体图在衔接和各类标注尺寸上是否一致;各张图样之间、各施工专业之间是否有错、漏、碰、缺的现象。

(5)储罐基础设计或地基处理方案同建造地点的工程地质和水文地质条件是否一致。

(6)掌握拟建储罐的结构形式和特点,需要采取哪些新技术;复核脚手架、吊装工具、组装卡具、胎架等主要承重结构强度、刚度和稳定性能否满足施工要求。

上述熟悉和学习设计文件阶段属于图样自审,由每个自审单位独自进行,并形成图样自审记录,自审中提出的问题要提交到设计交底会议上,由设计单位给予解答确认。

二、参加图样会审和设计交底会议

图样会审工作一般是在施工单位、建设单位、监理单位完成自审的基础上,由建设单位主持,监理单位组织,设计单位、施工单位、质量监督管理部门和物资供应单位等有关人员参加。会审的各方都应充分准备,对设计意图及技术要求全面了解,能发现问题并提出建议与意见,提高图样会审的工作效率,把图样上的差错、缺陷,在施工之前纠正和改进。

建设单位组织设计单位对于图样的设计意图、工程技术与质量要求等向施工单位和监理单位做出明确的技术交底,通过图样会审重点解决以下问题:

(1)理解设计意图和建设单位对储罐建设的要求。

(2)储罐采用新技术、新工艺、新材料、新设备的情况,工程结构是否安全合理。

(3)设计方案及技术措施中,贯彻国家及行业规范、标准的情况。

(4)根据储罐设计图样要求,施工单位组织施工的条件是否具备,施工现场能否满足施工需要。

(5)储罐图样上的开孔及各部件尺寸、位置及数据是否准确一致,各类图样在阀门、管线、附件标注上有无矛盾等。如发现错误,应提出更正,避免影响工期及增加投资费用。

会审时要有专人做好记录,会后做出会审纪要,注明会审时间、地点、主持单位及参加单位、参会人员。就会审中提出的问题,着重说明处理和解决的意见与办法。会审纪要经参加会审的各个单位签字认同后(一式若干份),分别送交有关单位执行及存档,作为竣工验收依据文件的部分内容。

三、组织编制施工组织设计、HSE作业指导书

工程技术人员在对图样、标准以及施工现场情况熟悉后,即可根据拟建储罐工程规模的大小反、单台容积及合同约定的总、分包方式,相应地编制不同范围和深度的施工组织设计,并报有关部门(EPC项目部、监理部和业主项目部)批复。目前在实际工作中,常编制的施工组织设计有以下三种。

1. 施工组织总设计

施工组织总设计是以大型储罐群工程为对象,对整个罐群施工在总体战略部署、施工工期、技术物资、大型临时设施等方面进行规划和安排,对项目整体的施工过程起统筹规划、重点控制的作用,以保证工程项目按程序合理、有效地进行。它是指导整个储罐群工程施工的一个全面性的技术经济文件。施工组织总设计一般在设计文件被批准之后,由总承包企业的项目负责人组织编制。对于实行总包和分包的储罐工程,由总包单位编制施工组织总设计,分包单位在总包单位的总体部署下,编制分包工程的单位工程施工组织设计或施工方案。

2. 单位工程施工组织设计

单位工程施工组织设计是以单台大型储罐或划分为一个单位工程的多台中小型储罐为编制对象,内容比施工组织总设计详细、具体,是指导单位工程施工的技术经济文件,是当施工图纸到达以后,在工程开工前对工程施工所作的全面安排。如确定具体的施工组织、施工方法、技术措施等。单位工程施工组织设计由该单位工程的项目负责人组织编制。

3. 施工方案

施工方案是以分部(分项)工程(如基础工程、罐体工程等)或专项工程为主要对象编制的施工技术与组织方案,用以具体指导施工全过程。它主要围绕分部(分项)工程特点对施工中的主要工序,在施工方法、时间配合和空间布置等

方面进行合理安排,以保证施工作业的正常进行。对操作工艺相同的安装项目一般编有标准施工作业指导书(如焊接施工作业指导书),重点说明施工工序和技术要求。为了减少重复劳动,在编制施工方案时,可以引用标准施工作业指导书,并附上根据施工现场实际对空间布置及施工进度所作的具体安排。

4. HSE 作业指导书

HSE 作业指导书是储罐在安全、环保条件下正常施工的重要技术文件,它的编制与执行可保证储罐预制安装过程中,所有参建员工的身体健康和生命安全,并为其创造一个良好的施工环境。增强员工的 HSE 意识,确保企业 HSE 方针和目标的落实,是 HSE 作业指导书的最终目的。

储罐工程 HSE 作业指导书主要内容包括:储罐预制安装人员的基本条件、岗位职责、岗位操作规程、风险识别、风险削减及控制、巡回检查内容及注意事项、应急处置程序及应急措施等。根据储罐工程参建工种情况,通常编制的 HSE 作业指导书有"起重工 HSE 作业指导书"、"铆工 HSE 作业指导书"、"电焊工 HSE 作业指导书"、"气焊工 HSE 作业指导书"、"架子工 HSE 作业指导书"及"防腐工 HSE 作业指导书"等。

四、编制项目技术交底资料,组织各专业技术交底

技术交底是储罐施工中极为重要的一项技术管理工作,是在图样会审和设计交底完成后,由施工单位向施工管理和施工作业人员进行的交底,其目的是使参与储罐施工的技术人员与工人熟悉和了解所承担的储罐的特点、设计意图、技术要求、施工工艺及应注意的问题,对提高工程质量和效率有很大的促进作用。

1. 技术交底的内容

技术交底主要包括以下几项内容:

(1)施工组织设计和施工技术措施交底:包括施工的工期、质量、成本目标及内容,采用的设备、施工工艺的特点,本工程要求达到的主要经济技术指标以及实现这些指标应采取的技术措施;施工方案顺序、工序衔接及劳动组织;各工序要达到的技术要求等。

(2)施工中的 HSE 交底:包括工程的特点、施工中的 HSE 要求和保证 HSE 目标实现的各项技术措施、具体责任人。

(3)施工质量交底:包括施工中各项质量要求(各个工序的质量要求和质量

控制点)及保证质量的各项措施。

(4)新设备、新工艺、新材料、新结构和新技术交底。

技术交底应有专人负责记录,汇总后填写技术交底记录,并汇入技术档案存档,技术交底要有交底人、被交底人签字。

2.技术交底的程序

技术交底可按施工技术管理程序,根据储罐工程划分要求,按分部、分项工程在施工前逐级进行。技术交底根据接受对象的不同一般包括储罐总体技术交底和储罐基础、主体、附件等分部、分项工程技术交底。

1)储罐总体技术交底

储罐总体技术交底是在工程开工前,由项目技术负责人组织专业技术员召开技术交底会,主要内容有:

(1)储罐总体概况。

(2)储罐设计意图、设计交底中涉及的变更和设计要求。

(3)储罐施工中罐基础、主体、防腐等各分部或分项工程采用的施工标准、规范、规程。

(4)储罐主要施工方案、施工方法。底板排版及焊接顺序、边缘板焊接顺序、大角缝焊接顺序、浮船(拱顶)施工顺序等特殊工程部位的技术处理细节及其注意事项;新技术、新工艺、新材料、新结构施工技术要求与实施方案及注意事项;对易发生质量事故与工伤事故的工程部位须认真作技术交底。

(5)施工合同对工期、质量、安全方面的要求。

(6)明确基础大体积混凝土浇铸、储罐焊接、热处理等特殊过程及其有关措施和监控方案。

2)分部、分项工程技术交底

分部、分项工程技术交底是由专业技术员根据单位工程技术交底的内容,结合施工标准、规范、操作规程及施工图样要求,以书面的形式向工长及班组长进行交底,其主要内容有:

(1)该班组(操作人员)施工的主要内容。

(2)工程(部位)的施工(操作)方法、步骤,设计图样、施工规范对操作的具体要求及设计图中不易掌握的难点和重点;各专业间交叉作业关系、工序衔接特殊要求和操作中应注意事项;侧重交清每一个作业班组负责施工的分部、分项工程的具体技术要求和采用的施工工艺标准或企业内部工法;质量通病预防办法及其注意事项;

(3)分部、分项工程施工质量标准。

(4)特殊过程具体操作方法、参数要求、监控方法和注意事项。

(5)安全环保要求。主要为施工安全环保交底及介绍以往同类工程的安全环保事故教训及应采取的具体对策。

五、搞好技术培训与新技术推广应用

储罐施工技术培训与新技术推广应用是储罐工程施工前技术准备工作的一个重要环节。目前国内大型储罐(十万立方米以下)施工技术已比较成熟,且形成了系列配套的施工工法,而在中小型储罐施工中,从预制到安装也形成了完备系列配套的施工工法。随着EPC(设计、采办、施工)总承包模式的广泛推广,无论设计、施工都以项目的经济效益为中心,从而使设计和施工能够相互促进发展,带动了储罐整体建造技术的发展。

近年来,在大型储罐施工新技术方面,随着国家石油战略储备库的建设及各地方商业油品储罐的建设,应用较为成熟的新技术有:

(1)罐底对接焊缝碎丝埋弧焊接技术:焊接质量好,效率高,焊接变形量大为减小。

(2)浮顶安装低架台技术:使用20mm×20mm的方钢作为支撑浮顶的平台,既节省了措施的用料,又缩短了组装架台的工期,是一种理想的施工方法。

(3)罐壁组装同步技术:采用边组装、边焊接的施工工艺,在组对完成每圈罐壁中的四张板后,就开始进行立缝、横缝的焊接,当一圈壁板全部组对完成后,焊接也已完成了一大部分,而且最后一张板仍为无活口组装。这样,在工序上实现了同步作业,解决了焊缝收缩总量控制的问题。

(4)储罐后台预制技术:除了浮顶是在现场制造安装外,其余全是预制件或半成品,不但减少了现场所需的施工人员,而且提高了施工速度、节省了施工费用。

(5)壁板安装自动焊技术:壁板安装采用自动立焊机和横焊机进行储罐自动焊,提高了焊接施工质量及效率。

在中小储罐施工新技术方面,随着油田内各类介质储罐的建设,应用较为成熟的新技术有:

(1)储罐倒装法施工液压顶升技术。该技术是将多台单体液压顶升机均匀分布在储罐内,配以控制箱,组成储罐液压提升成套设备,效率高,节省人工,可适用于各种中小型储罐施工。

(2)倒装法施工的电动葫芦提升技术。该技术具有设备轻便、提升速度快、节省人工等特点。

（3）罐壁板安装埋弧自动焊技术。罐壁板安装环缝采用埋弧自动焊技术，立缝采用气体保护焊技术，提高了焊接施工质量及效率。

在施工前，技术培训与新技术推广应用方面准备工作包括以下内容：

（1）做好各专业及各工种的技术培训与质量教育及考核工作。

（2）进行安全、防火和文明施工等方面的教育。建立安全防火体系。

（3）进行施工组织设计的贯彻和技术交底。

（4）开发新技术、新工艺、新材料、新设备，如自动焊工艺、环保型储罐防腐工艺等。在使用新技术、新工艺、新材料、新设备前要先做好技术培训。

（5）建立和健全各级技术管理的组织机构和各项管理制度。

六、做好储罐施工日志

施工日志是重要的施工原始记录，记载施工全过程的活动，是编制竣工文件、写施工总结、签证索赔、申报全优工程资料等的重要依据，必须及时、准确、认真填写。储罐工程施工时，分别由项目技术负责人、施工班组技术负责人等各自按日填写，并根据各自所负责的职责如实记录施工动态。施工日志的主要内容包括：

（1）设计文件、技术资料及产品技术文件的接收情况，工程主材的试验化验资料。

（2）工程的开、竣工日期，分部、分项工程的起止日期。

（3）设计疑问、工程现场发现的问题以及设计或业主代表答复结果和答复时间。

（4）工程关键点特殊技术要求和施工方法。

（5）质量、安全、环保、机械事故的分析及处理。

（6）有关领导或部门对工程的意见和建议。

（7）停工、窝工的原因记录。

（8）重要分部、分项工程及单位工程检查验收及中间交工情况等。

（9）施工组织设计或施工技术措施在实施过程中发现的问题及情况汇报。

（10）不符合施工验收规范、质量验收标准或设计图的情况。

（11）主要工程设备、施工主材到货情况及其质量验收情况。

（12）对于涉及进口设备安装配合施工时，要详细记录施工过程中外方代表提出的要求措施等。对于外方代表提供的材料要单独记录并签字确认。

第二节 人力资源准备

一、施工机构的组建和人员的配备

施工单位要根据储罐工程规模及专业特点组建相应的项目管理组织机构,并采用框图的形式将项目管理组织机构进行明确表述。建立必要的规章制度,并明确各部门、各岗位的责任和权力。

项目管理组织机构形式要根据施工项目的规模、复杂程度、专业特点、人员素质和地域范围来确定。大型储罐及罐群工程项目一般采用矩阵式项目管理组织机构,如图3-1所示。小型储罐项目可采用直线职能式项目管理组织机构,如图3-2所示。

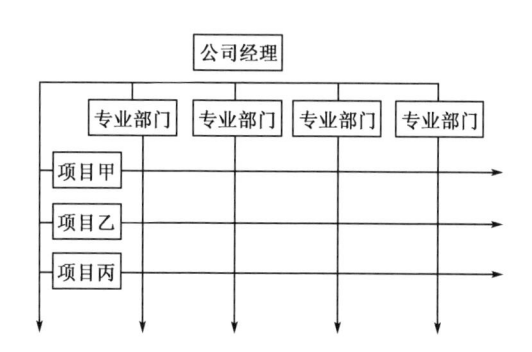

图3-1 矩阵式项目管理组织机构

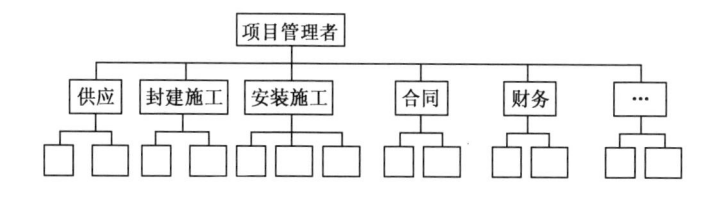

图3-2 直线职能式项目管理组织机构

二、建立健全各项管理制度

项目部各项管理制度是否建立、健全,直接影响其各项施工活动的顺利进行。有章不循后果严重,而无章可循更是危险,因此,必须建立、健全工程现场的各项管理制度。常见的施工现场管理制度如下:

(1)工程质量检查与验收制度。
(2)工程技术档案管理制度。
(3)建筑材料(构件、配件、制品)的检查验收制度。
(4)施工图样会审制度。
(5)技术交底制度。
(6)焊条烘干、发放、回收制度。
(7)材料出入库制度。
(8)安全操作制度。
(9)机具使用保养制度。
(10)试验化验管理制度。

三、配置各类施工工种和人员,组织培训、取证

在人力资源配置时,要根据项目不同的特点,有针对性地进行人员配置,在进行施工工种和人员配备时要结合工程施工方案和计划进行。

对于储罐工程项目来说,涉及的工种比较多,特别是电焊工、电工、防腐工、起重工等特殊工种都需要持证上岗,所以要有针对性地进行岗前培训和考试。

四、编制人力资源动态需求计划

在项目组织机构成立后,要组织有关人员根据项目人员配备、工期计划、施工方案等编制项目人力资源动态需求计划。

第三节 施工机具设备准备

在储罐工程施工过程中,所用到的施工机具种类较多,有基础施工设备及机具(如夯机、打桩机、土石方机械、钢筋混凝土机械等),储罐主体施工设备及

机具(如起重设备、组对工装卡具、脚手架、焊接设备、切割设备、打磨设备、热处理设备、防腐设备、运输设备、各种动力设备)，储罐试运行设备(泵、阀门等)。施工设备和机具是进行储罐工程施工的重要手段，是保证储罐工程施工质量的前提。

为了保证工程能顺利进行，而且又能使各种施工机具充分发挥其效率，降低工程成本，在进行施工机具选择准备时要进行通盘考虑，如哪些机具可以先进场，哪些机具应该后进场，哪些机具可一机多用等。

为了提高施工机具使用效率，降低施工成本，在进行施工机具准备时，一般应考虑到以下几个因素：

(1)储罐规模大小(如单台储罐施工、储罐群施工)，工期的缓急，工程的特点。

(2)施工队伍的状况，如施工人员的多少，技术水平的强弱，管理水平的高低等。

(3)施工现场情况如何，如有无现成的电源，交通运输如何等。

(4)当地气候条件和施工季节最适合使用哪些施工机具等。

(5)在进行施工机具准备时，还应该考虑到施工机具的运输、安装、管理等问题，制订并完善各项制度，切实保证施工机具在使用过程中无丢失、无损坏，确保工程的顺利进行。

第四节　施工物资准备

物资准备是施工前准备工作的一项重要内容，施工前的物资准备主要包括：原材料、设备、构件及加工件的准备；施工机具的准备；施工临时设备的准备等。

一、施工原材料及构件的准备

在储罐工程施工过程中，需要用到的原材料、设备、构件及加工件内容比较多，种类及规格也比较繁杂，不仅有一般建筑工程所需用的砂、水泥、钢筋、沥青，而且还有储罐安装工程所用的钢板、型钢、焊接材料，此外还有附属的管线、阀门、法兰、各种电器、自控材料及设备等。为了使这些物资及时、按质进场，保证施工过程中的各项需要，订货工作要提前进行。一般是在储罐工程初步设计获得批准后，根据初步设计获得拟建的各类工程项目和工程量总表，参照本地区的概算定额或经验资料，分别算出常规材料和特殊材料的需用量。汇总编制主要材料的用量、进场的时间，制订计划，落实货源，办理订购合同，包括需要外协预制加工的大型构件，如大型储罐开孔板、盘梯等。

当施工用原材料、设备、构件等货源落实，合同签订后，还需要认真组织好材料设备的拉运、存放、进场检查验收工作。

原材料、设备、预制构件的进场入库、检查验收工作是保证储罐工程如期按质高效完工的重要一环，也是施工准备的主要工作之一。在进行原材料、设备及预制构件进场检查验收时，应重点抓好以下几项工作：

（1）在原材料、设备、预制构件、加工件等进场或入库前，首先应做好数量的检查，检查进场或入库的物资是否与合同或账目上的要求数目相符。

（2）对进场或入库时的物资进行质量、规格和型号的检查。凡施工中所用的原材料、设备、仪器、预制构件等物资的质量、规格和型号都必须按照有关的国家或企业标准、技术文件和设计图样的要求以及有关的合同规定进行检查和验收。经过检查合格的物资，要先办理完验收手续后方可使用。

（3）对施工中所需用的主要原材料、预制构件，供货部门都应提供出厂合格证和材料的物理化学性能试验资料，在材料进场或入库时要对这些资料进行检查登记，以便供使用时参考。

（4）对施工中所用的设备和仪表，供货部门要提供设备及仪表的出厂合格证、使用说明、检验记录、装配图样以及装箱清单。进场或入库时要对设备及仪表进行检查，并且根据装箱清单清点设备所携带的零配件、材料以及随机工具。

（5）对委托预制厂制造的半成品加工件要检查有无出厂合格证、设计图样，质量是否符合设计要求。

（6）通过检查，不合格的设备、仪表、构件及原材料不得使用，若要代用，必须经过技术部门审查批准并办理代用手续方可使用。

（7）进场的原材料、设备、预制构件等应严格按照施工组织设计的要求整齐堆放，尽量避免二次倒运和影响施工。

第五节　施工现场准备

施工现场是施工企业开展储罐预制、建造及施工作业的活动空间。施工现场的准备工作，主要是为了给拟建工程的施工创造有利的施工条件和物资保证。

一、施工现场的补充勘测

1. 现场的补充勘探

为保证储罐基础工程能按期保质地完成，为主体工程施工创造有利条件，应对施工现场进行补充勘探。补充勘探的内容主要是在施工范围内寻找枯井、地下管道、地下电缆、旧河道与暗沟、古墓等隐蔽物的位置与范围，以便及时拟定处理的实施方案。

2. 现场的控制网测量

按照设计单位提供的工程总平面图、水准控制基桩，对全场做进一步的测量，设置各类施工基桩及测量控制网，又称为测设。它是按照设计和施工的要求，将设计好的储罐位置、大小及高程，按照一定的精度要求在地面标定出来，以便进行施工。实质是将图样上储罐的一些轮廓点（特征点）标定于实地上，其工作目的与一般测图工作相反，是由图样到地面的过程。

3. 储罐的定位、放线

根据场地平面控制网或设计给定的作为储罐定位放线依据的建筑物以及总平面图，进行储罐的定位、放线，是确定储罐平面位置和开挖基础的关键环节。施工测量中必须保证精度，并进行技术复核，避免出现难以处理的技术错误。

主轴线的放线，可以根据在储罐区为施工测量专门建立的控制网——施工控制网进行。而细部放线一般可根据主要轴线进行，但有时也可以根据施工控制网进行。测量人员应该创造从现场标定的轴线进行细部放线的条件。这对于保证附属罐前阀室等建筑物的几何形状、尺寸及放线工作的顺利进行，都具有很大的影响。

二、建造临时设施

按照施工总平面图的布置,建造临时设施,为正式开工准备好生产、办公、生活、居住和储存等临时用房。临时设施的规划与搭建应尽量利用原有的建筑物和永久性的设施,做到既能满足施工需要,又能降低成本。

临时设施可分为施工生产设施和办公生活设施。施工生产设施主要包括水平与垂直运输设施、搅拌站、原材料堆场与库存设施、各类预制场等;办公及生活设施主要包括用于施工管理的各类办公室、试验室、休息室、宿舍、食堂等。临时设施的规模与布置应满足施工阶段生产的需要,同时还应符合防火与施工安全的要求。

在储罐工程施工准备过程中,施工临时设施的准备工作量往往很大,特别是大型储罐群施工临时设施内容相当繁多(如施工人员临时宿舍、食堂、材料库、堆料场、机械工具库、混凝土搅拌站、钢筋加工场地、钢板下料场地、管道预制场地、油料库、施工用水管线、施工临时用电线路和配电间以及车库、道路等)。在进行临时设施准备时,一定要本着节约、实用、方便的原则,尽量利用已有的设施或提前兴建正式工程中可利用的设施,以节省施工投资。

另外,我们在进行施工临时设施的准备时,还要注意以下几个方面问题:

(1)在设置施工用临时变电所时,应尽量放在高压线进入工地处,以避免高压线穿越工地影响施工安全,如若安置自备发电设施,则应尽量靠近主要施工用电区域。

(2)设置材料库、堆料厂、机械工具库、预制场时,应尽量放在靠近使用地点和运输倒运方便的地方,对于装卸时间长的料库,不宜紧靠运输繁忙的公路,以免影响交通。

(3)油料、氧气、乙炔等库房应尽量布置在工地边远、人烟稀少的安全地点,易燃易爆物资库房要设在工地的下风向处。

(4)对易产生有害气体、烟尘和污染气体的临时加工设施场地,如沥青熬制场地、玻璃丝棉及石棉堆放场地等,应尽量位于工地的下风向。

(5)供水管道一般沿道路布置,供电线路应尽量避免与其他管路同侧敷设,管道和供电线路布置应尽量减少穿越公路、工房。在必须穿越时,一定要架高或采用钢套管保护埋入地面 0.6m 以下深处。

(6)钢筋加工厂和临时钢板预制厂宜设在主要施工量集中的区域并要有一定的堆放场地。

(7)职工临时宿舍、食堂等一般应设在施工场区外,并避免设在低洼、潮湿、有烟尘、有噪声及有害气体超出标准的位置。

三、搞好"三通一平"

"三通一平"是指路通、水通、电通和平整场地。为了节约投资,应尽量利用永久性的设施。

(1)路通。施工现场的道路是组织物资运输的动脉。储罐工程开工前,必须按照施工总平面图的要求,修好施工现场的永久性道路(包括厂区铁路、厂区道路)以及必要的临时性道路,形成完整畅通的运输网络,为建筑材料进场、堆放创造有利条件。

(2)水通。水是施工现场的生产和生活不可缺少的。拟建工程开工之前,必须按照施工总平面图的要求,接通施工用水和生活用水的管线,使其尽可能与永久性的给水系统结合起来,做好地面排水系统,为施工创造良好的环境。

(3)电通。电是施工现场的主要动力来源。拟建工程开工前,要按照施工组织设计的要求,接通电力和电讯设施,确保施工现场动力设备和通信设备的正常运行。

(4)场地平整。按照施工总平面图的要求,首先拆除场地上阻碍施工的建筑物或构筑物,然后根据储罐总平面图规定的标高和土方竖向设计图样,进行挖(填)土方的工程量计算,确定平整场地的施工方案,进行平整场地的工作。

四、施工安全与环保设施

(1)落实安全施工的宣传、教育措施和有关的规章制度。
(2)审查易燃、易爆、有毒、腐蚀等危险品管理和使用的安全技术措施。
(3)现场临时设施工程要严格按施工组织设计确定的施工平面图布置,并必须符合安全、防火要求。
(4)落实高空作业、上下立体交叉作业等施工安全措施。
(5)施工与生活垃圾、废弃水的处理应符合当地环境保护的要求。
(6)制定并落实消防、保安设施。按照施工组织设计的要求,根据施工总平面图的布置,建立消防、保安等组织机构和有关的规章制度,布置安排好消防、保安等措施。

通过对安全与环保措施的监督检查,使施工现场各级人员认识到,安全生产、文明施工是实现高速度、高质量、高工效、低成本目标的前提。

第四章 储罐地基处理与基础施工

储罐基础是指将罐体及罐内介质的重量荷载传递到地基持力层上的结构部分。储罐对地基基础的承载力和变形要求较为严格，尤其是近几年建设的大型储罐因其直径大、荷载重的特点，对地基承载力和不均匀沉降的要求更为严格。因此，在储罐基础施工之前，需要采取一定的措施对软弱土地基进行地基处理，以提高软弱地基的强度，保证地基的稳定，降低软弱土的压缩性，减小基础的沉降和不均匀沉降量。

储罐的地基处理和基础施工是储罐建造中的重要施工环节，施工质量直接影响储罐的安装质量和运行安全。本章重点介绍储罐地基处理的目的和方法、常用的储罐地基处理施工工艺、储罐基础的类型和施工工艺流程。

第一节 储罐地基处理的目的和方法

在不良或特殊土地基上建造大型储罐时，如对原有地基不作任何处理，则储罐的安全经常出现各种问题，这时，必须采取措施改善地基的力学性能以增加地基的承载能力，减少基础的沉降和不均匀沉降，这种措施称为地基处理。

储罐建在软弱土地基上往往会出现地基强度和变形不能满足正常使用要求的问题，需要进行地基处理。目前针对软弱土地基有多种不同的处理方法，在具体工程设计方案选择中，应遵循安全可靠、技术先进和经济适用的原则。

一、储罐地基处理的目的

采用适当的措施对地基进行处理，主要是改善地基土的物理力学性质和提高地基土的抗剪强度，改善土的变形性质，改善地基的强度、压缩性、透水性、动力特性、湿陷性和胀缩性等，使其在上部结构荷载作用下不致发生破坏或出现过大的变形（绝对沉降和差异沉降），以保证储罐的正常使用。

二、储罐地基处理方法

地基处理的方法是利用换填、夯实、挤密、排水、胶结和加筋等方法对地基土进行加固，用以改良地基土的工程特性。

地基处理的方法很多，各种处理方法都有它的适用范围、局限性和优缺点。由于地理条件、地质条件、具体工程条件的不同，各个工程的地基处理的方法差别很大。因此，对每一个具体工程都要进行具体细致分析，要从地基条件、处理要求（包括经处理后的地基应达到的各项指标、处理的范围、工程进度等）、工程费用以及材料、机具来源等各方面进行综合考虑，选择确定适合于储罐的类型与规模、工程地质条件、施工工期的地基处理方法，以满足上部罐体对地基承载力的强度要求，满足规范对储罐地基稳定和变形要求，满足储罐的正常使用要求。

地基加固处理的方法有垫层法、夯实法、挤密法、深层密实法、高压喷射注浆法、化学加固、排水固结法、预压法、加筋法。

下面对目前常用的储罐地基处理方法进行简单介绍。

1. 换土垫层法

在天然地基上铺设垫层，作为人工填筑的持力层。垫层可将储罐基底压力扩散到下卧天然地层中，使其应力减小到下卧层的容许承载力范围内，从而满足地基稳定性的要求，同时由于垫层材料的压缩性低于天然的软黏土层，采用垫层法也可减小地基的沉降量。

目前，在软弱土地区经常采用的是换土垫层，简称垫层法，是将基础地面下处理范围内的软弱土层部分或全部挖去，然后分层换填强度较大的砂（碎石、素土、灰土、石屑、级配碎石、粉煤灰）或其他性能稳定、无侵蚀性的材料，并采用不同压实机具压（夯、振）实，使垫层达到设计规定的密实度的地基处理方式。

根据换填的材料，所采用的地基形式有素土地基、灰土地基、砂和砂石地基、石屑地基、级配碎石地基。换土垫层法的适用范围是浅层地基处理。

换土垫层的作用是：

（1）提高持力层的强度，并将储罐基底压力扩散到垫层以下的软弱地基，使软弱地基中所受应力减小到该软弱地基上的容许承载力范围内，从而满足强度要求。

（2）垫层置换了软弱土层，从而减小了地基的变形量。

（3）加速软弱土层的排水固结。

(4)调整不均匀地基的刚度。

(5)对湿陷性黄土、膨胀土或季节性冻土等特殊土,其处理目的主要是为了消除或部分消除地基的湿陷性、胀缩性或冻胀性。

当软弱土地基的承载力与变形满足不了储罐的要求,而软弱土层的厚度又不很大时,采用换土垫层法能取得较好的效果。

2. 夯实法

夯实法是利用重锤自由落下,给地基土以强大的冲击能量的夯击,使土中出现冲击波和很大的冲击应力,迫使土层孔隙压缩,土体局部液化,在夯击点周围产生裂隙,形成良好的排水通道,孔隙水和气体逸出,使土体重新排列,经时效压密达到固结,从而提高地基承载力,降低其压缩性的一种有效的地基加固方法。

利用夯实法处理的地基形式有强夯地基、强夯置换地基,如图4-1所示。用夯实法处理碎石土、砂土、低饱和度的粉土与黏性土、湿陷性黄土、素填土和杂填土等地基,一般均能取得较好的效果。

图4-1 强夯地基及强夯置换地基施工

3. 挤密法

挤密处理利用沉管制桩机械在地基中锤击、振动沉管成孔或静压沉管成孔后,在管内投料(灰土、砂石、碎石),边投料边上提(振动)沉管形成密实桩体,与原地基组成复合地基,使地基土孔隙比减小、强度提高,达到地基处理的目的。

应用挤密法处理地基的常见地基形式有:

(1)灰土挤密桩:在原土中成孔后分层填以素土或灰土,并夯实,使填土压密,同时挤密周围土体,构成坚实的地基。

(2)水泥粉煤灰碎石桩(CFG桩)复合地基:用长螺旋钻机钻孔或沉管桩机

成孔后,将水泥、粉煤灰、碎石及石屑加水混合搅拌,泵压或经下料斗灌入孔内,形成桩体。

(3)砂石桩:成桩工艺分为振动成桩和锤击成桩,宜采用振动沉管工艺,成孔后,砂石从桩管内排入桩孔,并振动挤密或夯实挤密砂石填料,使周围土得到挤密,形成砂桩地基。

4. 深层密实法

施工方法主要有:振冲法、振冲挤密法等。加固原理:一是振动挤密、置换,桩体与原地基土一起构成复合地基,提高承载力,减小地基变形,消除地基液化;二是通过振动使饱和砂土液化,砂颗粒重新排列,孔隙减小,桩体加快了孔隙水的消散,加速地基土的固结。应用这种处理方法的常用地基形式有振冲地基、水泥土搅拌桩地基。

振冲碎石桩就是利用这种加固原理的地基处理形式,利用振冲器成孔和制桩。振冲器的功能:一是通过振冲器产生的水平振动力作用在周围土体上;二是从振冲器端部及侧面进行射水。振动力是加固地基的主要因素;射水协助振动力在土中钻进成孔,并于成孔后实现清孔及护壁等。

振冲碎石桩对不同性质的土层具有置换、挤密和振动密实等作用。对黏性土主要起到置换作用,对中细砂和粉土除置换作用外还有振实挤密作用。在以上各种土中施工都要在振冲孔内加填碎石(或卵石等)回填料,制成密实的振冲桩,而桩间土则受到不同程度的挤密和振实。桩与桩间土构成复合地基,使地基承载力提高,变形减小,并可消除土层的液化。

振冲碎石桩适用于处理砂土、粉土、粉质黏土、素填土和杂填土等地基。对于处理不排水抗剪强度小于 20kPa 的饱和黏性土和饱和黄土地基,应在施工前通过现场试验确定其适用性。

对大型储罐采用振冲碎石桩处理时,在正式施工前应通过现场试验确定其处理效果。

5. 排水固结法

排水固结法的原理是软黏土地基在荷载作用下,土中孔隙水慢慢排出,孔隙比减小,地基发生固结变形,同时随着超静水压力逐渐消散,土的有效应力增大,地基土的强度逐步增长,达到减小后期沉降和提高地基承载力的目的。

排水固结法常用于解决软黏土地基的沉降和稳定问题,可使地基的沉降在充水预压期间基本完成或大部分完成,使储罐在使用期间不致产生过大的沉降和沉降差,同时可提高地基土的抗剪强度,从而提高地基的承载力和稳定性。

排水固结法是由排水系统和加压系统两部分组成的,排水系统可在天然地基中设置竖向排水体(如普通砂井、袋装砂井、塑料排水带等),并利用地基土层本身的透水性;加压系统的加压方法通常有充水预压法、堆载预压法、真空预压法等。近几年,排水系统采用塑料排水带和袋装砂井较多,加压系统采用充水预压法、堆载预压法、真空预压法,也有采用真空加堆载联合预压法。

排水固结法的适用范围:透水性低的软弱黏性土,但对于泥炭土等有机质沉积物不适用。

6. 加筋处理

通过在土层中埋设强度较大的土工聚合物、拉筋等达到提高地基承载力、减小沉降或维持储罐稳定的地基处理方法称为加筋法。

利用土工聚合物(或称为土工合成物,或土工织物)的高强度、高韧性等力学性能,可扩散土中应力,增大土体的刚度模量或抗拉强度,改善土体或构成加筋土以及各种复合土工结构,图4-2为水泥土垫层中的土工格栅。土工聚合物除了上述加固强化作用外,还可以用作反滤、排水和隔离材料。

图4-2 水泥土垫层中的土工格栅

加筋法的适用范围:加固软土地基,或用作反滤、排水和隔离材料。

7. 桩基础

桩基与复合地基都是采用桩的形式处理地基,故两者有相似之处,但复合地基属于地基范畴,而桩基属于基础范畴,有本质区别。复合地基中桩体与基础往往不是直接相连的,它们之间通过垫层来过渡;而桩基中桩体与基础直接相连,两者形成一个整体,因此,它们的受力特性也存在明显差异。复合地基的主要受力层在加固体内,而桩基的主要受力层是在桩体周围及桩尖以下一定范

第四章　储罐地基处理与基础施工

围内。

桩基是由设置于岩土中的桩与桩顶连接的承台共同组成的基础。按桩的形成方式有预制桩、灌注桩、预应力管桩等。按桩的竖向受力情况还可分为摩擦型桩和端承型桩。摩擦型桩的桩顶竖向荷载主要由桩侧阻力承受;端承型桩的桩顶竖向荷载主要由桩端阻力承受。摩擦型桩以深度控制为主,贯入度控制为辅;端承型桩以贯入度控制为主,深度控制为辅。

桩基适用范围广,尤其是在软弱地基上经常采用桩基方案。

第二节　储罐地基处理施工工艺

在储罐工程施工中,针对不同的地质条件,实际应用的地基处理方法较多,根据处理方法和使用的施工机械、机具,常用的有机械碾压、强夯及强夯置换、CFG桩、振冲碎石桩、灰土挤密桩等,以下简要介绍其施工工艺过程和施工要点。

一、储罐机械碾压地基处理施工工艺

1. 施工工艺原理

对于应用换土垫层地基处理方法的素土地基、灰土地基、砂和砂石地基、石屑地基、级配碎石地基,在大型储罐施工中一般都通过机械碾压来进行地基处理。

机械碾压进行地基处理主要是利用压路机、推土机或其他压实机械来压实松散的地基垫层材料,靠重力碾压以及振动使换土垫层密实,满足设计压实系数。

2. 施工工艺流程

机械碾压处理地基的施工工艺流程如图4-3所示。

图4-3　机械碾压地基处理工艺流程

3. 施工操作要点

1)清理基坑、地坪

填料前,应将基土上的洞穴处理完毕,将基底表面上的局部原有基础、树根、垃圾等杂物清除干净,并清除基底上的浮土和积水。同时,检验回填料的种类、粒径,有无杂物,是否符合规定,以及填料的含水量是否在控制范围内。

2)分层铺筑砂石等填料

分层铺摊换填材料,每层铺筑厚度应根据土质、密实度要求和机具性能确定,或按表4-1选用。首先检查填料的含水量,当填料含水量与其最佳含水量之差不超过2%时,立即予以摊铺整平,按虚铺厚度进行摊铺。填料的铺摊采用人工或机械,保证每一填层的平整度及层厚的均匀,摊平过程中不断用铁锹挖洞检查松铺厚度,各层铺摊后用刮平机找平。分段施工时,上、下两层填料的接缝错开距离不得小于500~1000mm。

表4-1 各种填料的每层铺土厚度和压实遍数

换填材料	压实机械	每层铺土厚度(mm)	每层压实遍数
素土	振动压实机	250~350	3~4
灰土	6~10t双轮压路机	200~300	3~4
石屑	6~10t双轮压路机	200~300	3~4
砂石	10~16t振动压路机	250~350	3~4
级配碎石	10~16t振动压路机	250~350	3~4

3)检查含水率

填料中的含水率是影响压实效果的重要因素。碾压前检查填料的含水率是否为最佳,并根据其干湿程度和气候条件,如含水率过高或不足时,应适当地洒水润湿或晾干以获得最佳含水率。

素土地基各种填土的最佳含水率为:砂土8%~12%、粉土16%~22%、粉质黏土18%~21%、黏土19%~23%;灰土施工时,根据不同的土料控制其施工含水率,工地检验方法是:用手将灰土紧握成团,两指轻捏即碎为宜,控制在最佳含水率的±2%;砂或砂石地基碾压时控制最佳含水率为8%~12%;石屑地基施工的最佳含水率宜为5%~12%;级配碎石地基碾压时最佳含水率为8%~12%。

4)分层碾压密实

对于直接承重的素土地基,在保证最佳含水率情况下,宜采用重型机械进行素土压实。大型储罐地基素土回填,采用压路机或振动压路机,分层回填压实,碾压时轮迹应相互搭接,不得漏压。

灰土地基应随铺筑随夯实,不得隔日夯实,夯实方法宜采用机械碾压,辅以人工夯实。夯实后的灰土在7d内不得受水浸泡,如图4－4所示。

直径在30～100m储罐地基回填砂或砂石时,建议采用10～16t振动压路机碾压。

级配碎石施工质量主要靠重力碾压使其密实,宜采用振动式压路机碾压,当压路机行走困难时,可在石料表面铺设50～100mm石屑或砂垫层引路。

分层碾压采用两台振动压路机,以储罐圆心为界,各压半个圆周基宽度。碾压时采取从两侧向圆心的顺序,纵向进退式碾压,行轮迹重叠0.2～0.3cm,横向同层接头处重叠0.4～0.5m,相邻两区段纵向重叠1.0～1.5m,以保证无漏压、无死角,确保碾压的均匀性。

碾压方法为:静压一遍,弱振碾压一遍,强振碾压2～4遍(以同步检测结果来确定),弱振碾压一遍,最后再静压一遍消除轮迹,即,静压、弱振、强振、弱振、静压。碾压行驶速度开始时用慢速(宜为2～3km/h),最大速度不超过4km/h。

压路机无法施工的局部或小面积的回填土用人工打夯或小型打夯机夯实。

图4-4 机械碾压灰土地基

5)分层检测密实度

每层填料压实后,应分层取样进行密实度检测,在下层密实度经检验合格后,即压实系数符合设计和规范要求,方可进行上层铺摊施工。素土地基、灰土地基表面应平整,无松散、起皮和裂缝现象。

6)修整找平验收

最后一层压(夯)完后,表面应拉线找平,并且要符合设计规定的标高,凡超过设计标高的地方,及时依线铲平,凡低于设计标高的地方,应补料找平并夯实。

4. 施工质量标准

(1) 素土地基质量标准应符合表 4-2 的规定。

表 4-2 素土地基质量标准

项	序	检查项目	允许偏差或允许值 单位	允许偏差或允许值 数值	检验方法
主控项目	1	地基承载力	设计文件要求		按规定方法
	2	压实系数	设计文件要求		现场实测
一般项目	1	素土颗粒粒径	mm	≤50	筛分法
	2	有机质含量	%	≤8	焙烧法
	3	含水率（与最优含水率比较）	%	±2	烘干法
	4	分厚度偏差（与设计文件要求比较）	mm	±50	水准仪

(2) 灰土地基质量标准应符合表 4-3 的规定。

表 4-3 灰土地基质量标准

项	序	检查项目	允许偏差或允许值 单位	允许偏差或允许值 数值	检验方法
主控项目	1	地基承载力	设计文件要求		按规定方法
	2	配合比	设计文件要求		按拌和时的体积比
	3	压实系数	设计文件要求		现场实测
一般项目	1	石灰粒径	mm	≤5	筛分法
	2	土料有机质含量	%	≤5	试验室焙烧法
	3	土颗粒粒径	%	≤15	筛分法
	4	含水率（与要求的最优含水率比较）	%	±2	烘干法
	5	分层厚度偏差（与设计要求比较）	mm	±50	水准仪

(3) 砂和砂石地基质量标准应符合表 4-4 的规定。

表 4-4 砂和砂石地基质量标准

项	序	检查项目	允许偏差或允许值 单位	允许偏差或允许值 数值	检验方法
主控项目	1	地基承载力	设计文件要求		按规定方法
	2	配合比	设计文件要求		检查拌和时的体积比或质量比
	3	压实系数	设计文件要求		现场实测

第四章 储罐地基处理与基础施工

续表

项	序	检查项目	允许偏差或允许值 单位	允许偏差或允许值 数值	检验方法
一般项目	1	砂石料有机质含量	%	≤5	焙烧法
	2	砂石料含泥量	%	≤5	水洗法
	3	石料粒径	mm	≤50	筛分法
	4	含水率（与要求的最优含水率比较）	%	±2	烘干法
	5	分层厚度（与设计要求比较）	mm	±50	水准仪

(4) 石屑地基质量标准应符合表 4-5 的规定。

表 4-5　石屑地基质量标准

项	序	检查项目	允许偏差或允许值 单位	允许偏差或允许值 数值	检验方法
主控项目	1	地基承载力	设计文件要求		按规定方法
	2	压实系数	设计文件要求		现场实测
	3	配合比	设计文件要求		按检查拌和时的体积比或质量比
一般项目	1	石屑有机质含量	%	≤5	焙烧法
	2	含泥量	%	≤7	水洗法
	3	石屑粒径	mm	≤10	筛分法
	4	分层厚度	mm	±50	水准仪

(5) 级配碎石地基质量标准应符合表 4-6 的规定。

表 4-6　级配碎石地基质量标准

项	序	检查项目	允许偏差或允许值 单位	允许偏差或允许值 数值	检验方法
主控项目	1	地基承载力	设计文件要求		按规定方法
	2	配合比	设计文件要求		检查拌和时的体积比或质量比
	3	压实系数	设计文件要求		现场实测
一般项目	1	有机质含量	%	≤5	焙烧法
	2	含泥量	%	≤7	水洗法
	3	石料粒径	mm	≤40	筛分法
	4	分层厚度	mm	±50	水准仪

二、大型储罐强夯地基处理施工工艺

1. 施工工艺原理

强夯法又称动力压实法，是用起重机械将大吨位重锤（一般为 10～40t）起吊提升到高处（落距一般为 6～40m）后，使其自由落下，给地基土以强大的冲击力和振动，使土中出现很大的冲击应力，土体产生瞬间变形，迫使土层孔隙压缩，土体局部液化，在夯击点周围产生裂缝，形成良好的排水通道，孔隙水和气体逸出，使土粒重新排列，经时效压密达到固结，从而提高地基承载力，降低其压缩性的一种有效的地基加固方法。

强夯置换法是采用在夯坑内回填块石、碎石等粗颗粒材料，用夯锤夯击形成连续的强夯置换墩。

2. 施工工艺流程

强夯及强夯置换的施工工艺流程，如图 4-5 所示。

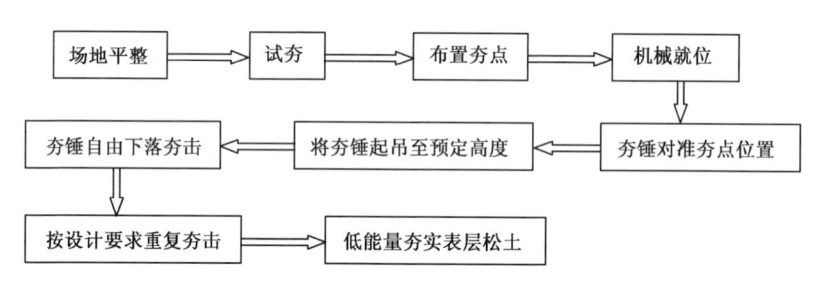

场地平整 → 试夯 → 布置夯点 → 机械就位 → 夯锤对准夯点位置 → 将夯锤起吊至预定高度 → 夯锤自由下落夯击 → 按设计要求重复夯击 → 低能量夯实表层松土

图 4-5 强夯及强夯置换施工工艺流程

3. 施工操作要点

1）场地平整

施工前查明场地范围内的地下构筑物和各种管线的位置及标高等，并采取必要的措施，以免因强夯施工而造成破坏。清理所有障碍物，平整场地，确保场地能承受夯击机械荷载。当场地地下水位较高时，采用人工降水，使地下水位低于坑底面以下 2m。夯坑内或场地积水应及时排除。

2）试夯

强夯施工前，在施工现场有代表性的场地上选取一个或几个试验区，进行试夯或试验性施工。

根据试夯检测结果，结合设计地基有效加固深度，确定强夯施工参数：夯击能量级、夯点的夯击次数、夯击遍数。

3）布置夯点

测量放线，标出夯点或碎石置换墩的位置，夯点用白灰桩标示。强夯置换施工前，挖掘置换夯坑，并测量夯坑大小及深度，分次分量往夯坑内填碎石。如图4-6、图4-7所示。

图4-6　用白灰桩标出夯点位置图　　　图4-7　测量夯坑尺寸及深度

确定夯击点位置可根据基底平面形状，对于大型储罐，其基础面积较大，可采用等边三角形、正方形或圆环状布置夯点。第一遍夯击点间距可取5～9m，或可取夯锤直径的2.5～3.5倍，第二遍夯击点位于第一遍夯击点之间，以后各遍夯击点间距可与第一遍相同，也可适当减小。若设计强夯置换分两层进行，则上下两层的置换夯墩要对齐连续。

4）夯机就位

强夯机械就位，保证满足夯锤起吊重量和提升高度要求，并设置安全装置。测量场地夯前地面高程。

5）夯锤对准夯点

将夯锤对准夯点位置，测量夯前锤顶高程。强夯前检验夯锤是否处于中心，若有偏心时，采取在锤边焊钢板等办法使其平衡，防止夯坑倾斜。

6）将夯锤起吊到预定高度

根据试夯确定的夯击能量级和选择的夯锤重量，确定夯锤落距，将夯锤起吊到预定高度，拉开脱钩装置锁卡，使夯锤脱钩。

7）夯锤自由下落夯击

待夯锤脱钩自由下落后，放下吊钩，测量落到坑底的夯锤顶高程。

夯击时，落锤要保持平稳，夯位准确。若发现因坑底倾斜而造成夯锤歪斜时，及时将坑底整平；若夯击错位，及时用砂土将坑填平，予以补夯后进行下道工序施工;当夯锤气孔被土堵塞时,及时进行清理,以免影响夯击效果。图4-8所示为夯锤自由下落夯击。

8) 按设计要求重复夯击

(1) 重复上述步骤,强夯施夯,按试夯确定的夯击次数并达到最后两击的平均夯沉量,完成一个夯点的夯击。强夯置换碎石墩施夯时,按试夯确定的夯击次数夯击,并逐击记录夯坑深度,分层计量向夯坑内填入的碎石,如此重复,直至满足规定的夯击次数和墩体设计深度,完成一个置换墩的夯击。

(2) 换夯点重复以上步骤的施工,完成第一遍全部夯点或置换墩的夯击。强夯置换施夯时,由内而外、隔行跳打。每夯击一遍后,测量场地平均下沉量,如图4-9所示。

图4-8 夯锤自由下落夯击　　图4-9 测量场地平均下沉量

(3) 用推土机将夯坑填平,测量场地高程。

(4) 在规定的时间间隔后,按上述步骤逐次完成全部夯击遍数。

间隔时间取决于土中超静孔隙水压力的消散时间。当缺少实测资料时,可根据地基土的渗透性确定,渗透性较差的地基土,间隔时间应不少于3~4周;对于渗透性好的地基土可连续夯击。

9) 低能量夯实表层松土

最后用低能量满夯,采用轻锤或低落距夯击,夯锤印搭接1/3,将场地表层松土夯实,并测量夯后场地高程,标高应达到设计要求。

4. 主要施工设备机具

1) 强夯机械

选用15t以上带自动脱钩装置的履带式起重机或专用设备,保证满足夯锤起吊重量和提升高度的要求,在臂杆端部设置辅助门架,或钢丝绳锚固等安全装置,防止落锤时机架倾覆。

第四章　储罐地基处理与基础施工

2）夯锤

可用铸铁制作,或用钢板为外壳、内部焊接骨架后灌注混凝土制成。选择夯锤重量为10~25t,夯锤底面宜采用圆形,夯锤底面对称设置若干个与其顶面贯通的排气孔,孔径为250~300mm,以利于夯锤着地时坑底空气迅速排出和起锤时减小坑底的吸力。锤顶采用刚性吊环,使吊钩可以迅速方便的挂上。

3）自脱钩装置

要求有足够强度,起吊时不产生滑钩,挂钩方便,脱钩灵活。

4）推土机

采用大型推土机,用作回填、整平夯坑和地锚。

5. 质量控制措施

强夯及强夯置换施工执行的质量标准主要有:GB 50202—2002《建筑地基基础工程施工质量验收规范》、JGJ 79—2012《建筑地基处理技术规范》、SH/T 3528—2014《石油化工钢制储罐地基与基础施工及验收规范》。强夯地基质量检验标准如表4-7所示。

表4-7　强夯地基质量检验标准

项目	序号	检查项目	允许偏差或允许值 单位	允许偏差或允许值 数值	检验方法
主控项目	1	地基强度	设计要求		按规定方法
主控项目	2	地基承载力	设计要求		按规定方法
一般项目	1	夯锤落距	mm	±300	钢索设标志
一般项目	2	夯锤重	kg	±100	称重
一般项目	3	夯击遍数及顺序	设计要求		计数法
一般项目	4	夯点间距	mm	±500	用钢尺量
一般项目	5	夯击范围	设计要求		用钢尺量
一般项目	6	前后两遍间歇时间	设计要求		查阅施工记录
一般项目	7	夯击点中心位移	mm		经纬仪和尺量
一般项目	8	顶面标高	mm		水准仪和尺量

强夯及强夯置换施工要保证以下质量控制措施:

(1)施工中配备专业测量记录人员,负责下列检测工作,并对各项参数及施工情况进行详细记录:

①开工前检查夯锤锤重、落距,以确保单击夯击能量符合设计要求。

②夯点放线定位后,在每遍夯击前对夯点进行复核。

③夯完一遍后检查夯坑位置,抽查数20%,凡发现有偏位超出200mm或漏夯时均应补夯。每夯击一遍后,测量场地平均下沉量。

④检查施工记录,查验各夯点的夯击次数和最后两击的平均夯沉量是否达到设计要求,夯击次数少、沉降量大的应补夯;对强夯置换还要检查置换深度。

⑤满夯完工后,检查基坑底面标高及平整度,做好检查验收记录。

(2)吊车指挥和测量记录员,随时校核夯点位置有无因吊车运行挤压造成偏差,当误差超过150mm时,应及时纠正后才能施夯。

(3)夯锤应对准夯点,减少偏差,随时纠正夯锤,挂钩应保证夯锤平衡自由下落。

(4)记录员负责指挥,在各夯点的夯击次数和最后两击的平均夯沉量达到设计要求后,才能停止该夯点施夯。

6. HSE措施

(1)强夯区场地周边设立安全警告牌。

(2)强夯场地应平整压实,保证吊车平稳运行。

(3)操作前必须进行设备安全检查,重点检查吊车起重绳、臂杆缆风、自锚绳索、脱钩器等,经检查安全可靠后才能施工。

(4)强夯施工必须固定专业司机,并有专人指挥夯机运行操作。

(5)强夯作业时,非操作人员不得进入夯点周围15m内,吊车臂杆下不能站人,起夯时夯锤下严禁站人。

(6)门架支腿不得前后错位,门架支腿在未支稳垫实前不得提锤。变换夯点后,应重新检查门架支腿,确认稳固可靠,然后再将锤提升100~300mm,检查整机的稳定性,确认可靠后,方可作业。

(7)操作时起锤必须平稳,吊钩脱钩器下落时不能碰撞夯锤,在吊钩下落到夯锤吊环位置且稳定后,挂钩人员才能上前操作或测量,提锤时不得站在锤上随锤提升。若锤底吸住,应采取措施,不得强行提锤。

(8)作业后,应将夯锤下降,放实在地面上。在非作业时严禁将锤悬挂在空中。

(9)六级以上大风及雨天或能见度低、视线不良时,应停止作业。

(10)当强夯施工所产生的振动,对邻近建筑物或设备产生有害的影响时,采取防振或隔振措施,在强夯场地周围开挖隔振沟。

三、大型储罐 CFG 桩复合地基处理施工工艺

1. 施工工艺原理

CFG 桩是水泥粉煤灰碎石桩的简称，属于挤密桩法地基处理，由水泥、粉煤灰、碎石、石屑等混合料加水拌和形成的具有一定强度的桩体，和桩间土、褥垫层一起形成复合地基共同承担上部荷载。

CFG 桩复合地基一般有三种成桩施工方法：振动沉管灌注成桩（适用于粉土、黏性土及素填土地基）、长螺旋钻孔灌注成桩（适用于地下水位以上的黏性土、粉土、素填土、中等密实以上的砂土）和长螺旋钻孔—管内泵压混合料灌注成桩（适用于黏性土、粉土、砂土以及对噪声或泥浆污染要求严格的场地）。由于长螺旋钻孔—管内泵压混合料灌注成桩具有施工速度快、桩体密实度高、环境噪声影响较低、对周围桩间土扰动影响小、可以水下泵送混凝土、对桩身质量有保证等优点，因而近年常用于大型储罐地基处理施工。

2. 施工工艺流程

水泥粉煤灰碎石桩目前多用长螺旋钻孔—管内泵压混合料灌注成桩，施工工艺如图 4-10 所示。

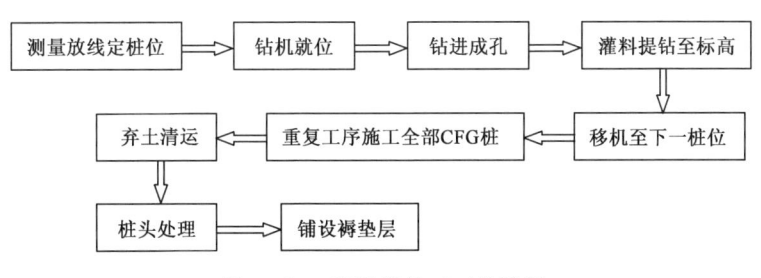

测量放线定桩位 → 钻机就位 → 钻进成孔 → 灌料提钻至标高 → 移机至下一桩位 → 重复工序施工全部CFG桩 → 弃土清运 → 桩头处理 → 铺设褥垫层

图 4-10 CFG 桩施工工艺流程

3. 施工操作要点

1）测量放线定桩位

首先根据提供的坐标和高程原始点，利用全站仪、水准仪等测量仪器进行测量复核，并将坐标和高程引测至储罐施工现场，设置坐标和高程的控制点，定位前对施工区域原始地面标高抄平。

将施工区域进行划分，并将各桩进行编号，绘制桩位分布图。根据场地上的坐标控制点，利用全站仪先放出各区域的基准桩位点，然后用经纬仪、钢尺逐

一放出其余桩位点。

为确保桩点准确、桩位易找且不容易丢失,采用 $\phi25mm$ 钢筋打孔 $30\sim50\,cm$ 深,孔内灌入白灰,并插入 $\phi6mm$ 的钢筋或木筷,露出地面 $3\sim5\,cm$ 为宜,以便在施工中找到桩位中心点,如图 4-11 所示。

2)钻机就位

在钻机就位前,试运转钻机,检查混凝土泵是否运转正常、压注混凝土管路是否流畅,如图 4-12 所示。

图 4-11 测量放线定桩位　　图 4-12 CFG桩施工现场

钻机就位后,调整钻杆的垂直度,使钻头尖垂直对准桩位中心,确保CFG桩垂直度容许偏差不大于1%。现场控制采用在钻架上挂垂球的方法测量钻杆的垂直度,也可采用钻机自带垂直度调整器控制钻杆垂直度。

每根桩施工前,现场工程技术人员进行桩位对中及垂直度检查,满足要求后方可开钻。

3)钻进成孔

首先在钻杆上做好进尺标志,将混凝土泵输送管、钻杆内管的残渣清干净,为防止泵送混凝土过程中输送管路堵塞,要先在地面打砂浆疏通管路。

钻孔开始时,关闭钻头阀门,钻头插入地面不小于 10cm,钻机启动空转 10s 后下钻,下钻速度要平稳,先慢后快,同时检查钻杆垂直度偏差不超过 1%,钻至设计孔底标高,停止钻进,如图 4-13 所示。

在钻进过程中发现钻杆摇晃或难钻时,应放慢进尺,防止桩孔偏斜、位移和钻具损坏,同时应随时观察地下土层变化是否与地勘报告相符。

4)灌料提钻至标高

钻机钻到设计孔底标高后,开始以低速控制泵送混合料,当输送管及钻杆芯管充满混合料后,启动卷扬机匀速提升钻杆,灌料提钻 3m 以上时增大泵的压力,并始终保持混合料超出钻头 1~2m。

准确掌握提钻杆时间,严禁先提钻后灌料,混合料泵送量与提钻速度相配合,尽量避免提升灌料过程中出现停机待料现象。遇到饱和砂土或饱和粉土层,不得停泵待料。

边灌料、边提钻,直至设计桩顶标高,提升速度宜控制在 2~3m/min,每分钟提升高度不宜大于 4m。在流塑性土中要严格控制提钻速度,保证成桩质量。提钻时旋转上提 8~15m 后,静止提钻,直至桩孔灌满,如图 4-14 所示。

图 4-13　钻进成孔　　　　图 4-14　灌料提钻

施工中每根桩的投料量不得少于设计灌注量,成桩桩顶标高高出设计桩顶标高 30~50cm,留出保护桩长。灌注成桩后,桩顶盖土封顶进行养护。

5) 移机至下一桩位

灌注达到控制标高后,钻机移位,进行下一根桩的施工,由于 CFG 桩排出的土较多,多将临近的桩位覆盖,有时还因钻机支撑脚压在桩位上,原标定的桩位发生移动,因此在下一根桩施工前,还应根据控制点或周围桩的位置对桩位进行复核,保证桩位准确。

6) 施工全部 CFG 桩

重复上述步骤 2) 至步骤 5),完成全部桩位施工。施工时根据具体情况,尽可能减小桩间土的扰动,按施工工艺控制成桩,必要时采用间隔跳打的施工方式,防止塌孔埋钻,影响周围桩的质量。

7) 弃土清运

钻孔时清除的地下土堆积在桩孔旁边,影响钻机行走施工作业,故配备推土机及时将钻孔弃土推到一边。CFG 桩施工完毕,待桩体达到一定强度,方可进行开槽清土。清土包括 CFG 桩钻孔土清运和保护土层清运两部分。

对于 CFG 桩桩较长且处理面积较大的储罐,可采用机械和人工联合清运。

采用挖掘机清土时,须严格控制标高,防止损坏桩体扰动桩间土,预留厚度500mm的保护土层采用人工挖除。

8)桩头处理

弃土工作完毕后,需将桩顶设计标高以上桩头截断,首先找出桩顶标高位置,在同一水平面按同一角度对称放置2个或4个钢钎,用大锤同时击打,将桩头截断,然后用钢钎、手锤等将桩顶从桩周向桩心修平至桩顶设计标高,如图4-15所示,允许偏差为0～±20cm。

9)铺设褥垫层

桩顶和基础之间应设置褥垫层,如图4-16所示。CFG桩复合地基检验完毕且满足设计要求后,可进行褥垫层施工。褥垫层材料多为粗砂、中砂、碎石或级配砂石,最大粒径不宜大于30mm,褥垫层厚度宜取150～300mm,当桩径大或桩距大时褥垫层厚度宜取高值。

图4-15 桩头处理　　　　图4-16 铺设褥垫层

4. 主要施工设备机具

以长螺旋钻孔—管内泵压CFG桩为例,此施工工艺的施工设备机具包括长螺旋钻机、混凝土输送泵和强制式混凝土搅拌机、挖掘机、装载机、蛙式打夯机等。进行商品混凝土浇筑时如需采用接泵的,需配备泵管。

步履式长螺旋钻机是施工工艺中的核心部分,目前长螺旋钻机根据其成孔深度分为12m、16m、18m、24m和30m等机型,施工前应根据设计桩长确定施工所采用的设备。

5. 质量控制措施

CFG桩复合地基施工执行的质量标准主要有:GB 50202—2002《建筑地基基础工程施工质量验收规范》、JGJ 79—2012《建筑地基处理技术规范》、SH/T 3528—2014《石油化工钢制储罐地基与基础施工及验收规范》。CFG桩

第四章　储罐地基处理与基础施工

复合地基的质量检验标准见表4-8。

表4-8　CFG桩质量检验标准

项目	序号	检查项目	允许偏差或允许值	检查方法
主控项目	1	原材料	设计要求	查产品合格证书或抽样检查
	2	桩径	−20mm	用钢尺量或计算填料量
	3	桩身强度	设计要求	查28d的试块强度
	4	地基承载力	设计要求	按规定的方法
一般项目	1	桩身完整性	按桩基检测技术规范	按桩基检测技术规范
	2	桩位偏差	满堂布桩≤0.40D 条基布桩≤0.25D	用钢尺量,D为桩径
	3	桩垂直度	≤1.5%	用经纬仪测桩管
	4	桩长	+100mm	测桩管长度或垂球测孔深
	5	褥垫层夯填度	≤0.9	用钢尺量

CFG桩复合地基施工要保证以下质量控制措施：

(1)施工前进行成桩工艺性试验(不少于2根试验桩),以复核地质资料以及机械设备性能、施工工艺、施工顺序是否适宜,确定混合料配合比、坍落度、搅拌时间、拔管速度等各项工艺参数,根据试桩中发现的问题修订施工工艺。

(2)对坐标和高程控制点进行检查复核。钻孔前,对桩位点进行复核检查,检查钻机垂直度。

(3)钻机应先慢后快。成孔过程中,如发现钻杆摇晃或难钻时,应放慢进尺,否则易导致桩孔偏斜、位移,甚至钻杆、钻具损坏。

(4)CFG桩成孔后,钻杆芯充满混合料后开始提钻,严禁先提管后泵料,控制提钻速度2～3m/min。成桩过程应连续进行,防止缩径和断桩。

(5)施工中应检查成孔深度、桩身混合料的坍落度、混合料的灌入量、提钻杆速度等,并做好施工原始记录,记录内容主要有桩号、钻孔深度、拔管速度、单孔混合料灌入量、堵管及处理措施等。

6. HSE措施

(1)做好现场调查,开工前对地下管线详细调查。

(2)对人员进行安全教育,进入工地时,必须佩戴安全防护用品,所有施工人员必须听从指挥。

(3)施工现场设安全员,施工作业区设安全标志,防止无关人员进入施工现场。

(4)施工现场平整密实,确保施工顺利安全进行。

(5)严禁非作业人员进入施工场地。在桩机作业半径范围以内,机械正在作业时,施工人员应远离。钻机要按其性能要求工作,不得超负荷工作,定期进行检查、维修和保养。驾驶室的挡风玻璃及回转大齿轮前应增设防护网(罩),施工中应经常对钻孔装置、钻机臂杆及索具进行检查,以便及时发现问题。

(6)施工用电使用380V三相五线制配电系统。电缆线路必须埋地或架空敷设,避免机械损伤和介质腐蚀。

(7)每台电力设备必须确保"一机一箱一漏一闸"。电箱、开关箱内的电器设备必须完好,停用设备拉闸断电,锁好开关箱。

(8)泵压混合料时应有专人指挥泵压操作,防止因排气不畅和操作失误造成爆管形成伤害。

四、振冲碎石桩复合地基处理施工工艺

1. 施工工艺原理

碎石桩是指用振动、冲击或水冲等方法在软弱地基中成孔后,再将碎石挤入土中形成大直径的由碎石所构成的密实桩体。按其制桩工艺分为振冲(湿法)碎石桩和干法碎石桩两大类。采用振动水冲法施工的碎石桩称为振冲碎石桩或湿法碎石桩。采用各种无水冲工艺(如干振、振挤、锤击等)施工的碎石桩称为干法碎石桩,下文仅对振冲碎石桩施工工艺进行简单介绍。

振冲碎石桩是以起重机吊起振冲器,启动潜水电动机后,带动偏心块,使振冲器产生高频振动,同时开动水泵,使高压水通过喷嘴喷射高压水流,在边振边冲的联合作用下,将振冲器沉入到设计深度形成桩孔,再向桩孔逐段填入碎石并逐渐振密,从而在地基中形成一根大直径的密实桩体,并和原地基土组成复合地基,使承载力提高,沉降减小。

在砂性土中,振冲起挤密作用,故称为振冲挤密;在黏性土中,振冲主要起置换作用,故称振冲置换。

振冲法适用于处理砂土、粉土、黏性土、填土以及软土,但对不排水抗剪强度小于20kPa的软土使用要慎重,应通过现场试验确定其适用性。

2. 施工工艺流程

振冲碎石桩的施工工艺流程见图4-17。

现场试验 → 测放桩位 → 桩机对位 → 造孔 → 清孔

铺设垫层 ← 桩顶处理 ← 桩机移位 ← 填碎石和振密

图4-17 振冲碎石桩施工工艺流程

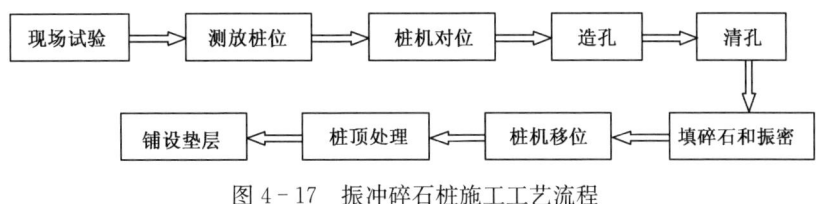

3.施工操作要点

1)现场试验

振冲碎石桩的施工可根据储罐的设计荷载、原土强度的高低、设计桩长等条件选用不同功率的振冲器。施工前应在现场进行试验,以确定成孔合适的水压、水量、成孔速度及填料方法;确定造孔电流、振密电流、留振时间、填料量和加密段长度等各种施工参数。

2)测放桩位

根据桩位分布图将施工区域进行划分,并将各桩进行编号。依据坐标控制点,利用全站仪先放出各区域的基准桩位点,然后用经纬仪、钢尺逐一测放其余桩位点,在桩位中心打入木桩。

3)桩机对位

振冲造孔顺序一般采用"由里向外"顺序施工,或"由一边向另一边"的顺序施工。这种顺序易挤走部分软土,便于制桩。在强度较低的软土地基中施工时,为减少制桩过程对桩间土的扰动,宜采用间隔的方式施工。

吊车就位,将振冲器吊起,使其垂直、悬空,距地面10~20cm,并让尖端对准桩位,通电、通水,检查水压、电压和振冲器空载电流值是否正常。

4)造孔

启动高压清水泵供水,待射水孔水压、水量达到工艺要求时,开动振冲器,拉紧防扭绳索,将振冲器以1~2m/min速度徐徐沉入土中,观察此过程电流变动范围。

造孔过程中如遇到电流超过电动机额定电流,应暂停振冲器下沉或减速下沉或上提振冲器一段距离,借助高压水冲松土层后继续下沉造孔。土层中含有较硬的土层时,有时需要采取扩孔措施,振冲器上下反复移动几次,扩大孔径,便于填料。

振冲器沉至设计深度以上30~50cm,然后以3~5m/min的均速提出孔口,再用同样方法沉至孔底,如此反复1~2次,达到扩孔的目的,完成振冲成孔。

造孔过程中及时记录各深度的水压、造孔电流等的变化和相应时间,这些参数可以定性地反映出土体强度变化。

5)清孔

将振冲器停留在孔底以上 30～50cm 处,进行冲水清孔 1～2min,待孔内循环泥浆稠度降低,即将振冲器提至孔口。清孔能使孔口泥浆变稀,保证填料畅通,降低桩体含泥量。

6)填碎石和振密

振冲成孔后即向桩孔内填碎石制桩。一般有两种填料振密方式(图 4-18):一是将振冲器提出孔口,向孔内倒入填料后,将振冲器下沉到填料中振冲密实,达到设计要求后,再提出振冲器,填料,再下沉振冲器振密,如此逐段反复直至制桩完毕;二是振冲器不提出孔口,仅上提 30～50cm,离开原已振密过的桩段,即向孔连续不断地回填石料,直至该段桩体振冲密实达到设计要求后,再上提 30～50cm,连续填料振冲密实,重复上述步骤,自下而上逐段制桩直至孔口。前者为间断填料法,操作较烦琐,适合小型工程人工推车填料;后者为连续填料法,操作方便,适合机械化作业。

(a)填料振密方式一　　(b)填料振密方式二

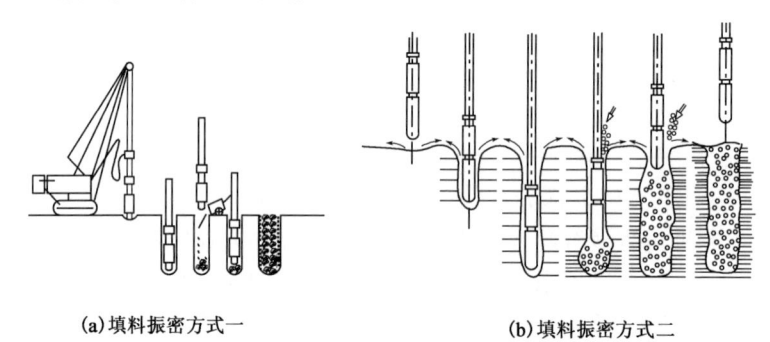

图 4-18　振冲碎石桩施工顺序示意图

依靠振冲器水平振动力不但将孔内石料振密,还不断将填料挤入孔壁中,当电流达到规定的密实电流值后,继续加密达到留振时间。当电流增大至空载电流一倍的时候,即表示该段桩体已经密实,可继续下一段填料工序。每次下料不得超过 $0.5m^3$,逐段反复提出振冲器填料、沉入振冲器振密,直至碎石桩桩顶高于设计标高 1.0m,确保桩头部质量。

在振密过程中,宜小水量补给喷水,以降低孔内泥浆密度,有利于填料下沉,便于振捣密实。

7)桩机移位

当一根碎石桩制桩结束后,关机、停水,移动振冲器至下一桩位进行制桩作业。按此循环,直至完成全部桩位。

8)桩顶处理

桩体施工完,将顶部预留的松散桩体挖除,如无预留应将松散桩头压实,随后铺设并压实垫层。

9)铺设垫层

在振冲碎石桩桩顶和储罐基础之间宜铺设一层 300~500mm 厚的碎石垫层,全部处理范围均采用 20t 振动压路机重叠轮迹碾压至少两遍。

4. 主要施工设备机具

振冲机具设备包括振冲器、起重机和水泵。振冲器按电动机功率不同有 30kW 振冲器、55kW 振冲器、75kW 振冲器。操纵振冲器的起吊设备可采用 8~15t 履带式起重机、轮胎式起重机、汽车吊等。水泵要求水压力为 400~600kPa,流量为 20~30m³/h,每台振冲器备用一台水泵。

配套设备包括控制电流操作台、150A 电流表、500V 电压表以及供水管道、加料管(吊斗或翻斗车)等。振冲施工配套机具设备如图 4-19 所示。

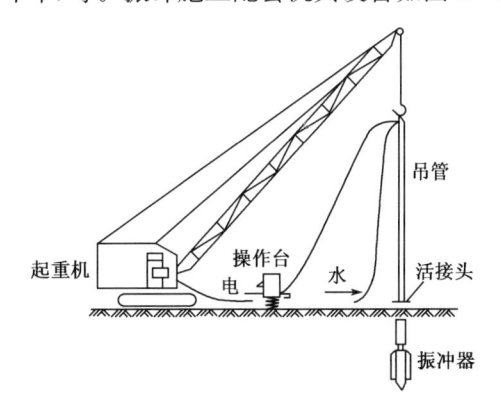

图 4-19 振冲法施工配套机具设备

5. 质量控制措施

振冲碎石桩复合地基施工执行的质量标准主要有:GB 50202—2002《建筑地基基础工程施工质量验收规范》、JGJ 79—2012、《建筑地基处理技术规范》、SH/T 3528—2014、《石油化工钢制储罐地基与基础施工及验收规范》。振冲碎石桩复合地基的质量检验标准见表 4-9。

振冲碎石桩复合地基施工要保证以下质量控制措施:

(1)施工前须通过成桩试验,记录冲孔、清孔、制桩时间和深度,记录冲水量、水压、填入碎石量及电流的变化等,验证设计参数和施工控制的有关参数,根据现场试桩的结果,需要取得如下的施工技术参数:造孔电流、造孔水压、加密电流、加密水压、留振时间、填料量和加密段长度等。

表4-9 振冲地基质量检验标准

项目	序号	检查项目		允许偏差或允许值		检验方法
				单位	数值	
主控项目	1	填料粒径		设计要求		抽样检查
	2	30kW振冲器密实电流	黏性土	A	50～55	电流表读数
	3		砂性土或粉土	A	40～50	电流表读数
		其他类型振冲器		A	$1.5I_0$～$2.0I_0$	电流表读数
		地基承载力		设计要求		按规定方法
一般项目	1	填料含泥量		%	<10	抽样检查
	2	振冲器喷水中心与孔径中心偏差		mm	≤50	用钢尺量
	3	成孔中心与设计孔位中心偏差		mm	≤100	用钢尺量
	4	成孔中心位移		mm	50	用钢尺量
	5	成孔垂直度		mm	$1.5h/100$	用钢尺量
	6	桩体直径	沉管法	mm	+50 −20	用钢尺量
			冲击法	mm	+100 −50	用钢尺量
	7	成孔深度	沉管法	mm	±100	量钻杆或重锤测
			冲击法	mm	±200	量钻杆或重锤测
	8	振冲桩顶中心位移		mm	$d/5$	用经纬仪或钢尺量

注：h为成孔深度；d为桩径；I_0为空振电流。

(2) 严格控制水压、电流。

水量要充足，使桩孔内充满水，防止塌孔，但不可过多，造成填料随水回流带走。根据土质、强度选择适当的水压，一般对强度较低的软土，水压小一些；对强度较高的土，水压大些。成孔过程中水压和水量尽可能大，当接近设计加固深度时，降低水压，以免影响桩底以下的土；加料振密过程中水压和水量均小些。

电流一般为空载电流加10～15A作为加料振密过程中的密实电流，或为额定电流的90%。严禁在超过额定电流的情况下作业。

(3) 施工中，每段桩体均做到满足密实电流、填料量和留振时间三方面的规定来保证桩体质量。当达不到规定的密实电流时，向孔内继续加碎石并振密，直至电流值超过规定的密实电流值。填料时要少填、连续。振冲器在固定深度位置留振时间为 10~20s。

第三节 储罐基础类型与施工

储罐的基础对储罐起到支撑作用,基础的施工质量直接影响储罐的安装质量和生产运行安全,因此基础必须具有足够的安全性、适用性和耐久性。在储罐基础的施工过程必须严格管理和控制,方法选用要合理,工序衔接要紧凑,施工过程各个环节都要控制到位。

一、储罐基础类型

根据储罐容量、地形地貌、工程地质条件、场地条件、施工条件等因素可将储罐基础分为护坡式、环墙式、护圈(外环墙)式、桩及钢筋混凝土承台式等主要类型。

1. 护坡式基础

护坡式基础一般用于土质较好的天然地基,其地基土能满足承载力设计值和沉降量要求。建罐场地不受限制时,宜采用护坡式罐基础。若地层表面有较薄的软弱土层,则须经地基处理后使用。这种形式的基础包括混凝土护坡、砌石护坡和碎石灌浆护坡(图 4-20)。当建造场地有足够地方,地基承载力满足要求,并有较大沉降量或软土地基(经处理后),亦可采用碎石护坡式基础。

2. 环墙式基础

环墙式基础(简称"环基")是直接在储罐壁板下设置钢筋混凝土环墙(图 4-21),以支撑壁板荷重。这类基础绝大部分是用在软弱土或高压缩性的土层上建造储罐,其储罐又安装有活动浮船,对地基的沉降和倾斜程度有比较严格的要求,它在使用时可以调整储罐中心和边缘的差异沉降,也可防止环墙内砂垫层流散和土的侧向变形。

3. 外环墙式基础

外环墙式基础,即是把储罐直接建在砂垫层或经处理后的地基上,并在砂垫层基础外设置钢筋混凝土环墙,挡护填砂(图 4-22)。在地基承载力较低的情况下,一般先对原土地基进行加固处理,然后进行外环墙和砂垫层施工。

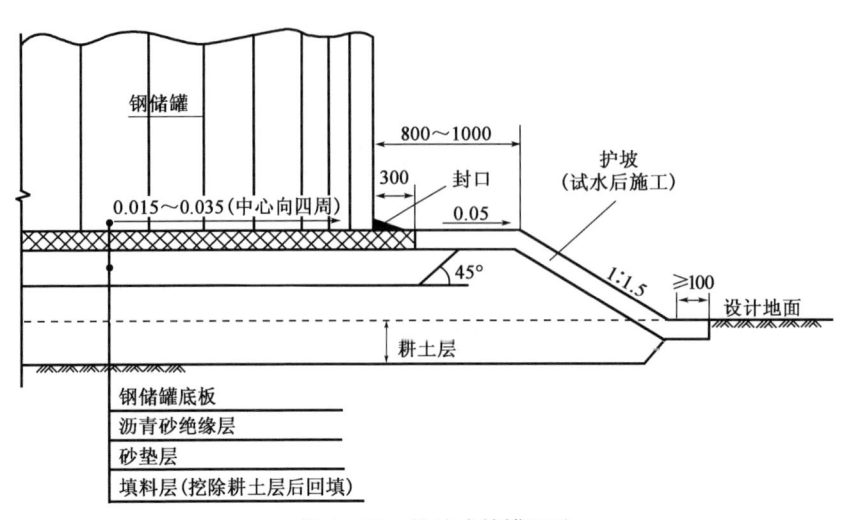

图 4-20 护坡式储罐基础

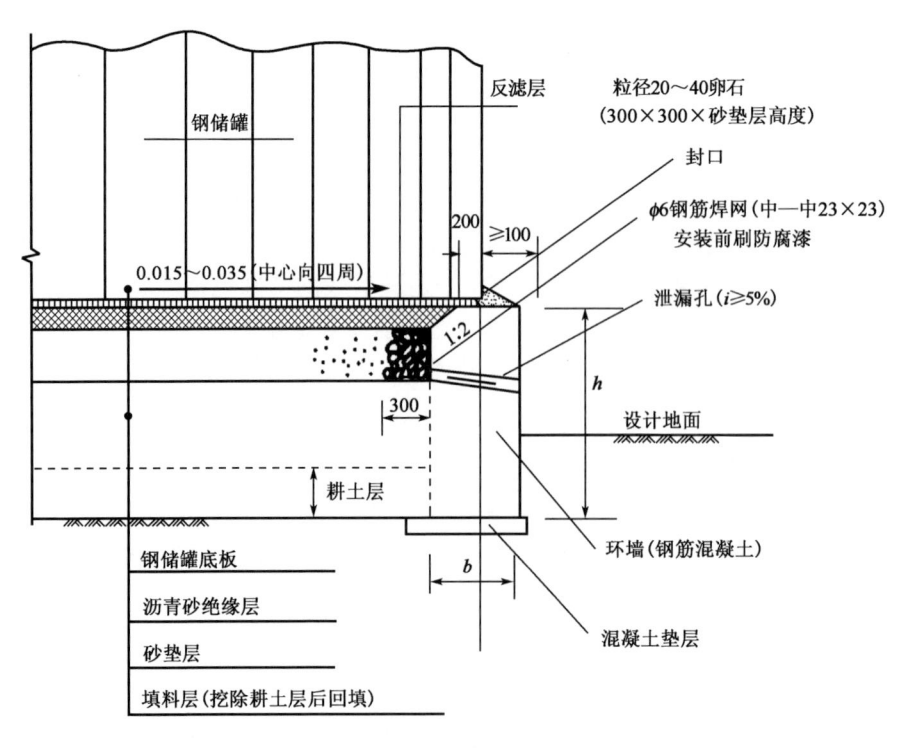

图 4-21 钢筋混凝土环墙式基础

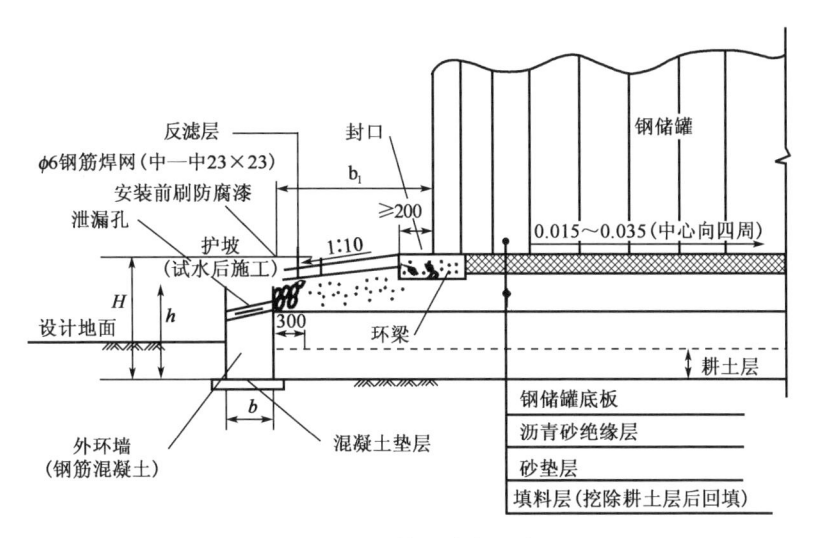

图 4-22 外环墙式基础

4.桩及钢筋混凝土承台式基础

当地基土为软土且孔隙率较大,地基不能满足承载力要求,计算沉降及沉降差也不满足要求或在地震作用下地基土有液化情况发生时,可采用桩基础。这种基础是将储罐设置在钢筋混凝土承台上,用承台支撑罐体,储罐的荷载通过钢筋混凝土承台传递给各桩顶,再通过桩将上部荷载传至持力层。

桩基几乎可以应用于各种工程地质条件下的各种类型的储罐工程。通过我国唐山地震和四川汶川地震现场调查证明,桩基是一种增强可液化地基抗震性能的良好基础,可以防止储罐的震陷。在液化地基中,当桩穿越可液化土层并伸入密实稳定土层足够长度后,也能起到减轻震害的作用。

5.立式储罐基础

若地基土为软土,不能满足承载力设计值要求;当沉降差不能满足规定的允许值或地震作用时,或地基土有液化可能时,宜对地基处理后再采用圆筒形立式储罐基础(图 4-23)。

二、储罐基础的施工

1.施工程序

储罐基础的施工程序主要包括以下分项工程:测量放线、土方开挖与回填、

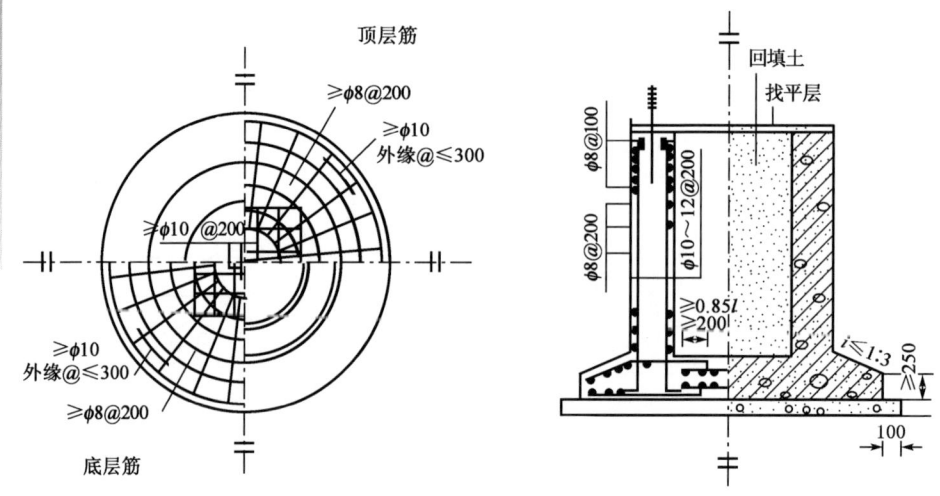

图 4-23 圆筒形立式储罐基础

钢筋混凝土环墙施工、防渗层施工、级配砂石回填、阴极保护、沥青砂面层、混凝土散水等。

2. 施工要点

下面简要介绍储罐基础各分项工程的施工要点。

1) 测量放线

用水准仪或全站仪将站内已知绝对高程点引入到施工现场的永久建筑物上或受保护的水准点上,经复核无误后,以此点作为控制构筑物标高的相对水准点。用经纬仪将站内已知坐标引入施工现场内,经复核无误后,以此点作为相对坐标。按照图样要求确定构筑物位置,期间做好测量放线施工纪录,然后根据构筑物位置坐标,按照图样要求用量程合适的钢卷尺配合经纬仪确定罐基础中心点,并在每个罐 4 个方向上各设置一个控制桩。以每个罐中心点按图样要求半径加放坡(锥体)和工作面确定开挖范围,并以石灰粉画线做出标记。

2) 土方开挖与回填

根据地质勘察部门给出的水文地质资料、现场实测高程和设计图样确定开挖方式,根据设计现场平面图样和现场情况确定开挖顺序及运土方案。土方开挖宜采用机械施工,人工配合。挖掘机挖土并装车,用自卸车将土运出施工现场,堆放在指定场所,并观察场地是否有条件预留回填土。机械开挖时,应随挖随人工找清底或在基底标高以上预留一层用人工清理,其厚度应根据机械确定,预留 100～300mm 为宜,基坑不得超挖。土方开挖验收的质量标准应符合

表4-10的规定。

表4-10　土方开挖工程质量标准

项	序	项　目	允许偏差或允许值(mm) 基槽	允许偏差或允许值(mm) 路面基层	检验方法
主控项目	1	标高	0 -50	0 -50	水准仪
主控项目	2	中心线位移	20	20	经纬仪,用钢尺量
一般项目	1	长度、宽度或直径	+200 -50	+200 -50	用2m靠尺和楔形塞尺检查
一般项目	2	基底土性	设计文件要求	设计文件要求	观察或土样分析

储罐基础环墙施工完毕、模板拆除后,将现场杂物清理干净,开始进行土方回填。回填土的含水量应在规范规定范围内,否则会影响回填土的夯实密度。回填时应分层进行——分层回填、分层夯实、分层检测。当设计文件无要求时,每层厚度及压实遍数应符合表4-11的规定。每层回填土用推土机或振动式压路机压实一次,并采用环刀法或其他试验方法对压实结果进行检测,夯实系数要满足设计要求,保证回填土的压实质量。

表4-11　填土每层的铺设厚度及压实遍数

压实机具	分层厚度(mm)	每层压实遍数(次)
平碾	250~300	6~8
振动压路机	250~350	3~4
柴油打夯机	200~250	3~4
人工打夯	200	3~4

回填土施工结束后,应检查标高、压实程度等,质量标准应符合表4-12的规定。

表4-12　填土工程质量标准

项	序	项　目	允许偏差或允许值(mm) 基槽	允许偏差或允许值(mm) 路面基层	检验方法
主控项目	1	标高	0 -50	0 -50	水准仪
主控项目	2	分层压实系数	设计文件要求	设计文件要求	按规定方法
一般项目	1	回填土料	设计文件要求	设计文件要求	取样检查或直观鉴别
一般项目	2	分层厚度	设计文件要求	设计文件要求	水准仪及抽样检查
一般项目	3	表面平整度	20	20	用靠尺或水准仪

3)钢筋混凝土环墙施工

保证钢筋混凝土环墙的施工质量是储罐基础达到设计文件要求的重要环节,保证罐体均匀受力于基础上,达到整体受力、均匀沉降。钢筋混凝土环墙的各项质量验收标准见 GB 50204—2002《混凝土结构工程施工质量验收规范(2010 版)》。

储罐环墙施工包括混凝土垫层、钢筋绑扎安装、模板支护和混凝土浇筑养护分项工程施工,下面分别介绍。

(1)混凝土垫层。

基础验槽合格后,进行垫层混凝土支模,从罐中心点用钢尺进行外圈校正,量取垫层宽度为垫层内圈模板外线,用水准仪控制高度。采用钢模板或复合板支设模板,用木支撑或短钢筋间距 300mm 设一个支撑点。

混凝土随浇随用平板振动器振捣密实,垫层表面要求平整,宽度、厚度达到设计要求。

垫层混凝土强度达到要求后,在表面画出环梁内、外轮廓线,同时画出后浇带位置。

(2)钢筋绑扎安装。

钢筋的品种和质量必须符合设计要求和有关标准规定,钢筋的规格、形状、尺寸、数量、间距、锚固长度、接头位置等必须符合设计和规范规定。储罐环墙钢筋绑扎成型见图 4-24。

图 4-24 环墙钢筋绑扎成型

在钢筋骨架绑扎好后,为了保证骨架的强度,沿梁长每 4m 加设一根八字形加固钢筋。

箍筋必须呈封闭型,开口处设置 135°弯钩,弯钩平直段长度不小于钢筋直径的 10 倍。

环向受力钢筋的连接形式,根据现场实际情况可优先采用焊接连接、机械连接,也可以采用绑扎搭接方式。焊接连接可选用闪光对焊、电弧焊接、气压对接焊;机械连接可选用直螺纹套筒连接。接头位置应相互错开,同一截面的钢筋接头数量应不大于钢筋总数的 50%,接头之间距离不小于钢筋直径的 45 倍,接头位置尽量避开后浇带位置。

(3)模板支护。

① 模板材料及支撑体系。为了保证拆模后混凝土表面光洁、平整,施工中可采用钢模板或多层木模板,模板之间缝隙采用胶带加泡沫胶条密封,为了提高圆弧环梁的表面光洁度,所有模板都应刷隔离剂。

为防止模板整体位移或胀模,保证环梁混凝土浇筑质量及稳定性,模板固定采用 M12 穿墙螺栓和斜支撑,在环梁垂直方向上设 3 道螺栓,底部螺栓距垫层 300mm,中间两道螺栓间距为 400~500mm,环向距离为 1500~2000mm;为防止模板受力变形,模板横向用三道 $\phi48$ 双根钢管或木方作为水平龙骨,模板竖向沿梁周每 350mm 设一道 50mm×80mm 竖向木方或 $\phi48$ 双根钢管,内外的竖向木方或钢管用 3 字形扣件固定;内外模板用木方做斜支撑,一端固定在模板上,一端用木楔打入地下,斜支撑间距为 1.40m,如图 4-25 所示。

图 4-25 环墙模板支撑加固

② 模板支设的质量要求。模板的支设必须准确掌握构件的几何尺寸,保证轴线位置的准确,严格控制垂直度及水平高度;模板应具有足够的强度、刚度及稳定性,能可靠地承受新浇混凝土的重量、侧压力以及施工荷载。

③ 后浇带模板安装。后浇带处箍筋暂不绑扎,靠一边放置,把宽度适当的后浇带模板按照钢筋分布情况进行割口,紧靠钢筋放置,两块模板之间用木方

钉牢、顶紧,保证间距,与梁侧模板固定在一起。

④ 模板拆除。拆除模板时应先拆除斜拉杆或斜支撑,再拆除横龙骨或钢管卡,接着将扣件或插销等附件拆下,然后用撬棍轻轻撬动模板,使模板离开墙体,将模板逐块传下并堆放。

(4)混凝土浇筑及养护。

① 混凝土浇筑。浇筑混凝土时应分段分层进行,每层的浇筑高度控制在500mm 范围内。浇注时,从环梁的一点向两个方向同时推进,最后合并接头,不留施工缝(也可以按设计要求设后浇带)。振捣时采用梅花状布点,保证振捣密实,严禁直接振捣模板和钢筋,浇筑混凝土应连续进行。环墙上表面混凝土应一次压光,不得二次抹灰。

浇筑混凝土时应派专人经常观察模板钢筋、预留孔洞、预埋件、插筋等有无位移、变形或堵塞情况,发现问题应立即停止浇筑,并应在已浇筑的混凝土初凝前修整完毕。

② 混凝土的养护。混凝土的养护采用人工自然养护法。在混凝土浇筑完毕后的 12h 以内对混凝土加以覆盖(塑料薄膜、草帘),并浇水养护。当混凝土中无外加剂掺入时,养护时间不得少于 7 昼夜,当混凝土中有外加剂掺入时,不得少于 14 昼夜。

③ 后浇带的设置。根据设计要求,施工时考虑温度伸缩设置后浇带,在混凝土浇筑后强度超过 70% 方可浇筑后浇带混凝土。后浇带在浇筑混凝土前,清除钢筋上的水泥浆、油污等,凿除混凝土表面的松动石子、水泥薄膜等,用水将混凝土表面浮灰冲洗干净,先铺设一层水泥浆,然后浇筑强度提高一级的微膨胀混凝土,如图 4-26 所示,保持至少 15d 的湿润养护。

4)砂(石屑)垫层施工

砂垫层的作用是排除毛细管地下水,使地基受压均匀并调整荷载。

(1)砂垫层宜采用颗粒级配良好、质地坚硬的中砂或粗砂,但不得含有草根、垃圾等杂质,含泥量不超过 5%;可用混合拌匀的碎石和中、粗砂,不得用粉砂或冻结砂;若用石屑,含泥量不得超过 7%。

(2)砂垫层每层虚铺设厚度为 200~250mm,分层厚度可用标桩控制,砂垫层的捣实可选用振实、夯实或压实等方法进行。用平板振动器洒水振实时,砂的最优含水量为 15%~20%;亦可用水撼法夯实(湿陷性黄土及强风化岩除外),砂垫层的厚度不宜小于 300mm。

(3)先回填 100mm 厚砂垫层,碾压合格后,交相关单位进行阴极保护施工。施工完毕后,如图 4-27 所示,再回填 200mm 厚砂垫层,用 18t 振动式压路机碾压4遍,砂垫层标高用水准仪控制,边碾压边测量。

图4-26 环墙后浇带 　　　　图4-27 砂垫层内设阴极保护

(4)在砂垫层施工阶段,若储罐有外加电流阴极保护工程,需和该施工单位结合,预留他们的施工时间。砂垫层完工后应注意保护,保持表面平整,防止踩踏。

(5)砂垫层施工结束后进行检测,地基承载力应达到设计文件要求。测点数量为:每座罐基不应少于3点;1000m² 以上,每100m² 至少应有1点;3000m² 以上,每300m² 至少应有1点。

5)沥青砂绝缘层施工

沥青砂绝缘层的作用,主要是防止罐底的腐蚀,防止水渗入侵蚀基础,同时也便于罐底板的铺设和安装。目前广泛采用的商品热沥青砂,可满足储罐施工要求的各项技术指标。

(1)沥青砂摊铺及碾压。

沥青砂绝缘层应分层分块铺设,每层虚铺厚度不宜大于60mm,上下层接缝错开距离不应小于500mm,可按扇形或环形分布。按扇形分块时,扇形最大弧长不宜大于12m,如图4-28所示;按环形分块时,每环带宽约6m,如图4-29所示。

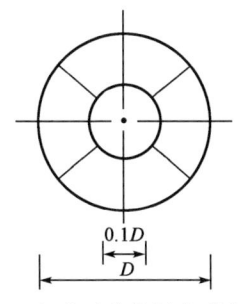

图4-28 沥青砂绝缘层扇形分块示意 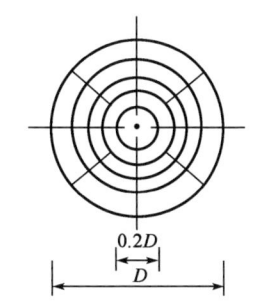　　　　图4-29 沥青砂绝缘层环形分块示意

沥青砂用沥青砂摊铺机铺设,首先从罐基础中心处向外侧环向铺设,中心处由人工铺设,虚铺厚度为设计厚度的1.25倍。热拌沥青砂铺设温度不应低于140℃,用压路机碾压密实,压路机未压到部位,用热辊子碾压平实或用火滚滚压平实,如图4-30所示。

图4-30 沥青砂摊铺及碾压

热拌沥青砂在施工间歇后继续铺设前,应将已压实的面层边缘加热,并涂一层热沥青,施工缝应碾压平整,无明显接缝痕迹。

(2)沥青砂检测及质量要求。

沥青砂层压实后用抽样法进行检验,密实度不得小于设计文件规定。抽样数量为每200m² 不少于1处,但每一个罐基础不少于3处,压实系数不小于0.95。

沥青砂绝缘层应按设计要求铺设平整,其厚度为80~100mm,罐基础顶面由中心向四周的坡度为15‰~35‰,厚度偏差不得大于±10mm,标高差不得大于±7mm,表面平整度质量标准在下文储罐基础验收中详细说明。

6)散水施工

沥青砂面层铺设、环梁外回填土和砂石垫层回填完毕后进行环梁外混凝土散水的施工,施工前检查模板的稳固性,将拌和好的混凝土运至施工现场并铺平摊好,并将混凝土拍打密实,在面层上洒上适量的1:2的砂灰,用抹子赶光压实。当混凝土初凝后,再对面层进行压光。散水施工完毕应定期对混凝土进行洒水养护。

混凝土散水与环墙之间应留10mm缝隙,散水沿周长宜每隔10m设10mm宽伸缩缝,缝内填塞沥青玛蹄脂。

三、储罐基础的沉降观测

大罐基础施工完毕后进入罐体安装阶段,期间按照规范要求,沿环梁均布若干个观测点;并进行沉降观测的第一次观测,作好观测记录。观测过程中应遵循固定观测点、固定观测人、固定观测仪器、固定观测路线的"四定"原则。

1. 沉降观测点的布置

(1)每座储罐基础,应按要求设置沉降观测点,进行沉降观测。

(2)储罐基础垂直沉降观测点应沿圆周方向在罐壁下部对称均匀设置,点数宜为4的整倍数,且不少于4点,当设计文件无要求时按表4-13设置。

表4-13 罐基础沉降观测点设置数量

罐公称容积 $V(m^3)$	沉降观测点数量(个)	罐公称容积 $V(m^3)$	沉降观测点数量(个)
≤2000	4	30000<V≤50000	24
2000<V≤5000	8	50000<V≤100000	24
5000<V≤10000	12	100000<V≤150000	24
10000<V≤30000	16	>150000	32

2. 沉降观测的要求

(1)应及时掌握储罐基础在充水预压时的地基变形特征,严格控制基础的不均匀沉降量,并应在整个充水预压和投产使用前期,对储罐基础进行地基变形观测。

(2)沉降观测应包括储罐基础施工完成后、充水前、充水过程中、充满水后、稳压阶段、放水过程中、放水后等全过程的各个阶段。

(3)罐基础沉降应设专人定期观测,充水开始后,每天不少于2次,测量精度宜达到Ⅱ级水准测量要求,认真做好记录,并将观测过程延至交工前。

(4)充水预压地基除进行沉降观测外,对软土地基宜进行水平位移观测、倾斜观测及孔隙水压力测试等,防止加压过程中土体突然失稳破坏。

(5)充水预压过程中若发现储罐基础沉降有异常,应立即停止充水,待处理后方可继续充水。

(6)非充水预压地基基础沉降观测,当设计文件无要求时,储罐可一次充水到1/2罐高进行沉降观测;当不均匀沉降量小于5mm/d时,可继续充水到罐高的3/4;经观测不均匀沉降量仍小于5mm/d时,继续充水到最高液位,罐充满水48h后,经观测沉降量无明显变化即可放水。

(7)若非充水预压不均匀沉降超过允许偏差值,则应立即分析原因,采取措施,停止充水或紧急向外排水,防止地基失稳,同时要观察罐体是否有渗漏情况。

3. 储罐基础沉降观测的允许值

(1)沉降观测结束后,基础不均匀沉降值不应超过设计文件规定。

(2)储罐基础顶面高出地面不得小于300mm,排水管应高于地面。

(3)任意直径方向的地基沉降差允许值不得超过表4-14的规定。

表4-14 储罐基础沉降差允许值

罐内径 d(m)	任意直径方向最终沉降差	
	浮顶罐与内浮顶罐(m)	固定顶罐(m)
≤22	0.007d	0.015d
22＜d≤30	0.006d	0.010d
30＜d≤40	0.005d	0.009d
40＜d≤60	0.004d	0.008d
60＜d≤80	0.003d	0.007d

第五章 立式储罐的预制

立式储罐容积从几百立方米至几万甚至十几万立方米，体积庞大，因此，通常是把储罐主体材料和各部件预制成半成品或成品，再运到安装现场进行组装。这些材料和部件有的需要在专业加工车间或金属预制厂进行预制加工，如大型储罐底圈开孔板的预制、热处理以及对材料和精度有特殊要求的部件制作；但大多数的材料和部件只需在现场建立预制场地就可以进行预制。

第一节 预制场地的建立

一、预制场地平面布置

储罐现场预制场地需要的面积根据预制工程量的大小和储罐的大小从几百平方米到几万平方米不等，一般选在施工现场附近或在施工现场内，不在现场内的预制场地尽量选在运输方便和距离电源近的地方；为了方便大型机具设备的进出场，预制场地的地面一般要进行硬化处理，场地内要有畅通的环路和良好的排水功能。

储罐现场预制场地的建立一般分为三个区域，一是储罐罐板存放及预制区域，现场需要安装龙门式起重机、切割机、卷板机以及预制平台等基础设施；二是储罐附件用料存放及预制区，现场需要安装预制平台以及小型的预制机具、矫正工具；三是罐板及附件除锈、防腐区域，现场需要安装龙门式起重机、除锈设备以及进出料平台。图5-1为某原油储罐现场预制场地平面布置图。

二、预制场地常用机具设备

立式储罐现场预制场地要承担和顺利完成预制工作，需按照"切合需要、实际可能、经济合理"的原则选择和配备相应机具、设备，尽量以机械化施工代替

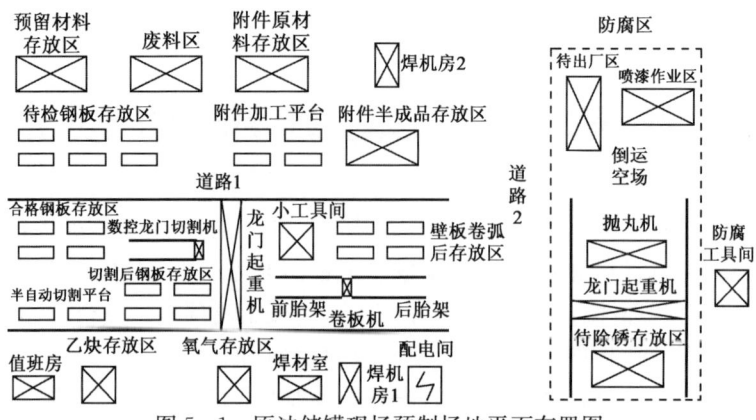

图 5-1 原油储罐现场预制场地平面布置图

繁重的体力劳动,以优良的工艺和使用性能提高预制质量和作业速度。这里对立式储罐现场预制场地通常配备的主要机具、设备进行简单介绍。

1. 龙门起重机

龙门起重机(图 5-2)主要在立式储罐的预制和防腐过程中被使用,起重能力一般选择 10~20t,场地允许可以多台并轨使用。龙门起重机的优点是安装拆卸简单、操作方便,可以到达一定跨度范围内的任何地方,经济效益好;缺点是使用范围受限制。

2. 卷板机

卷板机是储罐壁板卷弧加工的必需设备。卷板机有普通三辊卷板机、四辊卷板机和上辊可横移式三辊卷板机等类型,常用的多为普通三辊卷板机,如图 5-3 所示。卷板机以储罐需卷制的壁板最大厚度及排板(或供料)钢板宽度综合考虑配备。

图 5-2 龙门起重机

3. 半自动火焰切割机

半自动火焰切割机是立式储罐预制常用的切割设备。采用半自动小车配合轨道进行半自动切割作业,主要用于厚度大于 5mm 的碳素钢和低合金钢钢板的直线切割、圆周切割和坡口切割。与手工火焰切割相比,其主要优点是:切口质量好、生产劳动强度低、人工成本低。常用型号有 CG1—30 改进型(单割炬)和 CG1—100 改进型(双割炬),见图 5-4。

第五章　立式储罐的预制

图 5-3　普通三辊卷板机

(a) CG1-30改进型(单割炬)　　(b) CG1-100改进型(双割炬)

图 5-4　半自动火焰切割机

4. 龙门式数控切割机

龙门式数控切割机(图 5-5)是一种切割大尺寸、大厚度钢板的自动火焰切割设备,既克服了剪板机受钢板厚度、尺寸限制的缺点,又比半自动火焰切割机切割精度高,效率高,可切割钢板的形状、尺寸范围广。因而,龙门式数控切割机更加适用于大型储罐或大批量预制储罐的罐板下料切割和坡口加工。

图 5-5　龙门式数控切割机

龙门式数控切割机由驱动装置使其主横梁在纵向导轨上行驶,带有割炬的小车在横向导轨上运动,割炬可调升降和正反90°旋转,以便在有效范围内进行直线、内外曲线及坡口的切割,火焰切割数控系统中的可编程逻辑控制器(PLC)实现切割气路的阀动作和时序控制。

5. 等离子切割机

等离子切割是利用高温等离子电弧的热量使工件切口处的金属部分或局部熔化和蒸发,并借高速等离子的动量排除熔融金属以形成切口的一种加工方法。等离子弧能量集中、切口窄、热影响区和热变形都比较小、切割质量好、速度快,具有其他火焰切割所不具备的优点,可以切割所有的金属材料,特别适用于切割火焰法不能切割的不锈钢、高合金钢和有色金属。

施工现场使用的多为空气等离子切割机(图5-6),它采用压缩空气作为切割气源,成本较低,可采用接触式切割,操作方便,也容易获得理想的切割质量。虽然目前在立式储罐预制过程中等离子切割主要用于不锈钢及铝合金部件的切割,但由于其高效、优质、节能、成本低的优势,已有逐渐扩大应用范围,用于碳素钢、低合金钢切割的趋势。

图5-6 空气等离子切割机

6. 无齿锯

无齿锯(图 5-7)是一种常用的简单电动切割工具,其切削过程是通过砂轮片的高速旋转,利用砂轮微粒的尖角切削物体,同时磨损的微粒掉下去,新的锋利的微粒露出来,利用砂轮自身的磨损切削。它可轻松切割各种混合材料,包括钢材、铜材、铝型材、木材等,多用于切断线材、管材、型材,预制时常用于储罐附件、梯子、平台及其他钢结构所用的钢管、圆钢、型钢(角钢、槽钢等)、扁钢等的切割,尤其适用于不宜使用火焰切割的场合。

图 5-7 无齿锯

第二节 罐底板的预制

罐底板预制主要包括罐底板下料及坡口切割,其施工程序见图 5-8。

排板 ➔ 划线 ➔ 切割 ➔ 坡口加工及打磨 ➔ 下料后的检查

图 5-8 罐底板预制施工程序

一、排板

1. 排板的方式

罐底板的排板方式常见的有以下几种:

(1)储罐内径小于 12.5m 时,罐底可不设环形边缘板,采用条形排板,如图 5-9(a)所示。

(2)当储罐内径大于或等于 12.5m 时,罐底宜设置环形边缘板,如图 5-9(b)、图 5-9(c)所示。

(3)大型储罐罐底中幅板排板多采用条带结合方式,如图 5-9(c)所示。

2. 罐底排板图绘制要求

罐底板预制前应绘制排板图,并应符合下列规定:

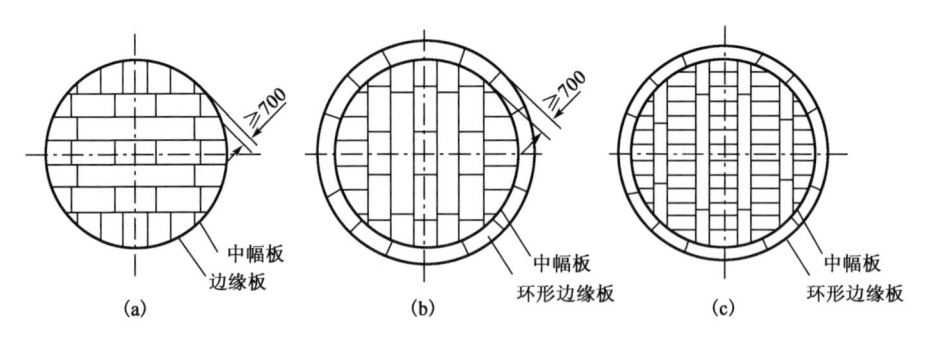

图 5-9　罐底板的排板方式

(1)罐底的排板直径,宜按设计直径放大 0.1%~0.15%。

(2)环形边缘板沿罐底半径方向的最小尺寸,不应小于 700mm;非环形边缘板最小直边尺寸,不应小于 700mm。

(3)中幅板的宽度不应小于 1000mm,长度不应小于 2000mm;与环形边缘板连接的不规则中幅板最小直边尺寸,不应小于 700mm。

(4)底板任意相邻焊缝之间的距离,不应小于 300mm。

3. 边缘板外边缘预制曲率半径的确定

边缘板外边缘预制曲率半径应按下列公式计算确定:

$$R_c = R_i + \Delta + b_s + S + a_1 \qquad (5-1)$$

$$a_1 = \frac{na}{2\pi} \qquad (5-2)$$

式中　R_c——边缘板外边缘预制曲率,mm;

　　　R_i——罐体内半径,mm;

　　　Δ——罐体半径展开增量,mm;

　　　b_s——罐底边缘板伸出罐壁外表面的宽度,mm;

　　　S——罐底圈壁板的厚度,mm;

　　　a_1——边缘板焊后半径方向的收缩量,mm;

　　　n——边缘板焊缝总数;

　　　a——每条焊缝收缩量,mm。

二、划线

根据技术人员提供的尺寸和坡口形式及角度进行划线。中幅板划线时应保证四个角均为 90°,环形边缘板的外边缘划线应借助制作的弧形样板进行。

划线时应分别划出切割线和测量线以及切割工具的轨道线,划线完毕后经复查合格方可进行切割,中幅板划线示意图见图5-10。

三、切割

板厚小于10mm的钢板可直接用机械切割,板厚大于10mm的钢板多采用火焰切割或等离子切割。中幅板一般采用龙门式数控切割机或半自动火焰切割机切割;边缘板一般采用半自动火焰切割机切割。切割直边的轨道一定要平直,切割边缘板外边缘的轨道要特殊制作,保证轨道的弧度与边缘板外边缘一致,并保证在切割过程中不变形、不移位。切割时,宜采用先落料切割,再坡口切割的方式。

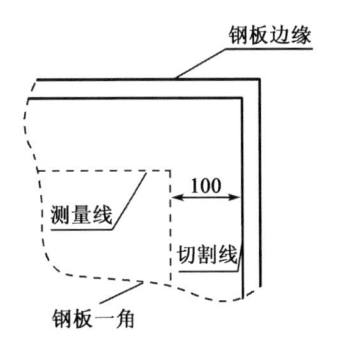

图5-10 中幅板划线示意图

因焊接顺序的需要,环形边缘板的对接接头宜采用不等间隙,对口间隙为外端小而内端大。环形边缘板预制时,内端每边切割量适当加大1~2.5mm;并可预留1~2块调整板,调整板的一侧增加100~200mm的余量,见图5-11。

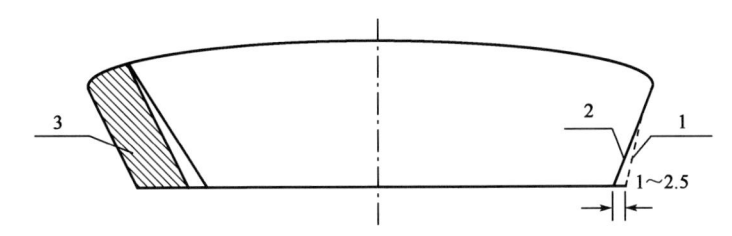

图5-11 环形边缘板下料示意图
1—排板尺寸;2—实际下料尺寸;3—调整余量

与环形边缘板相接的不规则中幅板,在切割时应予编号标识以便区分,坡口切割时应注意防止出现"反边",尺寸宜沿径向预留50~150mm的余量,待与环形边缘板组对时再割除。

四、坡口加工及打磨

火焰切割加工完成后,用角向磨光机去除坡口面的氧化皮,检查切割质量,坡口表面凹凸度应小于0.5mm。对于深度大于0.5mm的凹坑,应开长度大于

50mm 的槽进行补焊、打磨；对板厚大于 25mm 或证实焊接工艺要求预热焊接的板材,补焊时应按正式焊接工艺要求进行预热,并对补焊处进行渗透检测。

五、下料后的检查

罐底板切割预制完毕后,应进行尺寸复检,复检由专人负责,检查数据应形成记录。中幅板尺寸测量部位见图 5-12,尺寸允许偏差应符合表 5-1 的规定;环形边缘板尺寸测量部位见图 5-13,尺寸允许偏差应符合表 5-2 的规定。

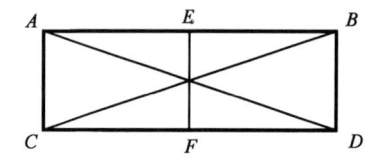

图 5-12 中幅板尺寸测量部位示意图 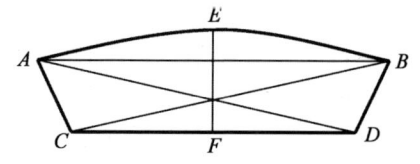　　图 5-13 环形边缘板尺寸测量部位示意图

表 5-1 中幅板尺寸允许偏差

测量部位		对接接头允许偏差(mm)		搭接接头允许偏差(mm)
		板长≥10000	板长≥10000	
宽度 AC、BD、EF		±1.5	±1	±2
长度 AB、CD		±2	±1.5	±1.5
对角线之差|AD-BC|		≤3	≤2	≤3
直线度	AC、BD	≤1	≤1	≤1
	AB、CD	≤2	≤2	≤3

表 5-2 环形边缘板尺寸允许偏差

测量部位	允许偏差(mm)
长度 AB、CD	±2
宽度 AC、BD、EF	±2
对角线之差|AD-BC|	≤3

标准屈服强度大于 390MPa 的钢板经火焰切割的坡口,应对坡口表面进行磁粉或渗透检测。厚度大于等于 12mm 的环形边缘板,应在两侧 100mm 范围内(图 5-12 中 AC、BD)按 JB/T 4730.3—2005《承压设备无损检测 第 3 部分 超声检测》的规定进行超声检查,达到 III 级标准为合格；如采用火焰切割坡口,应对坡口表面进行磁粉或渗透检测。

第三节　罐壁板的预制

罐壁板预制基本工序见图 5-14。

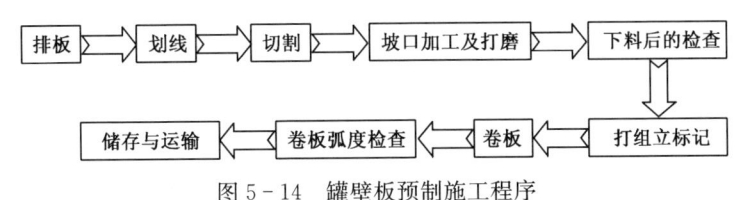

排板 ⇒ 划线 ⇒ 切割 ⇒ 坡口加工及打磨 ⇒ 下料后的检查 ⇒ 打组立标记 ⇒ 卷板 ⇒ 卷板弧度检查 ⇒ 储存与运输

图 5-14　罐壁板预制施工程序

一、排板

罐壁板预制前应绘制排板图，并应符合下列规定：
(1) 各圈壁板的纵向焊缝宜向同一方向逐圈错开，相邻圈板纵缝间距宜为板长的 1/3，且不应小于 300mm。
(2) 底圈壁板的纵向焊缝与罐底边缘板对接焊缝之间的距离不应小于 300mm。
(3) 直径小于 25m 的储罐，其壁板宽度不得小于 500mm，长度不得小于 1000mm；直径大于或等于 25m 的油罐，其壁板宽度不得小于 1000mm，长度不得小于 2000mm。

二、划线

罐壁板的划线方法与罐底板相同。罐壁板环缝采用对接时，壁板下料宜采用净料法，壁板在划线前，应对净料周长进行计算，计算公式如下：

$$L=\pi(D_i+\delta)-ne+na \tag{5-3}$$

式中　L——壁板下料周长，mm；
　　　D_i——储罐内径，mm；
　　　δ——壁板厚度，mm；
　　　n——单圈壁板数量；
　　　a——每条焊缝收缩量，mm；

e——对接接头间隙，mm。

三、切割

罐壁板的切割、下料要求与罐底板基本相同。采用龙门式数控火焰切割机或半自动火焰切割机切割罐壁板，一般应先切割环向焊缝坡口一侧，后切割纵向焊缝坡口一侧。壁板切割顺序宜按壁板安装的先后顺序进行，同一圈罐壁的所有壁板应连续切割完。净料法下料时，各圈最后一张壁板预制长度应为该壁板应有的长度加上或减去该圈壁板的累积下料误差；采用非净料法下料的壁板，在各圈最后一张壁板上应增加所需余量。

四、坡口加工及打磨

罐壁板的坡口加工及打磨要求与底板相同。

五、打组立标记

对于预制合格的罐壁板，应根据排板图的要求，在距标准纵缝边缘1/3板长处（或壁板T字缝组立处）用样冲打2点，并用醒目的油漆圈起来以示标记，作为组装壁板的控制基准点，如图5-15所示。

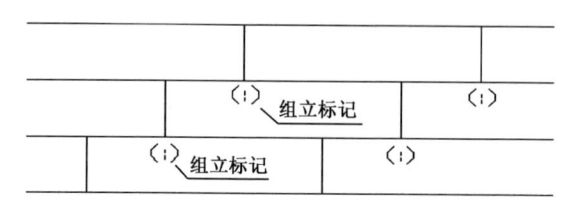

图5-15 壁板打组立标记示意图

六、卷板

罐壁板卷弧的关键是板端直段的消除和板端缘的弯曲校形。下面重点介绍普通三辊卷板机的壁板卷弧方法。

1. 垫滚压头法壁板卷弧

壁板卷弧前，预先在三辊卷板机上加一厚圆弧胎板（厚约30mm），胎板的曲率应与罐壁板的曲率一致。卷弧时,先将壁板两端在厚胎板弧内反复压卷以消除壁板两端直段(俗称垫滚压头),然后撤去机上厚胎板,将壁板卷制成设计要求的弧形。此法简单易行,但不适用于厚度大于14mm壁板卷弧。如图5-16所示。

图5-16 垫滚压头法示意图

2.首尾相接法壁板卷弧

壁板下料时,两端先不进行切割加工,在壁板卷制过程中,先将第一块壁板前端焊接300mm宽同规格的引弧板,再将第二块壁板前端与第一块壁板后端焊成一体一起卷弧。焊道可断续焊,但不可高于1mm,第一块卷制完成后切割连接焊缝,再以同样的方法卷制其他壁板。全部壁板卷弧完成后,再切割加工板端坡口。该法适用于各种厚度的壁板卷弧,但成本略有增加。如图5-17所示。

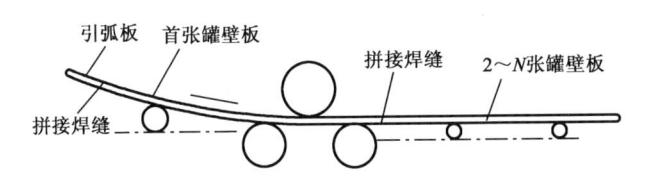

图5-17 首尾相接法示意图

3.壁板卷弧注意事项

(1)卷板机宜制作前后托架。前托架为平托架;后托架为弧形托架,且接触点构成的曲面与壁板曲率相同。托架与壁板接触部位应能自由转动。如图5-18所示。

(2)卷弧过程中,应使钢板宽度方向与辊的轴线保持平行,防止钢板扭曲。

(3)应采用逐步成型法,一般根据板厚3~4次成型为宜。卷弧时,应每卷一遍后均用与储罐设计曲率半径相同的弧形样板(曲率半径小于或等于12.5m

前平托架　　　卷板机　　　后弧形托架

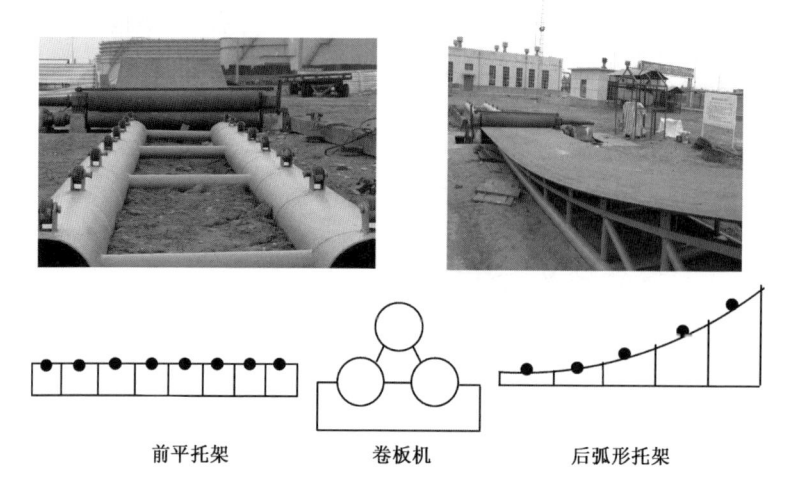

图 5-18　卷板机前后托架示意图

时,弦长不应小于1.5m;曲率半径大于12.5m时,弦长不应小于2m)进行测量,应以间隙出现在弧形样板两端且最大间隙不超过3mm为宜。

4. 壁板端缘弯曲和弧度校正

厚度小于10mm的壁板端缘弯曲,可用人工锤击法将端缘找直,但不可直接锤击壁板,校形时壁板被锤击的部位必须加垫板;厚度大于12mm的壁板端缘弯曲,可用瓜钩千斤顶(螺柱)进行校形。

七、预制检查

1. 下料后的检查

(1)罐壁板切割完毕后,应进行尺寸复检,复检由专人负责,检查数据应形成记录。壁板尺寸测量部位见图5-19,尺寸允许偏差应符合表5-3的规定。

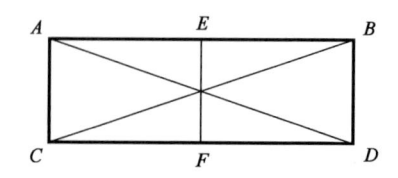

图 5-19　壁板尺寸测量部位示意图

第五章 立式储罐的预制

表 5-3 壁板尺寸允许偏差

测量部位		允许偏差(mm)	
		板长 $AB(CD) \geqslant 10000$	板长 $AB(CD) < 10000$
宽度 AC、BD、EF		±1.5	±1
长度 AB、CD		±2	±1.5
对角线之差 $|AD-BC|$		≤3	≤2
直线度	AC、BD	≤1	≤1
	AB、CD	≤2	≤2

(2)标准屈服强度大于 390MPa 的钢板经火焰切割的坡口,应对坡口表面进行磁粉或渗透检测。

2. 卷板弧度检查

壁板卷弧后,应立置在平台上用样板检查。垂直方向上用直线样板(长度不应小于 1m)检查,其间隙不应大于 2mm;水平方向上用弧形样板(曲率半径小于或等于 12.5m 时,弦长不应小于 1.5m;曲率半径大于 12.5m 时,弦长不应小于 2m)检查,其间隙不应大于 4mm。

八、储放与运输

卷制成型的壁板应按罐号、安装顺序装胎储放与运输,如图 5-20 所示。板与板的长边可以上下交错 150mm,如图 5-21 所示,伸出的一侧应是壁板的上部,以利于吊装,板间严禁支垫东西,以免变形。

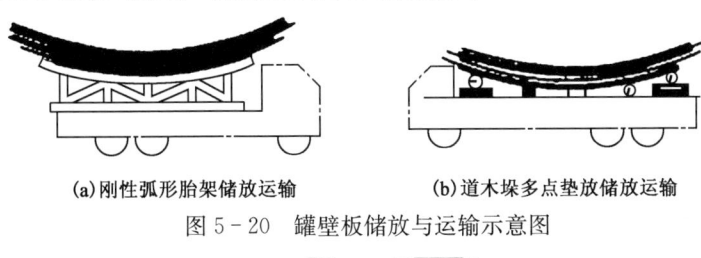

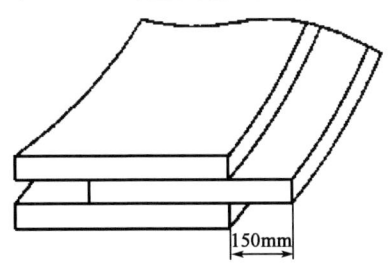

(a)刚性弧形胎架储放运输　　(b)道木垛多点垫放储放运输

图 5-20　罐壁板储放与运输示意图

图 5-21　板边错开示意图

九、开孔壁板的预制与热处理

开孔壁板的预制与热处理应符合下列规定：

(1)底圈壁板卷弧检查合格后进行接管安装，开孔、组装接管和补强圈焊接宜在专用胎具上进行，专用胎具的曲率应与底圈壁板的曲率相同。底圈壁板开孔中心位置的允许偏差为5mm；焊接时应采取防变形措施，保证壁板焊后变形在允许偏差范围内。

(2)接管焊接接头的根部和盖面层，补强圈与壁板间的焊接接头应按JB/T 4730.5—2005《承压设备无损检测 第5部分 渗透检测》进行渗透检测，Ⅰ级合格。开孔的补强板焊完后，由信号孔通入100～200kPa的压缩空气，检查焊缝严密性，无渗漏为合格。

(3)标准屈服强度大于390MPa且板厚大于12mm的罐壁上有补强板的开口接管，标准屈服强度不大于390MPa且板厚大于32mm的罐壁上的开口接管（公称直径不小于300mm）以及齐平型清扫孔，焊后应进行整体消除应力热处理，热处理方法应符合GB 50236—2011《现场设备、工业管道焊接工程施工规范》的有关规定。

(4)底圈开孔壁板应放置在专用胎具上进行炉内整体热处理，可采用电加热或燃油加热法，热处理参数应按设计文件规定或经焊接工艺评定确定，且应进行全过程控制。

第四节 拱顶的预制

立式储罐的固定顶结构种类较多，有拱顶、锥顶、无力矩顶等，其制造工艺各有难易。下面重点介绍拱顶的半成品预制。

拱顶直径较大、钢板较薄，由多块顶板组成，每块顶板由多块钢板拼焊成一个狭长扇形面，顶板的拱形曲面由面板下经向及纬向的扁钢肋板进行支撑，强制形成设计曲率的拱形曲面，其预制有一定的难度，通常以散件形式提供现场安装，如图5-22所示。

拱顶预制的一般程序见图5-23。

第五章　立式储罐的预制

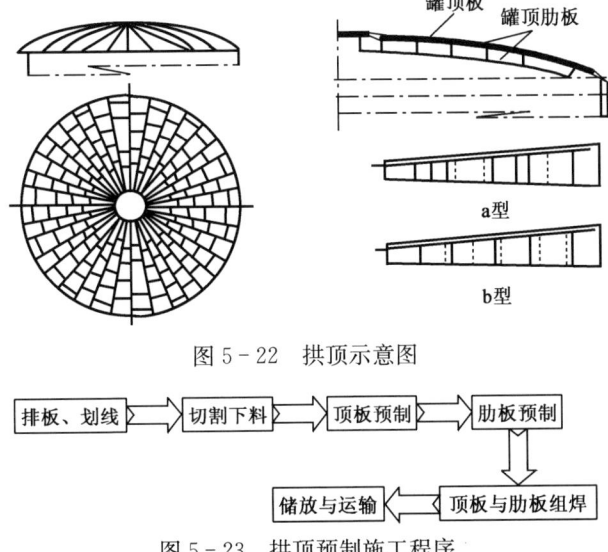

图 5-22　拱顶示意图

图 5-23　拱顶预制施工程序

一、排板、划线

1. 一般要求

(1) 拱顶顶板间采用对接接头，也可采用搭接接头，当采用搭接接头时，搭接宽度不得小于 5 倍板厚，且不得小于 25mm。

(2) 单块顶板（瓜瓣板）可拼接，拼接排板见图 5-24，任意两条相邻焊接接头的间距不得小于 200mm。

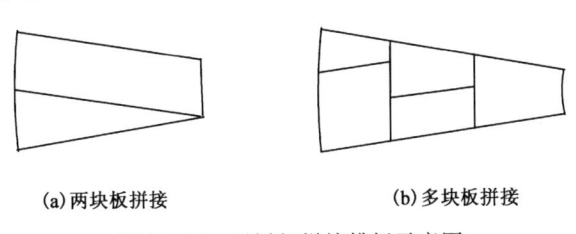

图 5-24　瓜瓣板拼接排板示意图
(a) 两块板拼接　(b) 多块板拼接

(3) 施工技术人员要按进料尺寸制定最佳的排板拼接方案，供作业人员执行，提高材料利用率。

2. 顶板的下料计算

拱顶及顶板的几何尺寸见图 5-25，其下料计算按下列方法和步骤进行。

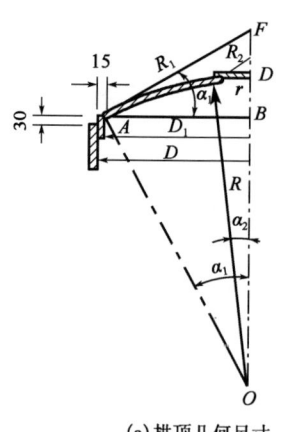

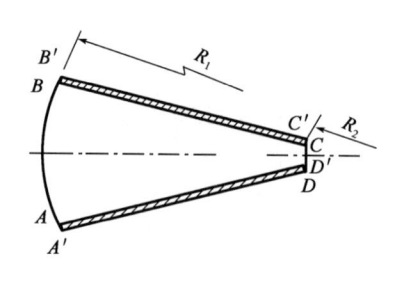

(a) 拱顶几何尺寸　　　　　　(b) 拱顶机板展开

图 5-25　拱顶的几何尺寸及公桥板尺寸

(1) 拱顶顶板角度按公式(5-4)、公式(5-5)计算。

$$\sin\alpha_1 = D_1/2R \tag{5-4}$$

$$\sin\alpha_2 = r/R \tag{5-5}$$

式中　D_1——拱顶直径,mm;

　　　R——拱顶曲率半径,mm;

　　　α_1——拱顶夹角,(°);

　　　α_2——拱顶中心板夹角,(°);

　　　r——拱顶中心孔的半径,mm。

(2) 拱顶顶板展开半径按公式(5-6)、公式(5-7)计算。

$$R_1 = R\mathrm{tg}\alpha_1 \tag{5-6}$$

$$R_2 = R\mathrm{tg}\alpha_2 \tag{5-7}$$

式中　R_1——拱顶顶板展开外半径,即拱顶夹角 α_1 的切线长,mm;

　　　R_2——拱顶顶板展开内半径,即拱顶中心板夹角 α_2 的切线长,mm。

(3) 拱顶顶板展开板边弧长,见图 5-5(b),按公式(5-8)~公式(5-12)计算。

$$AD \text{ 弧长} = BC \text{ 弧长} = \frac{2\pi R}{360}(\alpha_1 - \alpha_2) \tag{5-8}$$

$$AB \text{ 弧长} = \frac{\pi D_1}{n} \tag{5-9}$$

$$A'B' \text{ 弧长} = AB \text{ 弧长} + \Delta_c \tag{5-10}$$

$$DC \text{ 弧长} = \frac{2\pi r}{n} \tag{5-11}$$

$$D'C' \text{ 弧长} = DC \text{ 弧长} + \Delta_c \tag{5-12}$$

式中　　AB 弧长——拱顶顶板外圆展开弧长,mm;
　　　　$A'B'$ 弧长——拱顶顶板外圆展开弧长和搭接宽度之和,mm;
　　　　DC 弧长——拱顶顶板内圆展开弧长,mm;
　　　　$D'C'$ 弧长——拱顶顶板内圆展开弧长和搭接宽度之和,mm;
　　　　n——拱顶顶板的块数,取偶数;
　　　　Δ_c——搭接宽度,mm。

二、切割下料

施工班组按排板图放大图样,制作下料样板,采用样板下料,采用火焰或机械切割。

三、顶板预制

在钢制平台上将板料点焊拼成与排板大样 1∶1 的顶板扇形面,待与加强肋板组焊成符合设计要求球面曲率的顶板半成品。

四、肋板预制

大型拱顶储罐罐顶肋板为经纬向分布,经向肋板为长条弧状,纬向肋板为短条双曲弧状。肋板一般由厚 6～10mm 的钢板剪切成宽 50～60mm 的扁钢料煨弧预制,成形后用弧形样板检查,其间隙不得大于 2mm。经向长条肋板用数段扁钢煨弧后在平台上拼焊而成。

五、顶板与肋板组焊

顶板与肋板组焊前应制作组装胎架。由施工技术人员按顶板瓜瓣尺寸计算胎架曲率,利用废板料在施工平台上制作组装胎架。

组装中先将顶板吊放到组装胎架上,用样板在面板上划出肋板组装标记线,并用卡具将顶板与组装胎架进行固定,使顶板与胎架贴合紧密,以保证弧形曲率。板面局部凸起可用木槌捶打校正。组装时,先将已煨制成型的经向长肋板按照组装标记线点焊固定,后再将各纬向短肋板按照组装标记线点焊固定。点焊时,可用支架和千斤顶配合完成顶板与肋板的组装,如图 5-26 所示。肋板与顶板组装完成后才可进行焊接。焊接必须在卡固牢靠的顶板预制胎架上进行,焊接时,应先焊接肋板与顶板的角焊缝,并宜采用多焊工均布同时施焊作业,肋板与顶板的角焊缝焊接完成后,方可进行瓜瓣板板面拼接焊缝的焊接,以防止产生大的波浪变形。拼接采用对接接头,双面焊接。瓜瓣板预制成形后,应用弧形样板检查,其间隙不得大于10mm。

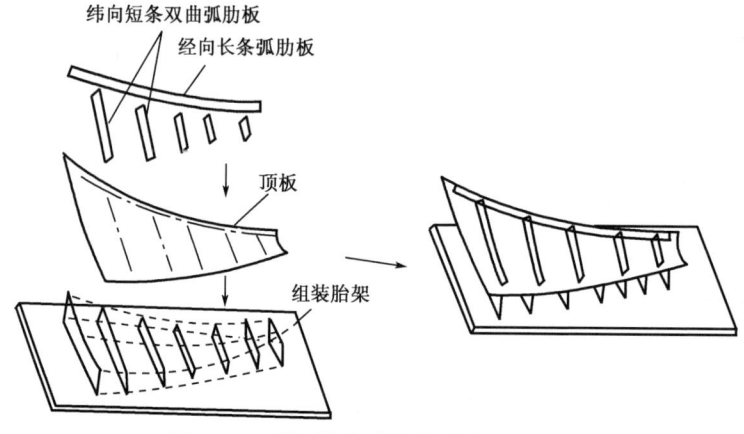

图 5-26 罐顶板组装焊接防变形示意图

六、储放与运输

大型拱顶储罐顶板的储放与运输一般采用专用胎架或道木垛垫放。拉运前,叠放在一起的罐顶板应彼此用若干条扁钢焊接固定为一体,其叠放层数不宜过高,以防止挤压变形。当使用胎架运输时,吊点必须置于胎架的适当位置上,不可将吊具直接挂于罐顶板及固定用的扁钢上。

第五节 浮顶的预制

一、排板

浮顶分为单盘式和双盘式。浮顶预制前应绘制排板图,单盘和双盘顶板、底板的排板可采用条形排板或人字形排板,见图 5-27。也有双盘顶板边缘一至两个环舱由于密封的要求比较高,采用扇形排板的情况。

第五章 立式储罐的预制

(a)条形排板　　　　　　　　　(b)人字形排板

图 5-27　单盘式浮顶排板

二、浮舱板的预制

浮舱板的预制应符合下列要求：

(1)浮舱边缘板、环板、顶板、底板、隔舱板的预制，拼接时应采用全熔透对接焊缝，其尺寸允许偏差与罐底板、壁板的要求相同。

(2)浮舱底板及顶板预制后，其平面度应用直线样板检查，间隙不应大于 4mm。

(3)单盘式浮顶的浮舱进行分段预制时，浮舱内、外边缘板用弧形样板检查，间隙不应大于 10mm；浮舱几何尺寸测量部位见图 5-28，几何尺寸允许偏差应符合表 5-4 的规定。

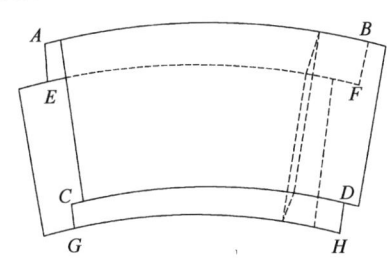

图 5-28　分段预制浮舱几何尺寸测量部位示意图

表 5-4　分段预制浮舱几何尺寸允许偏差

测 量 部 位	允许偏差（mm）
高度 AE、BF、CG、DH	±1
弦长 AB、EF、CD、GH	±4
对角线之差 $\|AD-BC\|$ 和 $\|CH-DG\|$、$\|EH-FG\|$	≤6

三、桁架、橡子等构件的预制

(1)双盘式浮顶的桁架、橡子等构件预制时,应符合 GB 50205—2001《钢结构工程施工质量验收规范》的有关规定。

(2)使用无齿锯或氧炔火焰对桁架、橡子等的小构件进行统一切割下料,并在构件上做好标记。

(3)在预制平台上按照桁架、橡子的尺寸,做出模具,以便能快速准确地组对各部件。

(4)组对完的桁架、橡子应放置在带有夹具的反变形模具上进行焊接。

(5)预制好的桁架、橡子,按环舱分别堆放,并做好标识及防变形措施。

第六节 预制安全技术措施

储罐预制时的安全风险主要来自于切割作业和龙门起重机、卷板机等大型机械的操作,所以应针对性地制定相应安全技术措施。

一、切割作业安全技术措施

(1)切割作业时应将周围易燃易爆物品清理干净。

(2)火焰切割工具使用前应经检查合格;输气软管耐压合格,无破损;氧气表、乙炔表检定合格;乙炔气瓶必须装设专用减压器、回火防止器。

(3)预制场氧气瓶、乙炔瓶存放库(棚)应分别设置,重瓶和空瓶应分开存放,且应通风、遮阴。

(4)搬运氧气瓶、乙炔瓶时,不应摔、碰和撞击。

(5)氧气瓶、乙炔瓶使用时要注意固定,严禁倒放,间距保持 5m 以上,距明火 10m 以上,不准摆放在电源线下方,不准放在距易燃易爆、腐蚀物品较近的地方。

(6)输、储氧气和乙炔的容器和管路应严密。禁止用紫铜材质的连接管连接乙炔管;输、储乙炔的容器、管路冻结时,严禁用明火烘烤。氧气瓶不应沾染油脂,有油脂的衣服、手套等禁止与氧气瓶、减压阀、氧气软管接触。

第五章　立式储罐的预制

(7)开启气瓶或装卸氧气表时,操作者应站在瓶口的侧后方,避免正对瓶口。

二、龙门起重机操作安全技术措施

(1)龙门起重机开车前应认真检查机械设备、电气部分和防护保险装置是否完好、可靠。如果控制器、制动器、限位器、电铃、紧急开关等主要附件失灵,严禁吊重。

(2)龙门起重机操作手与起重指挥应有统一的信号,运行时必须听从信号员指挥,但对任何人发出的紧急停车信号,都应立即停车。操作手必须在确认指挥信号后方能进行操作,开车前应先鸣铃。

(3)起吊重物时,应找准重心,吊钩钢丝绳应保持垂直,在重物未吊离地面前,起重机不得行走,不准斜拖被吊物体。

(4)提升或降下重物时,速度要均匀平稳,避免速度急剧变化,造成重物在空中摆动。

(5)龙门起重机吊运时,吊运物件离地不得过高,吊装区域内不得有人员停留,并尽量避免人员通过,严禁吊物在人头上越过,地面有人或落放吊件时应鸣铃警告。

(6)工作停歇时,不得将起重物悬在空中停留。

(7)起重钢丝绳应每周检查一次,并做好记录。

三、卷板机操作安全技术措施

(1)卷板机安装场地,应满足预制工件的进出要求,吊运作业区域不得有临设构筑物等阻碍。

(2)卷板机使用前应检查各部位有无异常,紧固螺钉(帽)不得有松动,电气控制及制动器应正常可靠。

(3)卷板机操作手柄应有明显的挡位标志,且挡位定位可靠,运行中避免自行移位。

(4)卷板机作业应由专人指挥,在板料卷制的危险区不得站人,人未离开,操作者不得开动机器。

(5)卷板机必须在工件放置平稳后,方可开车运转操作。工件进入轧辊后,应防止手及衣服被卷入轧辊内。

（6）卷板机作业时，工件上严禁站人；手不得放在被卷压的钢板上，用样板检查卷板弧度，应在停车后进行。

（7）卷板停车时，要掌握停车后压辊的惯性窜动量，防止钢板窜出伤人。

（8）对较厚或材料强度较大的钢板卷弧时，压力应缓慢增加，并经多次卷制成型，严禁超负荷使用。

（9）设备运转中如发现减速器、电动机和其他部位有异常声音，应立即停车检查。

（10）卷板操作结束后，各控制器应回到零位，断开开关，切断电源。

第六章 立式储罐的组装

立式储罐组装是立式储罐建造中最重要的环节之一,施工程序复杂,所需的施工机具、设备、工卡具种类繁多,施工涉及的各专业进行交叉作业,组装质量要求高且不易控制。储罐的组装质量主要是控制焊缝的对口间隙、错变量、角变形和储罐的整体垂直度、椭圆度、半径偏差、高度偏差等。因此采用合理的施工方法和工艺流程,选择合适的设备、机具、工卡具,不仅可以避免强制装配,满足质量标准要求,而且能够提高施工效率,节省施工成本。

本章以立式拱顶储罐和浮顶储罐为主,介绍常用的储罐正装组装法和倒装组装法的工艺原理、特点、工艺流程,以及常用的机械设备、工装卡具等。

第一节 组装工艺介绍

立式储罐的组装工艺根据壁板组装顺序的不同,可分为倒装法和正装法两类。

倒装法是指储罐施工过程中,在罐底板铺设、焊接之后,先组焊顶圈壁板、包边角钢、储罐拱顶等,然后自上而下依次组装焊接每圈储罐壁板,直至完成底圈壁板。其主要特点是地面作业多,高空作业少,施工较安全。此法主要用于立式固定顶储罐的安装,最大固定顶储罐的安装能力已经达到 $5 \times 10^4 m^3$。近年来,倒装法在大型浮顶储罐安装中亦有应用,实现了 $10 \times 10^4 m^3$ 浮顶储罐的倒装施工。

在倒装法施工工艺中,储罐主体需借助充气和机械等不同手段和工艺实现升起,又分为充气顶升倒装法、中心柱提升倒装法、倒链(手动、电动)提升倒装法、液压提(顶)升式倒装法、电动螺杆顶升倒装法等。随着储罐提升技术装备的不断发展和进步,充气顶升倒装法和中心柱提升倒装法等现已较少采用,本文就不再予以介绍。

正装法是指储罐施工过程中,储罐主体结构按照自下而上的顺序依次组装焊接,直至顶圈壁板、抗风圈及顶端包边角钢等,最后组焊完成。此法主要适用

于 $2\times10^4\,m^3$ 及以上大型浮顶储罐的安装。其主要特点是可以充分利用吊装设备,便于使用自动焊技术,但高空施工作业多。正装法亦有不同的安装工艺,主要有水浮正装法、内挂脚手架正装法、外搭脚手架正装法等。

一、倒链提升倒装法

倒链提升倒装法受其提升能力的限制,多用于容积小于等于 $2\times10^4\,m^3$ 的立式拱顶储罐的施工。这种组装方法是在罐壁内侧沿周向均匀设置提升柱,在提升柱顶部设置倒链作为动力源组成提升机组,提升与罐壁板下部临时胀紧固定的胀圈,使上圈壁板随胀圈起升到预定高度,组焊下圈罐壁板;然后将胀圈松开,降至下圈罐壁板下部胀紧固定后,再次起升,如此往复,直至壁板组焊完成。

倒链提升有手拉倒链提升和电动倒链提升两种,原理一样,只是后者用电动设备代替了人力。手拉倒链体积小、结构简单、易于维护、施工费用低,对劳动力充裕的单位非常适合。电动倒链节省人力、降低劳动强度、同步性好、效率高,但与手拉倒链相比设备价格、使用和维护成本较高。

手拉倒链提升倒装施工工艺原理如图 6-1 所示。电动倒链提升倒装施工工艺原理如图 6-2 所示。

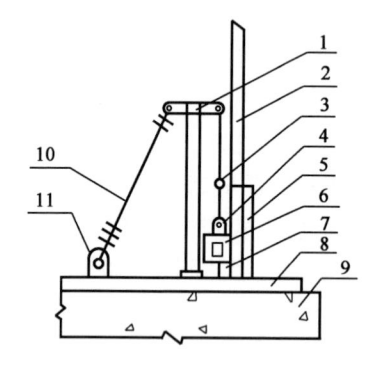

图 6-1 手拉倒链提升倒装施工
工艺原理示意图
1—承重支柱;2—已装壁板;3—手拉倒链;
4—承重挡板;5—待装壁板;6—胀圈;
7—限位挡板与底板相焊;8—底板;
9—基础;10—接绳;11—耳环

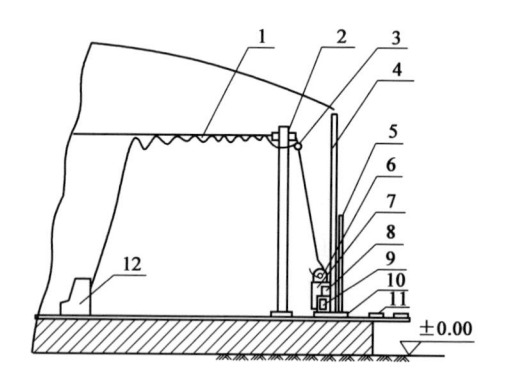

图 6-2 电动倒链提升倒装施工
工艺原理示意图
1—电缆;2—提升柱;3—电动倒链;4—已装壁板;
5—待装壁板;6—吊耳;7—刀形限位板;
8—挡板;9—背杠;10—槽钢垫块;
11—罐外操作台;12—控制台

二、液压提升倒装法

液压提升倒装法适用于各种结构、各种容积的立式储罐的施工,尤其适用于容积 5000m³ 及以上的大型立式储罐的倒装提升。这种组装方法是以液压提升机作为罐体的举升动力源,在罐壁内侧沿周向均匀布置若干台液压提升机组成提升机组,举升作业时,用一台或多台可以串接起来进行整体控制的电控柜控制提升机组,使其提升(或降落)罐内胀圈,从而带动罐体上升,达到罐壁板自上而下逐节组装的目的。

液压提升的特点是采用液压机构,额定起重量大,体积小;可实现集中控制,提升平稳;设备使用、保养简单。

目前液压提升法采用的提升技术主要有松卡式液压提升、行程放大式液压提升和多级液压式提升等。

1. 松卡式液压提升

松卡式液压提升施工是在罐壁内侧沿周向均匀设置提升架,在其上安装有起重作用的松卡式千斤顶。其中,上下卡头与液压油缸的活塞杆相连,由中央控制台控制高压油经高压油管送至油缸,通过换向阀实现油缸的往复运动。活塞杆是空心的,中间穿有钢制提升杆,在油缸往复运动时,可自动完成提升杆的步进式工作。提升杆带动滑动托架提升胀圈和储罐壁板到预定高度,组装下圈壁板。然后,停止供油,将上、下卡头松开,将提升杆放下,再次进行下圈壁板的提升,如此往复,完成储罐壁板的提升。

松卡式液压提升施工示意图见图 6-3。

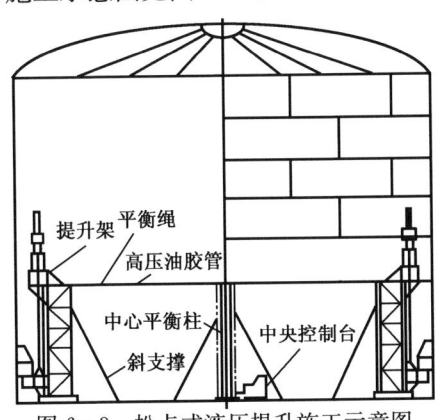

图 6-3 松卡式液压提升施工示意图

2. 行程放大式液压提升

行程放大式液压提升技术是依据动滑轮的原理来实现的,如图6-4所示。根据动滑轮组原理实现行程放大,达到缩小装置高度的目的。当液压缸柱塞起升 h 高度时,钢丝绳一端固定,钢丝绳另一端可升起2倍 h 的高度,但液压缸的有效举升力要减少一半。由于动滑轮在举升过程中承受两侧钢丝绳的合拉力,当被提升物重量为10t时,液压缸的举升力需要达到20t。

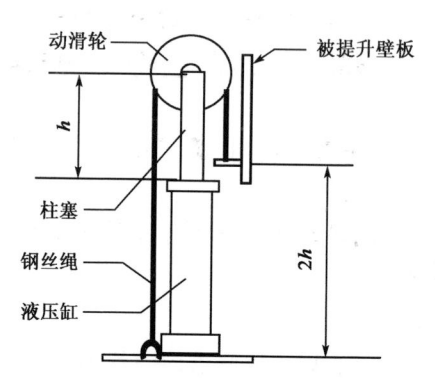

图6-4 行程放大式液压提升机原理示意图

行程放大式液压提升机一般采取一机一泵的设计方案,可根据罐的大小随意组合,使用极为方便。施工时,在罐内均匀布置若干台液压提升机组成提升机组。提升时,用电控柜控制罐内的提升机组,使其提升(或降落)罐内胀圈,从而带动罐体上升,达到罐壁板自上而下逐节组装的目的。它可以实现单机、分组及整组的升降作业控制,便于安装时储罐环缝的精确组对。

3. 多级液压式提升

多级液压式提升主要用于大型浮顶储罐的倒装顶升,采用单作用双级液压缸(液压千斤顶)用于垂直顶升储罐壁板,液压缸(两级行程)回落后,高度为1.9m左右,不影响罐内环缝埋弧自动横焊机的使用,如图6-5所示。

多级液压式提升综合考虑罐体的提升质量、选用的胀圈强度、提升间距以及每圈罐壁板的数量,一般选用单缸提升质量较大的液压缸,泵站采用交流电动机,每台液压泵站连接4台或5台液压缸,从而避免了传统式集中供油带来的油管过多、漏油点多的弊端,以确保环境污染降至最低。其装置油路原理图如图6-6所示。

图6-6中,在电磁换向阀两侧的油路增加了泄压阀,1号泄压阀调节下降压力和静止载荷压力,2号泄压阀调节上升压力。在上升操作时,如果局部过

第六章　立式储罐的组装

(a)顶升状态　　　　　　　(b)回落状态

图 6-5　多级液压顶升施工示意图

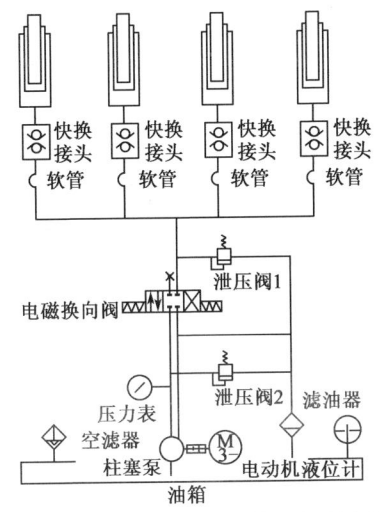

图 6-6　多级液压式提升装置油路原理图

载,泄压阀 2 打开,过载的液压油通过泄压阀 2 回流到油箱;在下降操作或静止时,有系统过载,泄压阀 1 打开,过载的液压油通过泄压阀 1 回流到油箱。用这种超压溢流的方法稳定平衡各个液压缸的负载,保证每个液压缸只承担设定的压力负载,超出设定的压力负载则自动溢流平衡,保证系统安全性。

三、电动螺杆顶升倒装法

电动螺杆顶升倒装法适用于各种结构、各种容积的立式储罐的施工。这种组装方法是借助机械传动方法,来实现罐壁的组装作业,即顶升机上的电动机带动蜗杆使涡轮转动,通过与其同轴的小齿轮啮合大齿轮旋转,套在大齿轮内侧同轴上的螺母亦同步旋转,螺杆在螺母的带动下,因其上止动键的限制作用,它仅能上下伸长或缩短,再通过螺杆头上的顶升帽直接带动顶升机外侧的"门"形外罩,由固定在外罩下缘两侧的伸缩钩板钩动罐体上升,从而完成各层壁板的组装、焊接。这种方法可以实现行程放大式提升。

电动螺杆顶升倒装法施工示意图见图 6-7。

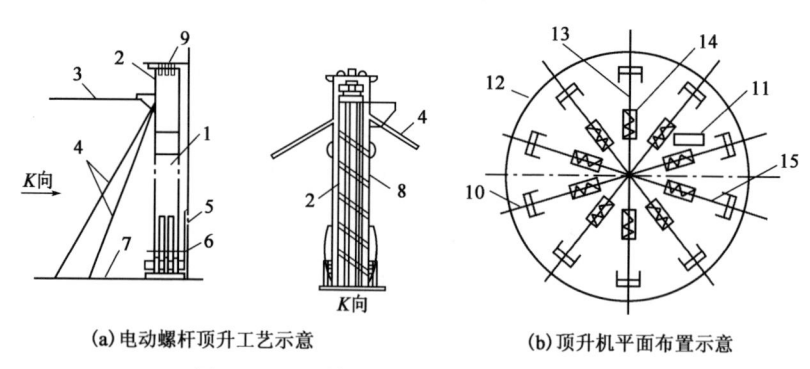

(a) 电动螺杆顶升工艺示意　　(b) 顶升机平面布置示意

图 6-7　电动螺杆顶升倒装法施工示意图
1—罐壁;2—顶升机;3—水平拉杆;4—斜拉杆;5—顶升肋板;6—胀圈;7—罐底板;
8—门形外罩;9—伸缩撑板;10—顶升机;11—电气控制柜;12—壁板;
13—斜拉杆;14—花篮螺栓;15—水平拉力

四、水浮正装法

水浮正装法一般用于外浮顶储罐的施工。这种组装方法是在底板、底圈壁板、第二圈罐壁板、底圈壁板与底板的角接接头组焊完并检验合格,浮顶组焊完并检验合格后,向罐内充水,使浮船浮升到需要高度后停止充水,利用浮顶作为内操作平台,设置罐壁移动小车或弧形吊篮进行罐壁外侧作业,采用吊车吊装或在浮舱上设置吊杆吊装壁板,逐圈组焊第三圈及以上各圈壁板,直至罐壁组装完毕。水浮正装法施工示意图见图 6-8。

水浮正装法的优点是:充分利用浮顶作为内操作平台,作业面积大且安全;

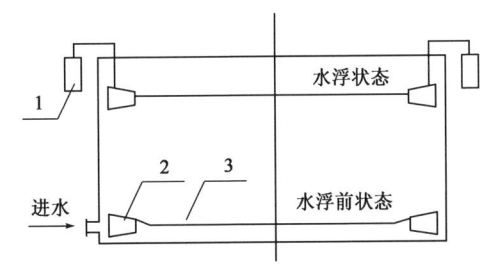

图 6-8 水浮正装法施工示意图
1—弧形吊篮或罐壁移动小车；2—船舱；3—单盘或双盘

可借用抗风圈作为外部临时平台，既节约措施用料，又方便抗风圈安装；技术措施用料少，与采用脚手架相比，可节约 90% 左右；分段充水，能对储罐基础进行分级预压，可替代充水试验；整套工艺经济、可靠。

存在的主要问题是：由于罐内充水，造成环境湿度增大及产生局部温差，对焊接质量和组装尺寸易造成不良影响；对于大容积储罐，因充水易受水源条件的影响，致施工周期较长；与内挂架正装法和外脚手架正装法相比，不利于安排交叉作业，相对拖延工期。因此，水浮正装法施工工艺在大型储罐施工中已很少采用。

五、内挂脚手架正装法

内挂脚手架正装法适用于容积 $5\times10^4 m^3$ 及以上大型单盘式或双盘式浮顶立式储罐。这种组装方法是在待组装的罐壁板内侧同一高度处按规定间距均匀设置八字铁，每组对一圈壁板，就在已组装上的壁板内侧沿圆周八字铁上挂上一圈三角架，在三角架上铺设跳板及劳动保护，跳板搭头处捆绑牢固，组成环形脚手架作为操作平台，作业人员即可在跳板上组对安装上一层壁板；内脚手架宜搭设 2~3 层，随着壁板的逐圈向上组装，将最下一层脚手架拆除倒运到上层搭设，交替往复使用，直至组装完最后一圈壁板。在罐壁外侧挂设移动小车进行外侧施工作业。

内挂脚手架正装法施工如图 6-9 所示。

内挂脚手架正装法的优点是壁板组焊与浮顶组焊可交叉作业，同时进行；便于进行自动焊作业。

内挂脚手架正装法的不足之处是高空作业多，技术措施用料过多，工卡具点固焊接较多，脚手架搭设和拆除工作量大。

图 6-9　内挂脚手架正装法施工

六、外搭脚手架正装法

外搭脚手架正装法适用于 $5 \times 10^4 \mathrm{m}^3$ 及以上大型单盘式或双盘式浮顶立式储罐。这种组装方法是在罐底板、底圈壁板焊接完成并经检测合格后，在罐壁板外侧搭设脚手架，进行第二圈及以上各圈壁板的组装，脚手架随壁板升高逐层搭设，直至组装完最后一圈壁板。在罐壁内侧挂设移动小车进行内侧施工作业。

外搭脚手架正装法施工见图 6-10。

图 6-10　外搭脚手架正装法施工

外搭脚手架正装法与内挂脚手架正装法相比较，其优点是便于储罐外壁防腐保温作业的进行，对浮顶组焊影响更小；其不足是脚手架、跳板使用量更大，

第六章 立式储罐的组装

外侧脚手架上作业易受大风天气影响,罐壁外侧大角缝不便于采用平角埋弧自动焊。

第二节 组装设备与机具

立式储罐的组装设备及机具主要有:吊装设备、起升机具设备、工装卡具及脚手架等。

一、吊装设备

吊装设备是立式储罐组装中最常用、最普遍的大型设备之一,能否合理地选用、安排吊装设备是关系到安装速度、施工安全和经济效益的关键因素之一。立式储罐组装施工中常用的吊装设备有汽车起重机、履带吊车等,或多机种配合使用。

1. 汽车起重机

汽车起重机(图6-11)的机动性好,便于在相距较远的工作点之间调动,是一种高效、先进的起吊机具。它的提升高度大,升吊和回转灵活,这给安装工程带来很大方便。在同时安装数台立式储罐时汽平起重机能适应较大的作业面,施工效率高。汽车起重机是各类立式储罐组装施工中使用较多的吊装设备,起重能力一般选择8~40t。

2. 履带起重机

履带起重机(图6-12)的起重能力强,机动性虽然低于汽车起重机,但在一定场地范围内机动灵活,尤其适用于在泥泞或容易积水的场地;它的提升高度大,升吊和回转相对灵活,给场地条件不好的安装工程带来很大的方便。履带起重机多用于大型储罐正装法组装施工,起重能力一般选择50~70t。

二、起升机具设备

起升机具设备是立式储罐倒装法施工的核心设备。在此仅对使用较多的液压、机械提(顶)升机具设备进行简单介绍。

图 6-11 汽车起重机　　　图 6-12 履带起重机

1. 倒链提升机具

1）手拉倒链

环链手拉葫芦简称手拉倒链,是以环链为拽引件和承重件的一种轻便手动起重机具,不受工作方向的限制,在垂直和水平方向都可以使用。手拉倒链起升高度为 2.5~3m,可以在承重架上起吊重物或与单轨小车配合使用,特别适用于流动性及无电源场所的起重作业,在储罐工程施工中运用也很广泛。

常用手拉倒链型号及技术参数见表 6-1。

表 6-1　常用手拉倒链型号及技术参数表

型号	额定起重量(t)	起升高度(m)	两钩间最小间距(mm)	外形尺寸(长×宽×高)(mm)	质量(kg)
HS0.5	0.5	2.5	350	142×126×142	9.5
HS1	1	2.5	400	142×126×142	10
HS2	2	2.5	530	142×126×142	14
HS3	3	3	700	178×142×178	24
HS5	5	3	850	210×165×210	36
HS10	10	3	1200	358×165×210	68

2）电动倒链

施工常用的电动倒链为额定起重量 5~10t 的超低速环链电动倒链,其主要技术参数见表 6-2。

表 6-2　常用电动倒链型号及技术参数表

型号	额定起重量(t)	起升高度(m)	起升速度(cm/min)	固定构安装轴颈(mm)	链行数	自重(kg)
HHS5	5	3～12任选	10(20)	60	3	90
HHS7.5	7.5	3～12任选	10	85	4	120
HHS10	10	3～12任选	5(10)	85	6	180

2.液压提(顶)升机具设备

1)松卡式液压提升机

松卡式液压提升机由松卡式千斤顶、提升架及提升杆三部分组成,其结构如图6-13所示。

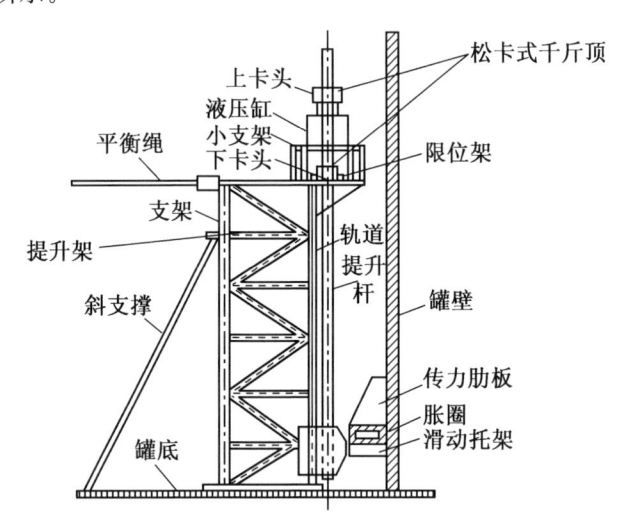

图 6-13　松卡式液压提升机结构示意图

(1)松卡式千斤顶:是液压提升机的关键部分,常用型号为 SQD-160-100S.F,它是专利产品。该千斤顶由上、下卡头和液压油缸组成,在上、下卡头中设置了卡紧装置和松卡装置,有了这两种特殊装置就可使千斤顶既具有自锁性能,又具有松开卡块(即松卡)的性能。自锁性能可使该千斤顶能够满足步进式(连续、反复)提升重物的要求,松卡性能即重物提升到一定的高度后,该提升机构又可下降再进行下次的提升作业。SQD-160-100S.F型松卡式千斤顶主要技术性能见表6-3。

(2)提升架:提升架的主要作用是通过松卡式千斤顶和提升杆起承重及提升导向作用,它由支架、滑动托架、导轨及斜支撑等组成。

(3)提升杆：提升杆是松卡式千斤顶与重物(罐体)之间的连接件，是由一根 φ32mm 钢棒与下托环焊接而成。提升杆是液压提升施工中的直接受力件。为确保液压提升的安全，宜选用 45# 钢。

表 6-3 SQD-160-100S.F 型松卡式千斤顶主要技术性能

技术特性	指标	技术特性	指标
额定起重量(kN)	160	额定油压(MPa)	16
液压行程(mm)	100±3	提升杆直径(mm)	φ32
下滑量(mm)	<3	外形尺寸(mm)	160×160×482
质量(kg)	37	油缸(形式)	双作用

2)行程放大式液压提升机

行程放大式液压提升机结构如图 6-14 所示，由滑套式提升架(高 1.5m)、环形钢丝绳吊具、吊具平衡轮、斜向支撑(45°)、机座(长 0.6m、宽 0.35m)、液压缸(顶升力 120kN)以及液压站(泵压 16MPa、电动机功率 0.55kW)七部分组成。整机是一个独立完整的提升设备，可由配电箱(中心控制台)对其单机或多机控制升降，不存在拆装液压油管路泄油弊端。

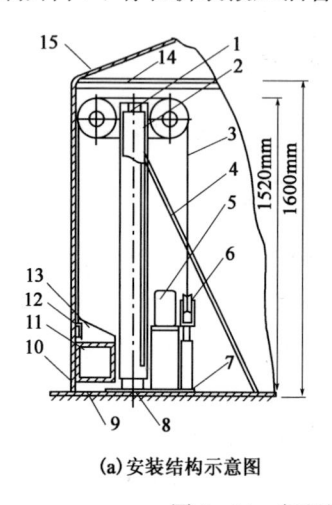

(a)安装结构示意图   (b)实物图

图 6-14 行程放大式液压提升机结构示意图

1—液压缸活塞杆；2—滑套式提升架；3—环形提升锁具；4—斜向支撑(45°)；5—液压站；6—吊具平衡轮；7—机座；8—液压缸筒；9—罐底板；10—顶圈壁板；11—罐内胀圈；12—胀圈吊耳；13—承重板；14—包边角钢；15—罐顶板

提升机高度一般设计成 1.52m，低于第一节罐壁板，有效提升高度可达

2.0m,解决了拱顶储罐罐顶开"天窗"的弊端。其滑套式提升架具有保护液压缸和行程放大的功能,顶部的两个前轮工作时靠在罐壁上,既是提升机防径向倾斜的支撑轮,又是其吊具的导向轮,因此提升机在胀圈上的吊点趋近于罐壁板且垂直,使胀圈所受扭矩最小,壁板受外力而引起的变形最小,可减少对胀圈的投资并提高罐壁板的组对质量。

3)多级式液压提升设备

常用的多级式液压提升设备为北京某厂开发研制的 YT 系列油罐顶升装置,单组设备由泵站(1台)、单作用双级液压缸(4台或5台)、电器控制及配套组件(钢丝绳、高压胶管、支撑杆、连接机构)等组成,控制方式为集中按钮自动控制或单台手柄操作控制,适用于单圈壁板高度小于等于 2.5m 的储罐倒装顶升。其技术参数见表 6-4(以 YT25-2700 型为例)。

表 6-4　YT25-2700 型油罐顶升装置主要技术性能

技术特性	指标	技术特性	指标
液压缸顶升重量(单台)(t)	25	额定流量(L/min)	14.4
液压缸工作压力(MPa)	16	顶升作业时液压缸摆放间隔(m)	≤5
泵站输出压力(MPa)	25(可调)	液压缸自重(单台)(kg)	400
最大工作行程(mm)	2700	液压泵站自重(kg)	200

5.电动螺杆顶升设备

电动螺杆顶升机由电动机、传动蜗轮、蜗杆、顶升螺杆、机架及"门"形外罩等组成。

电动螺杆顶升机分为 A 型和 B 型两种。A 型顶升有 2 次升程,第一次升程 1.4m,第二次升程 1.2m,总升程 2.6m;B 型只有 1 次升程,为 2.0m。电动螺杆顶升机的技术性能见表 6-5。

表 6-5　电动螺杆顶升机技术性能表

参数型号	大齿轮 模数	大齿轮 齿数	小齿轮 模数	小齿轮 齿数	蜗轮 模数	蜗轮 齿数	蜗杆 模数	蜗杆 头数	总传动比	升程(m)	顶升力(kN)	顶升速度(m/min)
A	6.5	61	6.5	17	6	40	6	1	143.6	1.4	200	0.1
B	6.5	61	6.5	17	6	40	6	1	143.6	2.0	200	0.1

三、工装卡具

立式储罐施工常用工装卡具可分为组装工卡具和支撑工装。

1. 组装工卡具

1) 胀圈

倒装法施工时,胀圈是立式储罐最常用的提升辅助工具,它能加强罐壁的刚度,减少或避免因起吊造成的局部变形,胀圈的弧度和强度直接影响储罐组对质量。

胀圈可用槽钢对扣焊接后在滚板机上卷制而成,也可用钢板进行拼接后卷制而成,一般宽度为120～200mm,大面半径为罐壁内径;长度为4～6m;中间用正反丝杆或千斤顶进行连接、加紧,如图6-15所示。

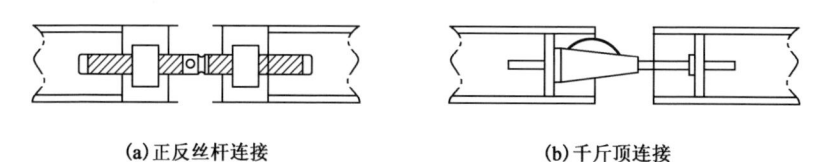

(a) 正反丝杆连接　　　　(b) 千斤顶连接

图 6-15　胀圈结构形式示意图

2) 纵缝组对卡码

纵缝组对卡码是大型储罐组装过程中,纵缝组对的主要工具,如图6-16所示,和定位方块、圆楔子、方楔子配合使用,调整纵缝的间距、错变量等。

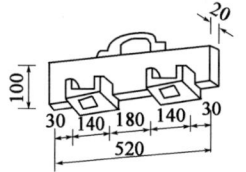

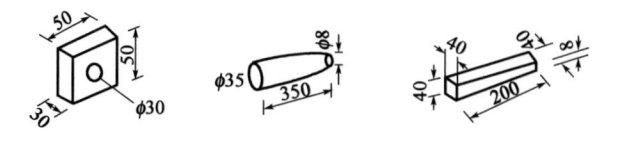

3) 定位方块、圆楔子、方楔子

定位方块、圆楔子、方楔子是储罐组装中常用的组对辅助工具,用于固定卡码、调整焊缝尺寸、约束变形等安装工作,如图6-17所示。

图 6-16　纵缝组对卡码

4) 龙门板

龙门板是储罐组装和焊接过程中常用的固定工卡

图 6-17　定位方块、圆楔子、方楔子

具,制作简单,尺寸大小根据被固定工具的尺寸而定,一般用 8～12mm 厚钢板现场制作,见图 6-18。

5)背杠和小龙门板

背杠和小龙门板是立式储罐正装使用的固定工卡具,配合使用,用于固定上层壁板和调节壁板的环缝以及调整上层壁板垂直度,如图 6-19 所示。背杠通常用 10#~12# 槽钢或工字钢制作,小龙门板用 8mm 厚钢板制作。

6)刀型压码

刀型压码结构简单,制造使用方便,如图 6-20 所示,对错边量较大的部位采用这种压码效果较好。

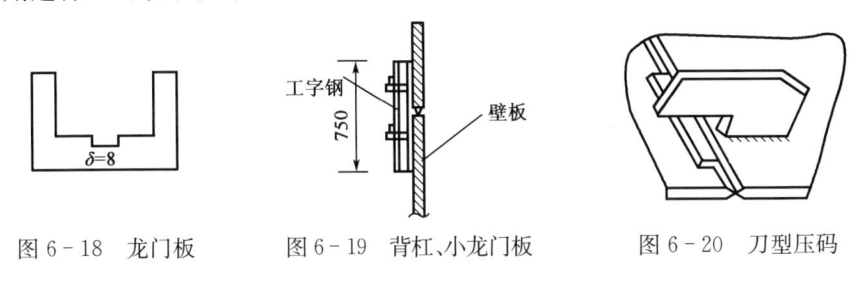

图 6-18 龙门板　　图 6-19 背杠、小龙门板　　图 6-20 刀型压码

2. 支撑工装

在大型浮顶储罐正装法施工中,浮顶的组装、底圈壁板组装都需要进行临时的支撑,如浮顶组装临时架台和底圈罐壁支撑。

1)浮顶组装临时架台

浮顶储罐的浮顶组装需要搭设临时支撑架台,架台由立柱、横撑通过连接形成星形节点平台,如图 6-21 所示。

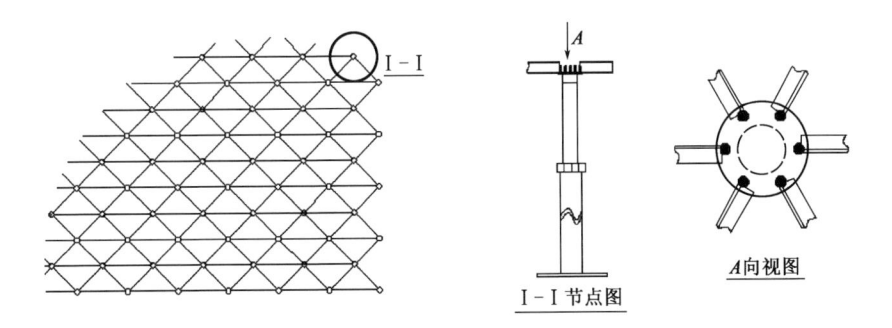

图 6-21 浮顶组装临时架台

2)底圈罐壁支撑

大型浮顶储罐正装法施工中,在底圈壁板组装完毕后要设置临时支撑,以保持周尺寸,常用的支撑形式有 F 形支架和正反丝杆,如图 6-22 所示。

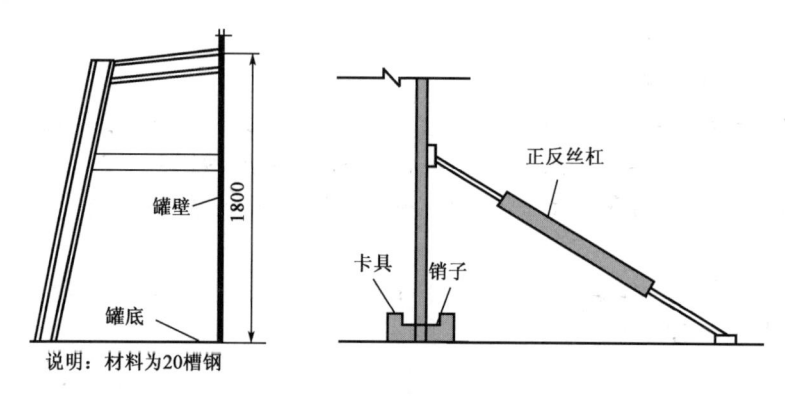

图 6-22　F 形支架和正丝反杆

四、脚手架

1. 三角架式活动脚手架

采用内挂脚手架正装法施工时,需在罐壁内侧沿圆周架设三角架式活动脚手架作为操作平台,三角架式活动脚手架由八字铁、三角架、护栏、跳板组成一个整体,如图 6-23 所示。

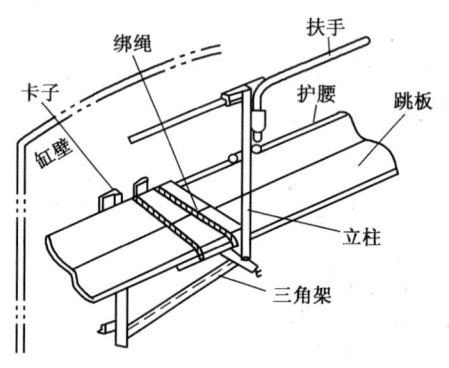

图 6-23　三角架式活动脚手架

2. 满堂式脚手架

满堂式脚手架适用于外搭脚手架正装法外侧脚手架平台、拱顶储罐内壁防腐和大型浮顶罐外壁防腐保温,其不受建造规格和搭设位置所限,不用在罐板上焊接支承点,可避免损伤罐板,能对罐体的全位置工作提供便利、安全的条件。目前,满堂式脚手架主要采用钢管杆件和扣件连接结构,具有工作可靠、装拆方便和适应性强等优点。

3. 挂壁小车

挂壁小车是大型浮顶储罐正装施工时，挂在罐壁内侧或外侧以罐壁板上沿为行走轨道的移动作业平台；采用槽钢、角铁制作框架，通过导向轮和支撑轮与罐壁接触移动；特点是体积小、可移动、操作简单，可根据现场情况随时进行长度和形状的调整，见图6-24。

图6-24 挂壁小车

第三节 正装法组装工艺

本节以双盘式浮顶储罐为例，介绍当前大型浮顶储罐施工中使用最为广泛的内挂脚手架正装法组装工艺。

一、罐底板组装

1. 罐底划线

罐底铺设前，应根据平面图的方位，使用经纬仪在储罐基础上划出两条互相垂直的中心线，并在罐底中心打上样冲眼，做出明显标记，同时标出0°、90°、180°和270°方位线，然后放出储罐底板外圆周线。用粉线或弧形样板放出边缘板安装线，最后放出中幅板安装线，并用白色调和漆做好标记。考虑到边缘板各自焊缝的横向收缩变形和角焊缝焊接纵向收缩变形对边缘板的影响，为保证罐体几何尺寸,应放大边缘板安装半径。因此,储罐外圆半径为设计尺寸加焊接收缩余量、坡度影响尺寸和裕量。

一般来说,环形边缘板铺设外半径可按公式(6-1)计算:

$$R_c = \frac{R_o + na/2\pi}{\cos\theta} \qquad (6-1)$$

式中　R_c——环形边缘板铺设外半径,mm;

　　　R_o——环形边缘板设计外半径,mm;

　　　n——环形边缘板的数量;

　　　a——每条焊缝收缩量(焊条电弧焊可取3mm),mm;

　　　θ——基础坡度夹角,(°)。

2. 垫板铺设

按照排板图,在罐基础上划出垫板的位置,铺设垫板。垫板拼接接头应采用对接熔透焊,且焊后表面应磨平。垫板各横带和纵带每隔一段距离要留置伸缩缝并安装插入板,垫板 T 接接头下应铺设辅助垫板,插入板和辅助垫板均只和一侧垫板点固,另一侧留活口,以便调整底板焊接收缩量。边缘板的垫板安装一般使垫板先与边缘板背面进行定位焊,焊之前先把垫板预制成 L 形,垫板及定位焊的形式见图 6-25。

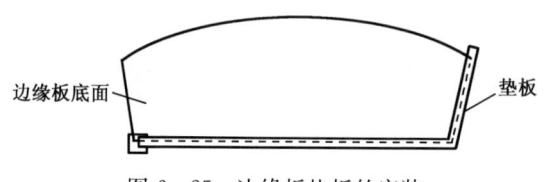

图 6-25　边缘板垫板的安装

3. 罐底板铺设

底板的铺设采用装载机配合吊车进行。铺设时,边缘板及中幅板铺设可同时进行;但与环形边缘板连接的异形不规则中幅板,必须待边缘板铺设完成后才可进行铺设。

1)边缘板的铺设

用吊车平吊铺板,按罐底的划线顺时针铺设边缘板,留一张调整板,待其他边缘板间隙调整完并点焊固定后再进行组对。组装时要注意保证坡口的间隙是外侧间隙小,内侧间隙大。边缘板组装后进行点焊,点焊长度为每间隔300mm 焊 80mm,点焊时按规定清理坡口和预热,同时为控制边缘板外 300mm 焊接引起的角变形,应采取反变形措施,要求焊缝对口向上反变形翘起,安装反变形卡具,如图 6-26 所示。

第六章 立式储罐的组装

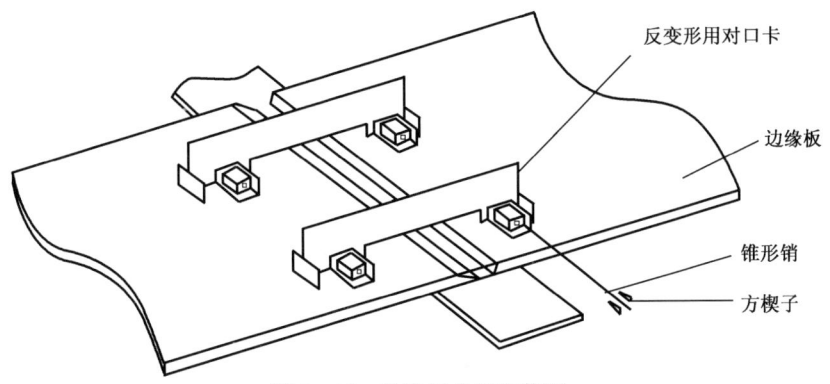

图 6-26 边缘板卡具安装图

2) 中幅板的铺设

首先，按排板图在罐底中心定位板上划出十字线，打上样冲眼，铺设中心定位板，其上的十字线应与基础方位重合。中幅板由中心板带向两侧铺设，先铺条形板，后铺带形板，铺板顺序见图 6-27。中幅板铺设过程中，边铺设边调整对口间隙，底面应与垫板贴紧，将底板与垫板单侧点焊固定。铺设完毕后，对拟先行施焊的焊缝进行调整，调整好间隙后，对口间隙宜为 4~6mm，组对完毕后，每两块板为一单元用连接板连接固定。为防止焊接时引起钢板端部凸起，将 T 字缝处用方销将端部焊缝向上反变形楔起，见图 6-28。

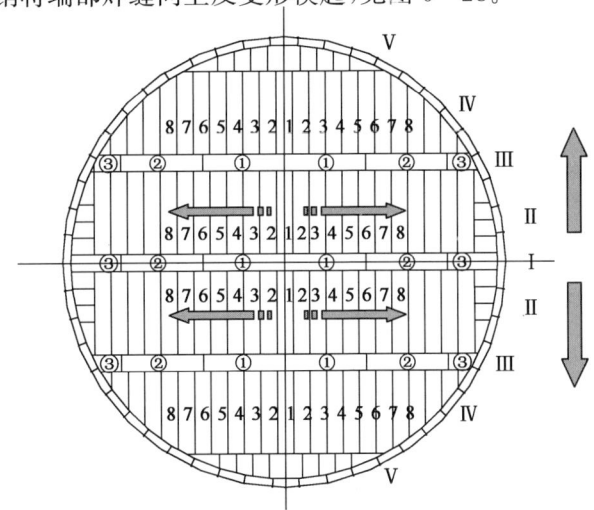

铺板大顺序为：Ⅰ—Ⅱ—Ⅲ—Ⅳ—Ⅴ
每排板顺序为：①—②—③—④—⑤—⑥—⑦—⑧和1—2—3—4—5—6—7—8

图 6-27 底板铺板顺序

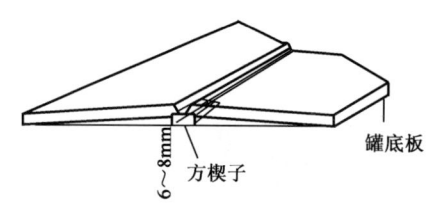

图 6-28　中幅板 T 字形处反变形示意图

中幅板与边缘板接缝处，中幅板半径要大出设计半径至少 60mm，每间隔 1m 用刀形卡具和方销与边缘板楔紧；待边缘板焊缝焊完以及中幅板焊缝焊完后，再切割中幅板预留量，进行组对焊接。

二、罐壁板的组装

1. 底圈壁板的组装

1）划线

考虑到储罐壁板纵缝之间的焊接收缩，故在底圈壁板组装时，应将其内组装圆半径比设计半径适当放大。底圈壁板内组装圆半径可按公式（6-2）计算：

$$R_b = \left(R_i + \frac{na}{2\pi}\right)\frac{1}{\cos\theta} \tag{6-2}$$

式中　R_b——底层壁板安装内半径，mm；

R_i——储罐设计内半径，mm；

n——底层壁板纵缝数；

a——每条纵缝焊接收缩值，mm；

θ——基础坡度夹角，(°)。

以底圈壁板内组装圆半径 R_b 为半径，在环形边缘板上划出组装圆周线。划线时，为保证尺寸偏差尽可能小，应将盘尺一端固定于罐底中心，另一端（划线端）用弹簧秤以均匀的力牵拉抻直，在环形边缘板上每隔 500mm 左右做一个标记点，然后再用 2m 长的弧形样板将这些标记点连接在一起，即可划出准确的组装圆周线；同时，按照排板图划出底圈每张壁板的安装位置线。再按同样的方法，在组装圆周线内侧 100mm 处划出检查圆周线。组装圆划线前，边缘板外侧 300mm 焊接接头应焊完、检测合格并磨平。

2）工卡具安装

底圈壁板组立前，预先安装好各种组装固定卡具，如图6-29所示。沿底圈壁板安装位置线在环形边缘板上安装调整壁板椭圆度的固定块，内固定块按壁板内侧位置线焊接固定，外固定块在距壁板内侧位置线60~70mm处焊接固定。距壁板端头200mm处的固定块相对放置，其他固定块相距1000mm设置，内外交错分布，如图6-30所示。

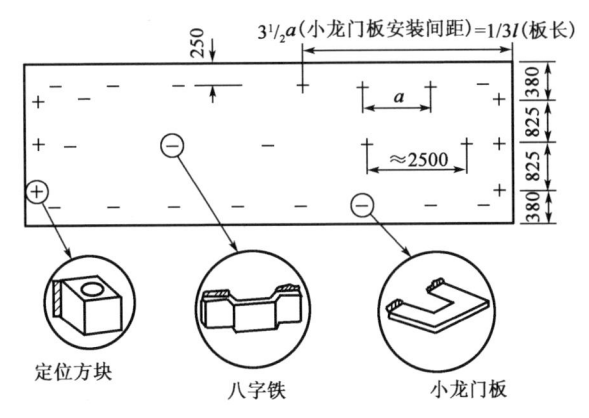

图6-29 壁板固定卡具安装图
注：底圈板下端不安装

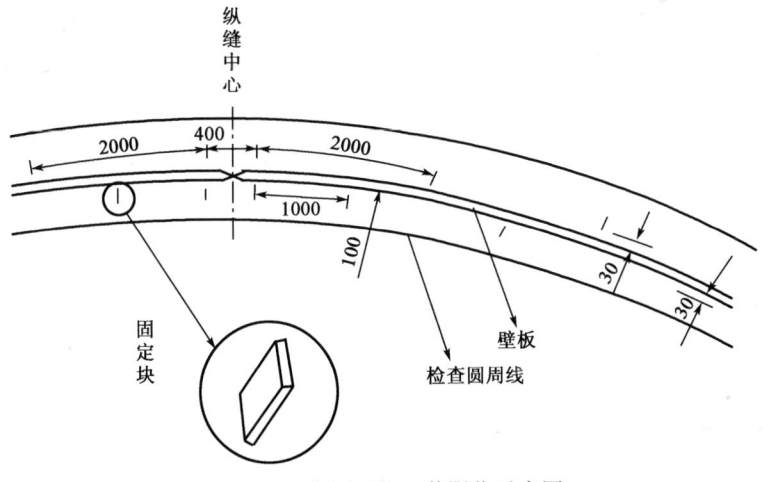

图6-30 底圈壁板组装限位示意图

3）吊板组立

壁板组立一般从进出油口开始，然后依次组立。用吊车将壁板吊装就位，按已划好的壁板安装线和对口间隙确定每张板的位置并安装每一张壁板,壁板吊装到位后,底部用方销子固定到固定块上,纵缝处用对口卡具调整固定,如图6-31所示。

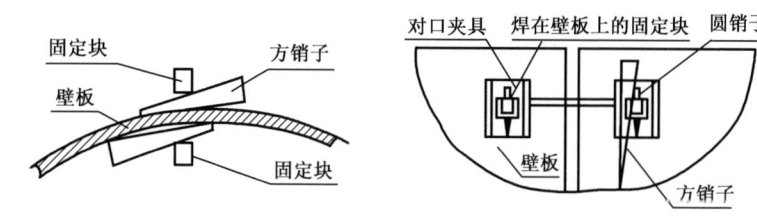

图6-31 壁板固定与纵缝组装卡固示意图

4)调整

将方销子打入固定块间调整底圈壁板椭圆度;椭圆度合格后,再将销子打入边缘板与罐壁板间或采用千斤顶调整壁板上口水平度;然后利用正反丝杠调整壁板垂直度;再用立缝组对工卡具调整立缝对口间隙及错边量,如图6-32所示。

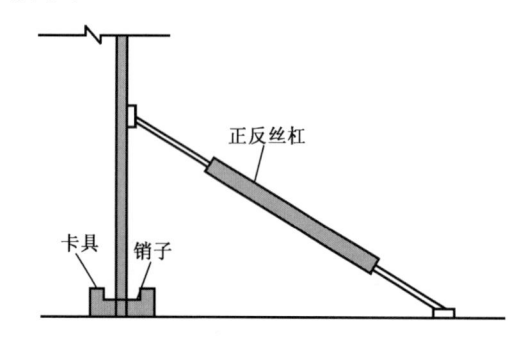

图6-32 底圈壁板调整示意图

底圈壁板组装点焊后,要严格检查几何尺寸,它是整个壁板组装的基准。其要求为:相邻两壁板上口水平偏差不大于2mm,在整个圆周上任意2点水平偏差不大于6mm;垂直偏差不大于3mm。以上工序检查合格后,在壁板内侧与边缘板间焊上防变形F支架,如图6-33所示,其数量为每张壁板设3根,F支架可兼做脚手架,待龟甲缝焊完后方可拆除,其尺寸应能让平角缝埋弧自动焊机通过。

2.第二圈壁板及其余各圈壁板的组装

1)工卡具安装

底圈壁板纵缝组焊完成并检查合格后,开始组立第二圈壁板。第二圈壁板

第六章 立式储罐的组装

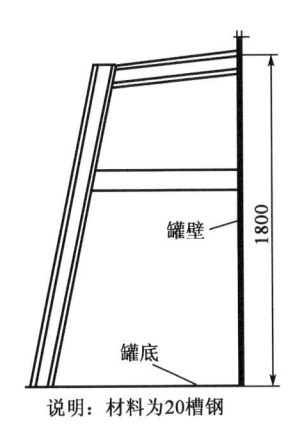

图 6-33 壁板防变形 F 支架

在组立前,应在壁板内侧划上各种卡具的位置,并将所有卡具焊在待组装的壁板上(图 6-29)。定位方块用于连接纵缝组对卡具;小龙门板用于环缝的组对;八字铁用于安装三脚架,以搭设安装平台。

2)挂件脚手架平台搭设

先将三脚架挂在底圈壁板内侧设置的八字铁上,再沿环向铺设跳板,每排跳板不应少于 5 块,跳板长度方向相接处应搭接 300mm 以上,跳板间用铁丝绑固,然后安装好立柱、护腰及扶手,最后绑扎安全网。

3)组装

吊板前在底圈壁板上划出第二圈每块壁板组立位置线。壁板吊装到位后,环缝处临时采用小龙门板加背杠固定,纵缝处用对口卡具固定并调整间隙及错边量(图 6-34)。待纵缝焊完后,再用背杠、小龙门板、方楔子调整环缝错边量和壁板的垂直度,组对环缝。

4)其余各圈壁板组装

其余各圈壁板组装,与第二圈壁板基本相同。

3. 大角缝组对

壁板组装焊接最少三圈壁板以上时,才可以组对焊接底圈壁板与边缘板之间的大角缝。按底圈壁板组装线(以检查圆为基准)进行大角缝的组对,组对定位焊宜在罐内侧进行。

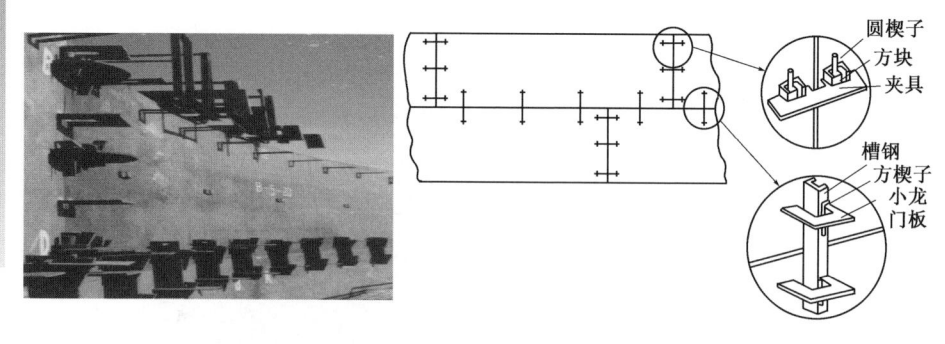

图 6-34　第二圈及以上其他各圈壁板的组装固定

三、浮顶的组装

1. 浮顶临时架台搭设

浮顶临时架台如图 6-35 所示,其搭设步骤具体如下:

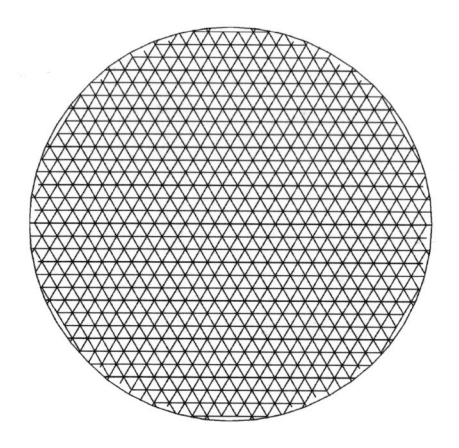

图 6-35　浮顶临时架台

(1)在罐底板上划出浮顶临时支架的排列线和位置线、浮顶底板的中心线以及各附件的安装位置线。

(2)按位置线组立架台支柱,边组立支柱边安装横梁,安装时从中心带向两侧逐渐扩展。

(3)安装成型的架台先进行水平的粗调,然后用水准仪逐根测量架台立柱顶端梅花桩连接节点的标高,通过旋转梅花桩连接节点底部螺钉的升降调节架台的整体水平度,一般允许偏差应控制在5mm内。

(4)为防止局部立柱受力过载或振动失稳,应在每根立柱以圆钢销子相连的两节杆件的上部杆件上对称焊接两块防滑脱限位板,并在架台最外缘的立柱上,每隔两个,加装斜支撑焊于罐底板上,如图6-36所示。

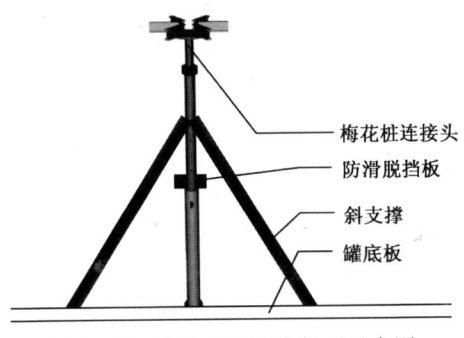

图6-36 架台立柱稳定加固示意图

(5)横梁在罐壁四周与其牢固地焊在一起,所有焊缝均为连续满角焊;当架台没有搭到罐壁边缘时,架台的每个支柱都要有斜支撑与罐底焊牢。

2. 浮顶底板铺设组装

(1)用线坠对准罐底板中心,在浮顶底板的中心板上划中心线,确定中心;从中心板带开始顺次向两侧进行底板的铺设,边铺设边用龙门卡具找平,点焊固定,浮顶底板间采用搭接,搭接宽度允许偏差为±5mm。

(2)为施工方便和节省材料,浮顶底板边缘异形板在浮顶底板上按照实际测量尺寸采取随预制随安装的方式进行。实际铺板时,浮顶底板四周应放大100mm左右的预留焊接收缩余量,待组焊完成后再将多余部分割除。

3. 隔板、桁架组装

(1)安装前,在浮顶底板上从中心向外划出隔板、桁架的位置线,并用记号笔做出明确的标记;划线完毕后,对与浮顶底板焊缝交叉部位先行施焊,焊接长度以不小于400mm(根据抽真空箱的长度而定)为宜,焊后进行真空试漏。

(2)先将浮顶中心筒与浮顶底板点焊安装,然后从中间圈舱开始,分别向中心筒和外侧圈舱方向组焊隔板、桁架。

(3)各圈组装顺序为先组装环向隔板,再组装径向隔板,最后组装桁架;外边缘环板组装半径应将设计半径放大0.5‰。

(4)隔板与底板间隙应不大于1mm,桁架与底板间隙应不大于2mm,垂直度应不大于0.3%，为保证桁架型钢底边与底板贴紧，一般采用如图6-37所示的方法进行组对。

图6-37 桁架组对

(5)隔板、桁架组装后宜先焊环向隔板，再焊径向隔板，最后焊接桁架。
(6)底板与隔板焊接后，应进行煤油试漏。

4. 浮顶顶板铺设组装

(1)浮顶顶板与浮顶底板的组装方法基本相同，从罐中心开始沿径向依次向外进行组装；组装时板边要压实靠紧，应将三层钢板搭接重叠处最上面的板切角，切角长度应为搭接长度的2倍，其宽度应为搭接长度的2/3(图6-38)，并压成马蹄口。

图6-38 浮顶顶(底)板三层钢板重叠处切角

(2)浮顶顶板为搭接接头，顶板上表面为连续满角焊缝，下表面不焊接。顶板焊接顺序为：先焊隔板、桁架与顶板内部的角焊缝(该焊缝可以在组装时随时进行焊接，亦可在组装完毕后开船舱人孔进行焊接)，再焊顶板上面的搭接接头(边缘异形顶板的焊缝先不焊，并且适当增加其搭接宽度，留有调整余地)，然后焊边缘异形顶板与外边缘环板的连续满角焊缝，最后焊边缘异形顶板的搭接接头，以保证外边缘环板与罐壁间的距离。

(3)组装完成后，要求浮顶与底圈罐壁板同心，浮顶外边缘板与底圈壁板距离允许偏差为±15mm；外边缘板垂直度偏差不大于3mm；外边缘板用弧形样板检查，局部间隙不得大于10mm。

第四节　倒装法组装工艺

一、拱顶储罐的倒装法组装工艺

拱顶储罐的各种倒装法组装工艺虽然因储罐主体起升方式的不同而略有差异,但其施工程序大体相似,本节就以拱顶储罐液压提升倒装法为例,对拱顶储罐的倒装法组装工艺进行介绍。

1. 罐底板组装

拱顶储罐的罐底板有对接与搭接接头两种形式,其组装方法与浮顶储罐罐底板的组装方法基本相同。

2. 顶圈壁板组装

1）划线

在罐底板边缘划出顶圈壁板的内组装圆半径及检查圆周线,考虑储罐纵缝的焊接收缩,应按设计半径将内组装圆半径适当放大,其计算与浮顶储罐正装法底圈壁板内组装圆半径计算相同。

2）工卡具安装

在壁板内侧安装纵缝对口固定块和环缝对口龙门板固定块,此项工作在地面上完成。沿壁板安装位置线每隔 0.5m 左右点焊槽钢垫块(槽钢垫块长 120~150mm),并将壁板安装位置线上返到槽钢垫块顶面上,做出标记,在槽钢顶面沿圆周划线的内外侧焊定位角铁或定位块(图 6-39)。

3）吊板组立

吊装顶圈壁板之前,按照排板图在顶圈壁板纵缝两侧 80~100mm 处各点焊一块定位角铁,吊装就位的壁板底部用方楔子和定位角铁夹紧,并调整椭圆度;纵缝每隔 500mm 左右用对口夹具固定,并用对口卡具调整纵缝间隙,调整完后点焊固定。其组装尺寸允许偏差与正装法底圈壁板要求相同。

3. 包边角钢的组装

1）划线

在顶圈罐壁上按排板图样划出包边角钢的组装线,在组装线上划出每段包

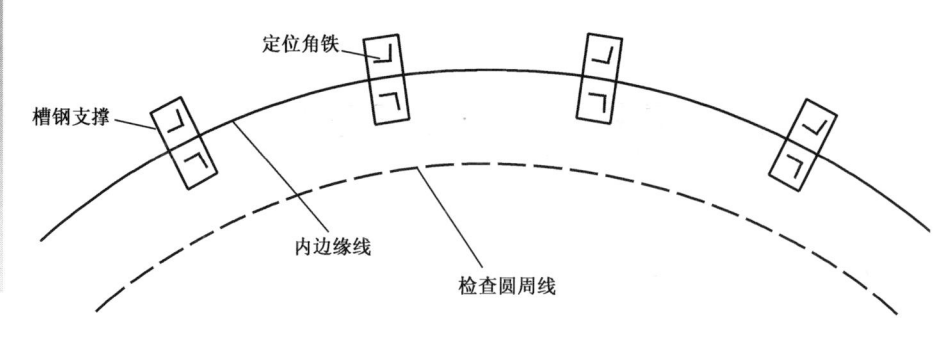

图 6-39　顶圈壁板安装工卡具布置示意图

边角钢的位置线，包边角钢的对接焊缝与壁板的立缝应错开 200mm 以上。

2）组装

包边角钢安装前先进行曲率的检查和调整；提前在罐壁板整周点焊组装卡具，每隔 2m 左右一个，将分段预制好的包边角钢吊至卡具上，用卡具组装好后点焊定位。

4. 罐顶板的组装

拱顶储罐的顶板分为球面拱顶和网壳拱顶两种形式，容积 10000m³ 及以下的储罐多采用球面拱顶形式，容积 $1 \times 10^4 m^3$ 以上的多采用网壳拱顶形式，下面就介绍两种拱顶的组装方法。

1）球面拱顶的组装

（1）罐顶胎架的制作与安装。

球面拱顶由多块尺寸相同的扇形顶板拼焊而成，少则十几块，多则几十块，安装时必须要设置罐顶安装胎架才可完成。罐顶安装胎架实际就是为了保证所有扇形顶板组装在一起后，能够形成设计要求的球形曲面的曲率半径及球冠高度而设置的临时支撑设施，主要由顶胎水平圈、立柱及斜支撑构成，具体结构形式如图 6-40 所示。

罐顶安装胎架一般要预先在罐底板上预制好。罐顶胎架制作可采用计算法和实际放样法；若采用计算法做胎，应考虑底板的实际坡度、顶层壁板及瓜片板下料的几何尺寸，如图 6-41 所示。

罐顶胎架每圈立柱高度可按公式（6-3）计算。

$$H = K - [R_{拱}(1-\cos\alpha) + \Delta] \tag{6-3}$$

式中　H——胎架每圈立柱高度，mm；

K——常数，$K = B + b + h$，即顶层壁板高＋槽钢垫块高＋拱高，mm；

$R_{拱}$——拱顶的设计半径，mm；

Δ——相应顶胎半径处的坡高差,mm;
α——随顶胎半径变化的中心夹角,(°)。

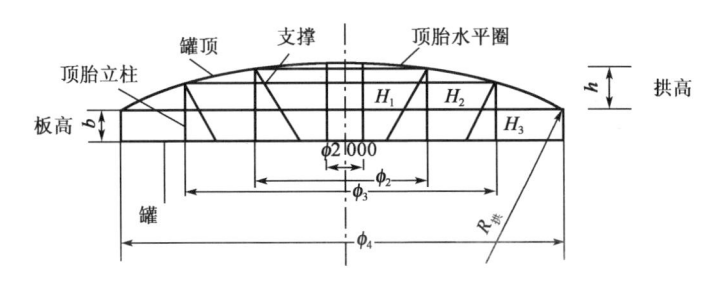

图 6-40 罐顶安装胎架结构示意图

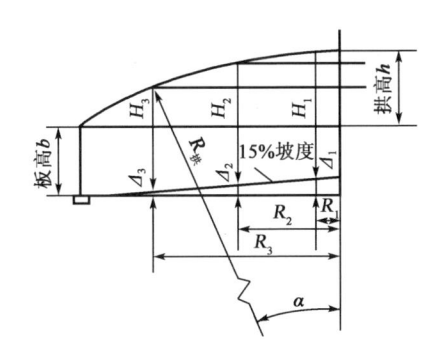

图 6-41 罐顶胎架制作与安装简图

预制时,在计算求出的每圈立柱理论长度的基础上加长适当尺寸下料,然后按照图 6-40 进行安装；但安装时,每个立柱的实际高度应依据所在罐底具体位置的实际测量标高确定。

(2)顶板组装。

①拱顶胎架制作安装完成之后,在包边角钢和顶胎架上划出每块拱顶板的位置线,并焊上挡板。

②开始时,要先在轴线对称部位组装 2 块或 4 块扇形顶板,调整后定位焊,再组装其余顶板,并调整搭接宽度,搭接宽度允许偏差为±5mm。

③顶板组装过程中,作业人员应内外分布,根据需要,利用适当的工具调整顶板搭接间隙,并用专业卡具使搭接部位贴合紧密并点焊固定。

④全部扇形顶板安装并点焊固定后,方可进行拱顶板的中心顶板、透光孔、量油孔、泡沫产生器、罐顶踏步及平台、栏杆和罐顶层壁板上的盘梯三脚支架等的安装。

⑤上述工作完成并检查合格后,进行拱顶外部焊接。

2)网壳拱顶的组装

钢网壳结构形式是从近代大型体育馆或展览大厅的屋顶结构借鉴来的,应用在储罐上的球面网壳顶的主体结构是一个与罐壁相连并置于罐顶内的单层球面网壳。当罐顶受外加载荷时,网格对外面很薄的钢板球壳起支撑作用,在罐顶承受内压时则对包边角钢起支撑作用,这样外面的钢板除了在承受罐内压力时产生一定的拉应力外,主要是作为一层蒙皮起密封作用,设计厚度可以按标准中规定的最小厚度加上腐蚀余量来确定,这样节省了大量的钢材。

(1)网壳拱顶的形式。

储罐中常用的网壳形式有经纬向网壳、双向网壳、三角形网壳等。经向梁和纬向梁构成了经纬向球面网壳,这种网壳通常有一个中心圆环,经向梁由中心圆环处一直延伸至罐壁的顶部,纬向梁分段制造,与经向梁连接形成球面网壳;双向网壳由位于两组子午线上的交叉杆件组成,所有网格接近正方形,所有杆件具有同一曲率半径,所有梁与主平面成正交;三角形网壳的杆件在空间全部组成三角形,三角形的三个顶点位于球面上,杆件可以是直杆也可以是曲杆,三角形网壳拱顶可以分为三向三角形网壳拱顶、多边三角形网壳拱顶、短程线形三角形网壳拱顶。

(2)网壳的组装。

网壳拱顶的施工与其他网壳的施工方法基本一致,网壳的构件一般由预制厂加工成成品构件,然后在现场进行拼装。拼装前应先做到:检查各节点、杆件、连接件和焊接材料的原材料质量证明书和试验报告,复验小拼单元的质量合格证书;对罐壁上连接件的标高、位置和网壳的标高、定位轴线进行复核检查;图样与现场实际情况的复核。

现场的组装通常有整体吊装、高空散装、分块组装、整体提升等施工方法。整体吊装适合小型储罐的网壳拱顶组装,在地面进行拼装后,整体吊到组焊完的顶圈罐壁上和连接件进行连接;高空散装是在顶圈罐壁组焊完毕后,直接在罐内搭设脚手架进行网壳拱顶的组装和拼装,这种方法不需要大的重型设备,但需要搭设大量的脚手架等辅助设备,图6-42所示即为储罐三角形网壳现场高空散装组装施工;分块组装是在地面把整个网壳分成几个单元进行拼装,然后逐块吊装到位进行连接,分块单元必须适合吊装设备的能力;整体提升是在地面拼装后,通过提升设备把网壳整体提升到罐顶高度,然后和顶圈壁板相连接。

以上的方法均与其他场合的网架、网壳的组装相似,这里就不再详细展开

图6-42 储罐三角形网壳现场高空散装组装施工

叙述。

5. 液压提升设备的就位

1)提升机数量的确定

不同容积的储罐所需提升机数量是根据单台提升机的平均负荷和提升机的间距来综合确定的。

在单纯考虑单台提升机负荷的情况下,按公式(6-4)计算所需提升机数量。

$$n=\frac{KG_{max}}{W} \tag{6-4}$$

式中 n——提升机数量;
G_{max}——提升最大载荷,N;
K——提升机的安全系数,一般情况下取1.3～1.5;
W——单个提升机的额定起重量,N。

通常相邻提升机的间距不大于5m,如间距过大,易造成胀圈吊点部位产生较大扭曲变形,从而影响储罐安装整体成型质量。所以,当按公式(6-4)计算得出所需提升机数量,还要综合考虑提升机布置间距问题,来确定是否需要增加提升机数量。容积10000m³、5000m³的储罐实际确定提升机数量,参见表6-6。

表6-6 不同容积储罐提升机设置技术参数表

储罐容积(m³)	直径(m)	罐壁周长(m)	提升方式	提升最大载荷(t)	提升机额定起重量(t)	提升机数量	提升机平均负荷(t)	提升机间距(m)
10000	30	94.2	液压提升	206	15	20	10.3	4.7
5000	21	66	液压提升	111.3	15	18	6.2	3.7

2)液压提升机的布置就位

(1)定位:为保证提升机在提升过程中始终处于最佳受力状态,提升机在罐内应成偶数对称布置,并尽量靠近壁板,以减少支架的弯矩及吊点处胀圈扭曲变形。安装前,先按提升机数量在罐底画出圆周定位线和径向定位线,保证提升机均布,定位准确。

(2)水平找正:沿坡度方向用2~8mm的钢板或斜垫铁找正提升机,以防止提升过程中产生过大水平分力。

(3)固定:将防止提升机失稳倾覆的斜拉杆安装牢固,并将专用卡具焊接在罐底板对提升机机座进行固定,以防止起升时提升机发生移动,提高提升平稳性。

(4)控制系统安装:在储罐底板中心位置安装控制柜,然后从控制柜分别向提升机敷设动力电缆或液压管路,并将主电缆由供电系统接入控制柜或将液压管路与中心液压站相连。

6.第二圈壁板及其余各圈壁板组立

(1)第二圈壁板吊装组立应待顶圈罐壁板组焊完成并检查合格,包边角钢及罐顶扇形顶板安装就位并基本焊接完成,储罐倒装液压提升设备就位后才可进行。

(2)第二圈壁板用吊车进行围板,围板时壁板与壁板之间间隙及水平度调整好后,罐壁立缝即可直接点焊固定。

(3)采用倒装法施工时,壁板一般不采用净料组对,而是在相对均匀的位置设置2~4张加长板作为尾板,对称设置活口(具体设置几处一般视储罐直径大小及罐壁板厚度确定),活口处一般设置两个5t手动倒链连接进行索紧,如图6-43所示。

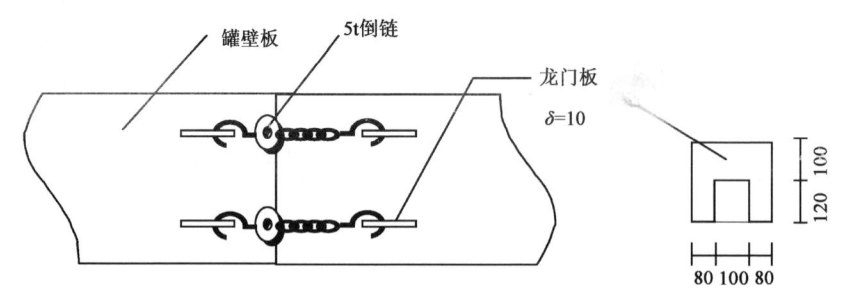

图6-43 罐壁板组装尾板活口索紧示意图

(4)当本圈罐壁所有壁板纵缝点焊完成后(活口处除外),拉紧尾板活口处

第六章　立式储罐的组装

倒链,使第二圈罐壁形成一体并与顶圈罐壁板紧密贴合在一起,进行已组对纵缝外侧的焊接(活口处不焊),然后松开索紧倒链准备进行提升。提升前,在第二圈罐壁板外侧上边缘焊接环缝组对限位挡板(间距1m),如图6-44所示。

(5)启动提升设备,缓慢起升罐体,在起升过程中保持同步,如出现起升不同步情况,应立即停止提升,利用手动调节或平衡设施把罐体高度调节一致后再进行提升。提升到位后,再次拉紧各尾板活口处倒链,用环缝组对限位挡板卡住上圈罐壁,使下圈壁板就位,且其下端与罐底定位块靠紧,其上端根据壁板情况进行调节,保证内表面与上圈壁板内表面平齐,同时调节上下圈罐壁板环缝组对间隙,调节方法如图6-45所示,合格后点焊组对环缝。

图6-44　环缝组对限位挡板示意图　　图6-45　环缝组对调节示意图

(6)环缝组对后,割去活口处多余壁板,开出坡口并打磨光滑,然后组对该处纵缝,并对其外侧进行焊接。活口封口处纵缝外侧焊接时必须采取防变形措施,一般在罐壁内侧安装三道防变形弧板。

(7)第二圈壁板组焊完成后,按照上述方法依次组装第三圈及其他各圈罐壁板,直至最后组装底圈壁板。

二、大型浮顶储罐的倒装法组装工艺

大型浮顶储罐通常采用正装法施工,近年来,随着液压提升设备的改进发展,液压提升倒装法亦于大型浮顶储罐的建造中成功应用,最大浮顶储罐的安装能力已经达到$10\times10^4m^3$。下面以$10\times10^4m^3$浮顶储罐多级液压式提升倒装法组装工艺为例,简单介绍其施工程序及操作要点。

1. 施工程序

$10\times10^4m^3$浮顶储罐共有9圈壁板,采用多级液压式提升倒装法组装工艺,其主体施工程序见图6-46。

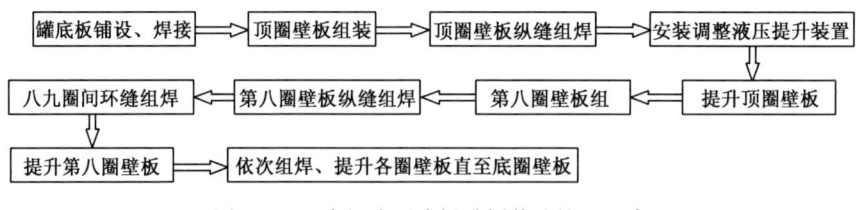

```
罐底板铺设、焊接 → 顶圈壁板组装 → 顶圈壁板纵缝组焊 → 安装调整液压提升装置
八九圈间环缝组焊 ← 第八圈壁板纵缝组焊 ← 第八圈壁板组 ← 提升顶圈壁板
提升第八圈壁板 → 依次组焊、提升各圈壁板直至底圈壁板
```

图 6-46 多级液压式提升倒装法施工程序

2. 操作要点

1) 液压提升设备的选择及布置

(1) 液压提升设备的选择。选用 YT25-2700 型多级液压式提升成套设备，液压缸单缸提升重量 25t，每 4 台液压缸配置 1 台液压泵站，泵站采用交流电动机，在油路中设置电磁换向阀和溢流阀，用超压溢流的方法稳定平衡各个液压缸的负载，保证每个液压缸只承担设定的压力（负载），超出设定的压力（负载）自动溢流平衡；液压缸为单作用双级液压缸，两级行程回落后，高度为 1.9m 左右，不影响罐内环缝埋弧自动横焊机的使用。

(2) 液压缸数量的确定。$10 \times 10^4 m^3$ 储罐提升最大载荷 932.8t，内径 80m，根据单台提升机的平均负荷和提升机的间距来综合考虑，经计算需 60 台液压缸。

(3) 液压提升设施的布置。将 60 台液压缸沿罐内壁周向均匀布置，其安装必须牢固可靠，单提升机安装就位及系统构成如图 6-47 所示。

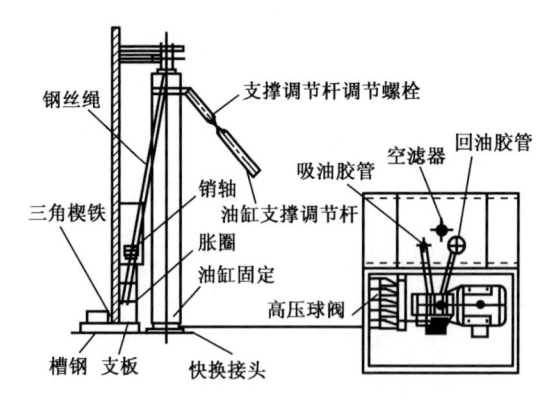

图 6-47 单提升机安装就位及系统构成示意图

2) 罐体提升和围板

(1) 施工工序为：先提升上圈壁板，再组对、焊接下圈壁板，为气电立焊让出空间，以实现罐壁板纵缝的全部气电立焊焊接。

第六章 立式储罐的组装

(2)通过在抓管机的钢爪部位增加"机械手",使其独立实现吊板、运板、围板的功能,如图 6-48 所示。克服了吊车吊装围板在倒装法施工时受抗风圈、加强圈影响,罐壁板就位困难的情况。采用特制的罐壁板吊装作业装置,罐壁板在抓管机上相对稳定,行走及就位无需人员扶持、配合,整个作业过程只需一名起重工挂、摘吊卡和指挥,围一圈壁板仅需 2~3h。

图 6-48 使用吊管机吊装围板

(3)上圈罐壁提升后,需要悬空较长时间进行下圈围板和纵缝组对、焊接作业,此时抵抗横向风力能力较差,为保证施工安全,需设置抗风装置。抗风装置立柱上下接头均采取铰接形式,套管与胀圈焊接连接,套管侧面采用铰接结构,即满足受力结构,又便于安装拆除,如图 6-49 所示。抗风装置的立柱在罐体提升前安装,提升到位后用方销子销在立柱与套管间隙。随罐体提升高度的增加顺次递增安装数量,均匀布置,最多时需安装 20 套。

图 6-49 抗风装置设置

第五节　组装安全技术措施

根据储罐组装工艺和使用机具、设备的不同,其作业安全风险的来源也有所不同,对应的安全技术措施也有不同侧重。正装法组装高处作业和吊装作业量相对较多,主要安全风险也来源于这两方面。倒装法组装主要施工作业大多于地面进行,高处作业量较少,其主要安全风险在于储罐提升作业。此外,双盘式浮顶内施工作业时,还应按有限空间作业管理,采取相应安全技术措施。

一、高处作业安全技术措施

(1)高处作业人员应身体健康,没有妨碍高空作业的疾病。

(2)高处作业前,应对高处作业人员进行安全教育及交底,落实安全技术措施,发放人身防护用品。

(3)高处作业前,应办理《高处作业票》;高处作业过程应由 HSE 监督员进行旁站监督。

(4)安全带每年按要求进行一次检验;每次使用前,详细检查有无破裂和损伤,不得使用有缺陷的安全带。高空作业人员使用安全带时,应高挂(系)低用,如悬空作业没有系挂安全带的条件时,应制定措施,为作业人员设置挂安全带用的安全拉绳、安全栏杆等;安全带挂点下方应有足够的空间,以免坠落撞伤身体。

(5)高处作业人员不准穿硬底鞋和易滑的鞋;工作服要整齐灵便,并扎好袖口、裤腿,扣好衣扣。

(6)脚手架搭设人员需持证上岗;搭设脚手架所用的脚手杆、扣件等应经检查合格;高度在 3m 以上的脚手架须设置至少 1m 高的防护栏杆,必要时应加设挡脚板;脚手架搭设完毕,须经施工负责人验收合格后,方准许使用。罐壁行走小车使用前应检查其行走稳定性。

(7)凡无外架防护作业点,在 3m 以上高处作业时,必须设置符合要求的安全网,并应随作业位置升高及时调整;高度超过 15m 时,在作业位置下方 4m 处或一个结构层架设一层安全网。

(8)遇有 5 级以下强风、浓雾等恶劣气候,不得进行露天攀登与悬空高处作业;雨天和雪天进行高处作业时,必须采取可靠的防滑、防寒和防冻措施;凡水、冰、霜、雪均应及时清除;暴风雪及台风暴雨后,对高处作业安全设施逐一加以检查,发现有松动、变形、损坏或脱落等现象,立即修理完善。

(9)高处作业所用的工具、材料不应上下投掷,必须由通道运送或用绳索吊运。

(10)需临时拆除或变动安全防护设施时,必须经施工负责人同意,并采取相应的可靠措施,作业后应立即恢复。

二、吊装作业安全技术措施

(1)起重机应就位结实而平坦的地面,汽车起重机就位时应支腿安全伸出并垫好垫板,在吊装作业过程中起重机周围需围好警示带,并悬挂"未经许可,严禁入内"的标识。

(2)起重吊装作业应有专人指挥,起重吊装指挥人员应与起重机械操作人员密切配合,发出的指挥信号必须准确、清晰;起重操作人员应按指挥人员的信号作业,并及时报告险情;不论任何人发出紧急危险信号,操作人员都应立即停止操作。

(3)吊装前应根据重物的具体情况和吊装方案要求,选择合适的起重机械、吊具与吊索,并保证正确使用。起重机额定的起吊重量应至少超出起吊重量的三分之一,所用索具、绳具应满足相应的安全系数要求。

(4)吊装使用的钢丝绳,应有钢丝绳制造厂产品质量合格证书。钢丝绳与起重机卷筒的连接应牢固,放出钢丝绳时,卷筒上应至少保留3圈,收放钢丝绳时应防止钢丝绳打环、扭结、弯折和乱绳,不得使用扭损、变形的钢丝绳。

(5)钢丝绳采用编结固接时,编结部分的长度不得小于钢丝绳直径的20倍,并不应小于300mm,其编结部分应捆扎细钢丝;当采用绳卡固接时,最后一个绳卡距绳头的长度不得小于140mm,作业中应经常检查绳卡的紧固情况。每班吊装作业前应检查钢丝绳及钢丝绳的连接部位;当钢丝绳在一个节距内断丝或钢丝绳表面磨损使钢丝绳直径减小超过要求时,应予报废。

(6)起重机操作人员应严格遵守"十不吊"规定,即:无专人指挥或指挥信号不明不吊;重量不明、超负荷不吊;安全装置有异常或有故障不吊;在重物上作业或埋入土中物件以及歪拉斜挂不吊;物件捆绑不牢、不平或活动零件不固定、不清除不吊;吊物上站人或从人头上越过及吊臂下站人不吊;现场光线阴暗看不清吊物起落点不吊;棱角缺口未垫好不吊;6级以上(10.8m/s)大风和雷暴雨时不吊;在斜坡上或坑沿、堤岸不填实不吊。

(7)起吊作业时,应先将重物吊离地面200~500mm后,检查起重机的稳定性、制动器的可靠性、重物的平稳性和绑扎的牢固性,确认无误后方可继续起吊;对易晃动的重物应用拉绳牵拉,以保持平稳。

(8)起吊重物时,吊索应保持垂直,重物起升和下降过程的速度应平稳、均匀,不得突然制动。左右回转应平稳,当回转未停稳前不得做反向动作。

(9)严禁将重物长时间悬挂在空中,作业中遇突发故障,应采取措施将重物降落到安全的地方,并关闭发动机或切断电源进行检修。

(10)在架空输电线路附近进行起重吊装作业时,起重机的任何部位与架空输电导线间应保持不小于规范要求的安全距离。

三、罐体提升作业安全技术措施

(1)储罐采取边柱提升倒装法时,起升机具应在罐内壁四周均布,并成偶数对称布置。提升柱或起升机具的安装位置在不影响机具布置的情况下,应尽量靠近罐内壁,一般取500mm左右为宜,以减少支架的弯矩及提升点胀圈扭曲变形;起升机具的数量应根据单台机具的平均负荷和布置间距来综合确定,通常相邻起升机具布置间距不大于5m,如间距过大,易造成胀圈吊点部位产生较大扭曲变形,甚至造成罐壁局部失稳,从而影响罐壁安装质量和带来安全风险;为防止起升机具失稳倾覆,可采用安装斜拉杆和固定机具机座等措施。

(2)边柱提升倒装法提升罐体时,无论起升机具选用倒链还是液压提升设备,都应保证各提升点同步提升、力量均匀,防止某点受力过大造成失稳;应坚持每圈罐壁在提升300mm左右时暂停,检查提升同步情况、提升点与胀圈连接是否牢固、起升机具工作状态,确认无误后再继续提升。

(3)采用中心柱提升倒装法时,中心柱规格应参照储罐容量(或罐体重量)进行选用,并于施工前对选用的中心柱进行强度及稳定性校核。

(4)采用充气顶升倒装法时,每次罐体浮升前应仔细检查平衡设施和限位设施,以防发生罐体浮升不平衡或冒顶等情况。

(5)不论采取何种罐体提升方式,在罐体提升过程中,都应在罐内外设监护人员,并使用对讲机等通信工具时刻保持联系。

四、有限空间作业安全技术措施

(1)双盘式浮顶内施工作业时,应取得《有限空间作业许可》。

(2)有限空间作业人员,必须经过专业安全教育,教育内容包括:作业内容、危害,紧急情况下的个人避险常识,窒息、中毒及其他伤害的急救知识以及检查救援措施等。经诊断患有职业禁忌症者,严禁从事有限空间作业。

(3)有限空间内应有足够的照明,临时照明灯或手提式照明灯,电压应符合规定,灯与线的连接应采用安全可靠、绝缘的重型移动式通用橡套电缆线。严禁在有限空间内使用明火照明。

(4)作业人员一次作业时间不宜过长,一般不超过2h。

(5)有限空间外至少有一名现场监护人员。监护人员应做到:检查作业人员的作业许可证,以及记好作业监护记录;坚守岗位,严密监护;发现作业人员有反常情况或违章操作,应立即纠正,并勒令撤离有限空间;在监护范围内遇有紧急情况时,发出呼救信号,并设法营救。

第七章 立式储罐的焊接

立式储罐是由罐底、罐壁、罐顶及附件等部分通过焊接方式连接而成,焊接是储罐建造的主要工序,对储罐的施工质量具有决定性意义。

第一节 概　述

一、储罐焊接的一般要求

储罐建造对焊接的主要质量要求是:焊缝强度、韧性达到设计要求,焊接变形控制在规定范围之内,焊缝外观及内在质量符合设计标准等。为保证储罐焊接质量符合要求,需在人、机、料、法、环等方面严格控制。储罐焊接的一般要求如下。

1. 人员要求

从事储罐焊接的焊工,必须按 TSG Z6002—2010《特种设备焊接操作人员考核细则》的规定考核合格,并应取得相应项目的资格后,方可在有效期间内担任合格项目范围内的焊接工作。

2. 设备要求

选用的焊接设备应能满足焊接工艺要求,焊机配备的电流表、电压表应在计量检定周期内。

3. 焊接材料要求

(1)储罐焊接施工选用的焊接材料应符合设计文件及焊接工艺规程的要求。不同强度等级钢号的碳素钢、低合金钢钢材间的焊接,选用的焊接材料应保证焊缝金属的抗拉强度高于或等于强度较低一侧母材抗拉强度下限值,且不超过强度较高一侧母材标准规定的上限值。

(2)焊接材料应有专人负责保管、烘干和发放。焊材库房的设置和管理应符合 JB/T 3223—1996《焊接材料质量管理规程》的有关规定。

(3)焊条和焊剂应按产品说明书的要求烘干。

(4)焊条电弧焊时,焊条应存放在合格的保温筒内;焊丝在使用前应清除铁锈和油污等。

4.焊接工艺要求

(1)焊接前,施工单位必须有合格的焊接工艺评定报告。焊接工艺评定应符合 NB/T 47014—2011《承压设备焊接工艺评定》的有关规定;但当单道焊厚度大于 19mm 时,应对每种厚度的对接接头单独进行评定。

(2)焊接工艺评定应包括 T 形接头角焊缝。T 形接头角焊缝试件的制备和检验,应符合 GB 50128—2014《立式圆筒形钢制焊接储罐施工规范》附录 A 的规定。

(3)不同强度等级钢号的碳素钢、低合金钢钢材间焊接时,焊接工艺应与强度较高侧钢材的焊接工艺相同。

(4)施工单位应根据评定合格的焊接工艺评定报告编制焊接工艺规程,并经现场技术负责人批准。

(5)焊前预热应按焊接工艺规程进行。预热应均匀,预热范围不应小于焊缝中心线两侧各 3 倍板厚,且不应小于 100mm;预热温度应采用测温仪在距焊缝中心线 50mm 处对称测量。焊前预热的焊缝,其焊接层间温度不应低于预热温度。

5.环境要求

当出现下列情况之一时,应采取有效的防护措施后再进行焊接。

(1)雨天或雪天和雾天。

(2)采用气体保护焊时风速超过 2m/s,采用其他方法焊接时风速超过 8m/s。

(3)焊接环境温度:碳素钢焊接时低于 −20℃;低合金钢焊接时低于 −10℃;不锈钢焊接时低于 −5℃;标准屈服强度大于 390MPa 的低合金钢焊接时低于 0℃。

(4)大气相对湿度在 90% 以上。

二、储罐焊接接头形式

立式储罐的焊接接头有对接接头、T 形接头和搭接接头等形式。储罐焊接接头形式是由结构形式、分布部位、钢板规格、选用焊接工艺等因素共同确定的。

1. 立式储罐罐底板的接头形式

立式储罐底板接头可采用搭接、对接(带垫板)或者二者的结合,对较厚板宜选用对接。罐底板接头形式如图7-1(a)、图7-1(b)、图7-1(c)所示。采用搭接时,中幅板之间的搭接宽度应不小于5倍板厚,且不应小于30mm;中幅板应搭接在环形边缘板的上面,搭接宽度不应小于60mm。采用对接时,焊缝下面应设厚度不小于3mm的垫板。

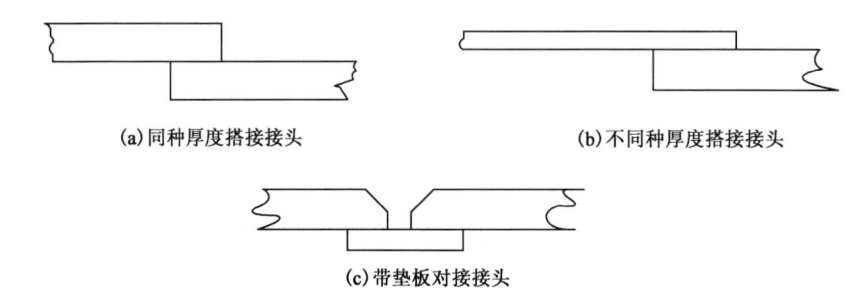

(a) 同种厚度搭接接头

(b) 不同种厚度搭接接头

(c) 带垫板对接接头

图7-1 储罐底板的接头形式

立式储罐内径小于12.5m时,罐底可不设环形边缘板;立式储罐内径大于或等于12.5m时,罐底宜设环形边缘板。考虑到收缩变形,环形边缘板焊接接头组对时宜采用不等间隙,采用焊条电弧焊时,外侧间隙宜为6~7mm,内侧间隙宜为8~12mm;采用气体保护焊时,外侧间隙宜为3~5mm,内侧间隙宜为6~8mm。

罐底边缘板厚度≤6mm时,在边缘板最外侧300~400mm应处理成对接(可不开坡口)并加装垫板,焊接间隙不宜小于6mm,对接与搭接的交叉处应局部加热后再进行锤击,使垫板与边缘板贴紧后再焊接,如图7-2(a)所示;罐底边缘板厚度>6mm时,一般采用带垫板的V形坡口对接接头,如图7-2(b)所示。边缘板与底圈壁板相焊的部位应做成平滑支撑面。

三层钢板重叠处,上层钢板应做切角处理,如图7-3所示。

2. 立式储罐壁板接头形式

储罐罐壁的纵缝、环缝设计均采用对接接头。

1)纵缝坡口形式

纵缝坡口形式有I形、V形和X形,如图7-4所示。

气电立焊的对接接头,厚度小于或等于24mm的壁板宜采用单面坡口;厚

第七章 立式储罐的焊接

度大于24mm的壁板宜采用双面坡口;其间隙为4~6mm;钝边不大于2mm,坡口宽度为16~18mm。

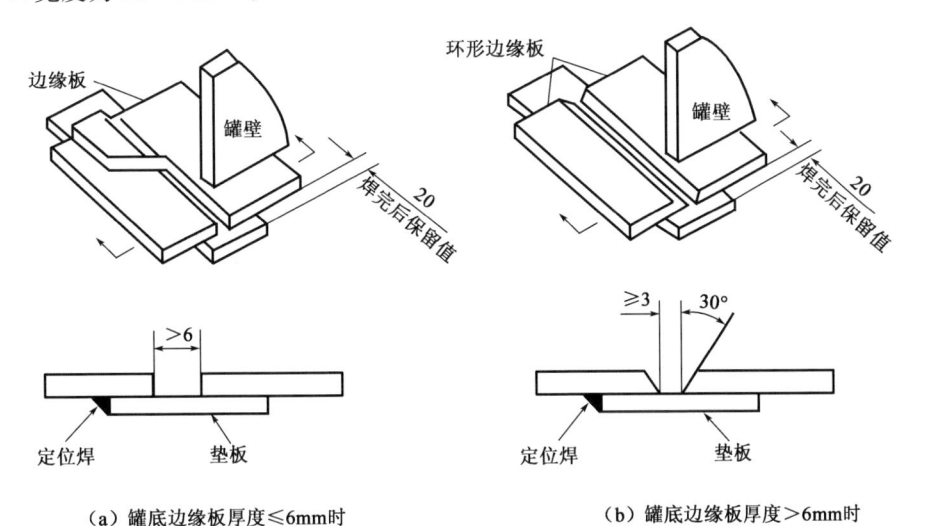

图7-2 罐底边缘板接头示意图

(a)罐底边缘板厚度≤6mm时
(b)罐底边缘板厚度>6mm时

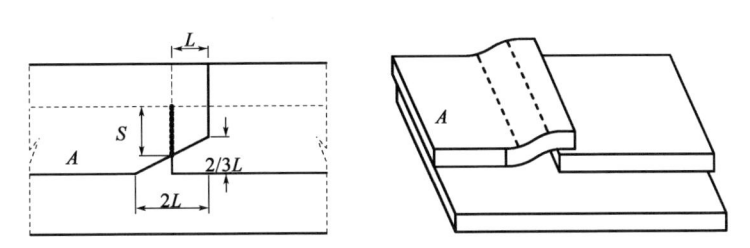

图7-3 搭接接头三层钢板重叠部分的切角

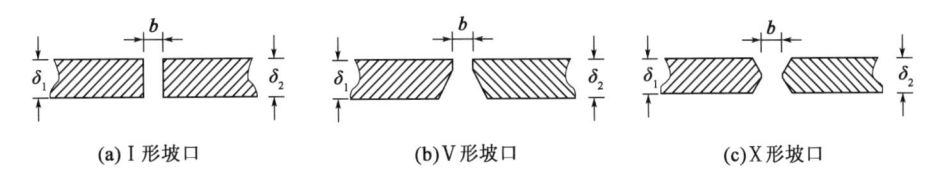

(a) I形坡口 (b) V形坡口 (c) X形坡口

图7-4 储罐壁纵向焊缝对接接头坡口形式

2)环缝坡口形式

环缝坡口形式有I形、单V形和K形,如图7-5所示。

环缝埋弧焊的对接接头,厚度小于或等于12mm的宜采用单面坡口;厚度大于12mm的宜采用双面坡口;坡口的角度为45°±2.5°;钝边不大于2mm,间隙为0～1mm。

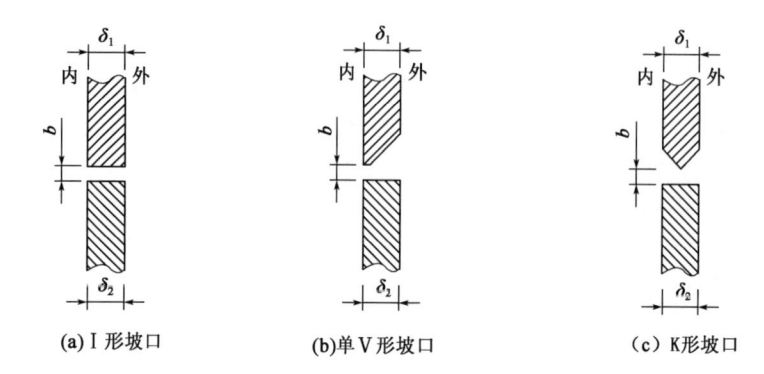

(a) I形坡口　　(b) 单V形坡口　　(c) K形坡口

图7-5　储罐壁环向焊缝对接接头坡口形式

3. 大角缝接头

立式储罐底圈壁板与边缘板之间的T形接头角焊缝俗称大角缝。其罐壁外侧焊脚尺寸及罐壁内侧竖向焊脚尺寸，应等于底圈壁板和边缘板两者中较薄件的厚度，且不应大于13mm；罐壁内侧径向焊脚尺寸，宜取1.0～1.35倍边缘板厚度，见图7-6(a)；当边缘板厚度大于13mm时，罐壁内侧可开坡口，见图7-6(b)。

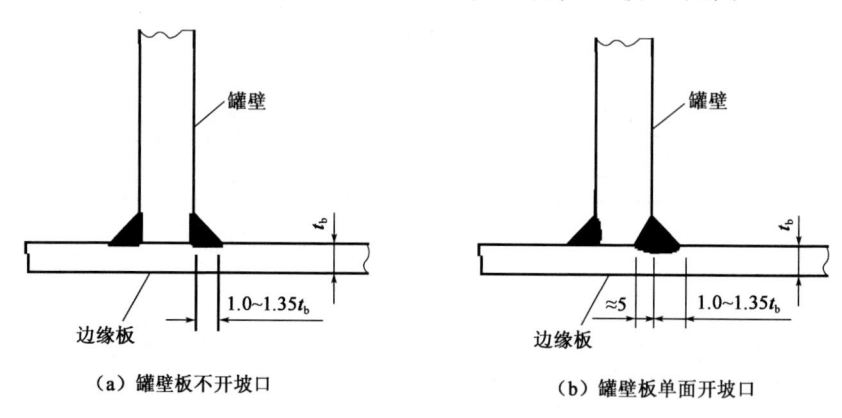

(a) 罐壁板不开坡口　　(b) 罐壁板单面开坡口

图7-6　底圈壁板与边缘板之间的T形接头

4. 拱顶与浮顶的接头形式

1) 拱顶的接头形式

拱顶顶板的连接可采用对接或搭接。采用搭接时，搭接宽度不得小于5倍板厚，且不小于25mm；顶板外表面的搭接焊缝应采用连续满角焊，内表面的搭接焊缝可根据使用要求及结构受力情况确定焊接形式。

第七章　立式储罐的焊接

拱顶顶板与罐壁采用弱连接结构时,顶板与包边角钢只在外侧连续角焊,焊脚尺寸不大于 4.5mm。

拱顶结构件和顶板自身的拼接焊缝应全焊透。

2)浮顶的接头形式

浮顶的船舱底板、船舱顶板和单盘板的最小公称厚度不宜小于 4.5mm,均采用搭接接头,搭接宽度不应小于 25mm。舱底板、船舱顶板以及单盘板上表面的搭接焊缝,应采用连续满角焊,下表面可采用间断焊;支柱和其他刚性较大的构件周围 300mm 内,应采用连续角焊。

船舱径向隔板、环向隔板、外边缘环板本身的拼接,应采用全熔透对接焊缝。

三、储罐常用焊接方法

储罐可采用焊条电弧焊、埋弧自动焊、气体保护焊、气电立焊等方法施焊。国内外在大型浮顶储罐的建造中,罐体普遍采用自动焊工艺,技术已相当成熟;但在拱顶储罐的施工中,国内普遍使用的仍为焊条电弧焊,自动焊、半自动焊应用较少。这里对立式储罐常用焊接方法进行简单介绍。

1. 焊条电弧焊

焊条电弧焊(SMAW)是用手工操纵焊条进行焊接的电弧焊方法。它是以焊丝外部涂有药皮的焊条作电极和填充金属,电弧是在焊条的端部和被焊工件表面之间燃烧。涂料在电弧热作用下一方面可以产生气体以保护电弧,另一方面可以产生熔渣覆盖在熔池表面,防止熔化金属与周围气体相互作用,同时,熔渣与熔化金属产生物理化学反应或添加合金元素,改善焊缝金属性能。焊条电弧焊原理示意图见图 7-7。

其主要优点是设备简单,维护方便;操作灵活,适应性强;应用范围广。其主要缺点是对焊工操作技术要求高,焊工培训费用大;劳动条件差;生产效率低;不适于 1mm 以下的薄板焊接。

焊条电弧焊现阶段仍然是国内储罐施工中最为常用的焊接方法,应用比例很大,尤其是在拱顶储罐的焊接施工中,在大型浮顶储罐施工中主要应用于浮顶、附件的焊接及底板、壁板的打底、定位焊。

2. 埋弧自动焊

埋弧自动焊(SAW)是一种电弧在焊剂层下燃烧进行焊接的电弧焊方法。

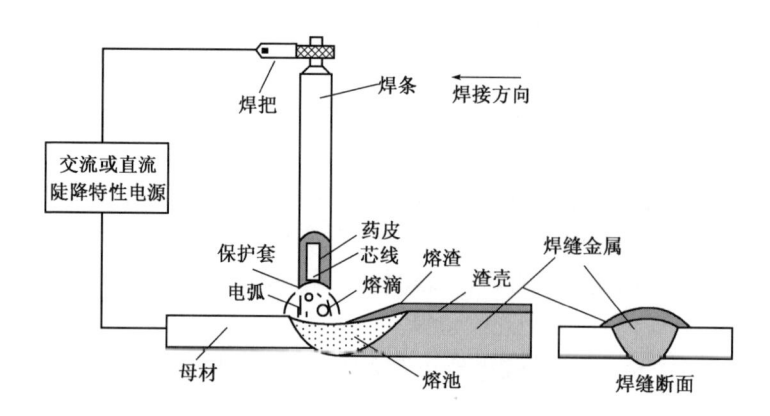

图 7-7　焊条电弧焊原理示意图

它是利用焊丝与焊件之间在焊剂层下燃烧的电弧产生热量，熔化焊丝、焊剂和母材金属而形成焊缝，连接被焊件。在埋弧焊中，颗粒状焊剂对电弧和焊接区起保护和合金化作用，而焊丝则作为填充金属。埋弧焊原理示意图见图 7-8。

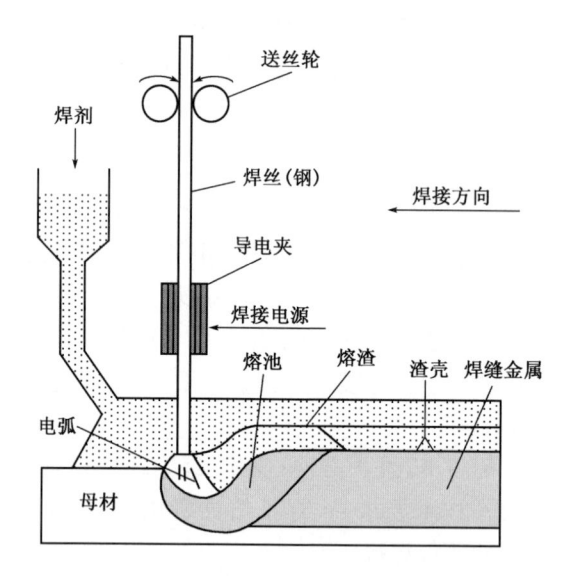

图 7-8　埋弧焊原理示意图

其主要优点是生产效率高；焊缝质量好；节省焊接材料和电能；劳动条件好。其主要缺点是焊接位置受限，只能在水平或倾斜度不大的位置施焊；设备比较复杂，灵活性差，仅适用于长焊缝的焊接；焊接薄板较困难；对气孔的敏感性较大。

第七章 立式储罐的焊接

埋弧自动焊是大型储罐建造中应用最早的自动焊方法，主要用于大型储罐底板平缝、壁板环缝和大角缝的焊接。埋弧自动焊在大型储罐施工中使用广泛、工艺多样，根据工艺特点、施焊位置和焊接设备的不同又可分为壁板（正装、倒装）埋弧自动横焊、壁板双面埋弧自动横焊、罐底大角缝埋弧自动平角焊、罐底板埋弧自动平焊和碎丝填充埋弧自动平焊等。

3.熔化极气体保护焊

熔化极气体保护焊（GMAW）是利用焊丝与工件间产生的电弧作热源将金属熔化的焊接方法。焊接过程中，电弧熔化焊丝和母材形成的熔池及焊接区域在惰性气体或活性气体的保护下，可以有效地阻止周围环境空气的有害作用。熔化极气体保护焊原理示意图见图7-9。

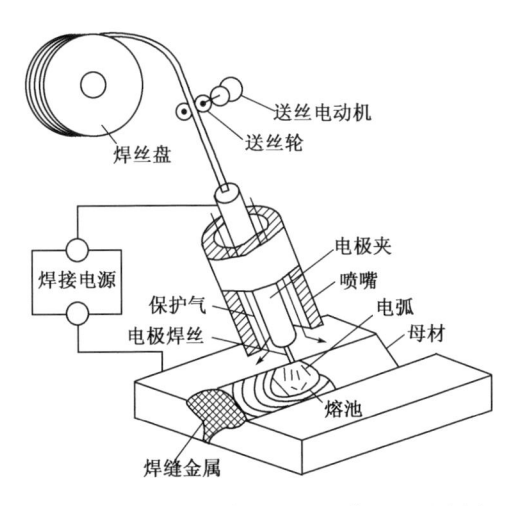

图7-9 熔化极气体保护焊工作原理示意图

CO_2气体保护焊是储罐施工中使用最为广泛的熔化极气体保护焊。其主要优点是焊接生产效率较高；操作简单；成本低；适用范围广；对油、锈不敏感；冷裂倾向小；明弧焊便于监视焊接过程，有利于机械化操作。其主要缺点是施焊材质受限；弧光强；抗风能力弱。

CO_2半自动焊可用于储罐底板、壁板、固定顶、浮顶和附件等部位的焊接施工，其不仅焊缝美观、效率高、质量好、变形小，而且减少了打磨量，在储罐施工中应进一步推广。目前储罐施工中，CO_2半自动焊多采用实心焊丝，成本较低；也有部分采用药芯焊丝的，进一步提高了焊接效率。但其对风非常敏感，现场使用时，焊接区域需增加防风设施；另外，其辅助机具较多，搬运麻烦，不适用于高空作业。

4.气电立焊

气电立焊(EGW)是由普通熔化极气体保护焊和电渣焊发展而形成的一种熔化极气体保护电弧焊方法,焊缝一次成形,是一种高效焊接技术。它利用类似于电渣焊所采用的水冷滑块挡住熔融的金属,使之强迫成形,以实现立向位置的焊接。通常采用外加单一气体(如 CO_2)或混合气体(如 $Ar+CO_2$)作保护气体。在焊接电弧和熔滴过渡方面,气电立焊类似于普通熔化极气体保护焊,而在焊缝成形和机械系统方面又类似于电渣焊。气电立焊原理示意图见图 7-10。

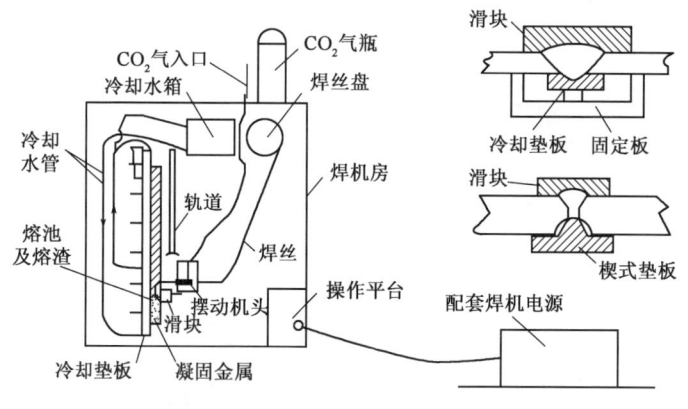

图 7-10 气电立焊原理示意图

气电立焊适用于厚度范围 12~80mm 的中厚钢板焊接,其单面焊厚度一般在 25mm 以下,带摆动时可扩大到 35mm,超过 35mm 应采用双面焊;大型浮顶储罐的壁板厚度一般在 10~40mm 之间,非常适合使用气电立焊。

目前,气电立焊在大型浮顶储罐建造中,主要用于壁板纵缝的焊接,它焊接生产效率高、质量好、成本低,且气电立焊采用的坡口角度相比其他焊接方法要小得多,熔敷效率更高,更节约焊材,相同条件下,其焊材的用量只有熔化极气体保护焊的三分之一。

第二节 焊接设备与机具

立式储罐焊接工作量大,所需的焊接设备和机具较多。合适的焊接设备不仅能够使焊接工艺得到有效的执行,确保焊接质量,而且能够提高焊接施工效

第七章 立式储罐的焊接

率。熟悉和掌握常用的储罐焊接设备和机具,是储罐焊接施工技术人员一项重要的基础业务工作。

一、焊条电弧焊设备

焊条电弧焊电源既有交流电源,也有直流电源,但在储罐工程焊接施工中多采用直流电源。直流电源包括直流弧焊发电机、弧焊整流器和逆变弧焊整流器三类。

1)直流弧焊发电机

直流弧焊发电机因造价高、能耗高、效率低、噪声大、维护费用高,现已基本淘汰,很少使用。

2)弧焊整流器

弧焊整流器是静态的直流弧焊电源,具有噪声小、空载损耗小、惯性磁偏吹较小、维修方便等特点;在有电网供电场合,弧焊整流器已取代直流弧焊电动发电机。使用较为广泛的是晶闸管弧焊整流器,又称为可控硅弧焊整流器,其外特性形状借助控制晶闸管导通角来实现。储罐焊接施工常用的晶闸管弧焊整流器及其性能见表7-1。

表7-1 常用晶闸管弧焊整流器型号及主要技术参数

型号	额定输入容量(kVA)	电源电压(V)	额定工作电压(V)	额定焊接电流(A)	电流调节范围(A)	额定负载持续率(%)	用途
ZX5-400B	32	380	36	400	40~400	60	焊条电弧焊、手工钨极氩弧焊、碳弧气刨电源
ZX5-630B	53	380	40	630	63~630	60	

3)逆变弧焊整流器

逆变弧焊整流器是一种新型、高效、节能的直流焊接电源,推广使用这种换代产品已普遍受到各个国家的重视。我国已形成ZX7系列产品。逆变弧焊机特有的静特性及良好的动态特性,使它具有效率高、空载损耗小、输出电流稳定、节能、节材、焊机体积小、质量轻等优点。国产ZX7系列常用规格的逆变弧焊机性能见表7-2。

表7-2　几种国产ZX7系列逆变弧焊电源型号及主要技术参数

型　号	ZX7-315S/ST	ZX7-400S/ST	ZX7-500S/ST
电源	3相　380V　50/60Hz		
额定输入容量(kVA)	16	21	30
额定焊接电流(A)	315	400	500
焊接电流调节范围(A)	30～315	40～400	Ⅰ挡 50～175 Ⅱ挡 140～500
空载电压(V)	70～80		
额定负载持续率(%)	60		
效率(%)	80	83	82
用途	"S":焊条电弧焊电源；"ST":焊条电弧焊、氩弧焊两用电源		

二、埋弧自动焊设备

用于立式储罐焊接施工的埋弧自动焊设备有：埋弧自动焊平焊机、埋弧自动横焊机、埋弧自动平角焊机等。不同焊接设备厂家生产的焊机结构虽然各不相同，但产品都具有相近的原理和特性。埋弧自动焊机在结构上包括弧焊整流器、自动焊机头和行走机构三大部分，相互之间由一条多芯电缆连接。控制箱、送丝电动机、焊车电动机的电源均由弧焊整流器内部的控制变压器提供。

1. 埋弧自动平焊机

埋弧自动平焊机(图7-11)在储罐施工中主要用于罐底板对接接头的焊接。焊机的行走导向机构多采用轮式小车，结构简单，应用最为普遍，但直线行走精度不是很高；也有采用走轮在导轨上行走的，可改善这一问题。

罐底板对接接头的焊接有两种焊接工艺：一种是普通埋弧自动平焊；另一种是碎丝填充埋弧自动平焊(图7-12)。碎丝填充埋弧自动平焊在焊接前，先在坡口内填充一定厚度的碎焊丝，施焊时能一次熔透成型，可显著提高焊接熔敷速度，缩短焊接作业时间，节约焊剂用量。埋弧焊进行罐底板焊接时，因热输入比较高，穿透力较大，虽然罐底板对接接头下都有垫板，但也很容易焊穿，所以施焊前，必须用焊条电弧焊或CO_2半自动焊进行打底焊接。

2. 埋弧自动平角焊机

埋弧自动平角焊机(图7-13)在储罐施工中主要用于焊接大型储罐底圈壁板与边缘板的T形角接头，即大角缝。焊机由吸附于罐壁的磁吸附驱动轮提供驱动力，借助置于底板或平台上的支撑轮行走，对大角缝进行焊接。

第七章 立式储罐的焊接

图7-11 埋弧自动平焊机

图7-12 碎丝填充埋弧自动平焊

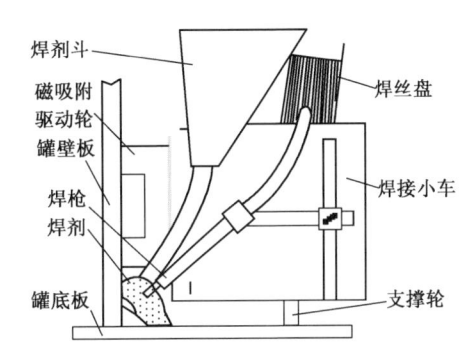

图7-13 埋弧自动平角焊机

3. 埋弧自动横焊机

埋弧自动横焊机在储罐施工中主要用于大型储罐壁板环缝的焊接。根据储罐正装法和倒装法组装工艺的不同，分为正装储罐埋弧自动横焊机和倒装储罐埋弧自动横焊机。正装储罐埋弧自动横焊机又分为单面埋弧自动横焊机和双面同步埋弧自动横焊机。

1) 正装储罐单面埋弧自动横焊机

正装储罐单面埋弧自动横焊机（图7-14）主要用于正装法大型储罐壁板环缝的焊接。其行走驱动机构安装在行走框架的上部，以罐壁上边缘为导向沿罐壁行走。单面多层多道焊接，壁板环缝单面焊接完成后，背面清根，再按工艺要求进行背面的焊接。

图7-14 正装储罐单面埋弧自动横焊机

161

2)正装储罐双面同步埋弧自动横焊机

正装储罐双面同步埋弧自动横焊机(图7-15)是在正装储罐单面埋弧自动横焊机基础上改进研发的,其就是将两套单面埋弧自动横焊设备组装到一个焊接行走机架上。施焊时,主机架骑跨在罐壁上,以罐壁上边缘为导向沿罐壁行走,双面焊枪前后保持一定距离同时焊接;其初层焊道外侧焊接时,内侧焊剂拖带上有焊剂,同步保护根部熔池;内侧焊接时,又将根部重新熔化,在焊剂的保护下,既可有效消除焊缝内部缺陷,又可获得良好的外部成型,以利于后续焊道的焊接。

图7-15 正装储罐双面同步埋弧自动横焊机

与单面埋弧自动横焊机相比,可以避免背面清根程序,减少焊接机架的内外吊装次数,工效提高,节约人力、设备台班,降低焊材消耗;同时,由于前置焊枪的热效应,后置焊枪可以采用比单面焊较少的能量输入来完成等量的焊缝,节能效果明显。

3)倒装储罐埋弧自动横焊机

倒装储罐埋弧自动横焊机(图7-16)主要用于倒装法大型储罐壁板环缝的焊接。需在罐壁内外两侧各铺设一条与罐壁板环缝平行的圆形轨道(内侧轨道铺设于罐底边缘板上,外侧轨道铺设在储罐基础四周),将埋弧自动横焊机置于轨道之上,行进并焊接。

三、气电立焊焊机

气电立焊焊机(图7-17)主要用于大型储罐壁板纵缝的焊接。气电立焊设

第七章 立式储罐的焊接

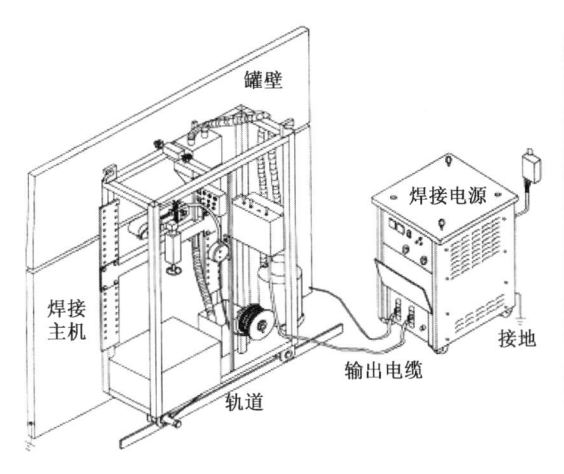

图 7-16 倒装储罐埋弧自动横焊机

备的主要组成部分包括：携焊机头升降的机械系统、快速送丝系统、水冷强迫成型系统、焊接电源及供(保护)气系统、焊枪及焊枪摆动控制系统、焊接过程自动控制系统。

图 7-17 气电立焊焊机

四、CO_2 半自动焊设备

CO_2 半自动焊设备系统组成如图 7-18、图 7-19 所示，包括 CO_2 焊机、控制箱、送丝机、焊枪、遥控盒、CO_2 气体减压表及流量计、冷却水循环装置(用于大电流焊接时焊枪冷却等)。常用国产 CO_2 半自动焊设备型号及参数见表 7-3。

163

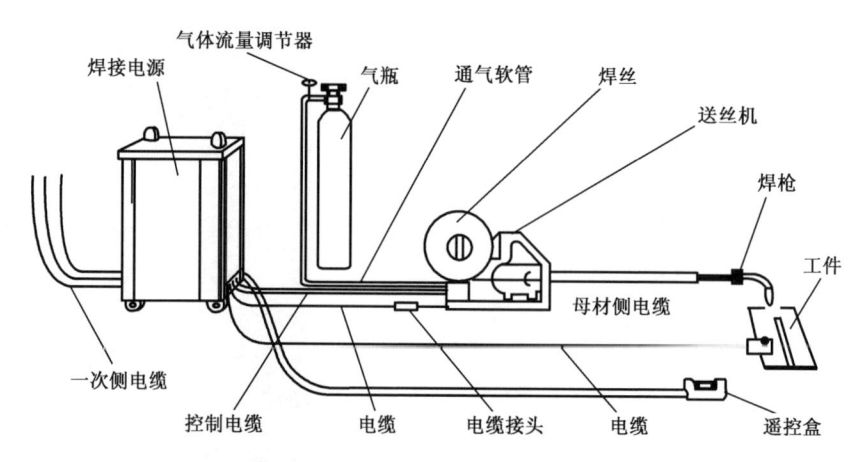

图 7-18 CO₂ 半自动焊设备的组成

图 7-19 CO₂ 半自动焊设备实物

表 7-3 常用国产 CO₂ 半自动焊设备型号及参数

型号	焊接电源					送丝机			焊枪行走小车
	电源电压(V)	额定工作电压(V)	外特性	额定输出电流(A)	额定负载持续率(%)	焊丝直径(mm)	送丝速度(m/min)	送丝方式	
NB-500	380	53	晶闸管整流、平	500	60	0.8~2.4	—	推丝	鹅颈式焊枪
YM505KEV	380	—	晶闸管整流、平	500	60	1.2~1.6	—	推丝	鹅颈式焊枪
NBC1-500-1	380	75	硅整流、平	500	75	1.2~2.0	8	推丝	鹅颈式焊枪

164

续表

型　号	焊接电源					送丝机				焊枪行走小车
	电源电压(V)	额定工作电压(V)	外特性	额定输出电流(A)	额定负载持续率(%)	焊丝直径(mm)	送丝速度(m/min)	送丝方式	
NB-400	380	67	IGBT逆变式	350	50	1.0～1.2	2～18	推丝	鹅颈式焊枪
NBC-630	380	—	晶闸管整流、平	630	60	1.0～1.6	2～16	推丝	鹅颈式焊枪

四、储罐施工焊接机具

1. 焊条烘干保温设备

焊条烘干保温设备主要用于焊条在焊前的烘干及保温，减少或防止因焊条药皮吸湿而造成在焊接过程中形成气孔、裂纹等缺陷。常用的焊条烘干、保温设备见表7-4。

表7-4　常用的焊条烘干、保温设备

设备类型	型　号	容量(kg)	主　要　功　能
自动远红外电焊条烘干箱	RDL4-30	30	采用远红外线辐射加热、自动控温，用不锈钢材料作炉膛、分层抽屉结构，最高烘干温度可达500℃，100kg容量以下的烘干设备设有保温储藏箱。RDL4系列电焊条烘干箱可代替YHX、ZYH、ZYHC、DH系列，使用性能不变
	RDL4-60	60	
	RDL4-100	100	
	RDL4-200	200	
	RDL4-300	300	
	RDL4-500	500	
记录式远红外线电焊条烘干箱	ZYJ-60	60	采用三数控带P、I、D超高精度仪表，配置自动平衡记录仪，使焊条烘焙温度、温升时间曲线有实质记录，供焊接参考，最高烘干温度达500℃
	ZYJ-100	100	
	ZYJ-150	150	
	ZYJ-500	500	
节能型自动远红外电焊条烘干箱	BHY-60	60	有自动控温、自动保温、烘条定时、报警技术，具有多种功能，最高烘干温度达500℃
	BHY-100	100	
	BHY-500	500	

2. 焊条保温桶

焊条保温桶是焊工焊条电弧焊操作现场必备的辅具，携带方便。将已烘干的焊条放在保温桶内供现场使用,起到防黏泥土、防潮、防雨淋等作用,能够避免使用过程中焊条药皮的含水率上升。焊条从烘干箱取出后,应立即放入焊条保温桶内送到施工现场。在现场施焊时,逐根由保温桶内取出使用,常用的焊条保温桶型号及技术数据见表7-5。

表7-5　常用的焊条保温桶型号及技术数据

功能	型号			
	PR-1	PR-2	PR-3	PR-4
电压范围(V)	25～90	25～90	25～90	25～90
	400	100	100	100
工作温度(℃)	300	200	200	200
绝缘性能(mΩ)	>3	>3	>3	>3
容量(kg)	5	2.5	5	5
可装焊条的长度(mm)	410/450	410/450	410/450	410/450
质量(kg)	3.5	2.8	3	3.5
外形尺寸:直径×高度(mm)	φ45×550	φ110×570	φ155×690	φ195×700

3.焊工面罩及护目玻璃

焊工面罩及护目玻璃是为防止焊接时的飞溅物、强烈弧光及其他辐射对焊工面部及颈部灼伤的一种遮蔽工具,有手持式和头盔式两种。护目玻璃安装在面罩正面,用来减弱弧光强度,吸收由电弧发射的红外线、紫外线和大多数可见光线。焊接时,焊工通过护目玻璃观察熔池情况,正确掌握和控制焊接过程,避免眼睛受弧光灼伤。

护目玻璃有各种色泽,目前以墨绿色的为多,为改善防护效果,受光面可以镀铬。护目玻璃的颜色有深浅之分,应根据焊接电流大小、焊工年龄和视力情况来确定,护目玻璃色号、规格选用见表7-6。护目镜使用时在其两面应加一块同尺寸的透明玻璃,护目镜片夹在中间,这样可以有效地保护护目镜片不会被熔滴飞溅沾污和烫坏。

表7-6　焊工护目玻璃镜片选用表

外形尺寸(长×宽×厚):108 mm×50 mm×(2～3.8)mm								
护目玻璃色号	1,2,1,4,1,7,2	3,4	5,6	7,8	9,10,11	12,13	14	15,16
适用电焊作业	防侧光及杂散射	辅助工	≤30A	30～70A	70～200A	200～400A	≥400A	—
色泽:褐色或暗绿色;遮光号数越大,色泽越深,有害电弧光线透过率越小,适用焊接电流越大								

第七章　立式储罐的焊接

4. 碳弧气刨设备

碳弧气刨是利用碳电极（即碳棒）和金属工件之间产生的电弧热迅速将工件局部加热到熔融状态，同时借压缩空气流的动量把熔融金属吹除，从而实现刨削金属的一种工艺方法，如图 7-20 所示。在储罐施工中，碳弧气刨主要用于双面焊时清除背面焊根以及清除焊缝中的缺陷。碳弧气刨设备主要由碳弧气刨枪、电源和压缩空气源等组成，如图 7-21 所示。

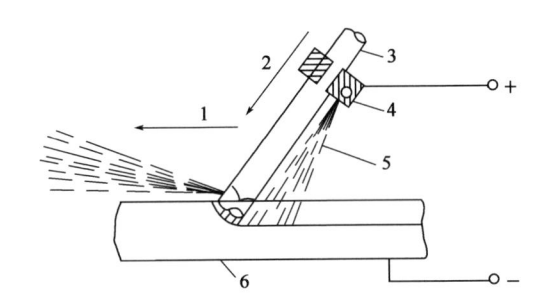

图 7-20　碳弧气刨示意图
1—刨削方向；2—碳棒进给；3—碳棒；4—气刨枪；5—压缩空气流；6—工件

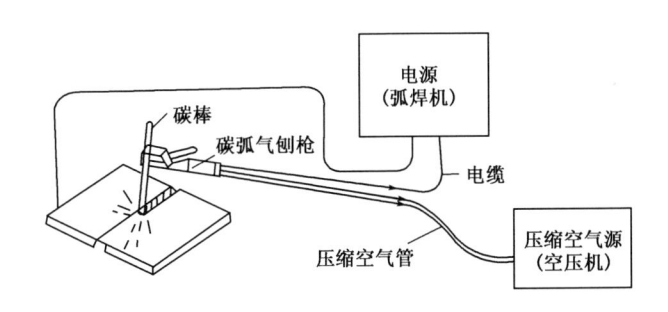

图 7-21　碳弧气刨设备构成示意图

碳弧气刨电源采用具有陡降特性的直流焊机，其额定电流应大于碳弧气刨所需的电流。选用额定电流为 500A 的直流弧焊电源即能满足一般碳弧气刨的需求。

碳弧气刨枪是碳弧气刨的主要工具。碳弧气刨枪应满足以下要求：能牢固地夹持碳棒，导电良好，压缩空气喷射集中稳定，更换碳棒方便，外壳绝缘良好，重量轻，使用灵活方便。碳弧气刨枪按压缩空气喷射方式分为侧面送风式和圆周送风式两种。

第三节 储罐底板的焊接

罐底板面积大且焊道多,在焊接过程中,最大的问题是焊接变形的控制。罐底的焊接,应采用收缩变形最小的焊接工艺及焊接顺序,通常其焊接顺序如图 7-22 所示。

边缘板外300mm的焊接（在第一圈壁板安装之前焊完）→ 罐底中幅板焊接 → 边缘板其余部分焊接（待大角缝焊接完）→ 龟甲缝焊接

图 7-22 罐底板的焊接顺序

浮顶储罐容积较大,罐底板厚度较厚,多采用对接接头;拱顶储罐容积相对较小,罐底板厚度相对较薄,多采用搭接接头(容积较大的拱顶储罐底板也有设计成对接接头的)。先以浮顶储罐底板对接接头为例,简述罐底的焊接操作要点。

一、浮顶储罐底板焊接

1. 定位焊

定位焊前,原点焊处要用砂轮清除,使储罐底板处于自由状态。定位焊多采用焊条电弧焊,其焊缝原则上不再清除,因此,其焊接工艺应与正式焊接要求相同。定位焊的引弧点要用砂轮打磨处理,定位焊时应使垫板与底板贴合紧密,其焊缝长度应在 50mm 以上,间距一般为 300~500mm。

2. 边缘板焊接

1) 边缘板外 300mm 的焊接

由于边缘板与罐壁板内外大角缝焊接后会产生一定程度的收缩及角变形,因此在罐壁板组装之前,一般只对位于罐壁板下方从边缘板外缘向内 350~400mm 的一段对接焊缝进行焊接,此段焊缝多采用焊条电弧焊,由多名焊工均匀分布、对称隔缝施焊,焊接方向为由内向外边缘焊接,施焊时要特别注意边缘板与垫板接触面的两侧,保证其熔合良好。为保证边缘板外缘端头的焊接质量,需在边缘板对接焊缝的外端加收弧板,收弧板的厚度、坡口形式应与边缘板相同,焊完后把收弧板割下并用砂轮打磨光滑。边缘板外 300mm 焊缝的焊接形式见图 7-23。

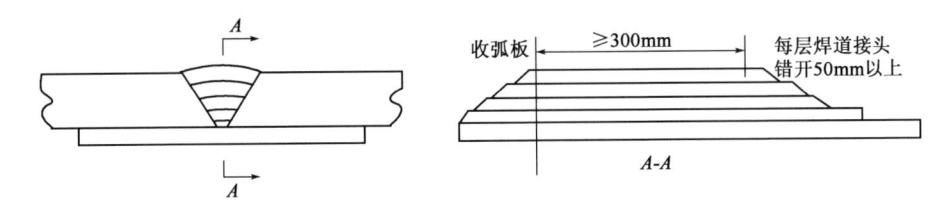

图 7-23　边缘板外侧 300mm 对接焊缝焊接示意图

2) 边缘板其余部分的焊接

边缘板其余部分焊缝应在罐底与罐壁连接的角焊缝焊完之后,边缘板与中幅板之间的收缩缝焊接之前,焊接完成。此段焊缝可采用焊条电弧焊,也可采用更高效的焊条电弧焊打底＋埋弧焊填充、盖面工艺。

3. 中幅板焊接

中幅板对接接头焊接,通常采用焊条电弧焊或 CO_2 半自动焊进行打底,埋弧自动焊或碎丝填充埋弧焊填充、盖面,其中,以 CO_2 半自动焊打底＋碎丝填充埋弧自动焊填充、盖面工艺最为高效。

中幅板焊接前应编制焊接顺序图,如图 7-24 所示,其基本原则为"先焊短缝,后焊长缝,对称进行焊接",打底焊宜采用分段退焊或跳焊法;埋弧自动焊填充、盖面,宜采用隔缝同向施焊;焊接长缝时,宜由中心开始,向两侧进行;距收缩缝 300mm 范围内的中幅板间的焊接接头,应在中幅板与环形边缘板组对后再焊接。施焊时一定要遵循正确的焊接顺序,这样才能够使得每一条焊缝焊接时均匀、自由地收缩,使焊接变形降低到最小。

对于上图中编号顺序为 5 及 6 的长焊缝而言,变形控制已不是单纯依靠严格执行焊接顺序所能解决的了,实际焊接过程中,还必须采取必要强制性的焊接变形控制措施,见图 7-25。此法亦适用于其他形式较长焊缝的变形控制,如龟甲缝焊接等。

打底焊为防止起弧处产生气孔,应采用退弧引弧法;打底焊缝外观检查不得有超标的缺陷存在,且外形要平整,凹凸不平处要用砂轮打磨平整,并保持一定焊肉厚度(5m 左右),防止埋弧自动焊填充、盖面时烧穿。

埋弧自动焊填充、盖面时,焊接过程中要随时注意焊枪是否瞄准焊缝位置,防止焊偏;为保证焊缝成型良好,应检查起焊后最初 500mm 长焊缝的成型情况,并适时地加以适当调整。采用碎丝填充埋弧自动焊填充、盖面时,碎焊丝填充应控制与中幅板表面平齐,可采用钢板尺或其他工具刮平;焊接过程为保证碎丝的熔化,焊接工艺参数应保持在规定范围内。埋弧焊焊剂在使用前应按要求充分烘干,施焊时,焊剂不要堆得过高,保持其透气性,并适时更换新焊剂。

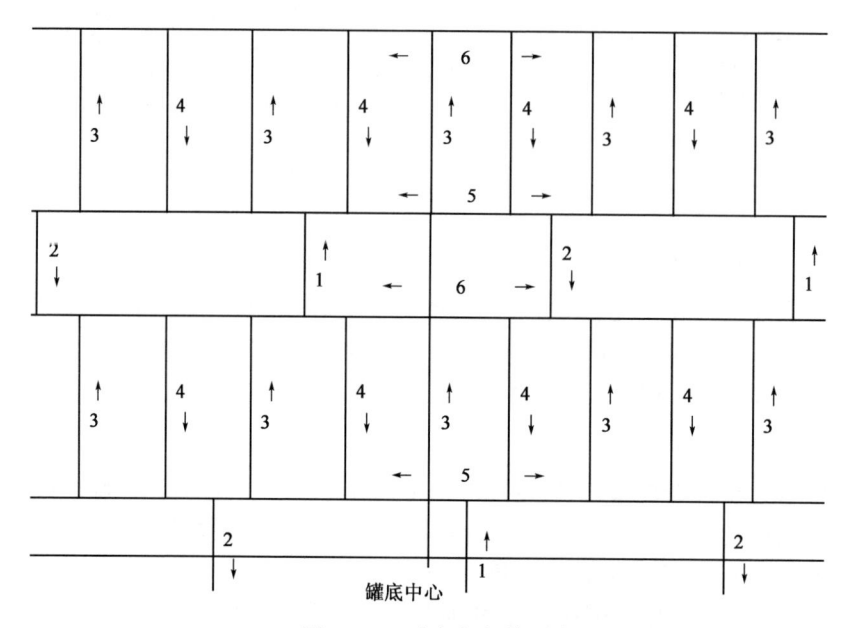

图 7-24 中幅板焊接顺序图
说明:图中数字表示中幅板焊缝焊接顺序

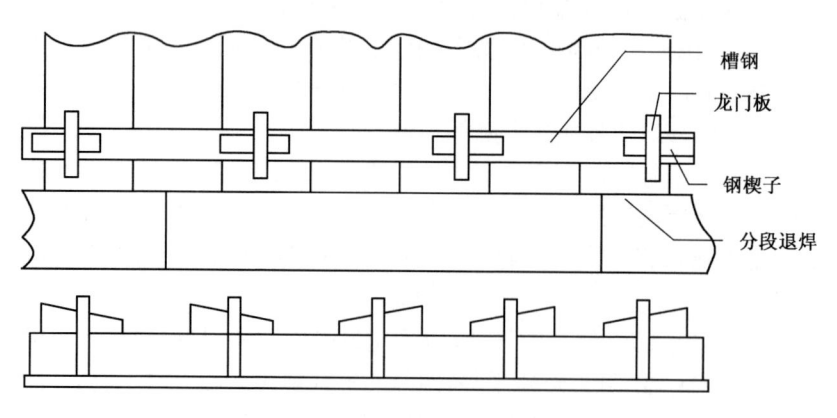

图 7-25 中幅板焊缝防变形示意图

4. 龟甲缝焊接

龟甲缝是指罐底边缘板与罐底中幅板间的焊缝。龟甲缝的组对应在大角缝焊接完成后进行,应在一天内完成龟甲缝部位的切割、组对和定位焊工作,并

第七章 立式储罐的焊接

安装防变形卡具。组对完成后,应先焊与其相交的中幅板焊缝,再焊边缘板剩余焊缝,最后焊龟甲缝。龟甲缝部位较易积存水分和污物,焊接前应清除坡口内的铁锈、污物,并用喷灯或气焊炬烘烤清除水分。龟甲缝的打底焊可采用焊条电弧焊或 CO_2 半自动焊,由数名焊工沿圆周均匀分布,采用分段退焊或跳焊法进行;其填充、盖面通常采用埋弧自动焊,由多台焊机在罐底径向相对位置沿同一方向同步焊接。

二、拱顶储罐底板焊接

拱顶储罐底板多为搭接接头,通常采用焊条电弧焊或 CO_2 半自动焊,其焊接顺序及焊接操作要点与浮顶储罐底板焊接基本相同,可参照执行,但底板搭接接头焊接,还要遵守以下几点要求:

(1)钢板厚度大于或等于 6mm 组成的搭接角焊缝,应至少焊两遍。
(2)在焊接搭接接头的短缝时,宜将长缝的定位焊打开,用定位板固定。
(3)三层钢板重叠部分的搭接接头焊缝在焊接时要特别注意,被最上层钢板覆盖在下的焊道一定要进行焊接,以防止发生介质渗漏。三层钢板重叠搭接处的焊接应参照图 7-26 进行。

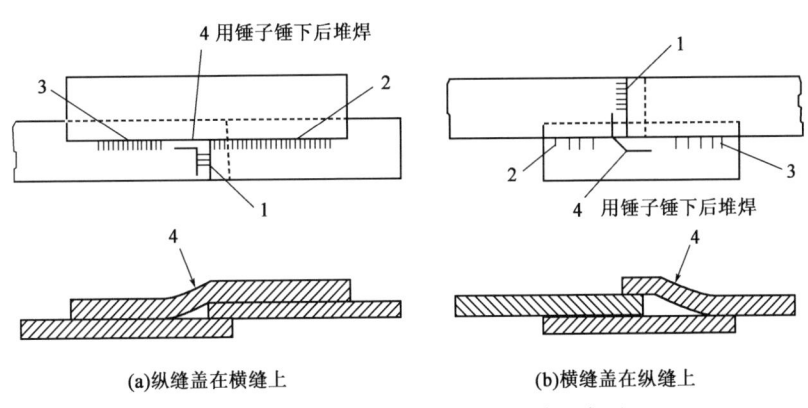

图 7-26 三层钢板重叠搭接处焊接示意图
(a)纵缝盖在横缝上　(b)横缝盖在纵缝上
说明:图中数字表示焊缝施焊顺序

(4)非环形边缘板的罐底不宜留收缩缝。

三、储罐底板焊接工艺参数

下面以举例形式,列出储罐底板焊缝采取不同焊接工艺方法施焊的焊接工艺参数,所列参数仅供参考,具体施焊还应依据焊接工艺评定报告及焊接工艺规程选定焊接工艺参数。

1. 边缘板外 300 mm 对接焊缝焊接工艺参数

以浮顶储罐外边缘板(材质 08MnNiVR、厚度 20mm、对接接头)为例,其外 300mm 采用焊条电弧焊工艺施焊,焊条牌号 CHE607RH(型号 E6015-G),焊接工艺参数见表 7-7。

表 7-7 边缘板外 300 mm 对接焊缝焊条电弧焊焊接工艺参数

板厚 (mm)	焊接 层数	焊接方法	焊条直径 (mm)	焊接电流 (A)	焊接电压 (V)	焊接速度 (cm/min)	焊接热输入 (kJ/cm)
20	1	SMAW	ϕ3.2	120～130	22～23	5～7	22.6～35.9
	2	SMAW	ϕ4.0	150～170	25～27	8～10	22.5～34.4
	3	SMAW	ϕ4.0	150～170	25～27	8～10	2.5～34.4
	4	SMAW	ϕ4.0	150～170	25～27	8～10	2.5～34.4
	5	SMAW	ϕ4.0	150～170	25～27	10～12	18.8～27.5

2. 中幅板对接焊缝焊接工艺参数

以浮顶储罐中幅板(材质 Q235B、厚度 11mm、对接接头)为例,采用 CO_2 半自动焊打底+碎丝填充埋弧自动焊填充、盖面工艺施焊。CO_2 半自动焊焊丝牌号为 ER50-6,埋弧焊焊丝和填充碎丝牌号为 H08A,焊剂牌号为 HJ431,焊接工艺参数见表 7-8。

表 7-8 中幅板对接焊缝 CO_2 半自动焊打底+碎丝填充
埋弧自动焊填充、盖面焊接工艺参数

板厚 (mm)	焊接 层数	焊接方法	焊丝直径 (mm)	焊接电流 (A)	焊接电压 (V)	焊接速度 (cm/min)	焊接热输入 (kJ/cm)
11	1	GMAW	ϕ1.2	180～210	24～28	15～25	10.4～23.5
	2	SAW	ϕ4.0/ 碎丝 ϕ1.0	500～550	32～36	30～40	24.0～39.6

3. 底板搭接焊缝焊接工艺参数

以拱顶储罐底板(材质 Q235B、厚度 6mm、搭接接头)为例,采用焊条电弧焊工艺施焊,焊条牌号为 J427(型号 E4315),焊接工艺参数见表 7-9。

第七章 立式储罐的焊接

表 7-9 底板搭接焊缝焊条电弧焊焊接工艺参数

板厚(mm)	焊接层数	焊接方法	焊丝直径(mm)	焊接电流(A)	焊接电压(V)	焊接速度(cm/min)	焊接热输入(kJ/cm)
6	1	SMAW	φ4.0	160～180	26～28	10～12	20.8～30.2
	2	SMAW	φ4.0	160～180	26～28	10～12	20.8～30.2

第四节　储罐壁板的焊接

浮顶储罐容积较大，壁板厚度较厚，适宜采用自动焊施焊，纵缝使用气电立焊，环缝使用埋弧自动横焊；组装多采用正装法，也可采用倒装法。拱顶储罐容积相对较小，壁板厚度相对较薄，多采用焊条电弧焊焊接，也有使用 CO_2 半自动焊的，但应做好防风措施；组装多采用倒装法。不论是浮顶储罐，还是拱顶储罐，不论是采用正装，还是倒装，其壁板焊接都应遵循如下原则：

先焊纵向焊缝，后焊环向焊缝；当焊完相邻两圈壁板的纵向焊缝后，再焊其间的环向焊缝；当采用不对称坡口时，先焊大坡口侧，后焊小坡口侧。

一、浮顶储罐壁板焊接

1. 纵缝焊接

浮顶储罐纵缝采用气电立焊焊接，焊缝在机头侧的铜滑块和焊缝背面的铜挡板间强制成形，焊接速度快、工序简单、效率高。壁板厚度小于或等于24mm时，采用单面V形坡口，可一次焊接成型；厚度大于24mm时，采用双面X形坡口，双面焊接，通常先焊外侧焊缝，后焊内侧焊缝，外侧焊完后需在内侧坡口用碳弧气刨或砂轮清根，碳弧气刨清根后应用砂轮修整刨槽并磨除渗碳层。SPV490Q、12MnNiVR、08MnNiVR 等低合金调质高强钢材质的壁板，气电立焊应将热输入控制在 100kJ/cm 内。

以储罐正装纵缝气电立焊操作为例，简述纵缝气电立焊操作要点。

1) 储罐正装纵缝气电立焊

多台气电立焊设备悬挂于待焊罐壁上，沿罐壁圆周均匀分布，以罐壁上边缘为轨道向同一方向行走，至纵缝处进行焊接操作。

气电立焊操作要点：

(1)气电立焊设备操作程序：接通电源→检查冷却水循环及供气情况→开始冷却水循环和送气→选择焊接参数→起弧，焊接开始，细调参数→达到正常施焊，自动焊接→停止焊接，滑块继续上升至离开焊缝，收弧→停气、停水→切断电源。

(2)检查保护气体管路是否通畅，将保护气体(CO_2 或 $20\%Ar+80\%CO_2$)流量调至 25~30L/min；检查冷却水循环管路是否通畅，冷动水流量不小于 2L/min。

(3)起弧。气电立焊自下向上焊接，为防止焊接熔池内的铁水从下部流失，焊接引弧起焊部位可采用两种方法处理：一种是在坡口内用焊条电弧焊焊一段作为引弧托底焊道；另一种是用石棉或其他耐热材料塞紧，上表面填充药芯焊丝的碎屑，长度为 0.5~1mm，直径与施焊用焊丝相同，厚度为 2~3mm，均匀撒布，以便引弧。底圈壁板引弧部位一般在纵缝下端 200mm 处；其他各圈壁板引弧部位一般在纵缝下端 50~70mm 处。气电立焊起弧点焊缝应予刨掉或磨除，并确保无缺陷残留；纵缝下缘至气电立焊焊缝底部的焊道采用焊条电弧焊焊接。

(4)焊枪角度与位置的控制，见图 7-27。

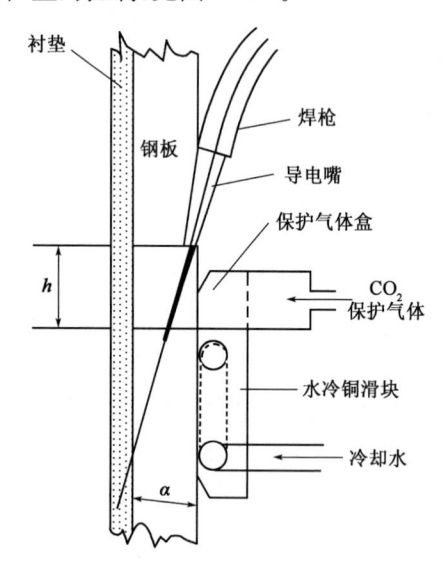

图 7-27 气电立焊焊枪角度与位置的控制

①调整焊枪角度 α，使其与工件表面呈 5°~15°夹角。
②焊丝干伸长度控制在 35mm 左右。
③调整焊枪高度，使导电嘴顶端与铜滑块上保护气体出口下沿的垂直距离

h 控制在 25～30mm。

④调整焊丝落点位置,使焊丝落点从焊道厚度中心部位略向坡口正面偏移,使之处于焊道截面的重心部位,此时焊丝前后的焊缝体积大致相等,利于保证焊缝边缘熔合。

(5)焊接过程中,注意观察铜滑块的中心位置,控制熔池液面,使其保持离保护气体出气口 5～10mm。

(6)单道焊接厚度 20mm 以上时,开启摆动器,设置摆动,根据焊接厚度调节摆幅。摆动频率为 50～80 次/min,一般情况下,摆幅越大,频率应越快。

(7)收弧。纵缝气电立焊应一次连续焊完一条焊缝,避免中间停弧、熄弧。纵缝上端需焊接长度 50mm 左右的收弧板,厚度、坡口形式应与壁板纵缝相同,前后对齐,以使焊接小车沿其上行,滑块离开焊缝,收弧在收弧板上,收弧板上的焊接长度应大于 20mm,以防止端部缺陷留在主焊缝上。焊接完成后将收弧板割下,并用砂轮将该部位打磨平整、光滑。

2)储罐倒装纵缝气电立焊

储罐倒装纵缝气电立焊需将焊机机架进行改造,让两个行走轮支撑在罐底周围沿罐壁位置铺设的焊机轨道上,两个辅助支撑轮顶在罐壁上。纵缝焊接时,同样要求焊机均匀分布,同一方向行走。倒装储罐纵缝气电立焊操作与正装储罐纵缝气电立焊基本相同,但组装顺序及方式的不同,也带来了应用上的些许差异。

储罐倒装施工时,在罐底板上间隔安装壁板垫块,按壁板排板图避开纵缝位置,使壁板纵缝底端腾起一定高度,以便于安装起焊端引弧板和焊接轨道;倒装提升施工工序为先提升上圈壁板,再组对、焊接下圈壁板,提升上圈壁板使其底部高于下圈壁板顶部约 80～100mm,以便于安装收弧板和熄弧收尾。这样就可以在壁板纵缝全长范围内实现气电立焊焊接,提高焊接质量及效率。

2. 环缝焊接

在上圈壁板和下圈壁板纵缝焊接完成后,再进行其之间的环缝焊接。浮顶储罐环缝采用埋弧自动横焊焊接。壁板厚度小于或等于 12mm 的宜采用单面 V 形坡口,厚度大于 12mm 的宜采用双面 K 形坡口,多层多道双面焊,如使用单面埋弧自动横焊机,应先焊外侧焊缝,后焊内侧焊缝,外侧焊完后需在内侧坡口用碳弧气刨或砂轮清根,碳弧气刨清根后应用砂轮修整刨槽并磨除渗碳层。

施焊时,多台埋弧横焊机沿罐壁圆周对称均布,同一方向行走、施焊。储罐正装与储罐倒装埋弧焊的主要区别就在于施焊位置和焊机行走轨道的不同:正装时,焊机悬挂于罐壁上,以罐壁上边缘为轨道行走,环缝施焊位置随罐壁正装逐圈提高;倒装时,环缝焊接位置始终处于一圈壁板高度,焊机行走轨道为罐壁内外在罐底上和基础周围铺设的与罐壁板环缝平行的圆形轨道。除此以外,储罐正装与储罐倒装埋弧焊操作基本相同。

埋弧自动横焊焊接操作要点:

(1)壁板环缝应在内侧坡口点焊;组对间隙大于1mm时,应在内侧用焊条电弧焊进行封底焊。

(2)埋弧自动横焊机的操作程序:接通焊接电源→将焊剂箱装满焊剂,检查回收装置→选择焊接参数→下放焊剂→焊接→停止焊接→停放焊剂、退回焊丝→切断电源。

(3)埋弧焊焊剂在使用前应按要求充分烘干;施焊时,焊剂托盘应在坡口下方15mm左右,与壁板表面紧密相触并约成15°倾角,以利于焊剂覆盖焊道。

(4)焊枪角度与位置的控制。埋弧横焊焊丝角度与位置对焊缝成形的影响很大,施焊时,焊丝伸出长度25mm左右;根部焊接时,焊枪与水平位置约成35°,焊丝外端距根部5mm成形最佳(图7-28);层间填充焊接时,焊枪与水平位置约成40°;盖面焊接时,焊枪与水平位置约成20°。

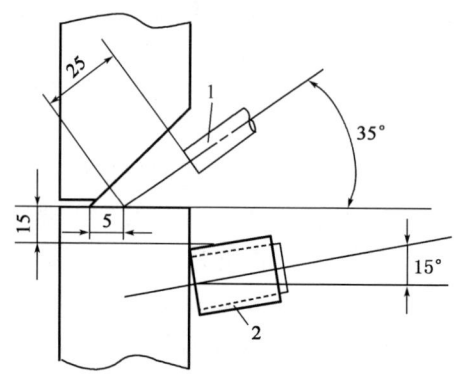

图7-28 埋弧横焊根部焊接时焊枪角度与位置的控制
1—焊枪;2—焊剂托盘

(5)在下一层、道焊接前,应及时对前一层、道焊渣进行清除;层、道间焊接接头至少要错开50mm以上。

(6)焊接速度不宜过快,应控制在工艺规程要求范围内。当焊接速度过快时,因电弧对焊件加热不足,焊缝的熔深和熔宽都会明显减小,熔合比下降,严重时会造成咬边、未熔合和气孔等缺陷。

3. 大角缝焊接

浮顶储罐大角缝内、外侧均采用焊条电弧焊打底,埋弧自动平角焊填充、盖

第七章　立式储罐的焊接

面。储罐倒装法施工,只有最后底圈壁板组焊完成后才能组对、焊接大角缝;储罐正装法施工,壁板至少应组焊三至四圈后,再组对、焊接角大焊缝。大角缝焊接宜先焊罐内侧角焊缝,后焊罐外侧角焊缝;焊条电弧焊打底焊时,由数名焊工均匀分布,分别从罐内、外沿同一方向分段焊接,采用分段退焊或跳焊法;埋弧自动平角焊填充、盖面时,多台焊机可等分成几个部分,向同一方向施焊。

为尽可能降低焊接变形,应在施焊前,采取如图 7-29 所示的防变形措施(图中斜支撑也可采用 F 支架),设置防变形支撑时,其尺寸应能让埋弧自动平角焊机通过。

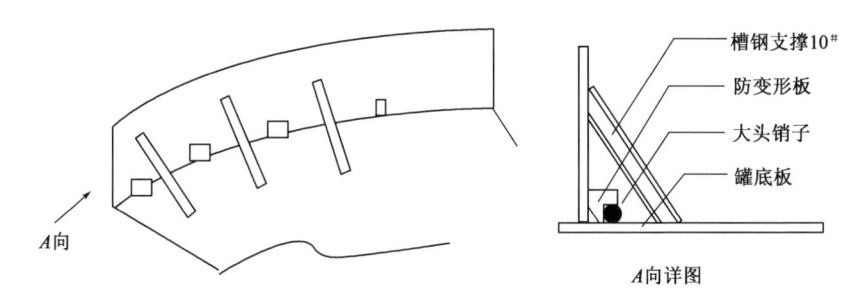

图 7-29　罐底大角缝焊接防变形示意图

因大角缝处较易积存水分和污物,焊前要充分清除焊接部位的铁锈、污物,并用喷灯或气焊炬烘烤清除水分。

定位焊宜在罐壁内侧进行,与正式焊接要求相同,定位焊缝长度不宜小于 50mm;定位焊缝的间隔不宜大于 800mm。

大角缝焊接时,应沿罐周设置几处排水缝(用楔子将壁板垫起与底板间形成 6～8mm 的间隙),先预留不进行焊接,以利于罐内积水的外排。

大角焊缝内侧附近是一个高应力区,且随着罐内介质水平面的反复升降可能导致疲劳破坏,因此内角焊缝成型要求比较严格,焊缝表面应呈内凹形,平缓过渡(可进行打磨整形处理),以降低应力集中,且罐底一侧不应有咬边。

二、拱顶储罐壁板焊接

拱顶储罐罐壁焊缝采用焊条电弧焊;也有使用 CO_2 半自动焊的,但在罐壁外侧焊接时,还应做好防风措施。

1. 纵缝焊接

纵缝多采取双面焊,先焊外侧焊缝,后焊内侧焊缝,外侧焊完后在内侧坡口清根。焊工宜均匀分布,并沿同一方向施焊。

拱顶储罐组装多采用倒装法,除顶圈壁板外的每圈壁板围板结束后,会留1~2条纵缝作为调节尾缝;除调节尾缝外的其他纵缝调整达到技术要求尺寸后,点焊组对,开始焊接外侧坡口;焊完后,将上圈壁板提升,使本圈壁板处于组对位置,对两圈壁板间的环缝进行调整、点焊组对;然后切割、组对调节尾缝,对其外侧进行焊接。焊工进入罐内,先在纵缝内侧坡口进行清根,合格后,再焊接纵缝内侧坡口。

纵缝焊操作要点:

(1)将整个焊道等分三至四份,按分段跳焊的顺序由下向上焊接每一段,以减小焊接棱角变形。

(2)纵缝施焊时,极易在焊缝两端出现外翘变形,给环缝组对造成困难,使T字缝的应力增加,因此应在纵缝两端各留出150~200mm不焊,待环缝组对完毕后,再与T字缝一起焊接。

(3)可在焊接区域加装防变形工卡具,以减小焊接变形。

2. 环缝焊接

拱顶储罐组装多采用倒装法,所以环缝施焊位置始终处于一圈壁板的高度,无高空焊接作业,施焊条件较优。环缝采取多层多道双面焊,先焊外侧焊缝,后焊内侧焊缝,外侧焊完后在内侧坡口清根。焊接时,胀圈应始终处于胀紧状态,焊接完成后,方可松开。焊工宜均匀分布,沿同一方向施焊,并应采用相同的焊接方法和焊接工艺规范。

3. 大角缝焊接

大角缝采用焊条电弧焊,多层多道焊,应在储罐底圈壁板纵缝焊接完毕之后、龟甲缝焊接之前进行;由数名焊工均匀分布,分别从罐内、外沿同一方向分段焊接,宜先焊罐内侧角焊缝,后焊罐外侧角焊缝。初层焊道宜采用分段退焊或跳焊法。

为降低焊接变形,应在施焊前采取防变形措施。

边缘板的厚度大于或等于10mm时,底圈壁板与边缘板T形接头的罐内角焊缝靠罐底一侧的边缘,应平缓过渡,且不应有咬边。

三、储罐壁板焊接工艺参数

下面以举例形式,列出储罐壁板焊缝采取不同焊接工艺方法施焊的焊接工艺参数,所列参数仅供参考,具体施焊还应依据焊接工艺评定报告及焊接工艺

第七章　立式储罐的焊接

规程选定焊接工艺参数。

1. 壁板纵缝气电立焊焊接工艺参数

以浮顶储罐某圈壁板(材质 08MnNiVR、厚度 28mm)为例，其纵缝采用气电立焊工艺施焊，焊丝牌号 DWS-60G，焊接工艺参数见表 7-10。

表 7-10　壁板纵缝气电立焊焊接工艺参数

板厚 (mm)	焊接层数	焊接方法	焊条直径 (mm)	焊接电流 (A)	焊接电压 (V)	焊接速度 (cm/min)	气体流量 (L/min)	焊接热输入 (kJ/cm)
28	内	EGW	ϕ1.6	370~410	37~38.5	10~13.5	25	60.8~94.7
	外	EGW	ϕ1.6	370~410	37~38.5	10~13.5	25	60.8~94.7

2. 壁板环缝埋弧自动横焊焊接工艺参数

以浮顶储罐壁板(材质 08MnNiVR、底圈壁板厚度 33mm、二圈壁板厚度 28mm)为例，其环缝采用埋弧自动横焊工艺施焊，焊丝牌号 CHWS7CG、焊剂牌号 CHF26H，焊接工艺参数见表 7-11。

表 7-11　壁板环缝埋弧自动横焊焊接工艺参数

板厚 (mm)	焊接层(道)数	焊接方法	焊丝直径 (mm)	焊接电流 (A)	焊接电压 (V)	焊接速度 (cm/min)	焊接热输入 (kJ/cm)
28/33	外 1~7	SAW	ϕ3.2	380~440	32~33	35~55	13.3~24.9
	内 1~6	SAW	ϕ3.2	380~440	32~33	35~55	13.3~24.9

3. 大角缝焊接工艺参数

以浮顶储罐底圈壁板及罐底边缘板(材质 08MnNiVR，底圈壁板厚度 33mm，底板边缘板厚度 20mm)为例，大角焊缝采用焊条电弧焊打底＋埋弧自动平角焊填充、盖面工艺施焊，焊条牌号 CHE607RH，埋弧焊丝牌号 CHWS7CG，焊剂牌号 CHF26H，焊接工艺参数见表 7-12。

表 7-12　大角缝焊条电弧焊打底＋埋弧自动平角焊填充、盖面焊接工艺参数

板厚 (mm)	焊接层(道)数	焊接方法	焊丝(条)直径(mm)	焊接电流 (A)	焊接电压 (V)	焊接速度 (cm/min)	焊接热输入 (kJ/cm)
20/33	内 1	SMAW	ϕ4.0	145~160	24~26	10~15	13.9~25.0
	外 1	SMAW	ϕ4.0	145~160	24~26	10~15	13.9~25.0
	外 2~4	SAW	ϕ3.2	380~400	30~32	30~45	15.2~25.6
	内 2~6	SAW	ϕ3.2	380~400	30~32	30~45	15.2~25.6

4.壁板纵缝焊条电弧焊焊接工艺参数

以拱顶储罐某圈壁板(材质 Q235B,厚度 8mm)为例,其纵缝采用焊条电弧焊工艺施焊,焊条牌号 J427(型号 E4315),焊接工艺参数见表 7-13。

表 7-13　壁板纵缝焊条电弧焊焊接工艺参数

板厚 (mm)	焊接 层数	焊接 方法	焊条直径 (mm)	焊接电流 (A)	焊接电压 (V)	焊接速度 (cm/min)	焊接热输入 (kJ/cm)
8	外 1~3	SMAW	ϕ3.2	110~120	21~22	5~7	19.8~31.7
	内 1~2	SMAW	ϕ3.2	110~120	21~22	5~7	19.8~31.7

5.壁板环缝焊条电弧焊焊接工艺参数

以拱顶储罐壁板(材质 Q235B,相邻两圈壁板厚度均为 12mm)为例,其环缝采用焊条电弧焊工艺施焊,焊条牌号 J427(型号 E4315),焊接工艺参数见表 7-14。

表 7-14　壁板环缝焊条电弧焊焊接工艺参数

板厚 (mm)	焊接 层(道)数	焊接 方法	焊条直径 (mm)	焊接电流 (A)	焊接电压 (V)	焊接速度 (cm/min)	焊接热输入 (kJ/cm)
12	外 1	SMAW	ϕ3.2	120~130	22~23	6~8	19.8~29.0
	外 2~6	SMAW	ϕ4.0	160~180	26~28	10~12	20.8~30.2
	内 1	SMAW	ϕ4.0	160~180	26~28	8~10	24.9~37.8
	内 2~3	SMAW	ϕ3.2	160~180	26~28	12~14	17.8~25.2

第五节　罐顶的焊接

一、浮顶的焊接

储罐的浮顶结构有双盘和单盘两种,船舱底板、船舱顶板和单盘板为搭接接头形式,可采用焊条电弧焊或 CO_2 气体保护焊。因浮顶焊接工作量大,且其

第七章　立式储罐的焊接

使用的钢板及型材均较轻薄,本身抵抗焊接变形的能力很差。所以,浮顶焊接时,必须严格遵守一定顺序,并采用相应的防变形措施。

下面先对双盘浮顶的焊接进行叙述。

1.双盘浮顶的焊接

双盘浮顶的焊接应按如图 7-30 所示的焊接顺序进行。

底板先焊构件覆盖部位 → 隔板、桁架组成 → 环向隔板、外边缘板焊接

中间圈舱开始,分别向中心和外侧焊接 ← 桁架焊接 ← 径向隔板焊接

底板剩余焊缝焊接 → 顶板从中心向四周分段退焊 → 支柱套管、附件焊接

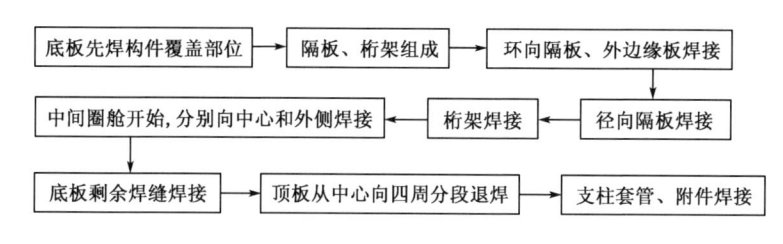

图 7-30　双盘浮顶的焊接顺序

1)浮顶底板及隔板、桁架的焊接

(1)双盘顶板铺设后划出隔板、桁架的位置线,先焊接构件覆盖部位,焊接长度不小于 500mm,焊后进行真空试漏。

(2)安装时,充分利用浮顶由环向隔板分割成若干个环舱,每个环舱又被径向隔板分割成若干个独立小隔舱的结构特点,先将隔板、桁架组装、固定,将浮顶底板分割成一个个钢性的区域后,再进行焊接。这样焊接收缩及焊后变形就基本限制在固定的区域,浮顶的整体焊接变形就能得到有效地控制。

(3)先将浮顶中心筒与浮顶底板点焊安装,然后从中间圈舱开始,分别向中心筒和外侧圈舱方向组装、焊接隔板、桁架。

(4)每圈组焊顺序为环向隔板→径向隔板→桁架,焊接时,焊工均匀分布,向同一方向采取分段退焊法施焊。

(5)环向隔板、外边缘环板,应先焊对接立缝,再焊立面角接头,然后焊平面角接头;浮舱隔板四边的角接接头应一侧连续满焊,另一侧间断焊。

(6)在径向隔板和浮顶底板间的角焊缝与环向隔板相交处,为保证各舱室间的密闭作用,应在该处环形隔板上开 7mm×45° 的切口;然后与径向隔板的连续角焊缝焊在一起,把通孔焊满。

(7)隔板、桁架焊完后,最后焊接浮顶底板的剩余搭接焊缝。

2)浮顶顶板的焊接

浮顶顶板上表面为连续满角焊缝,下表面不焊接。宜遵从类似于罐底板焊接的原则:先焊短焊缝,后焊长焊缝;从中心向四周分段退焊;焊工均匀分布,对称施焊。

浮顶顶板的具体焊接顺序为：先焊隔板、桁架与顶板内部的角焊缝（该焊缝可以在组装时随时进行焊接，亦可在组装完毕后开船舱人孔进行焊接），再焊顶板上面的搭接接头（边缘异形顶板的焊缝先不焊，并且适当增加其搭接宽度，留有调整余地），然后焊边缘异形顶板与外边缘环板的连续满角焊缝，最后焊边缘异形顶板的搭接接头，以保证外边缘环板与罐壁间的距离。

浮顶顶板上表面焊缝焊接时，可采用类似于罐底板施焊时的强制性的焊接变形控制措施。焊接过程中，随时用直样板测量，其局部凹凸度不应大于15mm。若出现异常变形，应停止焊接进行矫正，必要时刨掉焊缝重新焊接。

2. 单盘浮顶的焊接

（1）为了减少焊接时单盘产生的向心收缩量，可在船舱与壁板之间临时加焊连接角钢，连接角钢分布在船舱隔板处和每个舱的中部。

（2）单盘板的焊接，先焊底部的间断焊缝或定位焊缝，后焊单盘板上面的焊缝；如在支架上组装，焊接时应先焊底部支撑角钢与单盘板的焊缝，后焊单盘板上面的焊缝。

（3）应采用与罐底板、浮顶顶板焊接相似的焊接工艺及措施，如先焊短焊缝，后焊长焊缝；从中心向四周分段退焊；焊工均匀分布，对称施焊；采用强制性的焊接变形控制措施等。

（4）上、下表面接头焊接完成后，再与固定在浮舱上的连接角钢焊接。

二、拱顶的焊接

拱顶通常为现场分片组焊，焊缝多为搭接接头，可采用焊条电弧焊或CO_2气体保护焊。应尽量采用小规范焊接，控制焊接线能量，以减小焊接变形；且在拱顶焊接过程中，不得拆除罐顶安装胎架。

1. 焊接顺序

拱顶焊接顺序见图7-31。

2. 扇形板的焊接

（1）拱顶扇形板全部组装完毕、定位焊后，先焊拱顶内侧仰脸位置的搭接焊缝及起连接成形作用的加强肋板，后焊拱顶外侧搭接焊缝。

（2）拱顶外侧径向的长缝，即扇形板之间的搭接焊缝，宜采用隔缝对称施焊方法，并由中心向外分段退焊。

（3）环向肋板的角接接头为双面满焊，肋板不得与包边角钢或壁板焊接。

第七章　立式储罐的焊接

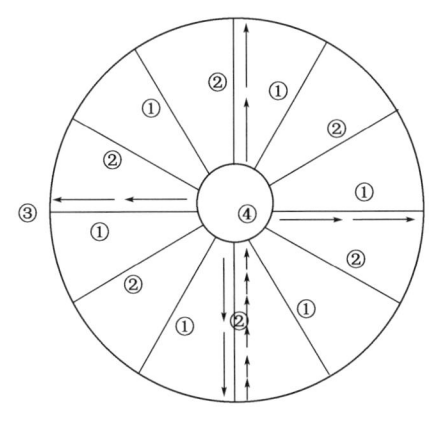

(1) 焊工对称分布；
(2) 焊接顺序：①→②→③→④；
(3) 每道焊缝分段退焊；
(4) 序号为①、②的经向焊缝焊接方向为箭头方向

图 7-31　拱顶焊接顺序示意图

3. 拱顶与包边角钢的焊接

(1) 拱顶外侧径向焊缝焊接完成后,进行罐顶板与包边角钢间外侧环形焊缝的焊接,其焊脚高度不得大于 4.5mm。

(2) 焊工应对称均匀分布,并应沿同一方向分段退焊。

第六节　焊接安全技术措施

储罐焊接作业安全技术措施主要应考虑用电安全和个人防护两方面内容。

一、用电安全技术措施

(1) 焊接作业前,焊工应先检查焊机和工具是否安全可靠。焊机外壳应接地,焊机各接线点接触应良好,焊接电缆的绝缘皮应无破损。

(2) 每台电焊机均应有专用电源控制开关;工作结束或间歇,必须切断电焊机电源开关。

(3) 二次线应直接接入焊件,禁止用其他金属件作二次线使用,以免发生打火现象。

(4) 在工作地点移动焊机、更换熔断器、检修焊机、更换焊件或改装二次回路时,均应切断电源。推拉闸刀开关时,应戴皮手套,同时头部应偏斜,以防电弧火花灼伤。不允许强行拖拽电缆，焊接结束应将焊把、电缆放于支架上。

（5）电焊操作不应使人身、机器设备或其他金属构件等成为焊接回路，以防焊接电流造成人身伤害或设备损坏事故。

（6）电焊工的手和身体外露部分不应接触二次回路，特别是身体和衣服潮湿时，更不应接触焊件和其他带电体；在潮湿地点作业时，应铺设绝缘材质垫板。

二、个人防护安全技术措施

（1）焊工施焊时，应佩戴面罩，并选择合适的护目玻璃，保证严密、不漏光，以防止焊接飞溅、弧光及其他辐射对焊工面部、颈部及眼睛灼伤。

（2）焊工施焊时，应穿戴焊工手套、工服、绝缘鞋等劳保用品，以防止焊接时触电及被弧光和金属飞溅物烫伤。

（3）清除焊渣时，应佩戴防护镜或防护罩，以防止眼睛损伤。

（4）使用角向磨光机打磨前，应检查砂轮片是否有破坏、裂纹等现象；打磨时，角向磨光机切线方向不得站人。

（5）固定顶储罐及双盘浮顶内进行焊接作业时，应保证通风良好，以防止发生人员中毒及窒息的情况。

（6）炎热天气下焊工作业时，应采取一定的防暑降温措施。

第八章 球罐的工厂预制

球罐的工厂预制主要是指球罐的球壳板在工厂内的制造、上支柱和接管与球壳板在工厂内的组焊等方面。工厂预制工作包括钢材及焊材检验、压制成型、坡口加工、支柱及接管组焊、质量检验和包装运输等内容，球罐工厂预制工艺流程如图 8-1 所示。

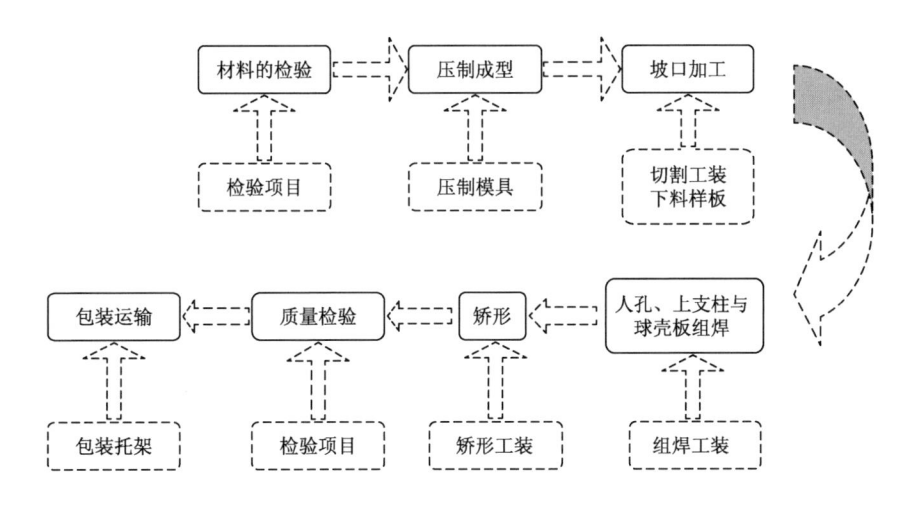

图 8-1 球罐工厂预制工艺流程图

第一节 球壳板的成型

球壳板预制工艺的第一步是钢板经检验合格后，在工厂内用压制方法进行成型。球壳板的成型主要采用冲压成型，它一般又可分为冷压成型、温压成型和热压成型，其他一些新成型方法也在发展中，如液压成型、爆炸成型等。具体选用那一种成型方法取决于材料种类、厚度、曲率半径、热处理、材料强度、延性和设备能力。目前大型球罐压制均采用多点冷压成型。

一、球壳板用材的检验

球罐用钢应附有钢材生产单位的钢材质量证明书(或其复印件),入厂时制造单位应按质量证明书对钢材进行外观、数量、尺寸、规格、材质等验收;制造前,还要按标准和图样技术要求进行材料复验。

(1)当出现下列情况时,应对材料进行复验:

①采购的第Ⅲ类球形压力容器用Ⅳ级锻件。

②不能确定质量证明书真实性或者对性能和化学成分有怀疑的主要受压元件材料。

③用于制造主要受压元件的境外牌号材料。

④用于制造主要受压元件的奥氏体型不锈钢开平板。

⑤设计图样要求进行复验的材料。

(2)奥氏体型不锈钢开平板应按批号复验力学性能(整卷使用者,应在开平操作后,分别在板卷的头部、中部和尾部所对应的开平板上各截取一组复验试样;非整卷使用者,应在开平板的端部截取一组复验试样);对于(1)中①、②、③、⑤要求复验的情况,应按炉号复验化学成分,按批号复验力学性能。

(3)材料复验结果应符合相应材料标准的规定或设计文件的要求。

(4)低温容器焊条应按批进行药皮含水量或熔敷金属扩散氢含量的复验,其检验方法按相应的焊条标准或设计文件的要求。

(5)低温球罐所用钢材可按批进行冲击试验复验,其分批要求及试样截取按 GB 12337—2004《钢制球形储罐》附录 B 的规定。

二、球壳板的成型方法

1.冷压成型

冷压成型就是钢板在常温状态下,经冲压变形成为球面球壳板的过程。冷压成型采用点压法,其特点是小模具、多压点、钢板不必加热、成型美观、精度高、无氧化皮。由于不改变材料的热处理状态,适合加工调质状态钢板。也由于多点冷冲压,压型模具大小与板幅无直接联系,便于球片的大型化,球片的大小仅受压力机跨距的影响,冲压设备多采用 800~2500t 的压力机,随着球罐的大型化,采用大吨位、大跨距压力机成为重要发展方向。

第八章　球罐的工厂预制

2. 温压成型

温压成型是指将钢板加热到低于下临界点的某一温度时压制成型，主要解决工厂压力机能力不足的问题，以及防止某些材料产生低应力脆性破坏。温压介于冷压与热压之间，与热压相比，温压具有加热时间短、氧化皮少等优点，与冷压相比，则无脆性破坏的危险。温压成型的温度要仔细选择，确保以后在加工过程中的热处理与成型温度的效果，不使材料的机械性能降至最低要求之下。一般把温压的加热温度限制在焊后热处理温度，且要把成型的保温时间与估计的焊后热处理时间相加，并考虑材料在这段时间内性能是否会降低到不合要求。如无特殊要求，温压成型加工可在低于焊后热处理温度下进行，但要注意脆化效应，即在该温度下材料韧性会大幅度降低。

3. 热压成型

一些大曲率、小直径、大厚度球罐的球壳板冷压成型困难，可以采用热压成型的方法。热压成型一般是将钢板加热到塑性变形温度，然后用模具一次冲压成型，因此需要模具尺寸大，加热炉必须能一次加热若干块钢板，以保证连续冲压。每块钢板最好一次加热，一次冲压成型，不要重复加热，以免影响钢板性能，同时避免因多次产生氧化皮，板厚减薄量过大。在热压成型过程中，除注意与冷压成型有关的几点以外，还要注意钢板加热温度不能过高，防止过热，做到钢板内外温度一致，全板温度一致，保证压制成形均匀。如果热压成型改变了材料的热处理状态，应进行热成形工艺评定，来确定是否做改善材料性能的热处理。

4. 滚压成型

滚压法成型球壳板长度不受限制，用滚压机成型。滚压机由 4 个从动上辊和 5 个主动下辊组成。上辊两端细中间粗，下辊两端粗中间细，以形成球形曲面。滚压机设前后滚道，前滚道是平的，有传动机构使之倾斜，可把坯料送进滚压机；后辊道是弧形的，也有传动机构使之倾斜，以便滚压过程中承托并便于取下滚压好的球壳板。

滚压后的球壳板在边缘处常有两、三处局部变形的波纹，必须加以修整。其变皱原因是板厚偏差造成的边缘不同塑性变形，毛坯的轴线与滚压机轴线不一致，辊轴调整不够精确等。这种方法在工程上已很少使用。

5. 液压成型和爆炸成型

液压成型和爆炸成型均属于无模具成型工艺，与传统制球工艺相比，最大特点是不用模具，其主要流程是精下料切坡口（有时用卷板机弯卷）、组装、焊接、充液打压胀型或爆炸成型。这项技术成熟后会有以下优点：不用压力机和模具，投资少、成本低，生产周期短，不需制模具，产品变化更容易，可以免去水压试验。这种方法主要用于装饰球、低压存储类球罐制造中。

三、压制及矫正成型模具

1. 压制成型模具

球壳板的成型模具包括压制成型模具和矫正成型模具，它们的结构有区别，一般球壳板压制成型模具为整体结构，如图8-2所示。模具外形成圆形，凹模周围应比模具设计直径大300～600mm，便于对料片的承托，操作方便。底座形状按压力机上固定方式确定，模具加工精度要求较高，特别是曲率及表面粗糙度均有较高要求，其中曲率偏差应小于GB 12337—2014和GB 50094—2010关于球壳板成形偏差的要求，同时以负偏差较好。

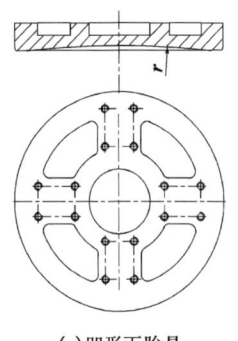

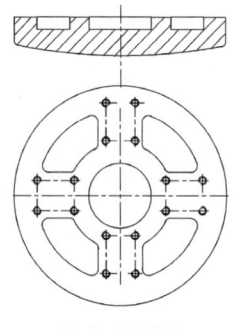

(a) 凹形下胎具　　(b) 凸形上胎具　　(c) 模具实物图

图8-2　压制成型模具

模具球面半径：

$$r = R + \delta - P$$

式中　R——球的设计半径，mm；

　　　δ——球壳板厚，mm；

　　　P——弹性变形量，mm；

　　　r——模具球面半径，mm。

模具的材料无特殊要求，主要考虑强度，不变形即可。目前国内多用铸钢和铸铁材料，但热压成型的模具以球墨铸铁为好，主要考虑它的导热性差一点，保持温度较好。

模具外径一般在2～3m，随着球罐的大型化，采用较大的压力机和增大模具尺寸,提高压制效率的趋势明显。

2. 矫正成型模具

对于焊接接管和支柱的球壳板焊后可能会产生新的变形,需要进行矫形。矫正成型模具根据具体情况设计,考虑需要矫形的球壳板结构,如焊完上部立柱和焊完人孔及管座的球壳板的矫形,以立柱、人孔、管座等附件不妨碍矫正成型,达到矫正球壳板为目的。矫正成型模具的结构一般多为架体式,图 8-3 为矫正带人孔球壳板形状用模具示意图。带上立柱赤道板矫形如图 8-4 所示。

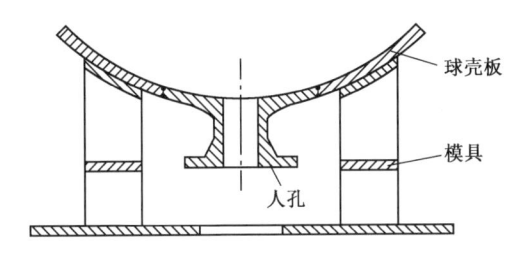

图 8-3　极板矫正成型模具示意图　　图 8-4　带上立柱赤道板矫正成型

四、压制成型工艺

在球壳板冲压加工过程中,板材由平板变成球壳曲面一部分,曲率变化剧烈,壳板主要承受弯曲和薄膜应力,最大拉应力在外表面。在冲压过程的初期阶段,由于球罐瓣片壳板厚度方向尺寸远小于其他两维尺寸,且其挠度与板材厚度比值也小于 5,可将其视为柔性板,在这段成型过程中,板材主要承受弯曲应力,有一定的面内拉伸和剪切应力。当载荷达到板材的屈服极限载荷后,板材变形进入塑性阶段,壳板变成几何可变结构,随着变形增加,载荷主要由薄膜应力平衡,弯曲内力忽略不计。

1. 冲压前的一次切割

将球壳板的板材,按照球壳板的放样尺寸,各边加放切割余量,余量大小根据制造单位二次切割的经验确定,为便于切割一般以直线代替圆弧划线,然后切割成料坯。料坯尺寸将球壳板设计尺寸加大有两个目的,一是压制成型后二次切割留出切坡口余量;二是压制过程中周边成型较好,即切割后消除直边。

2. 排点顺序

球壳板的压型顺序一般如图 8-5 所示,由球壳板的一端开始冲压,按先横后纵顺序排列压点,相邻两压点之间应相互有 1/2～1/3 的重复率,以保证两压点之间成型过渡圆滑,这种压型方法可使成型应力分布均匀,并得到较好的释放效果,减少成型后的自然变形。多次逐点冲压最终将整板冲压成双曲率球面的成型工艺,使球壳板的压型顺序更为合理,应力分布更加均匀,从而保证球壳板的安全使用性能。

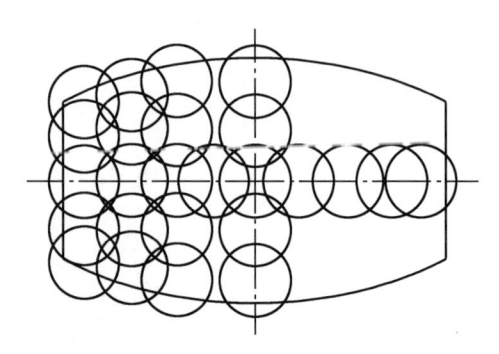

图 8-5 压点顺序

3. 曲率控制

冲压过程中可采用加垫冲压的方式,以掌握球壳板的曲率变化及矫正球壳板的曲率,如图 8-6 所示,加垫位置视情况而定。

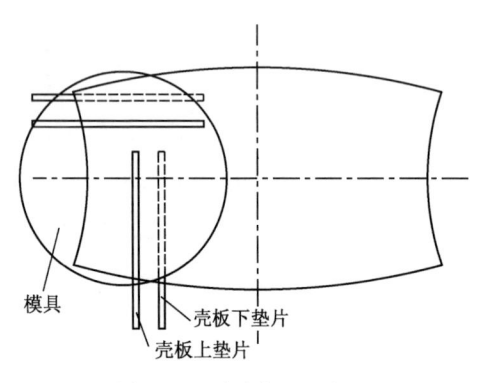

图 8-6 球壳板压型加垫

4. 注意事项

(1)冷压钢板边缘如经火焰切割,特别是高强度钢板,则需注意消除热影响区硬化部分的缺口。

(2)当冬季环境温度降至 5℃ 以下时,或板厚较厚时,在冷压时应将钢板加热到 50~100℃。

(3)凡是成型后在球壳板上焊接支柱、人孔附件的球壳板,冲压曲率要相对增大一些,待焊接收缩变形后即可达到设计要求的曲率。但冲压曲率不可增加太大,否则将给焊后矫形造成困难。

(4)冲压过程中要考虑回弹造成的变形,一般回弹率大约为每次冲压成型曲率的 4% 左右,但是影响回弹率的因素很多,如材料屈服强度高,则回弹率相对大些;冲压力大,回弹率减小;钢板厚度小,曲率半径大,板材幅面大,则回弹率也相应增大。

(5)应该特别注意薄板及大板幅球壳板的加工,因球壳板容易变形并且操作不方便,在加工过程中应采取防变形措施。选择适当的吊点位置,摆放在曲率合适的胎架上。

成型精度直接影响二次下料的切割精度,所以必须重视压延成型这道工序,必须按标准采用弧形样板对成型曲率严格检验。压制过程如图 8-7 所示。

图 8-7　球壳板的压制

第二节　球壳板下料及坡口加工

球面是不可展曲面,因此球面的精确下料从理论上只能在球壳板压制成型以后进行,因此球壳板的精确下料往往和坡口加工工序合二为一,在坡口加工时必须同时满足球壳板几何尺寸要求。球壳板的下料可分为平面一次下料法和立体二次下料法。一次下料法即是在平面上进行展开下料并加工坡口,然后压制成型的方法。当用人工划线切割时,由于画线测量以及压制过程中的变形影响,可能产生一些误差,下料进度不高,压型后需要进行大量修整修磨,难以控制料片尺寸误差,在工程上很少使用。二次下料法是先在平面上近似下料,留出加工余量,压制成型后再按精确尺寸放样加工坡口的方法。成型后的二次下料法更有利于保证球壳板精度,因此目前仍以二次下料法为主。

一、放样划线

1. 样板制作

经过压延成型符合设计要求的球壳板,就可以进行二次切割前的放样划线。这次划线使用球面样板,如图 8-8 所示。这种样板也称软样板,用 0.3mm 钢板制作较合适,样板既要有一定的刚度,又能使样板与球壳板贴合较好,确保划线精度。

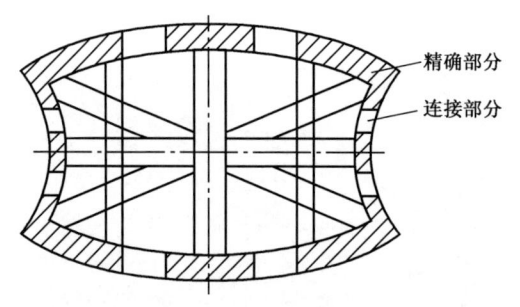

图 8-8 球面样板结构

样板的制作,一般是先制作一块曲率较准确的球壳板,然后以该球壳板为母板,拍打制作截剪成球面样板。样板做成后需要检验精度,检验方法是将样板转 180°,看与做样板用的首块球壳板形状是否准确合线。

2. 划线

用样板放样划线,主要是确定假想切平面的位置,不必划出所有线,如划出所有线反而影响切割精度。一般号料主要确定八个点,如图 8-9 所示,其中每三点即可确定一个切割平面的位置。二次切割也称为精确下料,一般均与切割坡口同时完成。

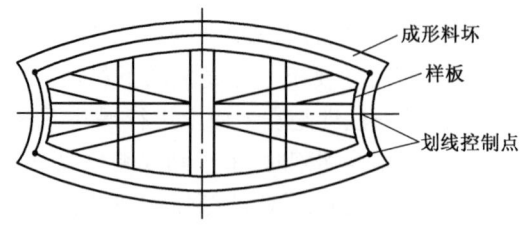

图 8-9 球面样板划线示意图

第八章 球罐的工厂预制

如图 8-10 所示,划线后得到 A、B、C、D、E 五点,其中 A、B、C 三点即可确定切割边弧的位置,C、D、E 三点即可确定两端弧的位置。

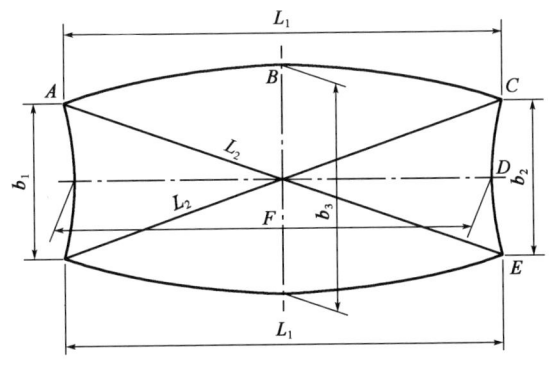

图 8-10 赤道板划线尺寸

二、球壳板的下料切割坡口加工

球壳板的二次下料法的突出特点是坡口加工和二次下料结合进行,坡口精度和球壳板尺寸精度均较高,该方法在国内广泛应用。

1. 成型下料坡口切割的基本原理

球壳板的各段边弧,均由假定的平面和锥面切割球面形成。切割平面通过球心切割球面,形成的圆弧半径与球体半径相同。如图 8-11 所示,切割锥面的锥顶在球心,锥角已知时,圆锥底直径形成的圆就是锥面与球面交线,可以计算得出。一个球体用假设的平面和锥面截切,就可以得到各种不同形状的球壳板,将平面板材压制成球形面弧状板,用切割工具形成不同的切割面,就形成了各种尺寸规格的球壳板。对于通过球心的边弧可以理解为圆锥角为 180° 的特殊情况,这时即相当于通过球心的平面切割球面,割具通过的轨迹形成纵向边弧坡口。极板、温带板、赤道板纵向焊缝坡口均属于这种情况。

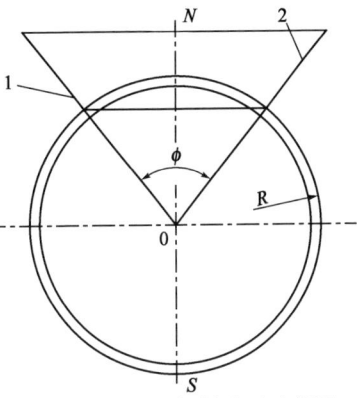

图 8-11 锥面切割球面示意图
1—球壳板切割断面;2—切割纬向圆(环缝)切口的假设锥面

球壳板的坡口形式多数为带钝边的 X 形坡口,如图 8-12 所示,由内坡口面、外坡口面和钝边平面三部分组成,内外坡口面均为圆锥剖面,钝边为一平面，内坡口面圆锥角为 $2\alpha_1$，外坡口面圆锥角为 2α。因此当球壳板位置固定后，只要切割工具运动的轨迹为一圆锥面或平面，即可形成不同的坡口面。另外使切割工具固定，使球壳板沿其本身所在球罐的半径作不同轨迹平面的旋转，也可形成不同的坡口面。目前国内外生产厂家多采用前种坡口形成原理设计工艺装备，后种方法由于球壳板重量大，运动平稳性差，球壳板难于装卡，因此多不采用。

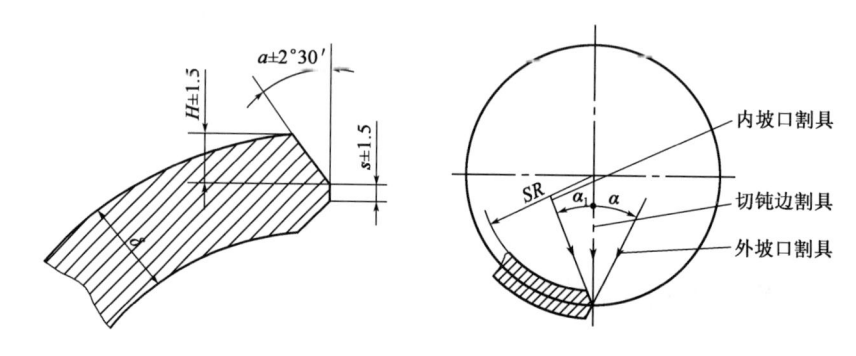

图 8-12　球壳板坡口尺寸要求

2. 成型下料坡口切割方法

压制成型后的二次切割和切坡口一次完成，必须有相应的工艺装备，所使用的工艺装备必须有完全的可靠性及保证足够的精度。按照切割轨迹的形成方式可分为球壳板不动切割工具运动的切割方法、球壳板运动切割工具不动的切割方法两种。由于球壳板重量大，运动占用空间多，工程中以球壳板不动的方式为主。

1）柔性轨道法

柔性轨道多向气割装置如图 8-13 所示，由切割小车和附有磁钢的柔性钢带导轨两大部分组成，钢带是厚约 1.25mm、宽 98mm、长 600mm 的弹性薄钢片，中间部分冲有一系列长形孔，每隔一定间距装一块镍钴合金永久性磁铁（也有采用磁力可切断和接通的磁钢块的）。工作时把导轨吸附在球壳板上，装上切割小车，小车底部的导轮由电动机驱动沿长形孔转动，随之带动小车行走进行切割，这种方法的坡口切割质量主要取决于导轨调整精度。这种方法的优点是轨道可以通用，缺点是精度调整较难，刚度和精度与刚性轨道法相比有差距，尚未得到普及应用。

2）刚性轨道法

刚性轨道法是在国内普遍采用的球壳板切割加工方法。如图 8-14 所示，

第八章 球罐的工厂预制

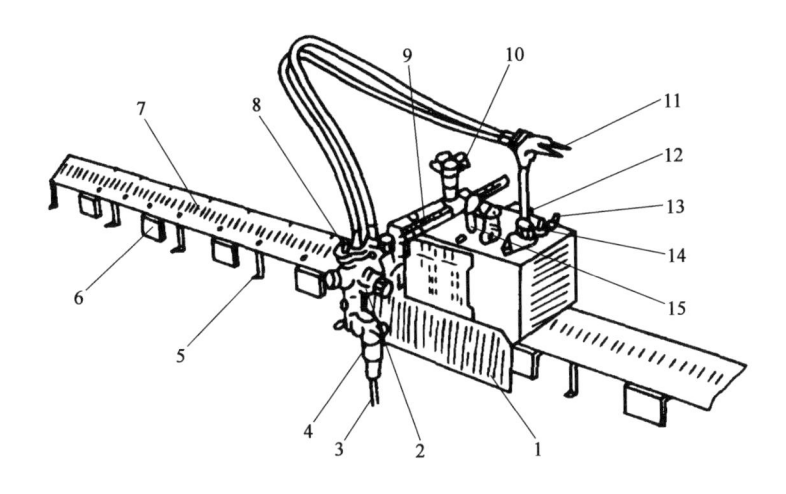

图 8-13 柔性轨道切割

1—隔热板；2—气体分离器；3—割嘴；4—割炬；5—定位块；6—磁钢；7—钢带；8—割炬升降手轮；
9—横移齿条；10—割炬横移齿轮；11—气体软管接头；12—电动机；
13—电源开关；14—调节旋钮；15—离合器手柄

装置由切割支撑弧形轨道和自动切割小车两部分组成，在切割小车上安装多割嘴夹持机构，切割时球壳板不动，将切割导轨置于球壳板之上，将轨道调整找正后，切割小车带动切割工具运动，形成所需的切割坡口轨迹。

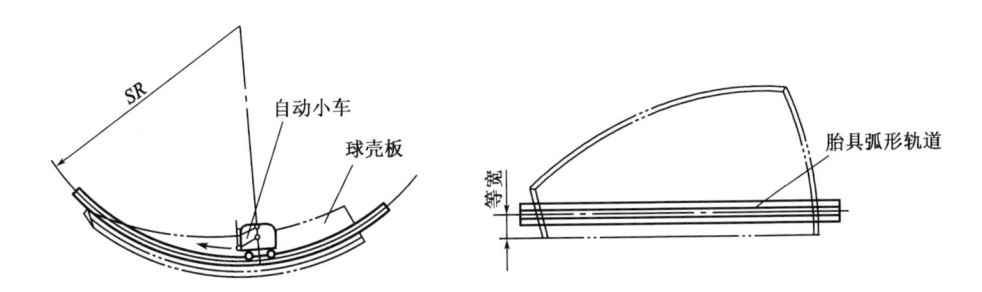

图 8-14 刚性轨道切割球壳板

这种切割胎具制造简单，精度容易保证，操作容易，且制造成本低。胎具由弧形导轨与支撑构件构成，支撑构件与球壳板接触部分的圆弧一定要与被加工的球壳板球面曲率相同，以提高切割精度。切割时切割小车置于导轨上，通过弧形轨道和限位铜条来定位约束自动切割小车在纵横两个方向的精度。装置结构如图 8-15 所示，纵向边坡口切割位置如图 8-16 所示，纬线（环向）边切割位置如图 8-17 所示，切割小车如图 8-18 所示。

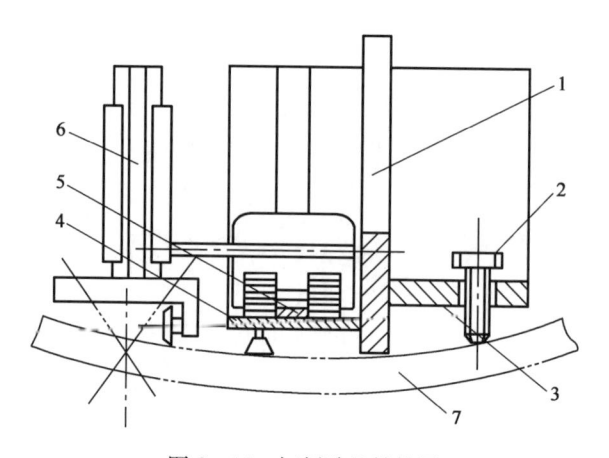

图 8-15 切割胎具结构图

1—立板；2—调节螺栓；3—侧面弧形板；4—弧形板；5—导轨；6—浮动杆；7—球壳板

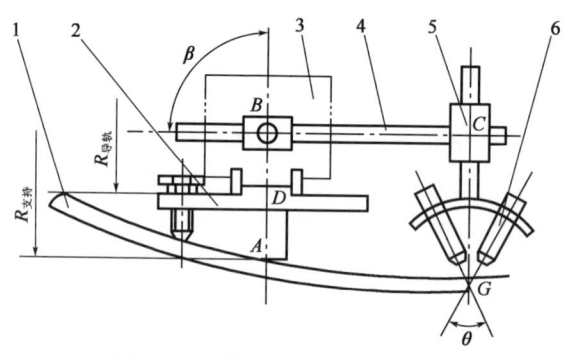

图 8-16 纵向边坡口切割位置图

1—球壳板；2—靠模导轨；3—半自动磁轮小车；4—横杆；5—割炬夹持装置；6—割炬

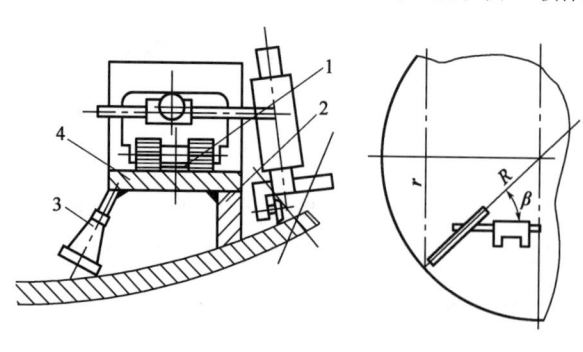

图 8-17 纬线（环向）边切割位置图

1—导轨；2—立板；3—调节螺栓；4—弧形板

图 8-18 切割小车图片

三、球壳板坡口切割工艺

球壳板坡口质量要求高,坡口质量包括两方面,一是坡口表面质量,二是坡口尺寸精度。如果在切割工艺上没有具体保证措施,将会造成坡口质量低劣。

1. 坡口表面质量控制

坡口表面质量要求有平面度和粗糙度。坡口表面应平滑,表面粗糙度 $Ra \leqslant 25\mu m$,平面度 $B \leqslant 0.04\delta_t$(坡口处板厚),且不大于1mm。这两项要求能否达到直接受切割规范的影响,如规范选择合理,可达到较好效果。氧乙炔焰气割时规范可参考表8-1、表8-2。根据切割钢板厚度选择割炬的型号,用同一型号的割炬切割不同厚度的钢板时,一般只根据钢板厚调节切割氧的压力。而同一把割炬的几个不同号码的嘴头,则尽量不经常调换。

表8-1 普通割嘴一次切割X形坡口的主要参数

板材厚度	割嘴号码				气体压力(MPa)		切割速度
(mm)	(1)	①	②	③	氧气	乙炔	(mm/min)
20	2#	1#	0#	0#	0.29	0.03~0.05	280~320
25	3#	2#	0#	1#	0.29~0.34	0.03~0.05	250~300
30	4#	3#	1#	2#	0.29~0.34	0.03~0.05	220~270
35	5#	3#	1#	2#	0.29~0.34	0.03~0.05	200~250
40	5#	4#	2#	3#	0.34~0.39	0.03~0.05	180~220
50	6#	5#	2#	3#	0.34~0.39	0.03~0.05	160~200

表8-2 扩散型割嘴一次切割X形坡口的主要参数

板材厚度	割嘴号码				气体压力(MPa)		切割速度
(mm)	(1)	①	②	③	氧气	乙炔	(mm/min)
20	2#	1#	0#	0#	0.69	0.03~0.05	390~430
25	3#	2#	0#	1#	0.69	0.03~0.05	350~390
30	4#	3#	1#	2#	0.69	0.03~0.05	310~350
35	5#	3#	1#	2#	0.69	0.03~0.05	280~320
40	5#	4#	2#	3#	0.69	0.03~0.05	230~280
50	6#	4#	2#	3#	0.69	0.03~0.05	200~250

注:(1)割嘴(1)仅作预热之用,不参与切割。
(2)所列切割速度为坡口45°时的值,如坡口角度为30°,可加快10%~15%。
(3)切割氧纯度≥99.7%。纯度较低时,切割速度要减慢,间距略微增大。
(4)钢板表面状态不同,如有氧化皮或有底漆,切割速度需作相应调整。

为保证坡口表面平面度光滑平整,应选择性能稳定的切割自动小车,行走速度均匀,传动误差小,行走不产生"爬行"现象。使用一段时间后,磨损严重的小车应及时更换。

如果用丙烷作为预热火焰燃烧气体,则采用丙烷压力 0.4kg/cm²,切割氧压力 7~8kg/cm²,切割速度 200~300mm/min 为好。

2. 坡口钝边控制

割炬的高度变化使切割坡口的钝边中心偏移,坡口深度不能保持一致,容易超差。割炬支架可以上下滑动,以达到割嘴与钢板之间距离恒定,保证坡口钝边定位,但滚轮与割嘴之间距离大小,同样影响坡口钝边中心的偏移。正常情况下应该切割坡口两斜面与割嘴的风线交于坡口的指定位置,但是由于钢板坡口边缘的表面可能有凸凹不平的情况,这样割嘴上下位置也随之变动,如图 8-19 所示。

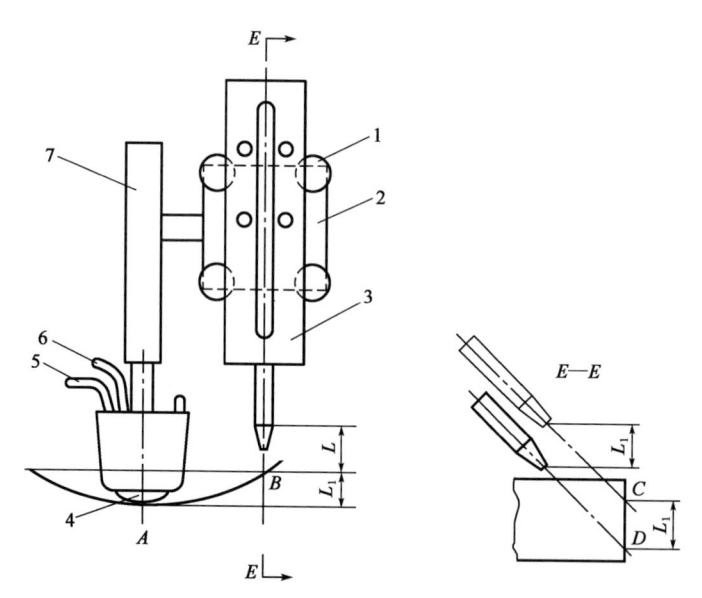

图 8-19 割嘴高度不稳对切口的影响

1—滚轮;2—滑轮板;3—固定导板;4—导轮;5—冷却水管;6—空气冷却水管;7—连杆

当滚轮到 A 点时割嘴到 B 点,A、B 两点间的不平度为 L_1,正常情况下,割嘴与钢板的距离为 L,切割风线与钢板下边交于 C 点当滚轮到达 A 点时,割嘴下降了 L_1,则与钢板交于 D 点,这就使钝边中心产生了偏移。如果滚轮与割嘴的距离小,这样变化距离将随之减小,因此滚轮与割嘴之间距离越小越好,但太小了又会使预热火焰扑烧滚轮,使之转动失灵,容易损坏,因此有的生产厂将滚

第八章 球罐的工厂预制

轮通入压缩空气进行冷却,这样就可使滚轮与割嘴之间的距离大大缩小,一般以 35~40mm 为佳。割嘴与金属表面之间的距离可按表 8-3 选取。

表 8-3 割嘴与金属表面之间的距离

金属厚度(mm)	3~10	10~25	25~50	50~100
距离(mm)	2~3	3~4	3~5	4~6

3. 切割变形控制

切割中的变形应引起注意,特别是尺寸较大的球壳板,如图 8-20 所示,当切割超过板长一半以上时,出现变形速度加快的现象,其变形最大值,出现在板长切割到大约六分之五以后,实际切割完毕后待球壳板冷却至常温时,变形能基本恢复原状,实际遗留变形大约在总变形量的 20% 左右,其变形趋势是球壳板向外撇,成伸直趋势。圆形极板的切割情况不完全相同,变形大小取决于球壳板的刚度,如极板焊后切割,基本不变形,点焊极板切割时随点焊的牢固程度不同而变形量也不同,点焊越牢固变形量越小。

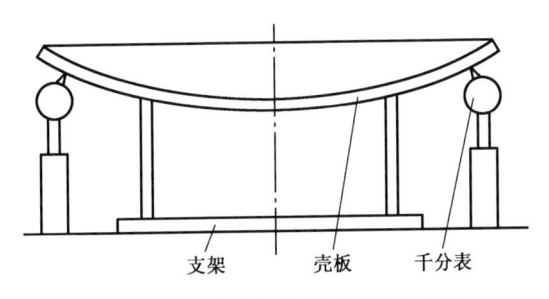

图 8-20 球壳板纵缝切割变形测量

如果成型后的球壳板因受热变形的影响而超差,就应采取校正措施,使其达到标准要求,因此在制造过程中应考虑变形量的影响。

4. 多嘴切割的顺序和嘴间距离

在多嘴切割中由于热输入量较大,受球壳板受热变形的影响,易产生钝边偏移现象,因此切割顺序及割嘴之间距离必须合理,这是切割工艺中的关键问题。对不同厚度的板材及不同形式的坡口,均有一个较好的切割顺序和嘴间距离。

一次同时切割不带钝边的 X 坡口时采用双嘴切割,如图 8-21 所示,首先用前割嘴切下坡口,使下坡口表面不受后割嘴切割的影响,其表面质量达到和一个割嘴切割时相同,然后再以适当距离用后割嘴切割。两嘴之间的纵向距离以切口上缘不熔塌、下缘不粘渣为度;两嘴之间的横向距离由板厚、坡口角度和钝边尺寸决定。两嘴之间的距离不可太远,否则前割嘴所切之表面氧化膜会变硬而难以清除,等后割嘴切割时由于预热温度不够,氧气与变硬的氧化膜接触而无法将其熔化,只好顺第一道切割坡口转折向下,甚至不能切出坡口。两嘴距离太近,预热火焰集中又易于过热,引起燃烧温度升高,燃烧速度加快,使预热火焰发生变化。如果调整不及时,就会使切割中断。上坡口会因过分预热而出现上边烧烂而失去棱角的现象,因此,当板厚为30～40mm时,两割嘴之间的距离以25～30mm为好。

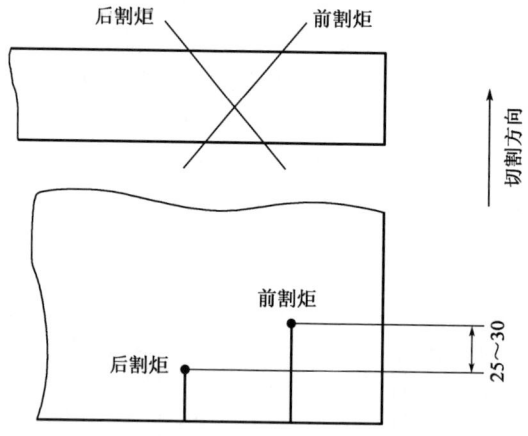

图8-21 切割球瓣X形坡口时割炬的配置

一次同时切割带钝边的X坡口时采用三个切割嘴和一个预热嘴,如图8-22所示,即除切割上下坡口外,同时切割钝边,其顺序为(1)号嘴在前用于预热,①号嘴切下坡口,②号嘴切钝边,③号嘴切上坡口。①号与②号割嘴之间距离不宜太大,以10mm左右为宜。②号与③号割嘴之间的距离在30mm左右为宜。

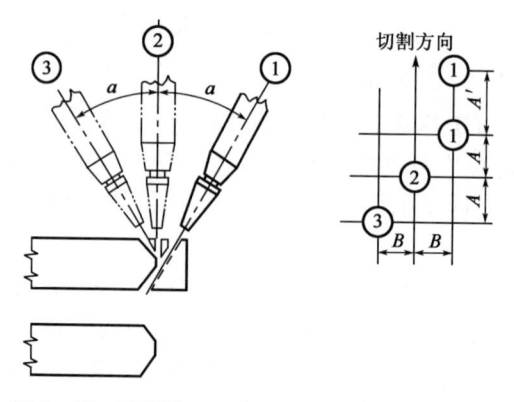

图8-22 X形坡口一次切割的割炬配置(带钝边)

第八章　球罐的工厂预制

5. 切割装置定位

切割装置的位置当由球壳板确定时,成型合格的球壳板切割后几何形状及尺寸均符合设计要求。如成型本身有误差,则切割后将造成几何形状及尺寸均有累积误差,因此在切割前,一定要将球壳板放在胎具上严格检查其几何形状的精度。也就是割炬在切割中的精度由球壳板自身精度决定,如球壳板成型精度差,则切割精度也差。

如果切割装置本身定位,割炬所运动的轨迹不受球壳板成型精度的影响,这样切割精度相对可以提高。

切割胎具与切割线找正,以切割线为准,找正时用切割胎具的调整螺栓来调正胎具的位置,使切割胎具的基准边各点与球壳板上切割线各对应点之间等距。切割球壳板的胎具调整安装如图 8-23 所示。

图 8-23　切割球壳板的胎具调整安装

割炬与切割线找正,为方便先用在轨道上移动的划针找正,划针的横杆与割炬的横杆伸出长度相同,并使划针垂直球壳板表面,划针沿切割轨道移动,划针移动与切割线完全重合,证明切割胎具位置调整精度达到要求,划针如图 8-24 所示。当切割小车置于切割胎具轨道上之后,须通过小车上的横杆调整割炬是否对准切割线,同时固定割嘴的自动升降装置垂直球壳板,当理想切割面处于垂直位置时,则自动升降装置垂直基准平台即可,这样可保证升降装置的轴线通过理论球心。

四、球壳板与立柱相贯部分的下料

球壳板与立柱之间相交有三个几何体,一般设计为球面与球面,球面与圆柱面相交,因此,在理论上是三个立体相贯,如图 8-25 所示。

图 8-24 划针结构

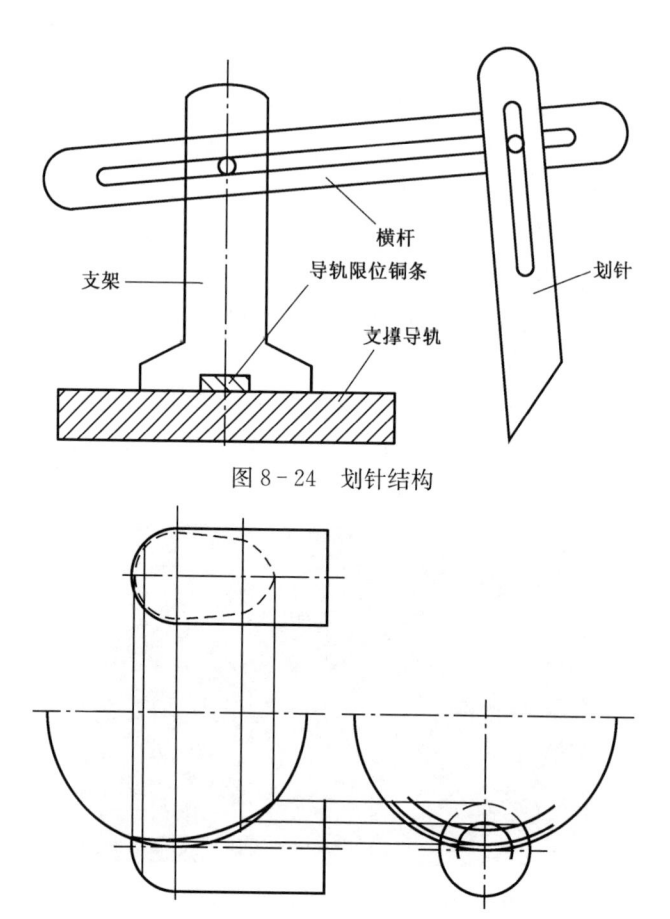

图 8-25 球体与立柱相贯

球壳板与立柱之间的连接,采用立柱上切出球面缺口,然后与球壳板球面吻合焊接。确定立柱切口形状,需求出球面与柱面相交线上的若干点,然后逐点连接形成立柱切口。

在球壳板的制造过程中,一般先将立柱做好,然后再划线切割相交球面切口,这样制造工艺简单,立柱下料卷板成筒较容易,柱顶与立柱之间焊接成型也较方便。待立柱焊接完成后,再在立柱上划线切口,如图 8-26 所示。具体划法如下:

(1) 将柱面展开图中切口长方向分成若干点,如 a''、b''、c''、d''、e''、f''、g'' 等,如图 8-26(d)所示。

(2) 过 b''、c''、d''、e''、f'' 各点作圆柱轴线的垂线,分别与展开图中切口轮廓线相交于 1、1;2、2;3、3;4、4;5、5;6、6 等各点,如图 8-26(d)所示。

第八章　球罐的工厂预制

(3)在焊制好的立柱上按同样方向和距离定出 a''、b''、c''、d''、e''、f''、g'' 各点,如图 8-26(b)所示。

(4)过 b''、c''、d''、e''、f'' 各点沿圆柱面垂直轴线方向划圆周线,如图 8-26(b)所示。

(5)在圆周线上相应取 1、1;2、2;3、3;4、4;5、5;6、6 等各点,即原来直线长度为圆周长,如图 8-26(c)所示。

(6)按顺序圆滑连接各点,由 $a''—1''—2''—3''—4''—5''—6''$,即形成柱面与球面相交的空间曲线。

柱顶一般由小型球面或一椭圆平面构成,不论哪种情况与球壳相交均为平面曲线。

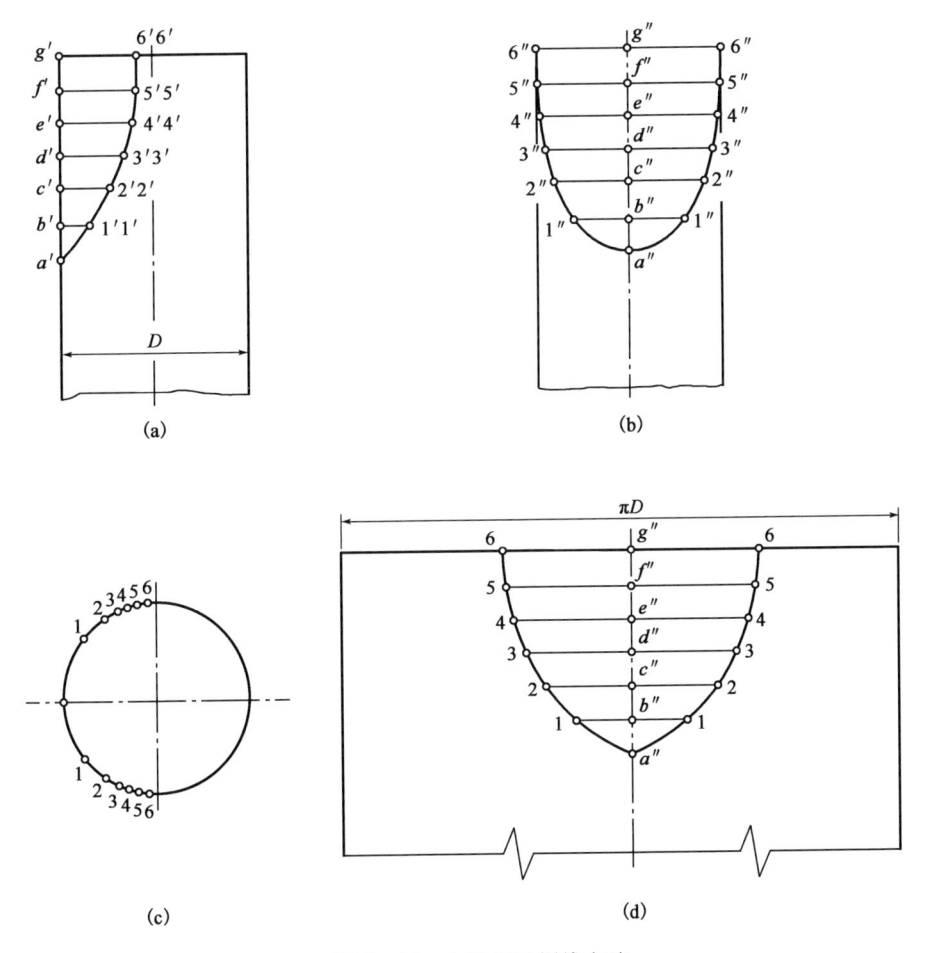

图 8-26　立柱切口划线方法

第三节　支柱和接管与球壳板的组焊

一、焊接技术准备

对于遇到的所有新材料、新结构、新工艺方法，在正式焊接生产前须进行焊接性分析和焊接性试验，以获得优质的焊接接头。在理论分析和估算的基础上，通过较为全面的焊接性试验，既可以对材料的焊接性做出更为准确和全面的评价，同时也为制订焊接工艺提供可靠的依据。

在工程实践中采用间接估算法和直接试验法相结合的方法来研究确定材料的焊接性。间接估算法主要包括：碳当量法、焊接冷裂纹敏感性指数法、再热裂纹敏感指数法、焊接热影响区(HAZ)最高硬度法。焊接性的直接试验法结合球罐产品特点主要进行斜Y形坡口焊接裂纹试验和窗形拘束裂纹试验。

1. 焊接性试验

斜Y形坡口焊接裂纹试验：此试验方法主要用于评定碳素钢和低合金高强钢焊接热影响区的冷裂纹敏感性。采用相同的焊接工艺，设置不同的预热温度进行试验，就可以测定出防止冷裂纹的临界预热温度，作为评定钢材冷裂纹敏感性指标。也可做成直Y形坡口试件，用以考核焊条或异种钢焊接的裂纹敏感性。

窗形拘束裂纹试验：此试验法主要用于评定碳钢和低合金钢多层焊时焊缝的横向冷裂纹及热裂纹的敏感性，也可作为选择焊接材料和施焊工艺的试验方法。试验时按实际选定工艺参数进行试验，以断面上有无裂纹为依据。

2. 焊接工艺的确定

通过焊接试验初步确定出焊接工艺，包括预热温度、层间温度、后热温度、热处理温度和保温时间、焊接材料。以此为依据根据产品结构、材料、接头形式、所采用的焊接方法和钢板厚度范围拟定焊接评定任务书，按照NB/T 47014—2011《承压设备焊接工艺评定》进行焊接工艺评定，它是鉴定焊接工艺正确与否的一项重要试验。其一般过程是：拟定焊接工艺指导书，施焊试件和制取试样，检验试件和试样，测定焊接接头是否具有所要求的使用性能，提出焊接工艺评定报告对拟定的焊接工艺指导书进行评定。焊接工艺评定合格即可按此针对单台设备的特点编制焊接工艺，焊工按图样、工艺文件、技术标准施焊。

二、立柱与赤道板的组焊

立柱与赤道板的焊接应在制造厂完成,由于焊接应力的作用,将会引起球壳板的弯曲变形,现场组焊难以控制,在制造厂可通过制作专用胎具控制焊接及热处理中的变形。立柱与赤道板的组焊主要控制赤道板的曲率及立柱安装尺寸误差 t、k,见图 8-27,为此需采取以下措施:

(1)在压制球壳板过程中使球壳板预留反变形,如在球壳板长度方向曲率相对大一些,通过焊接收缩可反向补偿,达到校正偏差的目的,即反变形法,但应控制其反变形的程度,避免对零部件的组对尺寸造成影响。

(2)待上立柱赤道板组对完成后,焊接前进行预变形,并在支柱和壳板之间增加临时支撑固定,使球壳板的曲率增大,也会有效地减小焊接变形,焊接完成后去掉支撑。

(3)制定合理的焊接工艺规程及焊接方法。应在保证焊接质量的前提下,尽可能降低焊接线能量,同时,选择合理的预热温度和层间温度也能减小焊接变形。在焊接过程中,采用多名焊工同时对称焊接和分段同步同方向对称焊接的方法也能减小焊接变形。

(4)采用刚性防变形胎具。在与球壳板有相同曲率的胎具上进行焊接及热处理并采用刚性固定的方法,对减小焊接变形也有一定的作用。制作专用样板和组焊胎具,控制 t 和 k,使 U 形柱纵向中心线与球片纵向中心线垂合。有热处理要求时,组焊件和防变形胎具一起进行热处理。组焊防变形工装如图 8-28 所示。

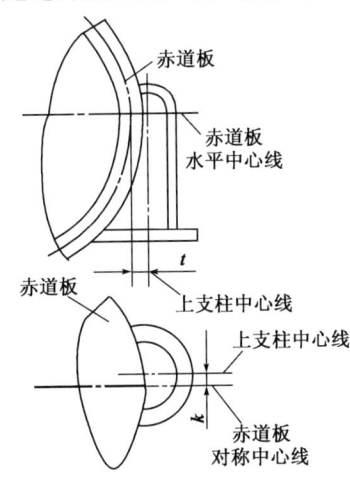

图 8-27 支柱与赤道板的组焊误差

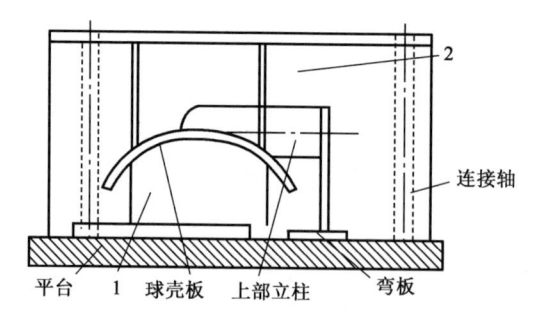

图 8-28　上支柱组焊防变形工装
1—下胎；2—上胎

三、接管与极板的组焊

1. 划线开孔

接管、人孔的位置设计一般集中在球罐的上、下极板上，为提高划线精度，一般将分片的极板相互找正点焊固定，形成一个球冠，组合后球壳板的刚度提高，并加以辅助支撑，使曲率达到标准要求，从而保证划线精度，如图 8-29 所示。设计给定接管中心矩尺寸和相互角度位置，实际划线中需进行计算转化为球壳表面对应的弧长来确定开孔中心。

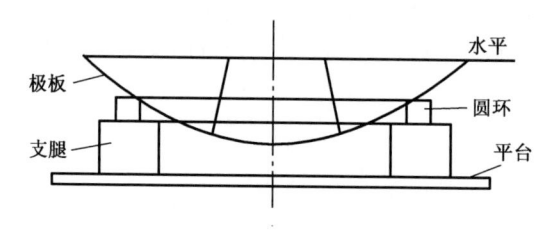

图 8-29　极板划线找正图

人孔的位置一般在球罐的上、下极点上，比较容易确定位置和开孔形状，管座一般偏离极点并要求保持管口水平，管座与极板交线为空间曲线，为保证开孔坡口形状正确，应划出一系列的交点，连接形成切割线。

开孔采用火焰切割方法，有条件的应采用马鞍切割等装置，尽量减少手工切割，应对切割坡口表面进行修磨并对周围氧化物、油污、熔渣等杂质进行清理。材料标准抗拉强度下限值大于 540MPa 的钢材及 Cr-Mo 低合金钢材经火焰切割的坡口表面，还应进行瓷粉或渗透检测。

2. 组对焊接

人孔、接管开孔位置及外伸高度的偏差不得大于5mm,法兰面应垂直于接管中心线,安装接管法兰应保证法兰面的水平,其偏差不得超过法兰外径的1%,且不大于3mm。

焊接严格按焊接工艺规程进行。凸缘、厚壁管与法兰、凸缘与接管、接管与法兰的焊缝均宜采用氩弧焊打底,从焊接工艺上确保全焊透,人孔凸缘等大直径部件与极板间焊缝应采用两名焊工对称施焊。焊接过程中球壳板会产生变形,焊接时应将中极板放在如图8-30所示的专业支架上进行焊接,焊接过程中应严格控制焊接线能量,尽量减少焊接变形量。

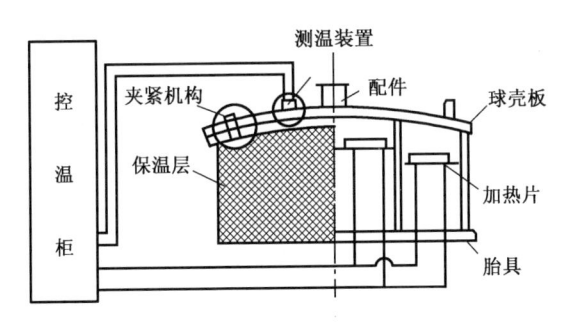

图8-30 接管与中极板焊接防变形工装

当变形量超出标准数值时,中极板与人孔、接管组焊后应采用专用的整形胎具进行矫形,矫形后的曲率、几何尺寸和焊缝表面质量应符合标准和图样技术要求。

四、焊接预热及后热处理

1. 基本要求

焊前预热及层间保持适宜温度能减缓焊接接头的冷却速度,防止脆硬组织产生,防止冷裂纹产生;同时通过预热可促使焊缝中氢的排放,从而有效防止氢致裂纹。但预热温度和层间温度过高,也可导致焊接接头冷却速度过慢,高温停留时间过长,降低接头的低温性能。

焊前预热温度和后热温度根据焊件材质、厚度、接头拘束度、环境温度等由焊接性试验来确定。预热方式可以采用液化气喷嘴加热,也可以采用电加热片加热,为保证温度均匀,预热宽度不小于100mm。球壳板与人孔和接管及上支柱的连接焊缝,焊后必须立即进行后热消氢处理。有热处理要求的还需进行消

应力热处理。若球罐不进行焊后整体热处理时,制造单位应对以下零部件进行焊后消除应力的热处理:

(1)人孔、接管与极板的组焊件。

(2)球壳板厚度大于20mm、焊脚尺寸大于12mm的支柱与赤道板组焊件。

其目的主要是消除焊接残余应力;同时可以提高焊缝塑性,降低热影响区硬度,改善焊接接头的综合性能;使焊件的结构形状和尺寸更加稳定。

2.热处理的工艺参数

热处理的温度和温差应按钢种选取,我国球罐常用钢种的热处理温度和温差可按 GB 12337—2014《钢制球形储罐》规定选择。恒温时间应按对接焊缝厚度(角焊缝按球壳板厚度)选取。我国球罐标准规定每25mm厚度恒温1h,且不小于1h。由于炉内热处理和局部热处理的工艺方法与球罐整体热处理不同,其升温、降温速度可按 GB 150—2011《压力容器》的规定控制升、降温速度。焊件入炉温度不高于400℃。400℃以上升温速度不超过5000/球壳板厚度(℃/h),且不超过200℃/h,最小为50℃/h。加热时5000mm内的温差不大于120℃。恒温阶段温差不超过65℃。400℃以上降温速度不超过6500/球壳板厚度(℃/h),且不超过260℃/h,最小为50℃/h。出炉温度不得高于400℃。

3.热处理的方法

球壳板的热处理方法可分为炉内热处理和现场局部热处理两类,应优先采用炉内热处理。

(1)炉内热处理。这种方法是一般制造单位所采用的方法,炉内热处理的温度比较容易控制,对焊件加热均应、升降温迅速,热处理的效果较好,安全可靠。

(2)现场局部热处理。局部热处理的加热方法有火焰喷射加热、工频感应加热、远红外线加热和电阻加热器加热等。最常用的是电阻加热器和远红外线加热器。局部热处理时,加热器应覆盖焊缝及其附近区域,加热区及其附近要敷设保温材料进行保温。焊缝加热宽度应不小于板厚的6倍。保温宽度一般不小于板厚的20倍,以保证温度梯度不致影响材料的组织和性能。这种方法简便实用,适合现场使用,对焊缝消除应力的效果也较好。

热处理应在焊缝无损检测合格后进行。热处理时应使用专门制作的防变形刚性胎具固定球壳板,防止球壳板变形造成曲率超差。热处理后球壳板曲率和尺寸应符合相应标准。

第四节　球壳板的检验

一、球壳板曲率的检验

在检查球壳板曲率时应将球壳板放置在胎架上，以免由于球壳板自重引起的变形而影响检查精度。检查时样板应垂直球壳板表面，检验样板须经计量部门检测认定。按 GB 12337—2014 规定，用样板检查球壳板的曲率时，当球壳板弦长大于或等于 2000mm 时，样板的弦长不得小于 2000mm；当球壳板弦长小于 2000mm 时，样板的弦长不得小于球壳板的弦长。

样板与球壳板的间隙 e 不得大于 3mm。如图 8-31 所示，在使用样板时要力求达到正确位置，样板应垂直球面。允许偏差≤3mm 的位置，应在样板的端部或是样板的中间。在实际检查过程中，应有塞规同时配合使用，塞规厚 3mm，通过为超差，不通过为合格。

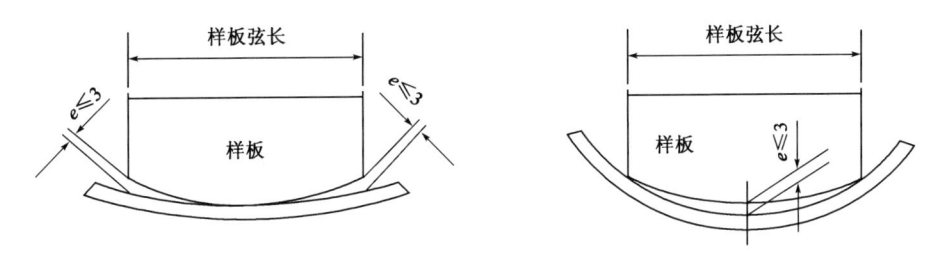

图 8-31　球壳板曲率允许偏差

检查用样板应该曲率精度高、不变形，一般做样板最好用 0.75～1mm 的冷轧钢板，按实际计算半径准确划线，然后精确加工而成。样板做成后应进行检验，按样板弦长划分若干尺寸段，将分段各点所对应的弦高计算出结果，然后与样板各点实际弦高对照，看是否一致。

二、球壳板几何尺寸的检验

球壳板几何尺寸包括每块板 4 个弦长、2 个对角线长以及 2 对角线间的距离，即检验每块板的翘曲度。

1.球壳板几何尺寸允许偏差

按 GB 12337—2014 规定,几何尺寸允许偏差应符合表 8-4 的规定。

表 8-4　球壳板几何尺寸允许偏差

序号	项　　目	允许偏差(mm)	序号	项　　目	允许偏差(mm)
1	长度方向弦长	±2.5	3	对角线弦长	±3
2	任意宽度方向弦长	±2	4	两条对角线间的距离	≤5

2.几何尺寸检验方法

国家标准规定的检验项目主要是弦长尺寸,一般采用钢带尺,钢带尺要经国家检测部门认可方可使用。当球壳板坡口切割后,检验弦长时,应用专用工具将球壳板恢复到无坡口几何尺寸的位置进行测量,以便消除测量误差,同时也避免了由于切割坡口造成的误差,在测量时影响理论弦长误差。

在球壳板厚度较薄的情况下,国家标准规定允许检查弧长代替弦长,但其允许偏差应不超过表 8-4 中的 1、2、3 项规定,测量弧长也要用专用工具,将球壳板恢复到切坡口前的理论形状,以免造成误差。

3.球壳板翘曲度的检验

球壳板翘曲度检验方法是通过看两对角是否在同一平面内,若两对角线不相交,则说明球壳板四角不在同一平面内,即认为有翘曲度存在,测量时应用 0.2mm 钢丝,借助专用工具同时拉紧两条对角线,两条对角线间的距离即为翘曲度误差值,如两条钢丝,重叠则更换其上下位置重新测量。测量结果应符合表 8-4 的要求。

4.球壳板厚度的检验

球壳板在压制过程中,有可能造成球壳板局部减薄,因此需要测量成型后球壳板的厚度,一般利用测厚仪在球壳板上测量 5~6 点,布点应大致均匀分布在球壳板上,球壳板实际厚度不得小于名义厚度减去钢板厚度负偏差。

5.球壳板与零部件组焊后的检验

1)带上支柱赤道板的检验

赤道板与立柱的焊后几何精度检验如图 8-32 所示,将赤道板放置在一胎具上,胎具固定在平台上,用弧形板将赤道板找正,使其呈水平,即为在球罐整体位置中转 90°呈水平,然后在赤道两端各放一立杆架,上系 0.2mm 钢丝或细绳,以平台为准找正呈水平,并使其与赤道板纵向对称线重合,然后用钢板尺测量上部支柱两端距水平线的距离,即可得到上部立柱在径向方向的偏差。再测量上部立柱纵向轴线两端与水平线是否重合,或读出其偏差值即为径向不垂直偏差。

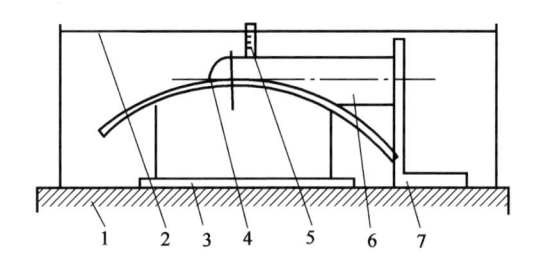

图 8-32 带上支柱赤道板检验
1—平台;2—水平线;3—胎具;4—球壳板;5—钢板尺;6—上部立柱;7—弯板

这两个方向的偏差都是以赤道板为基准检查测量的,在检验过程中应尽量减少测量误差,力求准确。因此放置赤道板找正时,应做到在赤道板正确状态下检验,不应存在翘曲等变形,否则影响测量精度。组焊后的赤道板,用弦长不小于 1000mm 的样板检查赤道板曲率,最大间隙不得大于 3mm。

2)带人孔、接管极板的检验

人孔、接管与极板组焊后,人孔、接管开孔位置及外伸高度的允许偏差不大于 5mm,开孔球壳板周边 100mm 范围内及距开孔中心一倍开孔直径处,用弦长不小于 1000mm 的样板检查极板曲率,最大间隙不得大于 3mm。法兰面应垂直于接管中心线,其偏差不得超过法兰外径的 1‰,且不大于 3mm。

曲率和尺寸超差的球壳板,需要矫形,它一般都发生在带有立柱、人孔、管座及附件的球壳板上。由于焊接引起的变形,最好采取反变形措施,如达不到目的,则可通过矫正成型加以纠正。

6. 出厂资料

制造单位对每台球罐应提供下列技术文件:

(1)球壳板及其组焊件的出厂合格证。

(2)材料质量证明书(或复印件)。

(3)材料代用审批文件。

(4)球壳板与人孔、接管、支柱组焊记录。

(5)无损检测报告。

(6)球壳排板图。

当标准有规定或图样有要求时,还应提供下列技术文件:

(1)与球壳板焊接的组焊件热处理报告。
(2)球壳板热压成型工艺试验试板的力学和弯曲性能报告。
(3)球壳板材料的复验报告。
(4)极板试板焊接接头的力学和弯曲性能检验报告。

第五节　球壳板的存放及运输

球壳板的存放和运输控制,是保证球壳板质量的重要环节,球壳板的存放与运输按 GB 12337—2014 和 GB 50094—2010 的有关规定执行。

球壳板内外表面应除锈,并涂防锈漆两遍,坡口表面及其内外边缘 50mm 范围内涂可焊性防锈涂料。每块球壳板上的钢号、炉批号、球罐号、排板号标记,应醒目地框出。

球壳板内外表面应按设计要求,涂刷防锈漆。涂漆前要清除球壳板表面的锈迹、油污、氧化皮及各种杂物,漆膜喷涂要均匀完好,不应有龟裂、剥落等现象。每块球壳板上的移植钢印(即材料牌号、炉批号、球壳板排板编号等),应以醒目的方式标出,便于现场组装时查找。

球壳板一般采用钢结构托架装,包装托架应有足够的强度和刚度,保证运输过程(需经多次装卸和搬运)中不变形、不散架,能安全可靠地运到球罐组焊现场。这样就可以有效地防止球壳板在装运过程中的磕碰、划伤和变形。包装时,球壳板的凹面应向下,以防积水和锈蚀。球壳板与球壳板之间应垫上柔性材料,减少球壳板变形的可能性,重叠块数不宜超过 6 块,每个包装架的总重不宜超过 30t。每个托架的球壳板叠放完毕后用扁钢带捆绑,将扁钢带牢固地焊接在托架上,防止球壳板在运输时上下跳动或前后窜动。

无焊接件球壳板包装如图 8-33 所示。带支柱和接管的球壳板易单块存放或放在托架的上部,如图 8-34、图 8-35 所示。下支柱的包装如图 8-36 所示。

法兰、人孔盖和试板等宜装箱运输,拉杆等杆件宜集束包扎。所有加工件表面应涂防锈油脂,拉杆螺纹应妥善保护,防止损坏。

球壳、支柱、拉杆等零部件的涂敷、包装和运输的检查要求应符合国家现行标准 JB/T 4711—2003《压力容器涂敷与运输包装》的有关规定。

第八章　球罐的工厂预制

图 8-33　无焊件球壳板的包装

图 8-34　带人孔球壳板的包装

图 8-35　带柱腿球壳板的包装

图 8-36　下柱腿及拉杆的包装

第九章 球罐的现场组装

球罐的现场组装是整个球罐建造工程的关键工序之一,施工准备工作量大,所用施工设备与机具较多,组装质量要求高。球罐的组装质量主要由椭圆度、角变形(棱角度)和错口等决定,若椭圆度超标严重,则球壳形状不规则,运行中将产生各种附加应力;若存在过大的角变形和错口,将增大局部的附加弯曲应力,造成严重的局部应力集中,球罐的质量及安全性都受到严重影响。因此要制订出合理的施工方案,选择合适的组装方法和施工设备与机具,要满足焊接、检验等工序的质量要求,避免强制装配。组装时既要使生产效率提高,又要减少组装误差和应力,确保球罐组装质量。

第一节 组装方案的编制

球罐的组装方案是组织生产和指导各项技术、经济指标实现的技术性指导文件。方案编制的目的在于有计划地、合理地组织生产,使各项技术、经济指标达到设计要求。

球罐的组装工作在整个建造工程中占很大的比例,组装工程质量的好坏直接影响到该球罐的使用效果。组装方案是否合理、内容是否全面、技术是否先进对球罐全部建造工程的成功实现起关键的作用。

一、球罐组装方案编制依据

(1)施工图样。包括已签署生效的设计施工图,以及制造单位实际压制的球瓣形式、分带情况、图样及有关说明等。

(2)有关特定的技术文件。特殊设计要求的详细说明和各项技术要领书。

(3)有关的建造准则和文件。包括国家及行业的有关技术标准、规定和文件。如国标 GB 12337—2014《钢制球形储罐》和 GB 50094—2014《球形储罐施工规范》等。

二、组装方案内容

1. 组装方法的选择

球罐组装方法的选定首先取决于所建造球罐的结构,特别是球壳的结构。目前球壳的结构有橘瓣式、足球瓣式和混合瓣式三种。对于足球瓣结构形式一般只运用散装组装法,而其余两种球瓣结构形式则能适应各种安装方法。

球罐规格的大小也在一定程度上决定了组装方法。对于中小型的球罐可运用各种组装方法,大型球罐则由于特殊的原因一般只运用散装组装法。

近年来由于球罐制造水平的不断提高,压制的单张球瓣尺寸较大,而且下料尺寸准确性的提高和安装技术的成熟,使得散装组装法在各种规格球罐的施工中显得更为优越。

组装方法的选定要根据施工单位的具体条件、能力,以及施工场地等综合考虑,所选用的组装方法尽可能地采用现代先进技术。

2. 组装程序编制

组装程序是指导施工和组织生产的综合指导图框。组装程序一般与焊接程序和检验程序一起编入施工程序。编排的施工程序需满足各种技术条件及要求,各个施工阶段要划分明确,同时要考虑各工种能进行交替作业,以有利组织、调动和周转各种生产设备和人员,使其能发挥最大作用,避免各施工阶段脱节,提高生产效率。施工程序编排得恰当与否,会直接影响工程的经济性,甚至工程质量。

3. 施工设备的配置

施工设备的选用与不同的组装方法有关,需根据现场条件及施工单位的具体情况综合考虑。

主要的起吊设备以满足施工中最大起重量和起吊高度为原则。汽车起重机与其他起重设备相比,在现场施工中具有良好的机动性能,适应范围广,利用率高。特别是大型球罐的组装,由于采用单片或拼块吊装,要求的起吊高度和范围大,汽车起重机是解决上述问题的有效手段。

台令吊一般适用于中小型球罐的组装,它具有相当的起重能力,特别适用分带组装与半球组装法。对采用散装组装法的小型球罐组装,采用相应的台令吊会有相对经济性好的优点。

另外,中心柱、工卡具、脚手架等施工设备均应按照组装对象和组装方法以及施工单位的具体条件选定。

4.施工现场的平面布置

现场的平面布置是施工方案的主要内容之一，需要根据现场条件认真筹划，力求布置合理，充分利用作业条件，使各工种能协同作业。主要的施工场地与各种施工设备能相互协调，能发挥最大的效果。

选择预装场（即组装平台）的面积一般按照在地面预装的工作量而定。要保证足够的施工场地，同时要考虑到经济性。预装场地的位置应尽可能靠近安装基础，并在起重设备有效作业范围内，且与各施工道路相适应，保证进出料方便。

施工场地的供排水要全面考虑。工地上的日常用水、机器设备用水以及水压试验的大量短期用水应妥善安排，排放时严禁冲刷基础。基础周围不应有积水，以免造成地基软化下沉。各施工场地及通道也应做好排水工作，以免由于场地积水、通道泥泞而影响施工。

球罐施工使用的焊机较多，应搭置专用工棚集中管理。焊机工棚要相对靠近作业场地，避免因电缆引出过长影响焊接稳定性，并要通风良好，防止雨淋，同时要注意防火等安全问题。

配电间应选在较安全的位置，通向各主要用电区要相对集中，尽量缩短输出线路。另外输入总电量应在图上标明，以便有关部门统筹规划。

对于易燃易爆的物品要单独设在离主要设备和人员以及材料出入较少的地方。工地上使用的可燃气体，如预热用的液化气等宜采取集中供气，用专门管道输出。对具有危险性的临时导线、管道应埋设在地下，当需跨越施工场地及通道时，要作出相应的安全措施。

球罐的现场施工往往是野外作业，需设置的一些临时工棚，如办公室、休息室、工具材料室、焊条烘房等，视现场条件布置，均宜相对集中，便于管理。

5.技术规范和要求

组装方案中应重申有关的国家、行业技术规范和要求，明确规范和要求的目的，并制订出执行有关技术规范和要求的措施和检验手段，拟出在不符合要求情况下的补救方法。

三、方案编制应注意的问题

球罐安装工程的作业环境、条件与其制造工程相比，在设备、气候及其他条件方面都较为恶劣。因此，编制的组装方案要根据具体情况和客观条件予以综

第九章 球罐的现场组装

合地研究。

组装方案一般是施工组织设计(施工方案)的一部分,在现场它与焊接和检验有密切的关系,例如,组装的方法就直接影响到焊接条件等。因此,组装方案要根据实际的条件与具体的焊接和检验手段加以充分考虑,以达到高质量为准则。

另外,球罐规格的大小与数量是组装方案考虑的主要对象。中小型球罐可采用多种类型的组装和焊接方法;大型球罐则有其特殊性,一般采用散装法组装,焊接以手工焊为主,部分球瓣可采用自动焊在地面预制,另外,根据焊接设备和焊接材料条件可以考虑选择药芯焊丝气体保护自动焊。同时,球罐的规格及数量是组装设备配置的依据,球罐规格的大小与其组装方法决定起重设备的配置;球罐的数量多,要考虑到施工场地大小与组装设备的周转,尽可能地提高设备利用率与劳动生产率,缩短安装周期,降低生产成本。

若施工单位初次安装球罐,一次的工装设备材料消耗量往往要占该球罐单台金属重量的一半左右,甚至更大。因此,在配置工装设备和工卡具时应尽可能考虑其通用性,这是节约原材料和减少消耗的重要途径。若能相对集中地组织专业化生产,对于提高球罐安装的质量与技术力量的发挥、工装设备的充分利用都是非常有利的。

球罐的安装一般为露天作业,要考虑到气象条件对工程的影响。编排工期和施工进度时,要考虑各地区不同的季节条件。在不利的季节期间施工,要采取相应的措施,以确保工程质量和进度。

此外,还应考虑加深地面作业深度,减少高空作业,以及高空作业的安全保护和各种安全生产措施等。

第二节 组装设备及工具

球罐组装设备及工具(工装)主要有:起重设备、中心柱、工卡具、试验工具、吊具及脚手架等。

一、起重设备

起重设备是球罐安装过程所需的重要设备之一,能否合理地选用起重设备,关系到球罐的安装速度、经济效果等。可供安装工程所选用的起重设备种类很多,常用的有桅杆(台令吊杆)、汽车起重机、履带吊车和塔式起重机。目前我国对球罐的安装工程多采用汽车起重机和桅杆,或者多机种配合使用。

1. 桅杆(台令吊杆)

桅杆因其有较大的起重能力,所以一般常用于分带组装和半球组装,即中小型球罐的安装,在某些情况下使用有一定的经济性。它的缺点是辅助设备多,施工准备工作量大。有用钢管制的桅杆,也有用角钢制的格构式桅杆,根据具体情况选用。

2. 汽车起重机

汽车起重机的机动性好,便于在相距较远的工作点之间调动,是一种高效、先进的起吊机具。它的提升高度大,升吊和回转灵活,这对安装工程带来很大方便。在同时安装数台球罐时,汽车起重机能适应较大的作业面,施工效率高。近年来国内安装的大型球罐基本上都采用汽车起重机作为主要的吊装设备。

二、中心柱

中心柱是组装球形容器的一种较重要的设施,它的主要作用是借助钢丝绳或型钢来拖拉装拼和固定球瓣(固定上下温、寒带板)。同时,还可利用中心柱装设平台、伞形脚手架等,给组装、焊接、检验等工作提供更好的作业条件。

中心柱的形式因组装方法不同和施工单位的施工条件不同而异。图 9-1 是某施工单位对 5000m³ 球罐施工所使用的一种中心柱的结构示意图,中心柱共分 4 节,用 ϕ325mm×9mm 管子制成,各节间用法兰连接,高 24m,柱上部装设了伞形脚手架支撑。

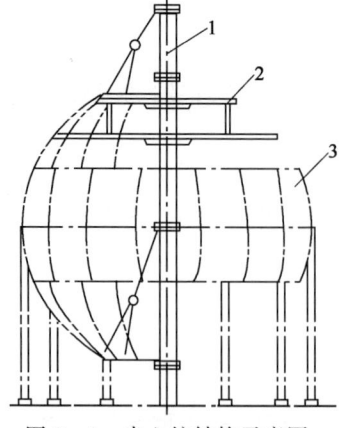

图 9-1 中心柱结构示意图
1—中心柱;2—脚手架;3—赤道板

第九章 球罐的现场组装

设置中心柱并非对所有规格的球罐以及所有的组装方法都带来好处,在某些情况下设置中心柱不但损耗了一定的材料,而且给施工带来不便。可以采用无中心柱分片组装法,但吊装组对前要先搭建外部脚手架,为赤道带的组对提供作业平台。

三、工卡具

工卡具(也称工装卡具)是组装球罐的主要工具,它的主要作用是:连接相邻球瓣的对口,做到安全牢固;方便准确地调节相邻球瓣之间的尺寸(错边量及间隙大小)。它对工程的进度、质量以及改善作业条件均有重要影响。下面是几种常见的工卡具。

1. 日字形卡具及间隙片

日字形卡具(图9-2)是由日字形卡码(图9-3)、方形卡帽(也称定位板)和圆锥销(也称大头钉)配套而成,有大号和标准号两种(图9-3中括号内尺寸为大号)。

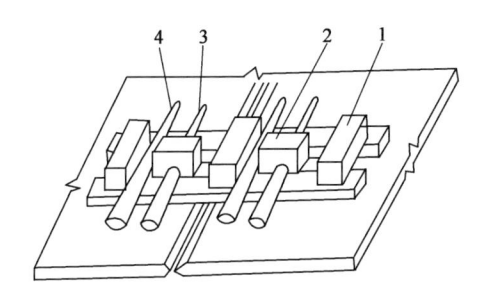

图9-2 日字形卡具
1—日字形卡码;2—方形卡帽;3、4—圆锥销

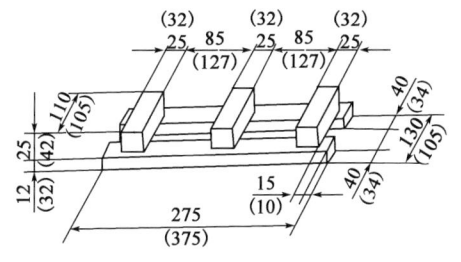

图9-3 日字形卡码

日字形卡具结构简单,重量轻,制作方便,现场装拼时,特别在高空装拼作业时使用方便。

日字形卡码的长度短、底部平,方形卡帽焊在距拼接球瓣边缘较近处,将圆钢锥插入卡帽后,两壳板之间容易达到调整错边的目的。一般每隔1.3m装设一套日字形卡具。

日字形卡具一般与间隙片配合使用,间隙片除了起保证间隙作用外,还可起调整轻微错边的作用,如图9-4所示。

日字形卡具由于其本身的刚度有限,对于较大厚度的球壳板,变形量又比较大时，单独采用日字形卡具很难达到目的，须辅以角形压码或脊板型卡具或其他卡具。

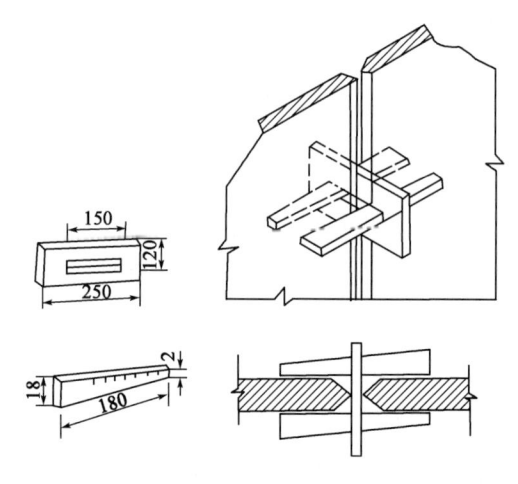

图 9-4 间隙片

国外对球形容器的安装使用一种类似的日字形卡具，称芝加哥桥式卡具，如图 9-5 所示。它的主要区别是用一块两方孔、上面用四条扁钢加固的钢板代替日字形卡具体，使用效果类似于日字形卡具。

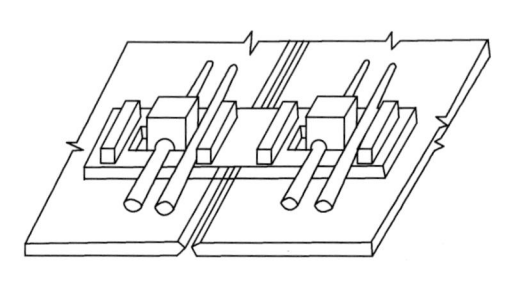

图 9-5 芝加哥桥式夹具

2. 脊板形卡具

脊板形卡具见图 9-6，它由脊板形卡码、方形卡帽和圆锥销配套而成。脊板形卡具有多种规格，表 9-1 是几种规格球罐组装时所采用的不同尺寸的卡具。

脊板形卡具的刚度大，组装精度高，调整性和通用性强，对组装较厚壳体的球罐尤为突出。它的缺点是结构较复杂，重量大（为日字形卡具重量的 1.5 倍），这给高空作业带来不便。

第九章 球罐的现场组装

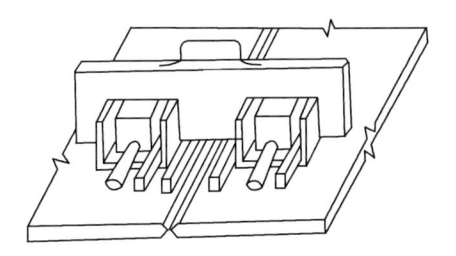

图 9-6 脊板形卡具

表 9-1 几种规格脊板形夹具零部件主要尺寸　　　　　　mm

简　图	球罐规格		夹具零件尺寸						
	内径	壁厚	a	b	c	d	e	f	g×h
	12450	37	320	100	20	520	140	130	90×50
	16310	38.5	185	100	16	400	125	120	100×43
	12410	31.4	400			600			
	21173	21	300	130	10	500	130		
	15400	40	290	125	12	500	25	150	85×50
	12450	37	30	50	50	30	25		
	16310	38.5	19	60	60	20	25		
	12410	31.4	30	55	55	26	25		
	21173	40	30	50	50	30	25		
	15400	40	30	50	50	30	25		
	12450	37	230	190	30	35	8		
	16310	38.5	200		22		3		
	12410	31.4	200		32	32			
	21173	21	220	140	30	35	8		
	15400	40	250	180	30	35	4		
	12450	37	38	38	200	8			
	16310	38.5	32	32	200	3			
	12410	31.4	30	30	200	3			
	21173	21	36	36	150				
	15400	40	38	38	180	4			

3.壁杠码、弧形加强板、角形压码及其他

在使用上述两种工卡具时，往往有些位置难以顾及到，需辅以一些必要的措施，使组对质量达到标准要求。通常使用的辅助设备有以下几种：

(1)小壁杠。这是与脊板形卡具同时使用的一种工卡具，它具有刚度好，对调压错边以及对防止焊接变形起一定作用，且伸缩自由，这有利于降低焊接应力，其结构见图9-7。

(2)弧形加强板(龙门板)。弧形加强板的主要作用是保证焊缝间隙，防止点焊处崩裂和焊接变形。弧形加强板由于直接焊在球壳板上，易造成球壳板损伤，装拼焊缝拘束应力大。弧形加强板的弧度应与球半径尺寸相同，见图9-8。

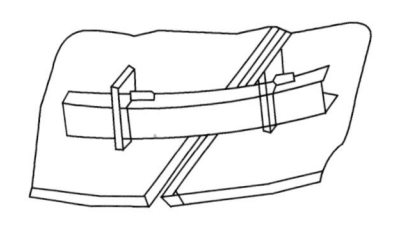

图9-7 小壁杠结构

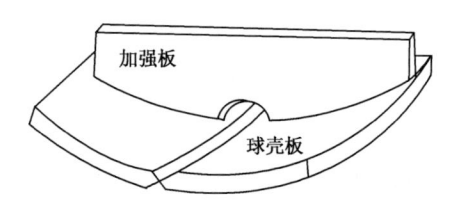

图9-8 弧形加强板

(3)角形压码。角形压码结构简单，制造使用方便，见图9-9，对错边量较大的部位采用这种压码效果较好。

(4)其他。对球形储罐组装过程中出现的不同情形，需以不同的手段加以解决。例如，采用螺栓压制复位工具克服错边，见图9-10；利用倒顺螺栓工具调整水平口错位。现场施工可采用的方法很多，具体不同的情形根据现场的条件予以解决。

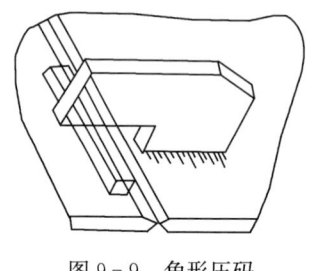

图9-9 角形压码

四、脚手架

脚手架是球罐组焊过程中一项必要的便于施工作业的安全生产设施，是组装、焊接、检验等高空作业工作人员的主要工作位置。它与施工操作、安全作业、施工进度和工程质量都有着密切的关系，因此在大型球罐施工时，必须选择好球罐内部和外部组焊脚手架，见图9-11。

脚手架主要根据具体工程情况，依据球罐的组装方法、球罐的大小和现有的施工条件以及自己的施工习惯等进行选择，以下是几种常见的脚手架。

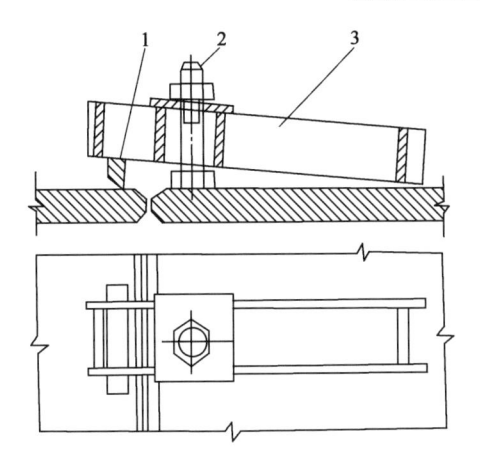

第九章 球罐的现场组装

图 9-10 垫板等其他工具
1—垫板；2—螺栓；3—压杠

(a)外部脚手架 　　(b)内部脚手架

图 9-11 球罐现场搭设的内外部脚手架

1. 梯形脚手架

梯形脚手架是建筑棚架的结构形式,作为球罐外部脚手架使用。它的特点是结构简单,分布均匀,操作方便,上下攀登安全,见图 9-12。目前,梯形脚手架主要采用钢管杆件和扣件连接形式,装拆方便。

2. 三角脚手架

三角脚手架由三角托架、挂鼻、木板等组成。三角托架有固定式和可调式两种,图 9-13 为可调式三角脚手架。三角脚手架一般设于赤道带内、外壁,在上半球设于外壁,下半球设于内壁。优点是装设比较灵活,可重复利用,不受球罐规格影响;缺点是要在球壳上临时焊上挂鼻,损伤球瓣表面。

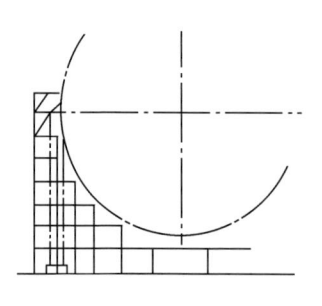

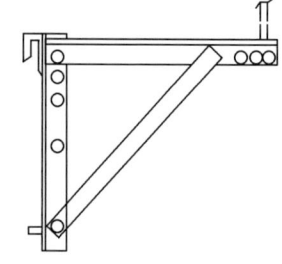

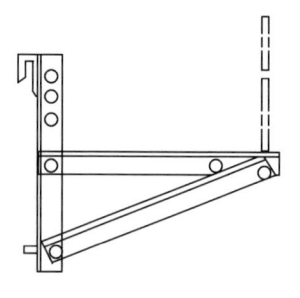

图 9-12　梯形脚手架　　　　　图 9-13　可调三角脚手架

3. 伞形脚手架

伞形脚手架是借助于组装用的中心柱架设的一种设施,是由中心柱、多层三角形架和跳板组成。它的形式很多,一般为活动平台形式,能兼顾一些平面的作业,有较好的作业条件,应用较为广泛。图 9-14 是一种伞形脚手架的简图。

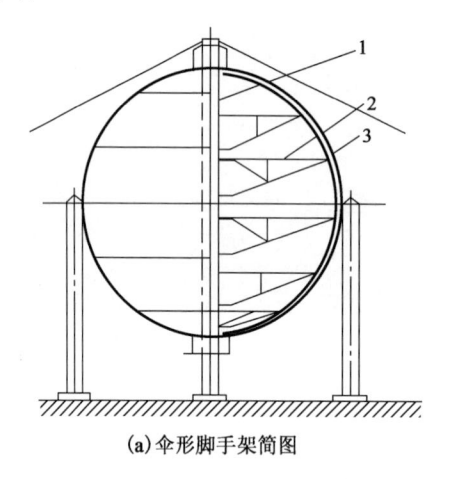

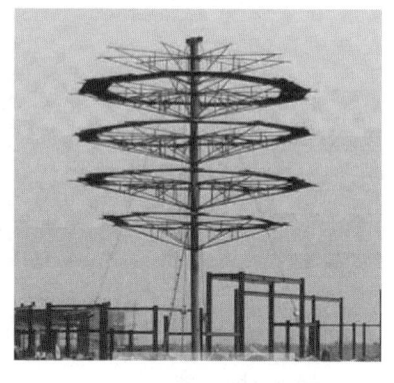

(a) 伞形脚手架简图　　　(b) 伞形脚手架实物图

图 9-14　伞形脚手架
1—中心柱;2—钢架;3—跳板

伞形脚手架在球瓣组装过程中还能起支承和固定上温(寒)带球瓣的作用;缺点是不同规格球罐有不同的结构尺寸,通用性较差。

伞形脚手架架设的方法很多,最好的方法是分层倒装法,即在地面组对好各层的三角形支架,并铺好跳板;竖立中心柱,支柱上挂一套滑轮组,先用滑轮组将最上层的三角形支架提升至上部预定位置,加以固定,然后由上而下依次组对吊装其他各层。这种方法既能减少高空作业,又可以加快速度。

第九章　球罐的现场组装

4. 门式组合脚手架

它是用钢管制成的马镫式钢架,如图 9-15 所示,作为球罐外部脚手架使用,结构简单,移动方便。

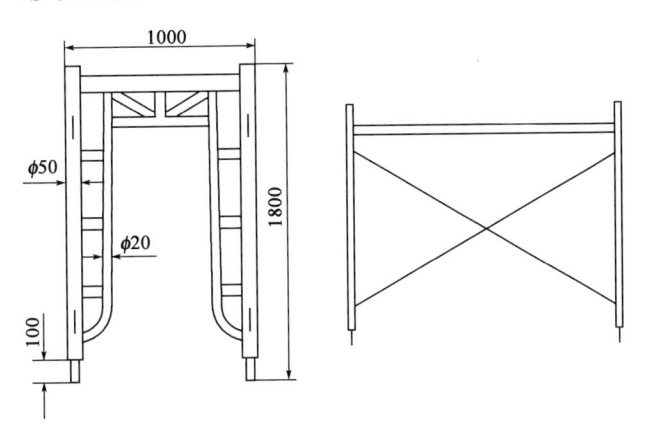

图 9-15　门式组合脚手架

5. 活动脚手架

活动脚手架主要用于赤道带和上下温带的组焊。如图 9-16 所示,活动脚手架用∠50×4mm 的等边角钢制作成,全部用螺栓连接,在调节拉杆上设有调节螺栓孔。改变拉杆的连接位置,就可以改变活动脚手架的角度,保持活动脚手架的水平度,适应球罐的空间位置。在相邻两活动脚手架之间搭上跳板,就可进行组焊作业。活动脚手架与球罐壳体之间用连接板或挂鼻子固定。在活动脚手架内侧焊上踏步,可作为爬梯使用,上下方便。为保证高空作业安全,各活动脚手架立杆之间应拉上安全拦绳。

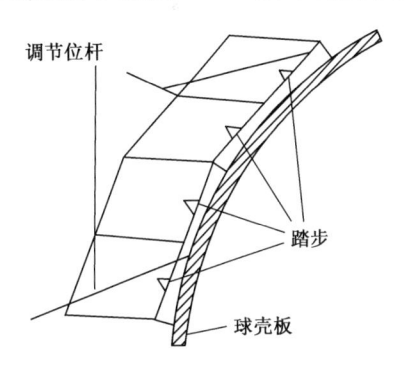

图 9-16　活动脚手架

6. 满堂脚手架

满堂脚手架为球罐内作业架,适应各种施工方法,且基本不受建造规格和搭设位置所限。这种脚手架不用在球壳板上焊接支承点,可避免损伤球壳板,能对整球的全位置工作提供便利的条件。目前,满堂脚手架主要采用钢管杆件和扣件连接结构,具有工作可靠、装拆方便和适应性强等优点。

第三节 组装准备

组装前的准备工作很多,例如,安装平台的铺设,设置拼片及检验所用的胎具,电源、水源等管线的接通,各种组装设备的检查、就位,基础检查、组装部件检查等。

一、施工现场准备

施工现场布置应按施工方案的要求进行,按施工现场布置图规定的位置及要求,布置好下列设施:施工电源(变压器或线路接点)及线路;压缩空气站(或气源)及供气线路;供水线路;半成品堆放场地;组装平台;电焊机棚;焊条烘干及管理室;工具房及材料库;加热设备(包括燃料储罐);消防设施;道路排水系统;起重吊装设施;休息室、办公室及暗室。

球罐施工现场地面应处理坚实,适于起重机行走及材料堆放。基础周围不得有低洼积水处。

施工场地要做好"四通一平"(水通、电通、讯通、路通、场地平整),水、电、气及燃料供应系统布置应符合安全技术规程,燃料储罐必须装设安全阀、压力表及防晒设施。供电线路的电压应稳定。

二、基础检查验收

不论采用何种安装手段,基础尺寸的精度直接影响到该球罐的质量和施工进度。土建部门在球罐基础竣工并经检测合格后,要向安装单位移交。安装单位应按照有关要求对基础的各部位的尺寸进行实际测量,认真复核基础的各结构尺寸、位置、标高、公差等。其目的是:复查基础是否存在超差和不合格的外观质量缺陷;对基础的实际情况做记录,以便于安装中做出相应的调整。

基础检查的项目除按 GB 50094—2010《球形储罐施工规范》要求外,还要检测地脚螺栓孔的深度,并做好记录。

基础检验测量的方法很多,检测方法和使用的工具应根据实际情况因地制宜进行选择,力求精确。

(1)在测量基础标高时,可用水准仪;而测量各支柱与圆心连接线的夹角即基础方位时,则用经纬仪。

(2)用钢卷尺测量基础直径时,应尽可能减少由于钢卷尺自重挠度造成的误差。若基础直径很大,则应采用弹簧秤拉钢卷尺测量,尽量将尺拉直,以提高精度。基础测量示意图如图 9-17 所示。

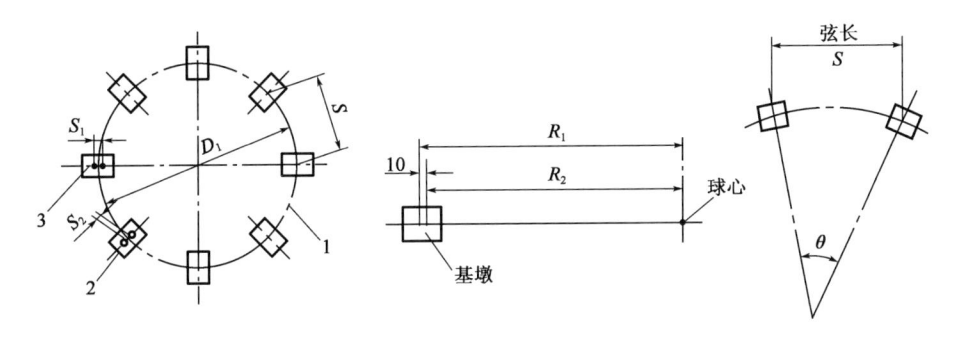

图 9-17 基础测量示意图

R_1—使用弹簧拉力秤及温度校准的半径;R_2—未使用弹簧拉力秤的半径;
1—基础中心圆;2—地脚螺栓预留孔;3—地脚螺栓

(3)采用一次浇灌的基础地脚螺栓应先用模板固定,以保证两螺栓间中心距的尺寸;如地脚螺栓采用二次浇灌,则以竣工的球罐支柱底板作为定位模板,以保证螺栓中心距的尺寸。对要求进行焊后热处理球罐的地脚螺栓,最好采用二次浇灌。

三、球壳板的几何尺寸检查

球瓣的曲率及外形尺寸的好坏,会直接影响球罐的安装质量和施工进度。所以,在安装之前对球瓣的曲率及尺寸精度必须严格检查。检查时应把球瓣吊到胎具上进行,对不合格的壳板要进行调校。

球壳板几何尺寸包括每块板 4 个弦长、2 个对角线长以及 2 对角线间的距离,即检验每块板的翘曲度。球壳板检验的几何尺寸位置和几何尺寸允许偏差按国标 GB 12337—2014《钢制球形储罐》规定执行。

检验弦长尺寸,一般采用钢带尺。当坡口切割后检验弦长时,应用专用工具将球壳板恢复到无坡口几何尺寸的位置进行测量,以便消除测量误差,如图 9-18 所示,同时也避免了由于切坡口造成的误差,在测量时影响理论弦长误差。

在球壳板厚度较薄的情况下,国家标准规定允许检查弧长代替弦长,但其允许偏差应不超过国标 GB 12337—2014《钢制球形储罐》的规定,测量弧长也要用专用工具,将球壳板恢复到切坡口前的理论形状,以免造成误差,见图 9-18。

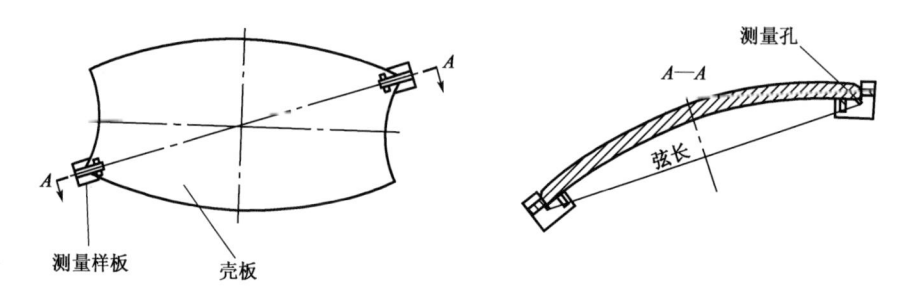

图 9-18　测量弦长专用工具

此外,球瓣的外观质量对球罐的质量影响很大。如伤痕和缺陷则是影响球罐安全质量一个重要因素,锈蚀会造成壳板减薄,影响球罐的正常操作使用。因此在球罐安装前,必须对球瓣逐张认真检查,对发现的表面块陷应按标准规定的方法修整和复查。同时,周边的皱褶、坡口成型及加工质量都必须根据有关的规范和要求严格控制。

四、球壳板与焊缝的编号

在球罐的组装、焊接、无损探伤及焊缝超标缺陷的返修及其检查等工序过程中,均要求对球壳板和焊缝按着一定的规则进行编号,做好球壳板和焊缝排板图,并按照此编号提出各项原始检查记录或检验报告。因此,焊缝名称及编号是球罐建造过程中建立技术资料的基础,是球罐建造的重要技术工作。依据国家标准 GB 50094—2010《球形储罐施工规范》附录 B 的规定,球壳板与焊缝的编号可按以下原则进行。

1. 球壳板各带名称及编号

(1)为了使焊缝编号简单、明晰,对球壳各带板可用英文字母做代号,见表 9-2。赤道带用字母 A 表示,上温带用字母 B 表示,下温带用字母 C 表示,上寒带用字母 D 表示,下寒带用字母 E 表示,上极板用字母 F 表示,下极板用字母 G 表示。按此编号方法进行编号的优点在于各带的名称不随球罐分带结构的不同而变化。

表 9-2　各带的名称与编号

带数	各带名称与编号						
	上极板	上寒带	上温带	赤道带	下温带	下寒带	下极板
三	F	—	—	A	—	—	G
四	F	—	B	A	—	—	G
五	F	—	—	A	C	—	G
七	F	D	B	A	C	E	G

(2)每一环带上的带板编号,可用带板所在环带的英文字母和两位阿拉伯数字表示。例如,赤道带板的编号可以表示为 A01、A02、A03……;上温带板的编号可以表示为 B01、B02、B03、……。进行编号时,宜北起按顺时针方向沿球罐 0°→90°→180°→270°→0°增大的原则进行编排。即:编号为 1 的球壳板为 0°上或与紧靠 0°向 90°方向偏转位置上的球壳板;如果各带有一条纵缝对着正北方向(0°位置),则紧靠 0°向 90°方向偏转的球壳板为 1。而相邻带板安装时,必须错开半张球壳板,因此,中心线在 0°上的球壳板可定为序号 1;并从北起顺时针方向按顺序对球壳板编号。

(3)当施工管理需要时,支柱也应编号。可以用英文字母 H 表示支柱代号,用英文字母 H 和两位阿拉伯数字表示支柱编号。例如,H01、H02 表示第一根和第二根支柱。国标中没有明确的规定,是否编号,如何编号,可按本单位的规定或施工习惯进行。

2.焊缝的编号方法

(1)各带纵缝代号可由各带球壳板字母代号与该纵缝相邻两带板的序号组成。例如,赤道带纵向焊缝编号可表示为 A1×2、A2×3、A3×4……;下温带纵焊缝编号可表示为 C1×2、C2×3、C3×4……。

(2)相邻两带球壳板间构成的环焊缝的编号,由相邻两带球壳板代号组成。例如,赤道带与上温带间的环焊缝可表示为 AB;上温带与上极板间的环焊缝可表示为 BF。

(3)支柱与赤道带之间的焊缝编号,国标中没有明确的规定,可按本单位的规定或施工习惯进行。例如,用支柱代号 H 和支柱所连接的赤道板板号来表示,HA01、HA03、HA05 表示为编号 A01、A03、A05 的赤道板与支柱连接的焊缝。

3.焊缝名称及代号的表示方法

焊缝名称及代号的表示方法目前常用的有表格法和图示法。

1)表格法

表 9-3 为 2000m³ 足球橘瓣混合式四带球罐焊缝名称及代号的表格法示例。2000m³ 足球橘瓣混合式四带球壳由上极板、上温带、赤道带和下极板组成,上、下极板各有 7 块球壳板,上温带、赤道带各有 20 块球壳板,支柱共有 10 根,与赤道板之间为赤道线正切连接。

表 9-3 2000m³ 足球橘瓣混合式四带球罐焊缝名称及编号

序 号	焊 缝 名 称	焊缝数量(条)	编 号
1	上极板焊缝	10	F1×2,F1×3,…,F6×7
2	上极板与上温带环焊缝	1	BF
3	上温带纵焊缝	20	B1×2,B2×3,…,B20×1
4	上温带与赤道带环焊缝	1	AB
5	赤道带纵焊缝	20	A1×2,A2×3,…,A20×1
6	赤道带与下极板环焊缝	1	AG
7	下极板焊缝	10	G1×2,G1×3,…,G6×7
8	赤道带支柱焊缝	10	HA01,HA03,…,HA19

2)图示法

图示法分为直观图示法和展开图示法两种。

(1)直观图示法。以五带球罐为例,各带名称代号及焊缝名称代号如图 9-19 所示。其中图 9-19(a)为正视图情况(其中有一根支柱朝向正北);图 9-19(b)为正视图情况(其中有两根支柱朝向正北);图 9-19(c)为俯视图情况;图 9-19(d)为仰视图情况。

(2)展开图示法。直观图示法的优点是直观效果好;缺点是绘图烦琐,记录不方便。为了解决这一问题,可将球壳板展开。图 9-20 为五带球罐展开示意图,其展开面均为内展开。

五、球壳板摆放与定位块、吊耳安装

1.球壳板摆放

球壳板吊装前应将所有球壳板摆放到位,下寒带板应沿中心柱四周摆放,下温带板摆放在基础环梁内。按编号顺序摆放,散性排列,可以 2～3 块一堆。

第九章　球罐的现场组装

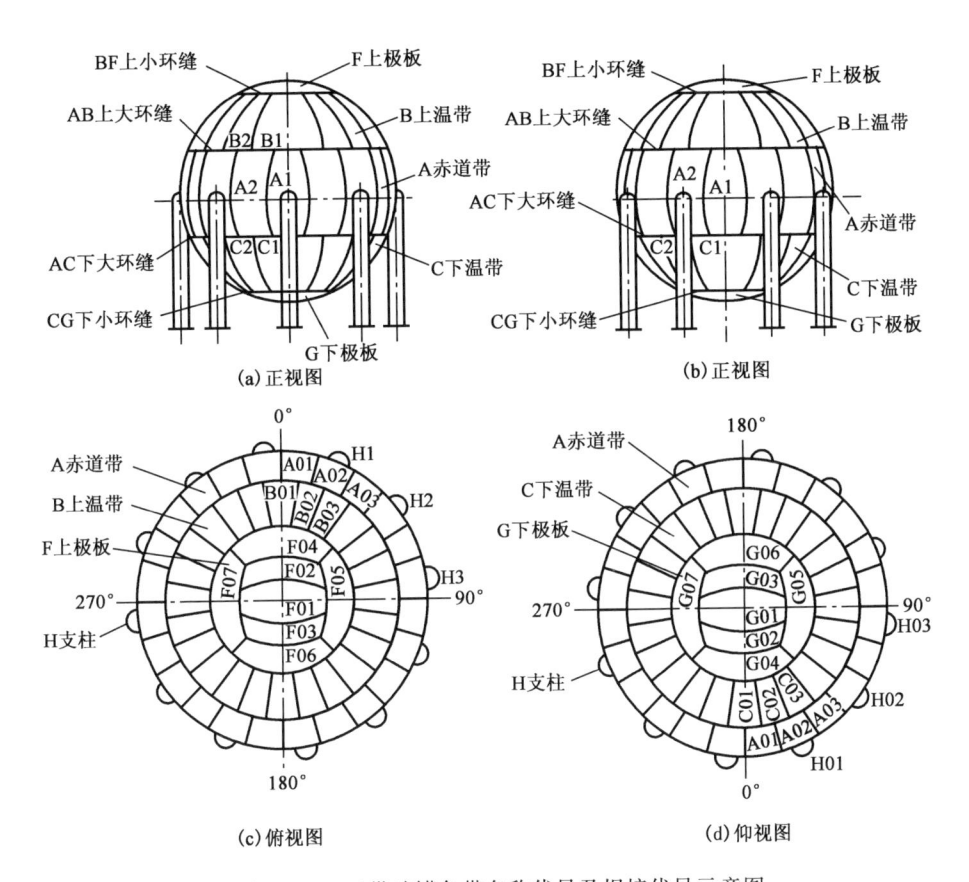

图 9-19　五带球罐各带名称代号及焊接代号示意图

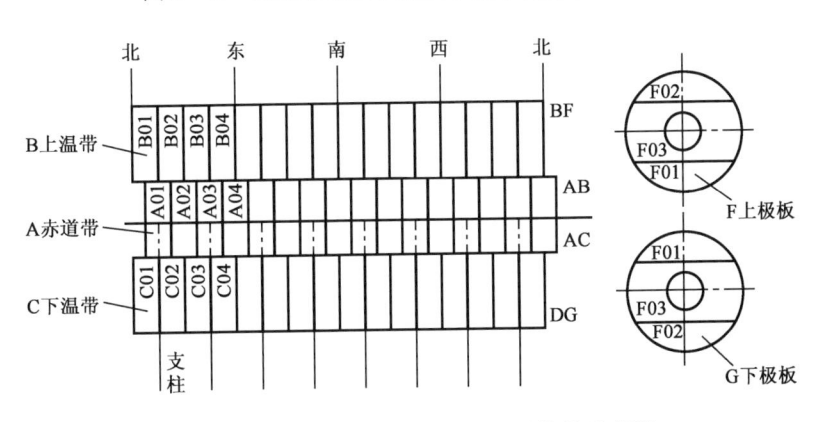

图 9-20　五带球罐各带球壳板展开代号示意图

赤道带板及上温带板放在环梁外对应的地方,以减少倒板次数,便于迅速吊装。

球壳板堆放时凹面向上,四角要用道木垫稳,使之受力均匀。重叠堆放时,球壳板之间应用垫木垫实,并且上下垫木要对齐,防止变形,便于吊装。

2. 定位块及吊耳安装

根据组装和施工作业的需要,组装前往往要在球壳板上焊上一些临时性焊件,如组装用的定位块、吊耳、挂鼻子等。这些焊件都要求组装前在地面上焊好,焊缝要有足够的强度,做到安全可靠。组对卡具的数量和间距应根据球壳板的长度和厚度确定,纵向间距宜为 1.1~1.3m,环向间距宜为 0.5~0.8m,距球壳板边缘距离按卡具结构确定。组装过程中,吊、卡具可按焊接完成进度随时拆除,拆除时采用碳弧气刨或气割切除,用砂轮机打磨,严禁用锤敲落。

赤道板和上温带板的定位块点焊在外侧,下温带板的定位块点焊在内侧,定位块的点焊位置如图 9-21 所示。

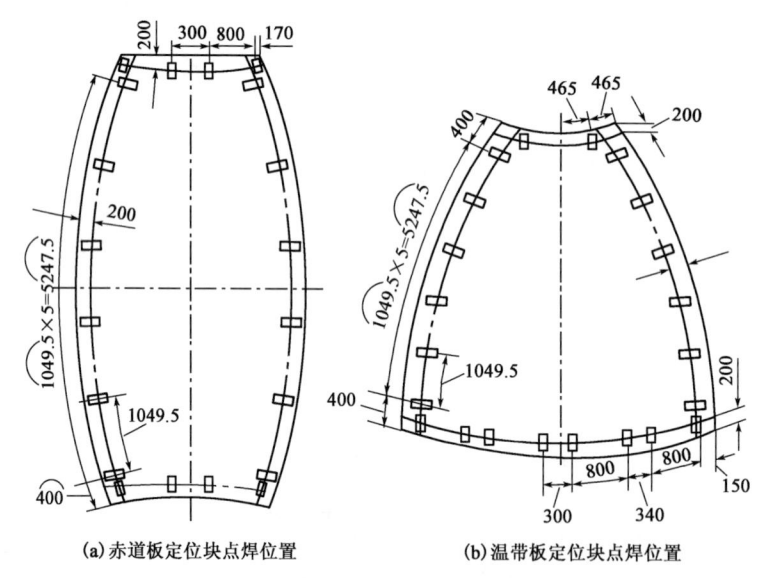

图 9-21 赤道板和温带板的定位块点焊位置

(a) 赤道板定位块点焊位置
(b) 温带板定位块点焊位置

赤道板和上温带板的吊耳点焊在外侧,下温带板的吊耳点焊在内侧,吊耳的点焊位置如图 9-22 所示。吊耳的角度根据吊装钢丝绳的长度以及吊装角度的大小来确定。

极板的定位块及吊耳点焊位置如图 9-23 所示,上极板的定位块及吊耳点焊在外侧,下极板的定位块及吊耳点焊在内侧。

在球壳板上焊临时件时,虽然方便施工,但对球壳板的质量是有害的。实践证明,临时性焊接处最容易产生裂纹缺陷,所以应尽量减少临时焊接处的焊接

(a) 赤道带板吊耳点焊位置　　(b) 温带板吊耳点焊位置

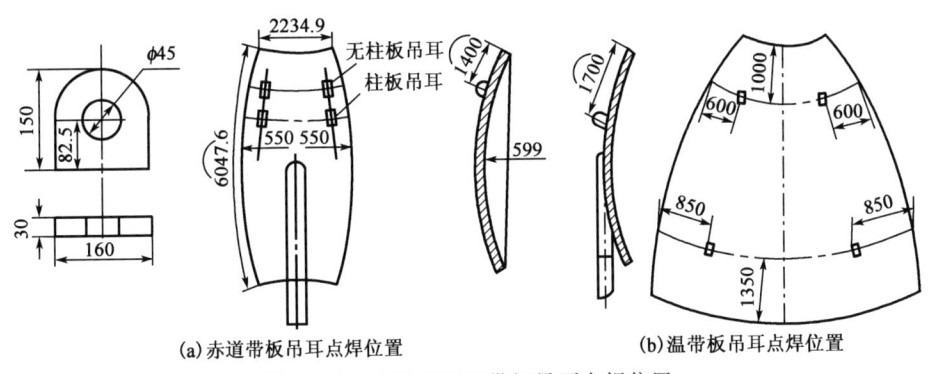

图 9-22　赤道板和温带板吊耳点焊位置

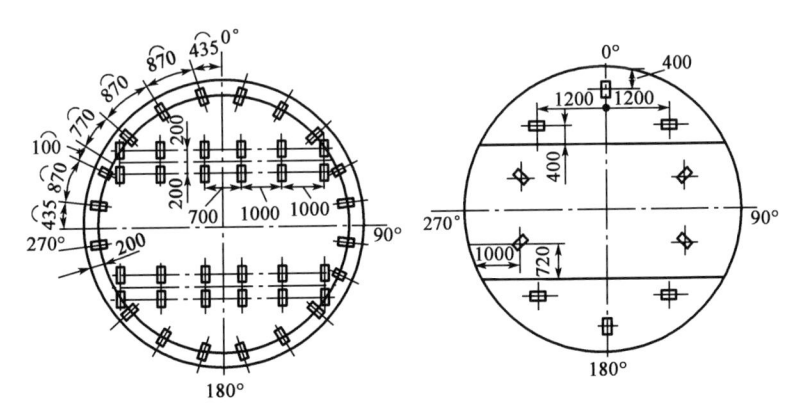

图 9-23　极板上的定位块及吊耳点焊位置

量,如在保证足够强度的原则下,定位块及吊耳的焊接可不采用封闭焊缝。此外,焊接临时件既费工又费料,很不经济,所以应尽量用其他工具代替临时焊件。如用专用吊扣取代吊耳,用伞形架取代三角挂架,从而可减少挂鼻子等临时焊件的数量。

第四节　组　装　方　法

一、组装方法种类与特点

目前,球罐的组装方法有散装法(分片组装法)、分带组装法和半球组装法三种，另外，也有采用由散装法和分带组装法相结合的混合组装法，球罐组装方法的分类见图 9-24。选择合理的、先进的组装方法，不仅能提高组装质量，而且能提高效率，缩短工期。

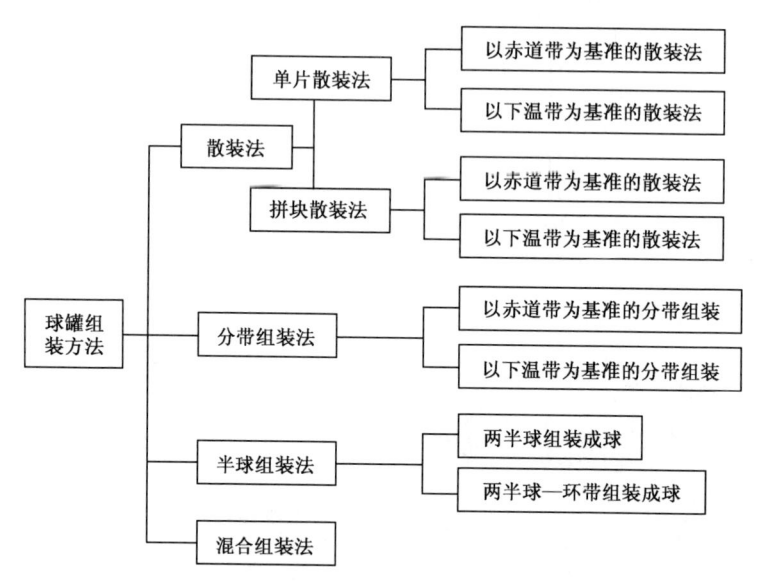

```
球罐组装方法 ┬─ 散装法 ┬─ 单片散装法 ┬─ 以赤道带为基准的散装法
            │         │              └─ 以下温带为基准的散装法
            │         └─ 拼块散装法 ┬─ 以赤道带为基准的散装法
            │                        └─ 以下温带为基准的散装法
            ├─ 分带组装法 ┬─ 以赤道带为基准的分带组装
            │              └─ 以下温带为基准的分带组装
            ├─ 半球组装法 ┬─ 两半球组装成球
            │              └─ 两半球—环带组装成球
            └─ 混合组装法
```

图 9-24 球罐组装方法分类

1. 散装法

散装法（也称分片组装法）指在球罐的基础上把球壳板（单片或组片）用工夹具逐一组装成球，而后一并焊接的方法。它的安装工程可大致分为两个阶段：组装阶段和焊接阶段。这种方法由于生产专业性强，给生产管理和生产速度带来很大优越性。

散装法不但适用于大、中、小型球罐的安装，也适用于椭圆形球罐的安装，以及不同形式瓣片的安装（如纯橘瓣、足球瓣等）。另外，散装法一般从支柱开始安装，以支柱基础做基准，将支柱做部分支撑架用，这有利于球体定位，稳定性好，还可节约大量的安装辅助材料，尤其是对于大型球罐的安装。

球罐的散组装法按照所用设施的不同，可分为有中心柱散装法和无中心柱散装法。由于无中心柱分片组装中上、下温带板的固定比较烦琐，调整时困难，施工人员作业条件较差，所以对于分带较多的球罐组装一般很少采用；而对于分带较少（如三带、四带）球罐的组装，在球壳板质量较好、吊装能力强时，一些安装单位也经常应用无中心柱单片散装法，采取搭设满堂脚手架的方式进行组装。

第九章　球罐的现场组装

球罐的散装法按其组装单元片数分为单片散装法和拼块散装(两片及以上)法。

1)单片散装法

单片散装法就是把单张球瓣逐一组装成型的方法,如图9-25所示。这种方法由于单片组装,故不需要很大起吊能力的机具和安装场地,准备的工作量小,组装速度快,且球体的组装精度易于保证,组装应力小。但单片散装法高空作业量较多,要求全位置焊接的技术也较为严格,焊工操作的劳动强度大,对球罐的几何尺寸及形状要求也高,且需相当数量的工夹具。

图9-25　球罐单片散装图

随着球罐专用材料(宽长板材)的出现,球罐的单张球瓣就有相当面积和重量,这样单片散装法对各种球罐的组装,特别是大型球罐的组装显得尤其优越。

2)拼块散装法

拼块散装法是在胎具上把已确定预装编号的各带板中相邻的两张或更多的球瓣拼接成较大的组合瓣(视单张球瓣的大小以及起吊能力而定),然后吊装各组合瓣成球。

拼块散装法由于部分球瓣在地面进行组焊,故可采用各种不同的自动焊接手段进行焊接,大大提高了这部分纵缝的焊接质量,并减少了部分高空作业量和工夹具的数量。这种方法对于单张球瓣不大的球罐组装是加快工程进度、提高质量的一种途径,但拼块散装法需要相应提高起重的能力。

2.分带组装法

分带组装法就是在现场的平台或一个大平面上,按赤道带、上下温带、上下寒带、上下极板等各带分别组对并焊接成环带,然后把各环带组装成球的方法。

由于分带组装法的各环带在平台上组焊,把这部分的高空作业变为地面作业,所以各环带纵缝的组装精度高,组装拘束力小,纵缝的焊接质量易于保证。采用这种方法施工时,可以用手工焊,也可以采用自动焊。倘若场地允许,还可以安排几个环带同时作业,缩短施工工期。这种组装方法的缺点是需要一定面积的组装平台和较大的起重能力,各环带间的环缝对口尺寸难以保证,组对的刚度大,环缝的组对和焊接难以达到理想状态,所以它的关键是怎样保证各环带板的对口尺寸及形状。

分带组装法一般运用于中小型球罐的安装,因为整环带的吊装需要足够的起重能力,而且吊装的环带直径过大会显得刚度不够。

3. 半球组装法

半球组装法一般是先在平台上用分带的方法将球瓣分别组装成两个半球,然后在基础上将两半球装拼成整球;或在回转胎架上将两半球组焊成整球再吊装于基础上(或吊装于已立在基础的支柱上)。由于拼半球组装法的组装过程基本上在地面(平台)上进行,高空作业量少,所以它的安装速度快,成型精度易于控制,焊接几乎都处于平焊位置,立焊仅为"上坡焊",这对降低组焊应力、保证焊缝质量很有利,而且拼焊两半球还可借助自动焊,但实施环缝自动焊需要有足够大的回转胎具。

半球组装法一般适用于中小型球罐的安装,因为两半球组合和整球就位于基础时,受到起重机具能力的限制,球体刚度不足时,容易产生变形。

4. 混合组装法

混合组装法是在散装法和分带组装法的基础上发展起来的,是两者的结合,其具体做法是赤道带用分带组装方法,其他各带用散装组装方法,组装程序相同。混合组装法具有上述两种方法各自的优缺点,只是程度略有差异。因赤道带成环后需整体起吊,所以采用这种方法施工的球罐受到一定的限制。这种方法一般只适用于中小型球罐的安装。

二、组装方法选择

散装法、分带组装法和半球组装法三种组装方法各有优缺点,对于某一球罐采用哪种方法组装,可根据球罐大小、结构形式、板材厚度、组装条件和现有设备能力等因素,综合考虑而定。组装方法的选择主要考虑的是方法的先进性、合适性、经济性。

第九章　球罐的现场组装

1. 选择组装方法应考虑的因素

一般地说,组装方法的选择应对以下因素进行综合考虑:

(1)球罐容积的大小,可同时施工的球罐规格和数量,球罐的设计参数、材质、板厚及焊接性能。

(2)球罐的结构形式,支柱的结构形式,上、下支柱接点的结构形式,拉杆的结构形式,相同结构形式的球罐数量。

(3)球罐的制造单位,球罐制造厂与施工现场的距离及运输方式。

(4)球罐的平面布置,施工场地的大小,罐区环境,是新建扩建还是进行技术改造。

(5)施工企业的工装设备情况,起重机和吊装能力,有无中心柱、工卡具、脚手架、胎具和平台等。

(6)施工企业的技术力量状况,焊工、组装工和无损检测人员的技术素质状况等。

(7)施工企业的管理水平、协调能力和施工习惯。

(8)工期要求,相关作业的进度安排,基础交付安装的时间,球壳板运抵现场的时间,施工企业可投入的人力和时间等。

2. 组装工艺选择的原则

在选择球罐的组装方法时,应注意考虑以下原则:

(1)球罐容积。大型球罐一般宜采用散装法,不宜采用分带组装法,这主要是出于对起重设备吊装能力的考虑,实际施工时,应灵活掌握。如具有强大的吊装能力和丰富的球罐建造经验,在进行大型球罐施工时,选用何种方法,可不受这种条件的约束,应更多考虑其他因素。

(2)球罐的结构。橘瓣式结构的球罐可采用单片散装法、分带组装法以及这两种方法组合的混装法;混合式结构球罐可采用混装法或单片散装法。

根据上、下支柱接点形式确定组装方法就是确定支柱上、下两部分是在地面上组对,还是在空间组对。如果定位管(或板)较长,当上部支柱插入后就可定位,又可旋转及调整方位角,且拉杆的上、下方接点均在下部支柱时,宜先组立下部支柱;反之,采用上、下支柱地面组对的方法为宜。

(3)球罐储存的介质与板厚。当储存的介质具有应力腐蚀倾向,且壁板较厚时,从减少组装和焊接应力的角度出发,宜采用单片散装法。

(4)球罐的数量。当球罐的数量较多,规格相近时,宜采用单片散装法,不但施工机具可以重复利用,在施工组织上还可以采取流水作业方式,从而大大加快施工进度,取得较好的经济效益。

当球罐的数量较多,规格相近,且需要按工期同时完工时,宜采用分带组装法,以便更有效地利用吊装设备;当球罐数量较少(如只有1～2台),容积不是太大时,则有多种方法可以选择。

(5)施工企业情况。施工企业情况主要是指技术素质、协调能力、技术装备、施工习惯等,当施工企业的焊工素质较好时,宜采用分带组装法。施工企业的习惯也很重要,一般情况下应结合习惯选择组装工艺,这有利于发挥企业的优势。

(6)施工现场的条件。选择拼块散装法或分带组装法的前提条件是施工现场有铺设组装平台的场地,若场地狭窄,则不便采用。

上述选择组装工艺的原则均是从单一因素来考虑的,在实际施工中,常需要综合分析,全面考虑才能确定合理的组装工艺。

三、有中心柱单片散装组装工艺

带数较多的(如五带、七带)大型球罐安装常采用有中心柱单片散装法,有中心柱单片散装法按组装顺序可分为以赤道带为基准的散装法和以下温带(下寒带)为基准的散装法。实际工程中,常用的是以赤道带为基准的单片散装法,如图9-26所示,以下简要介绍其组装工艺要点。

以赤道带为基准的单片散装法是在球罐基础上,先组立支柱(或在地面上将赤道板与支柱组焊),再分片组装赤道带,然后分别组装赤道带上、下各带,施工工艺简单,占用起重机械时间较短,是一种普遍采用的方法。

以5000m^3五带球罐为例,赤道带24片,支柱数12根,采用有中心柱组装法的安装程序如下:

支柱安装→内脚手架搭设→赤道带组装→外脚手架搭设及中心柱安装→下温带板组装→上温带板组装→下寒带板组装→上寒带板组装→下极板组装→上极板组装→组装质量检查→防护棚搭设→各带焊接→热处理→附件安装。

1. 支柱的安装

1)支柱组对

支柱和赤道板的组对宜在平台上进行。球罐支柱有两种设计,一种是只分一段,可以直接安装;另一种是一根柱分成两段,上段支柱通常在制造厂已焊在赤道板上,下段支柱单独装箱,所以安装前需要在平台上将下段支柱与上段支柱组对并焊好,见图9-26。

第九章 球罐的现场组装

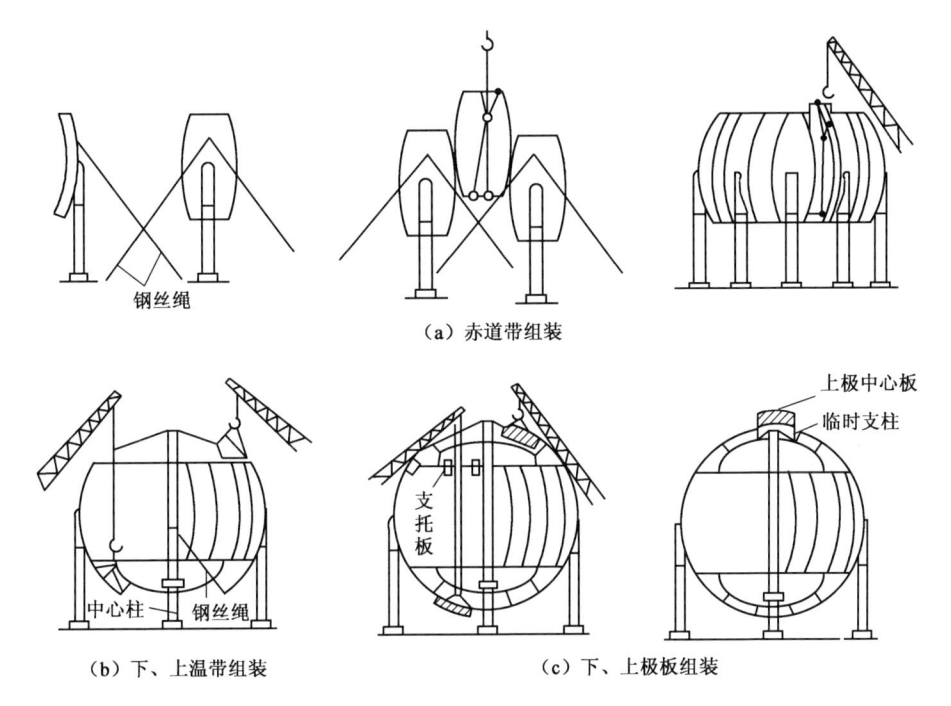

(a) 赤道带组装

(b) 下、上温带组装

(c) 下、上极板组装

图9-26 散装法组装示意图

赤道板上段支柱与下段支柱的组对,是一道重要的工序,要严格保证对接质量,避免产生弯曲、错位或不同心。组对前,先把带上段支柱的赤道板放平垫实,然后分别画出赤道板中心线和支柱中心线,赤道板中心点为 O,见图9-27。在赤道板中心线上找两点 A 及 A',使 $OA=OA'=a$。对准上段支柱与下段支柱中心线,在下部支柱定一个 B 点,找正支柱左右偏差,使 $AB=A'B=b$。为避免支柱组焊后的钩头变形,可通过赤道板上下口中心拉一根粉线,使下段支柱与粉线平行,即 $c=c'$,然后进行焊接与检测。

2)支柱安装

支柱安装前,先进行基础复测。根据各支柱实测长度,对照相应基础的高度偏差,把四组斜铁放到基础上,各组垫铁用水平仪找好水平度,保证误差满足要求。基础复测合格后,在基础平面上画出支柱安装中心线,见图9-28。为保证最后一块赤道板的顺利安装,注意此中心线的中点位置略大于基础中心圆(即在基础中心圆外侧)。然后用吊车将支柱或带柱腿赤道板(球罐支柱已焊在赤道板上)依次吊装就位,测好垂直度,紧固地脚螺栓,安装柱间拉杆,但不必紧固。如果球罐需要热处理,则支柱吊装前在底柱板下面涂一层润滑油,可减少热处理时支柱滑动的阻力。

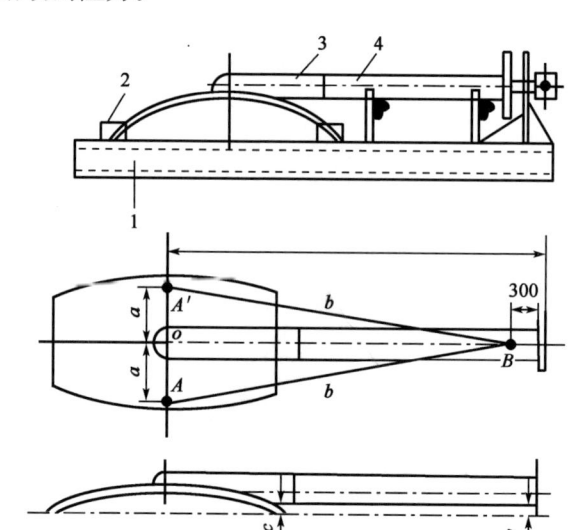

图 9-27　上、下段支柱的组对
1—胎具；2—档；3—柱头；4—柱腿

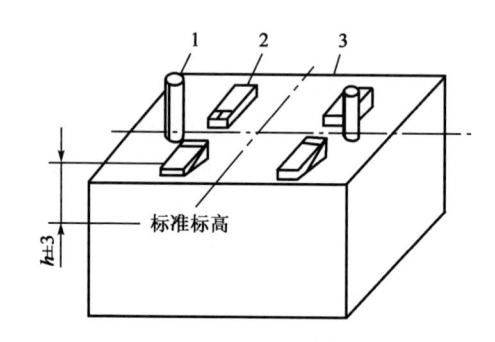

图 9-28　基础斜铁块的布置
1—地脚螺栓；2—垫铁；3—基础

在球罐安装完成后，打紧斜垫铁，调节各组垫铁之间的正压力，使受力均匀，然后进行混凝土灌浆抹面。

2. 赤道板组装

采用以赤道带为基准的单片散装法组装赤道板。赤道板的安装质量直接影响到温带板、寒带板和极板的安装，也决定了球罐整体形状和质量，必须严格控制。赤道板安装顺序见图 9-29。

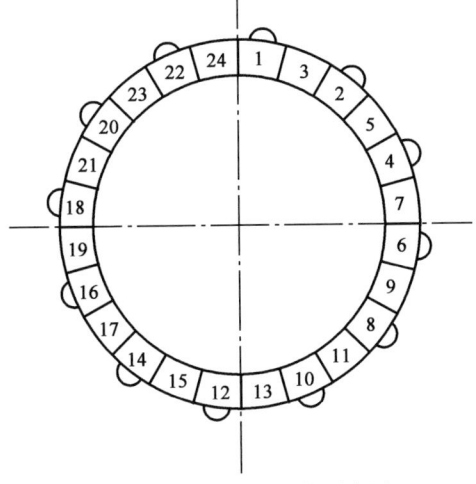

第九章　球罐的现场组装

图 9-29　赤道板安装顺序图

1)第一块带支柱的赤道板吊装

在吊装以前内外脚手架在地面上事先安装好，内外拖拉绳卡好，工卡具固定在定位块上。

用吊车吊起第一块带支柱的赤道板，见图 9-30。在赤道板外部吊耳上卡两根拖拉绳，在赤道板上部用卡兰向内部引一根拖拉绳，内外三根拖拉绳成三角固定，防止倾倒。每根拖拉绳与一个 1~2t 倒链相连，用倒链调节拖拉绳的张紧度。就位后，测量支柱垂直度或赤道板垂直度。

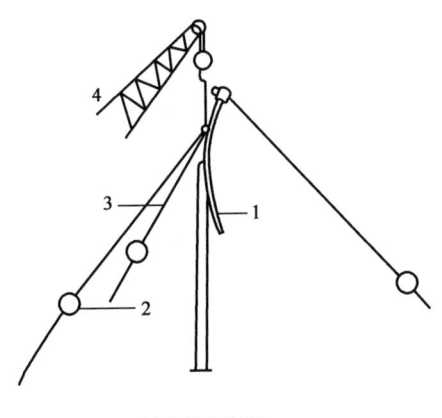

(a)吊装示意图　(b)吊装实物图

图 9-30　第一块赤道板吊装图

1—赤道板；2—倒链；3—拖拉绳；4—桥式起重机

241

2) 第二块带支柱的赤道板吊装

吊装第二块带支柱的赤道板,其安装方法与第一块赤道板相同,安装在相邻的第二个基础上,见图9-31。就位后,找好两赤道板的水平度,其高度偏差可用斜垫铁进行调整。当支柱和赤道板偏心布置时,要在偏心一侧适当加以支撑,然后测量支柱垂直度或赤道板垂直度及支柱间的相对位置。

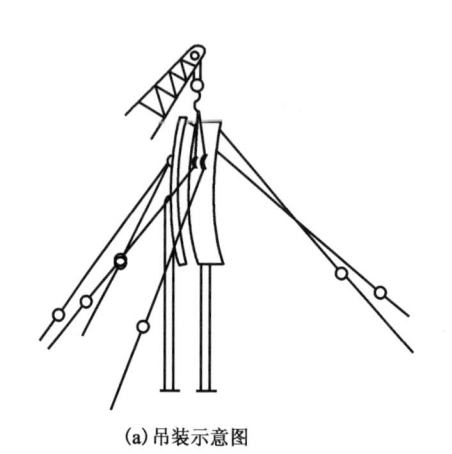

(a) 吊装示意图　　(b) 吊装实物图

图9-31　第二块赤道板吊装图

当两块赤道板安装固定后,在脚手架上把踏板从下而上铺好,并把安装第三块(即中间一块)赤道板的工卡具等准备好。

3) 第三块不带支柱的赤道板吊装

吊装第三块不带支柱的赤道板,将其从赤道板上部自上往下插装在已安好的两块带支柱的赤道板之间,见图9-32。找好间隙后,用卡具加以固定。

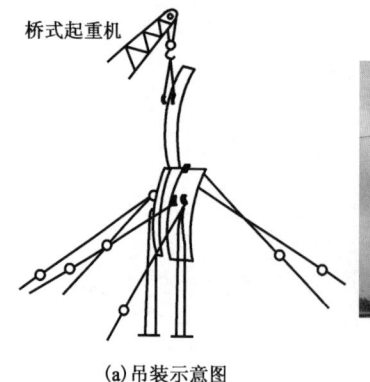

(a) 吊装示意图　　(b) 吊装实物图　　(c) 罐板固定图

图9-32　第三块赤道板吊装与固定图

第九章　球罐的现场组装

4）其他赤道板的安装

用同样的方法安装其余的赤道板,按先装一块带支柱的赤道板,然后插入一块不带支柱的赤道板的顺序依次吊装就位,直至赤道带闭合组成环带。

赤道带是整个球的基准带,其组装精度如何,对其他各带和整个球罐的最终质量影响很大,所以组对成环后,要立即进行找正,精心调整,并安装支柱间支撑,使装配尺寸达到要求。调整的项目为支柱垂直度、对口间隙、错边量、椭圆度、上下口的齐平度等。球壳不得采用机械方法强力组装,以避免附加应力的产生。

调整时以事先在赤道线处做的标记为准,不应以赤道带的上口或下口为准来调整。各部位尺寸调整合格后,即可进行定位焊,然后进行温带板的组装。

3. 中心柱安装

赤道板组装符合要求后,为便于上、下温带板的安装调整,宜在球罐中心位置安装中心柱(图9-33)或伞形架支撑(图9-34),中心柱或伞形架支撑应有足够的强度和刚度。吊装中心柱在最后一块赤道板安装之前进行,可采用吊车整体吊装就位,由四根拖拉绳固定。

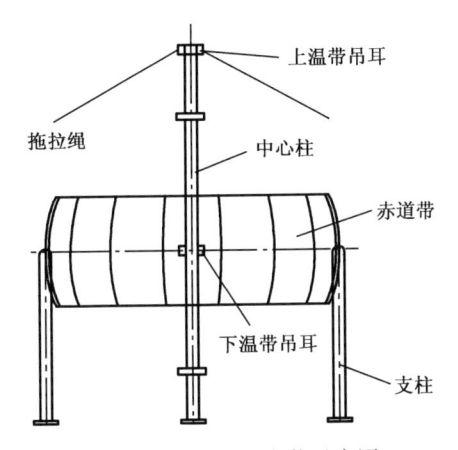

图9-33　中心柱安装示意图　　　图9-34　伞形架安装实物图

4. 下温带板安装

赤道带调整并定位焊之后,便可以开始温带板的组装。先组装下温带板,后组装上温带板。下温带板组装程序如下:

(1)按排板图要求先吊装第一块下温带板。吊起下温带板从赤道带上口落下,落到低于赤道带下口再往上对口,温带板上口和赤道带下口用工卡具卡紧,组对时找正中心线,注意不要对偏。将下温带板下口用钢丝绳和中心柱连接或者将下口用钢丝绳拉到赤道带上口,中间连接松紧螺栓或倒链,就位后用卡具与赤道板组对连接,见图9-35。吊装组对时要注意温带板与赤道板的相对位置,并用样板调整好温带板与赤道板的曲率。

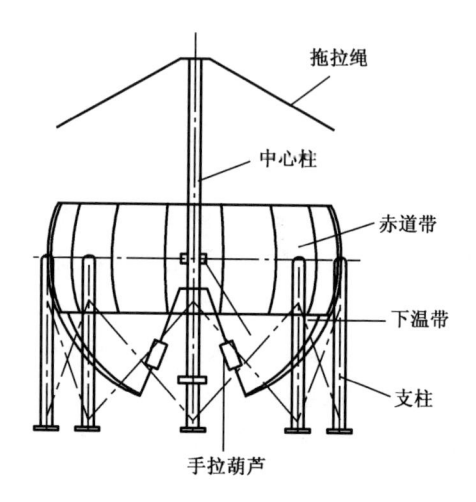

图9-35 下温带板安装示意图

(2)用同样的方法吊装第二块下温带板,就位后用上述同样方法固定,并用卡具和相邻温带板及赤道板组对连接。

(3)依次吊装组对全部下温带板,并组对成环。全部下温带板组装完即可调整,其方法和要求与调整赤道带相同,但增加了调整环缝项目。按标准要求调整下温带板纵缝和赤道带与下温带之间的环缝,卡紧工卡具,以防对口松动而造成错口或间隙增大等。

检查调整下温带板纵缝对口曲率、间隙及错口符合要求后,进行全部纵缝的定位焊。调整环缝时,必须保证赤道板和温带板的纵向弧度,切勿出现错口,调整完毕,环缝暂不进行定位焊,待赤道板和温带板的纵缝焊接之后,再进行定位焊,减少环缝处的组装应力。

要注意的是:下温带板的下端因其重力作用,有下垂趋势,导致下口实际直径增加,所以下温带板收口要小3~4mm,否则最后一块板插装就位后间隙就会偏大。

5.上温带板安装

下温带板安装完成后,安装伞形脚手架,伞形脚手架与中心柱用螺栓连接,与赤道板上口处用连接板固定焊连接,然后就可组装上温带板。

第九章　球罐的现场组装

(1)吊装第一块板之前,先在赤道板上口处焊上托弧板,用来托住上温带板,保持位置准确,或者利用中心柱上伸出的支撑管或用倒链同中心柱拉牢,支住上温带板上端,见图9-36。

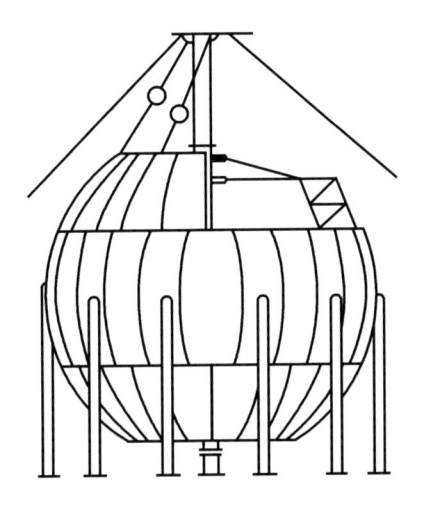

图9-36　上温带板安装固定示意图

(2)吊装上温带板,靠托弧板或可调的支撑来临时固定,保持位置的准确。上温带板的吊装、组对程序与下温带板相同。但要注意,上温带板的上口也有下垂趋势,为避免下垂而造成最后一块板插装不上,可调节支撑杆,使上温带板上口直径放大5mm左右为宜。

(3)上温带板组装完即可调整,其方法和要求与下温带板相同。

此外,一些大容积的球罐划分七个或更多带,即有上寒带和下寒带之分。这两个带的吊装组对方法与吊装组对上、下温带板相同。

上、下温带全部组装完毕,尺寸及接缝偏差调整合格,组装上、下极板。

6. 上、下极板安装

上、下极板的安装顺序有两种:一种是先组装下极板,后组装上极板;另一种是先组装上极板,后组装下极板。

(1)按先组装下极板后组装上极板的顺序安装,见图9-26(c)。

①下极板吊装。将下极带板拖拉入基础中央或在赤道带吊装前将下极带板排列在基础内。先吊装极带边缘板,再吊装极带边板,按排板图依次吊装。边缘板吊装就位后,边缘板上端用组装卡具与下温带板下端连接,边缘板下端用倒链钩挂在中心柱上固定。调整对口间隙、错边和棱角度合格后,再吊装边板,调整后进行定位焊。带人孔的下极中板待中心柱拆除后再吊装。

②上极板吊装。先吊装极带边缘板,再吊装极带边板,按排板图依次吊装。边缘板吊装就位后,边缘板下端用组装卡具与上温带板上端连接,边缘板上端用拖拉绳吊在中心柱吊环上;再吊装边板,然后调整对口间隙、错边和棱角度,合格后进行定位焊。

在全部球壳板组装完毕并检查合格后,为便于球罐内焊接和检测等施工作业时通风和施工人员通行,可将极板中的一块侧板或中心板暂时取下,待球罐其他部位都焊接完后再重新组对焊接。

(2)按先组装上极板后组装下极板的顺序安装。

采用这种安装顺序时,主要考虑为焊接工作创造良好的通风条件。先装上极板,在顶部人孔处安装引风机抽风,由于下温带板下口较大,所以能形成较大的空气对流,焊接和气刨烟尘很容易排除去。

①上极板吊装,见图9-37。组装前拆除中心柱顶部一节。先吊装极带边缘板,再吊装极带边板,后吊装极带中板,按排板图依次吊装。吊装中要检查管口方位与施工图一致,卡紧工卡具。检查调整对口间隙、错边和棱角度,合格后进行定位焊。首先进行极板纵缝定位焊;环缝定位焊在极板纵缝全部焊完后进行,以防止因纵缝焊接收缩引起环缝定位焊点开裂。

②下极板吊装,见图9-38。将下极带板拖拉入基础中央或在赤道带吊装前排列在基础内。在下极板安装前,将中心柱用绳扣及松紧螺栓固定在上部人孔上,然后拆除中心柱下部一节,从上部人孔引进吊装绳,进行下极板的吊装。其吊装方法及定位焊与上极板相同。

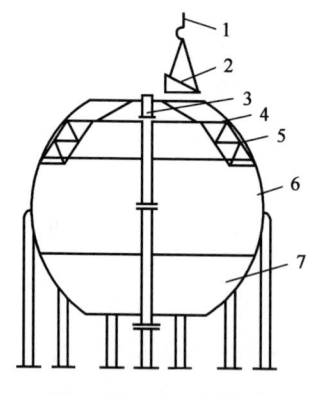

图9-37 上极板吊装
1—桥式起重机;2—上极板;3—中心柱;4—上温带板;5—伞形脚手架;6—赤道板;7—下温带板

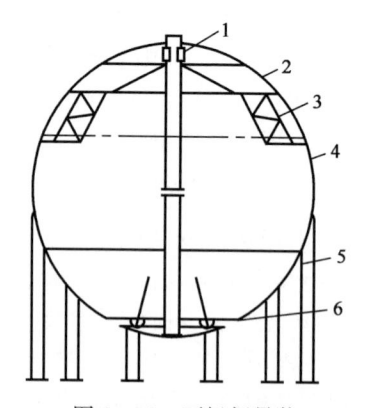

图9-38 下极板吊装
1—绳扣及松紧螺栓固定中心柱;2—上温带板;3—伞形脚手架;4—赤道板;5—下温带板;6—下极板

7. 附属件组装

附属件安装包括梯子、平台、喷淋环、安全阀和其他附件。梯子和平台的安装要在球罐本体探伤和热处理之后进行,过早的安装会影响探伤和热处理工作,但是安装梯子、平台、保温环的等边小角钢、小支杆、垫板等必须在热处理之前焊到球壳板上。

四、无中心柱单片散装组装工艺

无中心柱单片散装组装工艺的原理:在球罐组装过程中,温带板以及极带边板的直立固定和倾斜角度调整不是借助中心柱来完成的,在赤道板是利用吊车与钢丝绳配合进行,对于温带板和极带边板只利用钢丝绳来完成。通过控制赤道板、温带板以及极带边板的预留对口间隙大小的变化,在一定程度上能够均衡球壳板因重力因素而对其倾斜度产生的影响。

这种方法可以克服有中心柱单片散装组装工艺存在的一些缺陷,如中心柱制作、来回运输费用高;施工时需用倒链多。目前,在大型球罐安装中,该方法被广泛应用。

无中心柱单片散装法的组装程序与有中心柱单片散装法基本相同,不同的是在支柱和赤道板的组装完后,不是进行中心柱的架设,而是进行其他带板的组装,同时,也减少了中心柱拆除工序,见图 9-39。以下以五带球罐的组装为例,简要叙述无中心柱单片散装法的温带板和极板的组装工艺。对于三带或四带球罐的组装,则没有上下温带或下温带的组装工序。

(a) 赤道板吊装 (b) 组装过程

图 9-39 无中心柱单片散装组装图

1. 下温带板安装

赤道板装完后,即开始下温带板的安装,如图 9-40 所示。

(1)吊装第一块下温带板,就位后用卡具与赤道带下环口连接固定,用带倒链的拖拉绳与赤道带上口固定以便调整倾角,调整对口间隙、错边量和棱角。

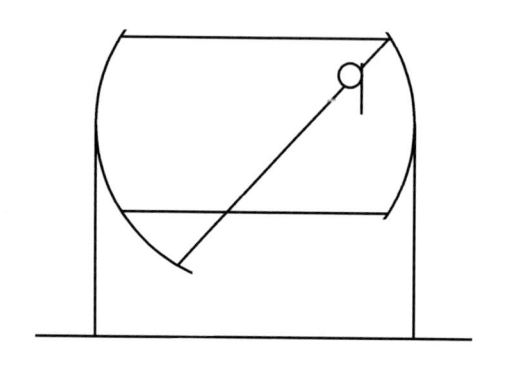

图 9-40 下温带的吊装示意图

(2)吊装第二块下温带板,就位后一方面用卡具与赤道带下环口连接固定,另一方面用卡具与第一块下温带板连接固定。同样,用带倒链的拖拉绳与赤道带上口固定以便调整倾角,调整对口间隙、错边量和棱角。

(3)以此类推,将下温带整体组对成形。

(4)调整下温带,使其组装几何尺寸(对口间隙、错边量、棱角、下温带下口圆度)均满足标准要求;调整下温带与赤道带环缝对口间隙、错边量、棱角均,使其满足标准要求。

(5)检查合格后将连接卡具锁紧。下温带组装调整完毕,拆除下温带上所有拖拉绳(调整下口圆度用钢丝绳除外)。

为防止组装时下温带板因重力向一边倾斜,在吊装完成 1/3 下温带板数量后,再从第一块板位置沿着相反方向进行下温带板的吊装。

2. 下极带板安装

在安装完下温带板后吊装下极带板,其方法与吊装下温带板一样,同样用倒链斜拉至赤道带上,同时要注意管口方位,上口同下温带下弦用龙门卡打好,下弦使用倒链、钢丝绳同赤道带外壁吊耳连接,经检查合格后,进行定位焊。下极带中板留到球罐主体焊接量完成后再安装,以保证罐内的通风良好,如图 9-41 所示。

当采用先组装完上温带再组装下极板的顺序进行安装时,吊板用倒链的拖拉绳要与上温带上口固定。

(a)下极带板吊装　　　　　　　　(b)壁板组对

图 9-41　下极带板组装图

3. 上温带板安装

下极带装完后,即开始上温带的吊装。吊装的上温带板要用倒链通过外侧吊耳斜拉至赤道带和地面设置的锚点上,下口同赤道带之间打好工卡具,固定牢固,如图 9-42 所示。

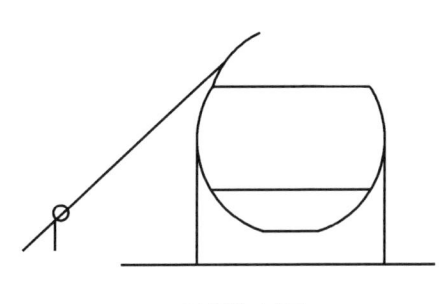

(a)吊装示意图　　　　　　　　(b)吊装实物图

图 9-42　上温带板的吊装

(1)吊装第一块上温带板,就位后用卡具与赤道带上环口连接固定,用两根带倒链的拖拉绳在上温带板上端向外拉伸,以便调整角度并固定,同时用一根带倒链的拖拉绳在上温带板上端向内侧拉住,以防外侧拖拉绳拉伸过度,调整对口间隙、错边量和棱角。

(2)吊装第二块上温带板,就位后一方面用卡具与赤道带上环口连接固定,另一方面用卡具与第一块上温带板连接固定,用一根带倒链的拖拉绳在上温带板上端向外拉伸,以便调整角度并固定,调整好对口间隙、错边量和棱角后将拖拉绳封紧。

(3)以此类推,将上温带整体组对成形。

(4)调整上温带,使其组装几何尺寸(对口间隙、错边量、棱角、上温带上口圆度)均满足标准要求,调整上温带与赤道带环缝对口间隙、错边量、棱角,使其均满足标准要求,检查合格后将连接卡具锁紧。

(5)上温带组装调整完毕,拆除上温带上所有拖拉绳(调整上口圆度用钢丝绳除外)。为防止组装时上温带板因重力向一边倾斜,在吊装完成1/3上温带板数量后,再从第一块板位置沿着相反方向进行上温带板的吊装。

4. 上极带板安装

上温带装完后,即进行上极带板的吊装,方法与上温带板相似,如图9-43所示。

图9-43 上极带板的吊装

5. 重力因素影响球罐组装质量的削减措施

在球罐组装过程中,由于受重力影响,各带球壳板均有下倾趋势。采用有中心柱单片散装组装工艺进行球罐组装施工时,借助中心柱及其配套索具可以克服这种下倾趋势对各带球壳板倾角的影响。采用无中心柱单片散装组装工艺进行球罐组装施工时,通过采取控制球罐各带板预留对口间隙大小变化的方法,可减小因重力因素对带板倾角的影响,具体措施如下:

(1)对于赤道板、下温带板和下极带边板,组装时预先将相邻两块带板对接焊缝的对口间隙从上往下逐渐缩小,待该带带板组装成型后,再从上往下逐渐放大调整各条焊缝的对口间隙。

(2)对于上温带板和上极带边板,预先将相邻两块带板对接焊缝的对口间隙从下往上逐渐放大,待该带带板全部吊装就位后,再从下往上逐渐缩小调整各条焊缝的对口间隙。

五、分带组装法安装工艺

采用分带组装法进行球罐组焊时,首先进行各环带组装焊接,完成后,再进行球罐成球组装。

1. 环带组装

1)组对平台的铺设

球罐采用分带组装法时,各环带均应在平台上进行组焊。因平台的平面即为组装时的基准面,所以要求平面度必须符合规定,其误差应在允许范围之内。铺设完毕的平台,在施工过程中不得出现变形,并且平台地基要坚硬,不得产生不均匀的下沉。

在平台上做胎架时,按所要组装带的端口直径画圆,并根据要组装带的球壳板数量,在圆上点焊相应数量个定位挡铁,然后在平台上再组焊支架,支架上端是个圈板,其高度应比各带板的垂直高度低 100mm,以便在其上面设置卡具。圈板外圆直径就是各组带相应高度的内径,见图 9-44。每个环带组对时均应采用相应的胎具,组装成形后的胎具直径为各环带内径的设计值加焊接收缩量。

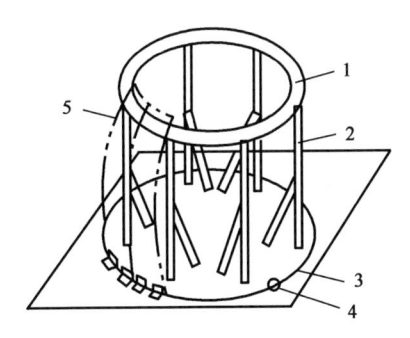

图 9-44 分带组装法支架示意图
1—圈板;2—组对支架;3—底圆;4—定位角铁头;5—单弧形片

2)赤道带的组焊程序

(1)在平台上按照理论计算值画出赤道带下口基准圆。

(2)在赤道带下口基准圆内侧设置胎具,胎具的高度不宜小于赤道带高度的 2/3。胎具直径应通过 1∶1 放样验证。赤道带板应与胎具圆周接触,并且确保水平,满足组对要求。

(3)在基准圆外侧的一个球壳板壁厚处,均布点焊定位块,且每块球壳板不少于 2 块。内侧定位块可根据组对过程中的需要酌情放置,定位块的厚度不小于 8mm,以长 140mm、宽 110mm 为宜。

(4)以定位块和胎具为基准,利用工卡具使所有的球壳板都紧贴胎具,使各球壳板间接缝保持 2~3mm 的间隙。检查错边量、对接缝角变形、上下口圆度、周长等均应在允许偏差内,然后在纵缝内坡口进行定位焊,并焊好防变形支撑。最后进行焊接和无损检验,完成赤道带组焊。

3)温带的组焊程序

温带的组焊程序和要求与赤道带相同,但大口基准圆要根据赤道带上、下口的实际直径来确定,小口要以相应的极板直径为基准,且不应大于极板实际直径。

2. 成球组装方法

各环带组装焊接完成后,即可进行球罐成球组装。分带组装法按组装的顺序可分为以赤道带为基准的组装方法和以下温(寒)带为基准的组装方法。

1)以下温带为基准的组装程序

以下温带为基准的分带组装法的工艺流程如下:

铺设平台→平台上画各带投影图→各带分别组对焊接→基础上设置托架→安装下极板→吊装下温带(作为基准带)→吊装赤道带→吊装支柱→焊接支柱与赤道带焊缝→焊接下温带与赤道带环缝→吊装上温带→焊接环缝→安装上极板→焊接环缝。

赤道带和上、下温带(包括极板)等各环带组焊完后,先安装下温带(包括极板),再安装赤道带(图 9-45),其施工程序如下:

(1)首先在球罐基础中心安设一个托架,该托架将承受整个球的重量,因此必须有足够的强度和刚度,标高要准确。放置托架的地面应进行处理,要具备足够的承载能力,并保证不能下沉,托架的中心应与球罐基础中心一致。

(2)根据图样安装就位,先将下极板吊放在托架上,并调整标高。然后把下温带吊放在下极板上,使下口与极板合拢,用工卡具连接,调整间隙、错边,进行定位焊。再次调整标高,位置度偏差、水平度偏差、标高偏差在允许范围内。此时,将下温带作为基准带。

(3)下温带就位时,先用四根 $\phi 108mm \times 4mm$ 的钢管(或刚度适当的其他型

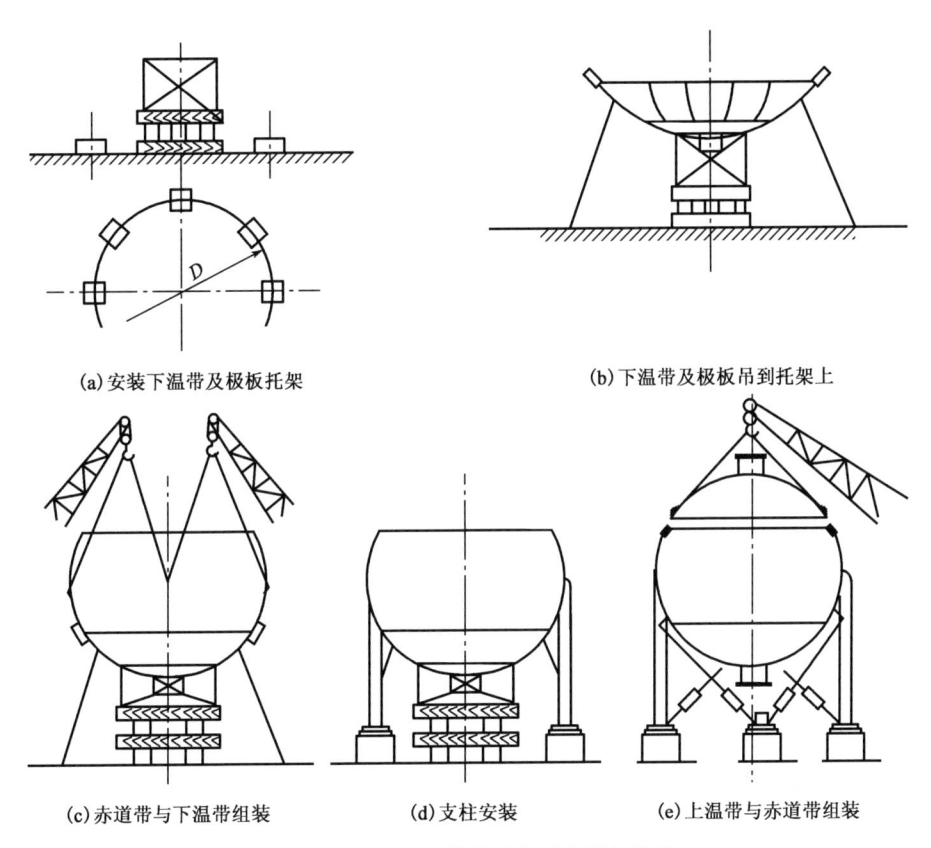

(a) 安装下温带及极板托架
(b) 下温带及极板吊到托架上
(c) 赤道带与下温带组装
(d) 支柱安装
(e) 上温带与赤道带组装

图 9-45 以下温带为基准的分带组装法

钢)对下温带进行对称支撑固定,然后在下温带上口外侧均匀分布焊接导向板。

(4)吊装赤道带,使赤道带下口与下温带上口合拢,用工卡具连接,调整间隙、错边,进行定位焊。

(5)对下温带与赤道带环焊缝及有关几何尺寸检查合格后进行支柱吊立安装,并与赤道板连接点焊。

(6)进行下极板与下温带环缝、下温带与赤道带环缝以及支柱与赤道板焊缝的焊接。焊完后,垂直度允许偏差应在规定范围内,拉杆螺栓的预紧力应适当,不得用强力紧固拉杆螺栓的办法来校正支柱的垂直度。

(7)在赤道带上口内侧均匀分布焊接导向板。先吊装上温带板,使上温带下口与赤道带上口合拢,用工卡具连接,调整对口间隙、错边量、角变形在允许的范围内,然后吊装上极板,进行安装及调整。最后进行环缝焊接。

此时,上温带和上极板可以在地面组对焊接完成后,整体吊装。

2)以赤道带为基准的组装程序

赤道带和上、下温带(包括极板)等各环带组焊完后,先安装赤道带,再组装下温带(图9-46),其施工程序如下:

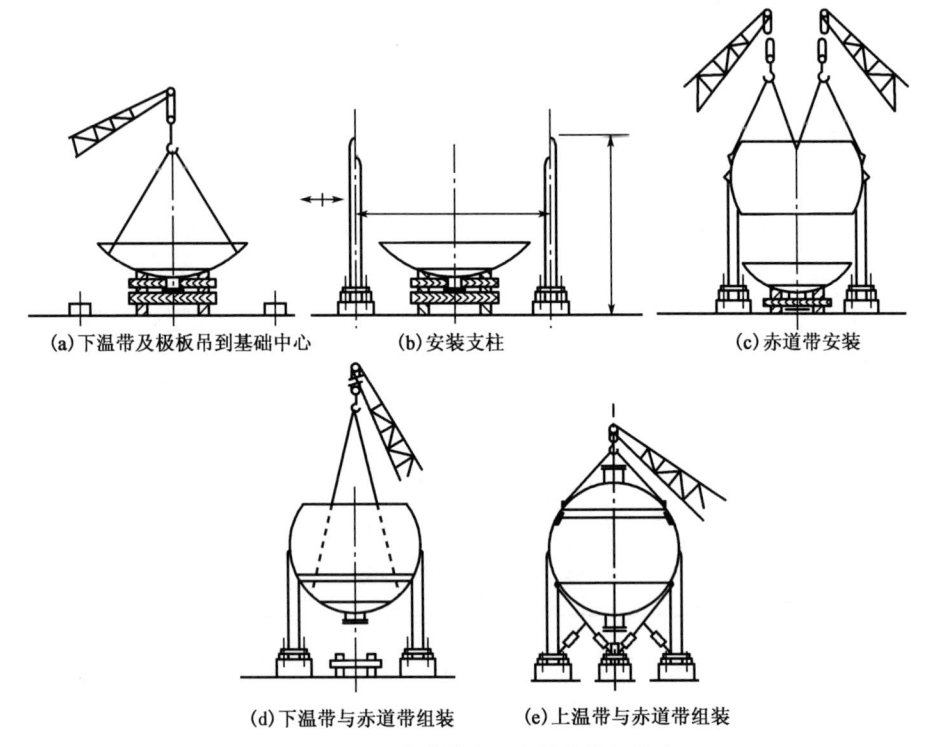

(a)下温带及极板吊到基础中心　(b)安装支柱　(c)赤道带安装

(d)下温带与赤道带组装　(e)上温带与赤道带组装

图9-46　以赤道带为基准的分带组装法

(1)根据图样要求在赤道带外侧与球罐支柱相对应的位置焊接支撑托架(为赤道带吊装就位临时使用)。

(2)根据设计规定的安装方位,把下温带和下极板大口向上吊到球罐基础的中心放好、垫平。

(3)进行支柱安装,检查支柱坐标位置、标高和垂直度,宜初步调整在规定范围内,安装调节拉杆,支柱间拉杆螺栓预紧要适当。

(4)在赤道板的柱头位置焊上两个抱箍,然后吊装赤道带,柱顶插入抱箍内。就位后找水平度,再次调整支柱的标高和支柱的垂直度,使之达到规范要求。进行支柱与赤道带接缝的焊接。

(5)先吊装下温带,借助事先焊在赤道带下口内侧的若干导向板使其上口与赤道带下口合拢,用卡具连接;再吊装下极板,与下温带合拢,用卡具连接固定。经调整合格后,可以进行环缝的焊接。

(6)继续吊装上温带和上极板,用卡具连接。经调整后,进行焊接与无损检测。

此时,上温带和上极板也可以在地面组对焊接完成后,整体吊装。

第五节　球罐防护棚的安装

球罐安装处在野外环境,施工周期较长,因此在球罐组装成球之后必须搭设坚固的防护棚,使球罐安装全过程都处在良好的环境下连续施工。

一、防护棚的种类与作用

球罐的防护棚有多种。防护棚按平面形状分为四边形、多边形和圆形。防护棚按维护程度分为只有顶盖无圆周的维护和既有顶盖又有圆周的封闭式维护两种,前者能防雨、防雪,但不防风、防寒;后者能防雨、防雪、防寒。前者适于工期短、少风、炎热的南方;后者适于工期长,有风、雨、雪的地方,尤其适用于寒冷的地方使用。

防护棚又可分为固定式和移动式两种。固定式防护棚是每台球罐搭设一个,适用于球罐数量少,又不成一字排列的球罐安装;缺点是耗用材料多、不经济。移动式防护棚适用于一字形球罐群施工,如图 9-47 所示。首先根据球罐的大小搭设能容纳一台球罐的棚,当一台球罐安装完毕,然后可将防护棚移动到另一台球罐的位置继续使用,直到全部球罐群安装完。

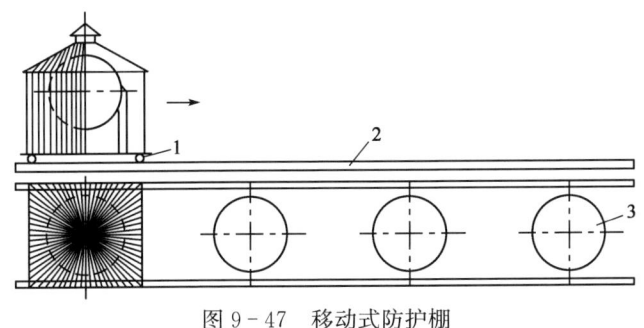

图 9-47　移动式防护棚
1—移动轮;2—轨道;3—球罐

二、防护棚的结构

防护棚的结构主要有：

(1)用钢管和扣件组合搭成骨架,用薄铁皮或苫布做维护的防护棚。

(2)用型钢焊接而成的或用螺栓连接的钢骨架,用苫布或铁皮做围护的防护棚,见图9-48。

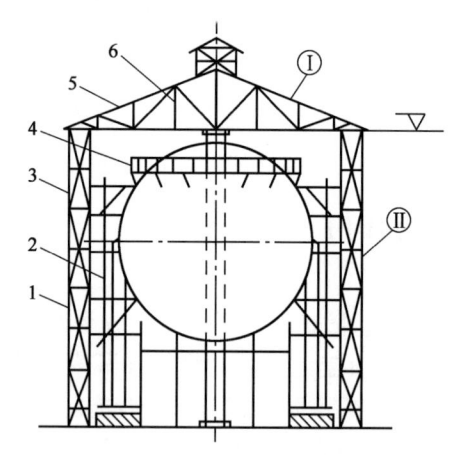

图9-48 防护棚结构

1—薄铁瓦;2—外脚手架;3—壁架;4—上半台;5—铁皮瓦;6—顶盖架;
Ⅰ—防护棚顶盖;Ⅱ—防护棚四周围护

(3)用型钢做骨架,用棉帐篷、牛毛毡或其他保温材料做维护结构的防护棚,用于冬季施工。

(4)用型钢做悬臂支架,再用连接件把它固定在球罐支柱上。用以连接处在同一水平面上的悬臂支架顶端的连接固定件,一个位于罐顶上的搭架,一个罩在搭架顶端和上水平面固定件之上的拉索网构成的锥形防护罩上。这种装置可做成各种不同的形式和大小,以便适应各种不同结构的球罐。

三、防护棚的搭设

当球壳组对完毕,即可搭设防护棚,以便不受天气干扰进行焊接作业。搭设的方法有两种:一种是从地面开始,自下而上搭设;另一种是在地面上预装成片,然后一片一片地吊立起来,拼装成一个大棚,后者速度较快。

另外,防护棚和外脚手架可以一体搭设。搭设程序为:首先在平地用 4in 钢管和 $L80\text{mm} \times 8\text{mm}$ 角钢制作成十个棚片,然后起吊组对成一个防护棚,同时兼作外部脚手架,见图 9-49。

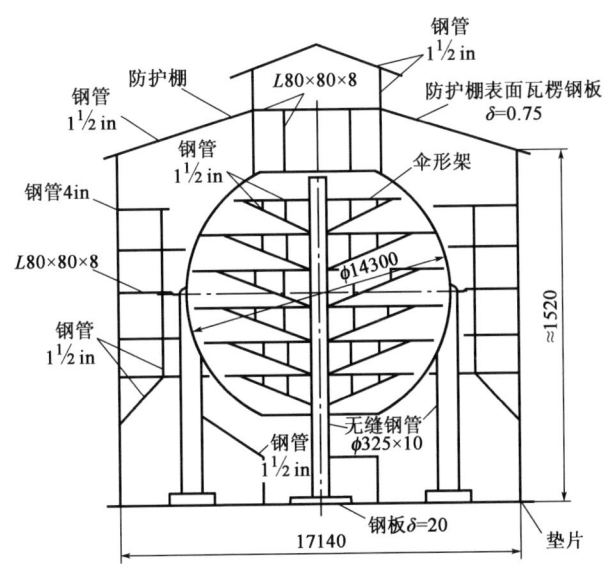

图 9-49　防护棚和外脚手架一体搭设示意图

第六节　组装安全措施

安全生产是安装工程成功的保证。球罐的施工往往会有由于吊车起吊作业、高空作业以及在焊接过程的顶热、施焊和气刨等引起的明火、高温和废气等,造成了恶劣的作业环境。因此,如何保证安全是安装工程的重要课题。

1. 安全制度和教育

施工现场必须建立安全责任制,制定各工种、各岗位的安全管理制度和安全操作规程,建立健全正常运转的各种安全工作保证体系和规章制度,将安全生产目标分解落实到实处。各种易燃气体和材料、电气设备以及各种危险装置,非本职人员不准乱动。工地要指定安全员或安全值日制度,以管理和监督各种安全规则的执行。

在进入施工之前,应对所有工作人员进行各种安全教育,使每个工作人员都明确安全生产的重要性,使工作人员掌握各种防护知识。

2. 安全用电

球罐的内部作业处于通风不良、高温、高湿的环境,操作工作易出汗,且处于导电体的包围中,容易造成触电的危险。所以,使用的电气设备(焊机、风机等)必须经常严格检查,不允许有任何漏电等隐患存在。架设的一切供电干线必须执行有关的用电规定,如不准用裸线,干线应埋没,钢丝绳与电线交叉处大于5m等。罐内外的照明用电必须使用安全电压。另外,现场作业往往在野外,需设置防雷装置。

3. 消防措施

球罐安装工程要动火的机会很多,现场使用的易燃物品也很多,因此要安排好材料的堆放场地,严禁乱堆乱放。各工作岗位不应堆放暂不需用的易燃物品,现场使用的易燃气体的设备、管线及接头等要有专人看管,经常检查,严格管理。

为防止电器及液化气等造成火灾,要在有关场地及工作岗位设置各种适合的灭火器材。在球罐内和球罐外附近应设干粉灭火器或气体灭火器,不宜使用液体灭火器。因为液体一旦喷到高温的焊缝上,焊缝容易产生裂纹。

施工工地最好事先与有关消防部门联系,以便事故发生时能及时抢救。

4. 高空作业防护

球罐的安装工作大部分为高空作业,且作业的位置和环境都比较恶劣,个人的防护很重要,必需佩戴安全帽、安全带。高空作业的岗位,如脚手架及其踏板应牢固可靠。上下作业应搭设安全网。

起重作业需制定起重作业规定,所有吊装物应挂牢,未固定前不准松卸吊钩,吊装要慢起慢落,严禁碰击已组装的罐体及其安装用的搭架等。

在容器内部作业的条件较差,预热和焊接等产生的高温和不良气体使作业环境更加恶劣。所以,需要在上部人孔安装排风机或在下部安装鼓风机以进行强制通风,改善作业环境。经验认为,进行大型球罐的施工采用极板留窗口的办法比用强制通风的效果要好。

5. 其他

现场作业处在野外,风、雪、雨、寒和暑热的预防工作要根据各地的气象特点综合考虑。搭设的防风雪雨棚要符合防火要求。

工地应配卫生员,以照顾工作人员的身体健康,监督劳动卫生,并应负责可能发生的一些伤病事故。

第十章　球罐的焊接

球罐焊接是球罐施工中极为重要的环节，不仅直接影响到球罐的建造质量，而且还直接影响其安全运行。因此，在球罐的建造工程中，对球罐的焊接施工全过程必须进行严格控制和管理，包括焊接工艺性试验、焊接工艺制定、焊接材料和设备、焊接施工人员资格、焊接施工过程、焊后热处理和和焊接检验等方面。本章依据国家标准 GB 12337—2014《钢制球形储罐》和 GB 50094—2010《球形储罐施工规范》的规定，来阐述球罐的焊接施工。

第一节　焊接技术方案的制订

球罐焊接施工是按照焊前制定的焊接施工技术方案进行的，焊接技术方案制订的合理与否，直接关系到球罐的施工质量、安全、成本和进度。因此，球罐施工前必须首先做好焊接施工技术方案的制定工作，包括进行焊接工艺试验、确定焊接施工方法和焊接工艺参数、选择焊接材料和设备、编制焊接工艺文件等。

一、焊接工艺试验与焊接作业指导书

用于指导球罐施工的焊接工艺要经过焊接工艺试验来确定，焊接工艺试验包括钢材焊接性试验和焊接工艺评定试验等。

1. 钢材的焊接性试验

球罐焊接施工前，对所制定的焊接工艺应进行评定。焊接工艺评定应以可靠的钢材焊接性为依据。焊接性就是金属材料对焊接加工的适应性，主要指在一定的焊接工艺条件下，获得优质焊接接头的难易程度或材料在限定的施工条件下焊接成符合设计要求的构件，并满足预定服役要求的能力。

评定母材金属材料焊接性的试验，叫做焊接性试验，主要达到的目的是：选择合格的焊接材料，选择合适的焊接工艺参数，研究和发展新型材料。

评定钢材的焊接性的试验方法很多。按其试验目的和性质,可分为间接法试验和直接法试验两大类。

间接法不用经过焊接,通过金属材料本身的化学成分估算(如计算碳当量、冷裂纹敏感指数、消除应力裂纹敏感指数等)、测定金属材料的连续冷却转变状态图(C.C.T.图)、对金属材料进行焊接热模拟试验等,来估算其焊接性,对制订初步的焊接工艺有一定的参考价值。这些方法简单方便,一般情况下钢厂或研究单位已做过试验,有关公式、图表、数据都可查到。

直接法则是考虑产品焊接的拘束度、焊接热循环、氢的影响等因素,在一定条件下用较少的材料制成试件,焊接后对试件试样检查或试验,即根据材料的实际焊接工艺或模拟焊接工艺来测定材料的焊接性及其接头的性能。

球罐建造中使用较多的是碳钢、碳锰钢及低合金高强度钢。对于这类钢材,常采用的焊接性试验方法有:碳当量法、最高硬度试验、Y形坡口对接裂纹试验和窗形拘束对接裂纹试验等。

焊接性试验对焊接工艺评定有很重要的意义,是焊接工艺评定的前提和基础,是拟定焊接工艺指导书的依据。如果在未弄清金属材料焊接性之前,就拟定焊接工艺指导书,编制焊接工艺规程,采用的焊接工艺参数和焊接工艺措施往往不能有的放矢地解决金属材料焊接性方面的问题,容易产生焊接缺陷或降低焊接接头性能,不能保证焊接接头的使用性能。

金属材料的焊接性在很大程度上是它本身的属性,是客观存在的,不会因施工单位不同就使金属材料的焊接性发生变化。球罐安装单位不一定在每次进行焊接工艺评定之前非做焊接性试验。对于球罐施工单位第一次焊接的钢材,在第一次焊接工艺评定前,应该做钢材焊接性试验,在对所评定钢材的焊接接头热影响区冷裂敏感性有了了解后,就不一定以后每次都重复做焊接性试验,可以直接借鉴引用外单位的焊接性试验结果。

2. 焊接工艺评定

焊接工艺评定是球罐施工焊接质量控制系统的一个重要控制环节。焊接工艺要预先评定合格后再用于球罐焊接。焊接工艺评定的目的是验证施焊单位拟定的焊接工艺的正确性,并评定施焊单位能力。球形储罐焊接前,必须有合格的焊接工艺评定报告,焊接工艺评定过程执行 NB/T 47014—2011《承压设备焊接工艺评定》有关规定。

球罐的焊接过程是特殊过程,焊接的结果不容易通过制成的压力球罐检验和试验获得完全验证,有些问题要在球罐使用后才暴露出来。特殊过程的能力要预先鉴定,球罐焊接过程中拟定的焊接工艺是否正确也要预先鉴定,只有焊

第十章 球罐的焊接

接工艺在施焊前评定合格或在合格的焊接工艺评定覆盖之下,焊制的球罐焊接接头的安全可靠性才有保证。

焊接工艺评定一般过程是:在掌握被焊材料的焊接性后,并在产品焊接之前,拟定焊接工艺指导书,遵照焊接工艺评定标准,施焊试件,制取试样,检查试件和试样,测定焊接接头是否具有所要求的使用性能,提出焊接工艺评定报告,对拟定的焊接工艺评定是否合格和覆盖范围作出结论。

根据合格的工艺评定,可以编制出在它覆盖范围内的若干焊接工艺,指导本单位的球罐的焊接工作。若评定不合格,则应分析不合格原因,修订焊接工艺指导书,重新评定。

焊接工艺指导书要由本单位的焊接工程师根据本单位具体条件来拟定,要由本单位技能熟练的焊接人员使用本单位焊接设备焊接试件,试验的数据要由本单位焊接工程师整理成焊接工艺评定报告并作出结论。

焊接工艺评定是球罐施工单位的重要资源和技术储备,也是焊接技术及焊接质量控制能力和水平的标志,又是获得优良焊接质量的保证。不允许引用外单位的焊接工艺评定。也不允许由外单位代替进行焊接工艺评定。

此外,施焊单位经过长期实践,积累了一系列的焊接工艺评定报告,可能已经满足了需要,不再重复做焊接工艺评定试验了,但是属于以下情况之一者,在焊前必须做工艺评定试验,并经评定合格。

(1)采用新材料或施焊单位首次焊接的钢种。
(2)焊接工艺参数改变或超出原定的范围。
(3)需经过热处理改善机械性能的。
(4)改变焊接工艺或方法。
(5)改变焊接材料(包括焊条、焊丝、焊剂、气体种类及配比)。

目前,对于常用钢种焊接工艺评定中的焊接规范参数的确定,主要是来自于实践经验,也就是说经焊接工艺评定合格的焊接规范,基本上就是实际施工中的焊接规范。这种规范是有权威性的,因此,球罐焊接时,必须按这种规范去执行,不能随意改变。在这种情况下,就要求焊接工艺评定要紧密结合施工现场的实际情况进行,只有这样才能保证优质焊缝。

3. 焊接作业指导书编制

焊接工艺评定合格后,球罐施工前应针对具体的焊缝编制焊接作业指导书或焊接工艺卡,用于直接指导球罐焊接施工作业,指导焊工正确选用焊接材料、焊接参数与操作技术,同时也可作为焊接材料定额和焊缝质量检查的依据。焊接作业指导书和焊接工艺卡编制的依据是合格的焊接工艺评定报告,焊接作业指导书和焊接工艺卡的内容通常包括：焊前处理要求；坡口加工方法；坡口及组对尺寸要求；焊接方法确定；焊接材料与焊接参数选定；焊前预热和焊后热处理方式与参数；无损探伤方法与级别；焊缝表面质量要求等。

二、焊接方法的选择

球罐的焊接方法宜采用焊条电弧焊、半自动焊和药芯焊丝自动焊，在选择时要考虑材料的性能，特别是韧性以及焊接位置等。

焊条电弧焊使用方便，适应各种位置（立焊、横焊、仰焊），适应的厚度范围、成分范围、热输入量范围广，此外可用于返修。但焊条电弧焊生产效率低，焊工劳动强度大，对焊工的技巧要求高，焊接质量受人为影响因素大。

自动焊和半自动焊具有生产效率高、焊接质量易保证、操作技术易掌握以及能有效改善焊工劳动强度等特点，在国内外球罐现场组焊工程中得到推广应用。

对以热处理来获得缺口韧性的钢，为了保证热影响区的韧性，常选用热输入量低的焊接方法。球罐常用材料为碳锰钢或低碳合金钢，对这些材料来说要确保焊接接头的韧性，就得采用小的热输入量。小的热输入量造成小焊道，晶粒较细，韧性较好。小的热输入量使热影响区的冷却速度提高，使转变温度降低，提高了热影响区的韧性。对于以热处理来提高韧性的钢材，大的热输入量除了降低焊接区的韧性外，还使热影响区过回火，从而降低了热影响区的强度。

临界冷却速度与材料的成分有关，因而对不同成分的钢材其热循环的要求也不同。冷却速度不仅取决于热输入量，还与预热温度有关，因而必须综合考虑。

三、预热与后热温度的选择

球罐焊接的预热、后热及保持层间温度是消除焊接应力、降低冷却速度、解决焊缝扩散氢的集聚、避免产生焊接裂纹、保证球罐焊接质量不可缺少的重要的工艺措施。目前球罐预热及后热的加热方法基本分为两种：一种是火焰加热法，一种是电加热法。无论哪一种加热方法，都必须正确选择和控制预热温度。

1. 预热温度的选择

对于球罐来讲，预热温度不能太高，也不能太低。预热温度太高，加上线能量较大，会使焊缝的韧性降低，并使焊接条件恶化。相反，如果预热温度低，在

第十章 球罐的焊接

线能量偏小时,可能导致焊缝金属及热影响区冷却速度太快,容易发生冷裂纹。

预热温度与钢材的材质、厚度、焊接材料、焊接条件、气候条件和焊接结构的拘束度有关。预热温度应按焊接工艺规程或焊接作业指导书执行,常用钢材可按 GB 50094—2010《球形储罐施工规范》中推荐的预热温度选用,见表 10-1。

表 10-1 常用钢的预热温度 ℃

板厚 (mm)	钢材种类			
	Q245R	Q345R 16MnDR	Q370R	07MnCrMoVR 07MnNiMoVDR
20	—	—	—	50~100
25	—	—	75~125	50~100
32	—	75~125	75~125	50~100
38	75~125	100~150	100~150	50~100
50	100~150	125~175	100~150	75~100

要求焊前预热的焊缝,施焊时层间温度不得低于预热温度的下限值。在选用预热温度时,应注意拘束度高的部位(如接管、人孔)或环境温度低于5℃时,应采用较高的预热温度,扩大预热范围;对不需预热的焊缝,当焊件温度低于0℃时,应在始焊处100mm范围内预热至15℃左右,方可进行焊接。

预热时必须均匀,预热宽度应为焊缝中心线两侧各取3倍板厚,且不小于100mm。预热宜在焊缝焊接侧的背面进行。

可使用温度测量笔进行预热温度及层间温度的测量,测量点应选在距离焊接中心50mm处,对称测量。每条焊缝测量点数应在3对以上。

另外,利用裂纹敏感性指数的计算,可以估算出避免出现裂纹所需要的预热温度。

目前,关于预热温度如何选择的方法、资料较多,可根据所焊接材料、壁厚、焊接条件、气候条件等进行选择。用常规方法所求的温度是不够准确的,还必须与其他项目试验相结合,才能准确地确定实际操作的预热温度。

2. 后热温度的选择

为了防止冷裂纹的产生,还需要解决焊接后扩散氢的集聚问题。在多层焊中,随着层数的增加,扩散氢还会逐渐积累,如果焊缝焊后急速冷却到100℃以下,氢就不可能很快从较厚的焊缝中扩散出来。在冷却过程中,氢在应力下集聚,如再有淬硬组织的产生,会导致冷裂纹的产生。因此,在焊后趁焊缝温度未降低时就应立即进行后热,使扩散氢有充分的时间逸出,起到消氢的作用;同时还可以降低焊接结构的残余应力,减小焊缝金属的硬度值。

焊后有消氢处理要求的球罐,其后热温度为 200～250℃,后热时间为 0.5～1h,这里说的后热温度及后热时间是指国内常用球罐用钢,即可满足消氢要求。对国外引进钢种,可根据实际要求提高后热温度或延长后热时间。后热温度的提高,对扩散氢的逸出是有益的;对于低合金高强钢的焊接,后热消氢处理能降低预热温度。

符合下列条件之一的焊缝,焊后应立即进行后热消氢处理:

(1)球壳板厚度大于 32mm,且材料标准抗拉强度大于或等于 540MPa。
(2)球壳板厚度大于 38mm 的低合金钢。
(3)嵌入式接管与球壳的对接焊缝。
(4)焊接工艺规程或焊接作业指导书确定需要后热处理者。
(5)设计文件要求进行后热处理者。

后热时必须均匀,后热区宽度应为焊缝中心线两侧各取 3 倍板厚,且不小于 100mm。后热宜在焊缝焊接侧的背面进行。可使用温度测量笔进行后热温度的测量,测量点应选在距离焊接中心 50mm 处,对称测量。每条焊缝测量点数不应少于 3 对。

第二节 球罐焊接的一般要求

一、焊接施工基本程序

球罐施焊顺序应遵循下列原则:
(1)先焊接纵向焊缝,后焊接环向焊缝。
(2)先焊赤道带,后焊温带、极板。
(3)先焊接大坡口面焊缝,后焊接小坡口面焊缝。
(4)焊工均匀分布,并同步焊接。

采用药芯焊丝自动焊和半自动焊时,还应遵守下列原则:
(1)纵缝焊接时,焊机对称均匀布置,并同步焊接。
(2)环缝焊接时,焊机均匀布置,并沿同一旋转方向焊接。

第十章 球罐的焊接

上述程序的目的就是使焊接应力减小,并均匀分布,将焊接变形控制在最小范围内,同时还可以防止冷裂纹的产生。实践证明,球罐按此原则焊后的角变形、椭圆度、曲率等都能达到国家标准要求。

二、焊接施工基本要求

球罐现场焊接施工时,应遵守以下基本要求:

(1)球罐焊缝(包括与球壳板相连的焊缝)的焊接,必须由持该位置合格证的焊工焊接。焊工应按 TSG Z6002—2010《特种设备焊接操作人员考核细则》的规定进行培训与考试,取得相应资格的合格证后,方可上岗焊接。

(2)焊接时,必须在坡口内引弧,严禁在坡口外引弧或出现擦伤球壳板表面的现象,防止造成淬硬的弧坑和弧坑微裂纹。每层焊道引弧点依次错开50mm以上,每段焊缝的接头处要打磨,更换焊条的速度要快,尽量减少接头的冷却时间。每焊第一根焊条时,要在焊点前10~15mm处引弧,然后迅速拉回到施焊点进行焊接。

(3)球壳板焊缝第一层焊道要采用分段后退法焊接,如图10-1所示。第一层焊道应直线运条,短弧焊,尽量达到反面成型。

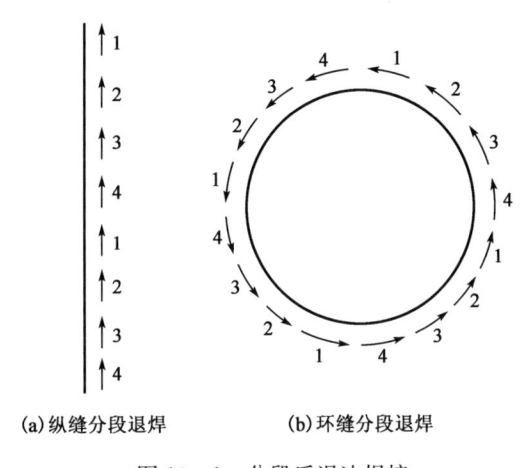

(a)纵缝分段退焊　　(b)环缝分段退焊

图10-1　分段后退法焊接

(4)对于低温调质高强钢球罐纵缝的焊接,第一道封底焊可以采用倒流焊(即下向焊),把对口间隙封住,使焊道与背面空气隔绝。第二道以后焊接时自下而上(即上向焊)进行,而第一道较薄的封底焊在背面清根时可以全部清除,防止产生气孔,保证焊接质量。

(5)每条焊缝单侧必须一次连续焊完,否则应进行消氢处理,重新施焊时,按预热规定重新预热。

(6)每组焊工间的焊接速度要保持基本一致。因为焊接速度不一致,会使局部变形过大,应力不均,而导致焊缝产生裂纹或定位焊开裂。由于球罐焊缝是圆弧形的,焊接位置实际上是随时改变的,所以焊工还要注意经常调节电流。

(7)焊接丁字交叉部位,先将纵缝焊到环缝坡口内,在横焊前,将环缝坡口内的焊肉打磨干净,确认无缺陷后方可焊接,如图10-2所示。环缝焊接时,不得在焊缝丁字交叉部位引弧或收弧。

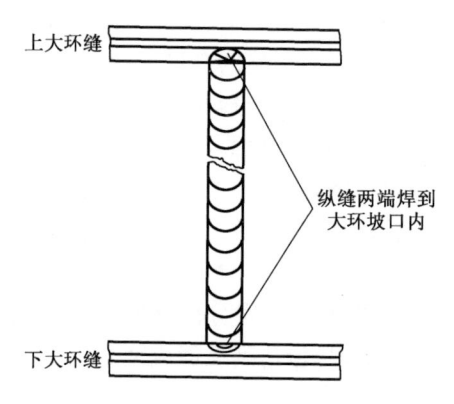

图10-2 立焊两端起弧收弧

(8)球壳板的上、下极为足球瓣式时,每个极各有4个Y形交叉口焊缝,三条焊缝交叉处焊接时不易修磨,容易产生夹渣、气孔等焊接缺陷。因此,焊接时要注意选择正确的施焊工艺,不应采用图10-3(a)所示的焊接运条方式,每层每道焊缝收弧均在Y形口交叉处,易出现缺陷,而应采用图10-3(b)所示的焊接运条方式,每层每道焊缝在Y形口交叉处不停弧,收弧于焊缝的直线段,从而可以避免产生缺陷。

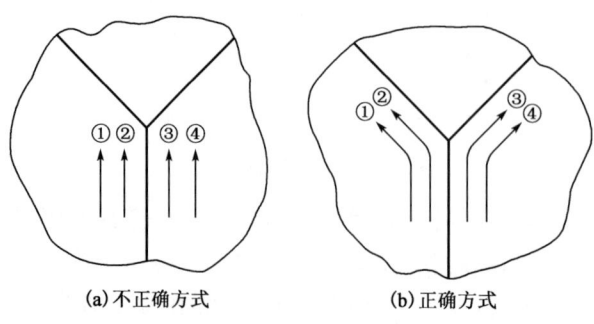

图10-3 Y形交叉口焊接运条方式

第十章　球罐的焊接

(9)横焊缝是球罐焊接缺陷最容易产生的部位,因此,横焊时,每层每道的焊渣要彻底清除,要精心制定焊接方法和焊接顺序,合理排列焊道层序,正确掌握运条角度。横缝的焊接顺序如图 10-4 所示。

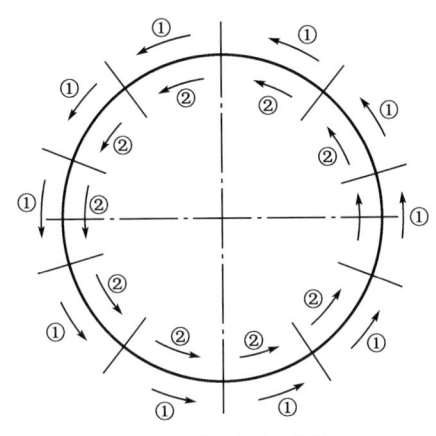

图 10-4　横缝焊接顺序

(10)双面对接焊缝,单侧焊接后要进行背面清根。采用碳弧气刨清根时,清根后用砂轮机修整刨槽,磨除渗碳层,并应采用目视、磁粉或渗透检测方法进行检查。材料标准抗拉强度大于 540MPa 的钢材清根后须进行渗透或磁粉探伤。焊缝清根时应将定位焊的熔敷金属清除掉,清根后的坡口形状、宽窄应一致。

(11)锻制凸缘等与球壳的对接焊缝的焊接,除焊接材料应采用与球壳板焊接相同的焊接材料外,焊接工艺也应与强度较高侧钢材的焊接工艺相同。

(12)支柱、连接板等与球壳板的焊接,除焊接材料宜采用与强度较低侧钢材相匹配的焊接材料外,焊接工艺应与强度较高侧钢材的焊接工艺相同。

三、焊接环境要求

当焊接环境出现下列任一情况时,必须采取有效的防护措施,否则禁止施焊:

(1)雨天及雪天。

(2)风速:气体保护焊时大于 2m/s,其他焊接方法大于 8m/s。

(3)焊接环境温度在 $-5℃$ 及以下。

(4)相对湿度在 90% 及以上。

焊接环境的温度和相对湿度应在距球壳表面 0.5~1m 处进行测量,要选择合适的温度和湿度测量仪器。

四、固定焊及定位焊

1. 固定焊

在球壳板的组焊过程中,需要在球壳板上焊接定位块、限位块、吊耳及龙门板等一些临时性工装卡具附件,这些工装卡具附件的焊接称为固定焊。

(1)球罐工装卡具等附件应采用与球壳板相同或焊接性能相似的材料,并采用相应的焊条及焊接工艺进行焊接。吊、卡具的补强板、垫板及其他直接与球壳板相接的角焊缝,严格按焊接工艺指导书的要求进行焊接施工。

(2)固定焊时,是否需要预热应按球壳板对接焊缝要求进行。所有焊件可不开坡口,直接与球壳板垂直摆放。施焊部位为焊件板厚的垂直方向,角焊缝长度及高度视焊件大小、厚度而定。施焊时,注意不要产生咬肉或电弧擦伤球壳板现象,引弧点和熄弧点应在工卡具的焊道上,严禁在非焊接位置任意引弧和熄弧。

(3)临时性工装卡具附件拆除采用火焰切割,不得损伤球壳板,严禁锤击拆除。清除后打磨平滑,并按规定进行磁粉或渗透探伤。

2. 定位焊

球罐焊接前,为固定球壳板而焊接的短焊缝称为定位焊缝。定位焊的目的是使球罐在正式焊接前,即使拆除了组装夹具,球壳板间的连接仍具有足够的强度。

(1)定位焊必须在球壳直径、椭圆度、错边量、角变形和对口间隙等调整合格后进行。

(2)球壳板定位焊,应分几组同时对称进行焊接,可以减少焊接残余应力和角变形。纵焊缝定位焊时,要从每条焊缝的中心点向两端进行焊接。环焊缝定位焊时,各组要分别从左向右同时进行焊接。

(3)定位焊前是否需要预热,按正式焊缝要求进行。如果需要预热,可用氧乙炔焰预热坡口周围,喷嘴的焰心要离开球壳板表面20~30mm,切勿急剧加热;亦可用电热板进行加热。预热温度的测量应在距焊缝中心线50mm处用电子式测温计或测温仪对称测量。

(4)定位焊缝应焊在小坡口一侧,焊肉厚度为5~8mm,层数不少于两层,焊接规范与球罐正式焊缝的焊接规范相同。

(5)定位焊缝采用间断焊,焊缝长度为50~100mm,间距为250~400mm,

第十章　球罐的焊接

避开丁字接头及正式焊道的始端和末端等易造成焊接缺陷的部位,其引弧点和收弧点应在坡口内;在靠近丁字口处,焊缝长度要适当加长。因为环焊缝丁字口较多,间距可适当减小。

(6)球罐环缝的定位焊应在相邻两带球壳板的纵缝全部焊接完成后再进行,避免由于纵缝的横向收缩引起环缝的很大应力。

第三节　球罐的焊条电弧焊

球罐的焊接大多数仍采用焊条电弧焊方法,这是因为焊条电弧焊的焊接设备与焊接工艺比较简单,成本低,操作方便。一台球罐焊接时,可以同时用多名焊工进行操作,例如,容积为 2000m³ 的球罐可以同时用 12 名或 16 名焊工进行焊接。正常情况下,一台球罐的焊接可按赤道带纵缝数量的二分之一倍数来选用焊工。当需要加快工程进度,在施工现场的电源容量、电焊机、预热设备等条件允许的情况下,也可适当增加焊工。

以材质为 07MnCrMoVR(CF-62)、壁厚为 40mm 的 2000 m³ 五带式球罐为例,来说明其主体焊缝的焊接施工工艺。

此球罐上、下极板各有 7 块球壳板,上、下温带和赤道带各有 24 块球壳板,支柱共有 12 根,焊缝条数与长度见表 10-2,对接焊缝的坡口形式如图 10-5 所示。所有焊缝的大坡口一律在球壳板的外侧。

表 10-2　2000m³ 五带式球罐的主体焊缝数量统计

序号	焊缝编号	焊缝名称	长度(m)	数量(条)	累计长度(m)	坡口形式
1	F…	上极板拼接焊缝	6.12	2	12.24	型Ⅰ
			5.74	4	22.96	型Ⅰ、Ⅱ
			0.98	4	3.92	型Ⅱ
2	B…	上温带纵焊缝	4.11	24	98.64	型Ⅰ
3	A…	赤道带纵焊缝	6.17	24	148.06	型Ⅰ
4	C…	下温带纵焊缝	4.11	24	98.64	型Ⅰ
5	G…	下极板拼接焊缝	6.12	2	12.24	型Ⅰ
			5.74	4	22.96	型Ⅰ、Ⅱ
			0.98	4	3.92	型Ⅱ

续表

序号	焊缝编号	焊缝名称	长度(m)	数量(条)	累计长度(m)	坡口形式
6	BF	上极板与上温带环焊缝	30.04	1	30.04	型Ⅱ
7	AB	上温带与赤道带环焊缝	45.58	1	45.58	型Ⅱ
8	AC	下温带与赤道带环焊缝	45.58	1	45.58	型Ⅱ
9	CG	下极板与下温带环焊缝	30.04	1	30.04	型Ⅱ

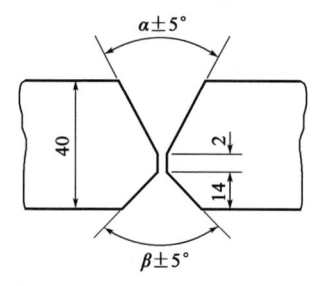

坡口角度	α	β
型Ⅰ	55°	75°
型Ⅱ	50°	70°

图 10-5 对接焊缝坡口形式与尺寸

一、焊接程序

球罐球壳板的焊接顺序如下：

赤道带纵缝大坡口焊接──→赤道带纵缝小坡口清根、探伤、焊接──→温带纵缝大坡口焊接──→温带纵缝小坡口清根、探伤、焊接──→上、下极板大纵缝大坡口焊接──→上、下极板大纵缝小坡口清根、探伤、焊接──→上、下极板小纵缝大坡口焊接──→上、下极板小纵缝小坡口清根、探伤、焊接──→上、下极板环缝大坡口焊接──→上、下极板环缝小坡口清根、探伤、焊接──→赤道带环缝大坡口焊接──→赤道带环缝小坡口清根、探伤、焊接──→温带上、下环缝大坡口焊接──→温带上、下环缝小坡口清根、探伤、焊接──→工卡具焊疤与局部焊缝外观的修磨──→无损探伤──→局部焊缝返修──→无损探伤。

二、焊接工艺要点

1. 支柱与赤道板的组焊工艺

球罐的支柱与赤道带的组焊方法可分为两种，一般情况下，采用散装方法组装时，支柱与赤道板的组焊是在地面的平台上进行的；而采用分带法及半球法时的支柱与赤道板的组焊,是将赤道带的纵向焊缝在地面平台上全部焊完,无损探伤检验全部合格,并将赤道带和支柱吊装组对后才开始焊接的。

(1)组装前,先将赤道板焊接处和支柱的坡口及边缘 30mm 范围内用砂轮进行打磨,清除油锈等污物。

(2)组焊时,支柱与赤道板在地面平台上进行组焊,必须使用相应的胎架,以保证组焊质量。

(3)支柱与赤道板组焊后,应进行几何尺寸检查,检查合格后方可进行定位焊,定位焊的焊道为间距 300mm 焊 100mm,焊肉厚度不小于 4mm。焊前的预热要求应与球罐对接焊缝焊接要求相同。

(4)焊接位置为平焊,焊条可按与强度较低侧钢材相匹配来选择。焊接时要求焊透,不要产生未熔合、夹渣、密集气孔等缺陷。

(5)焊后打磨焊缝及焊缝两侧母材上的飞溅、氧化皮等,使之露出金属光泽,然后按规定进行表面磁粉或渗透探伤。

2.上、下人孔凸缘对接焊缝的焊接工艺

人孔凸缘的坡口形式与球罐对接焊缝的坡口形式相同,焊接规范参照横焊缝的焊接规范进行。焊接层次如图 10-6 所示。

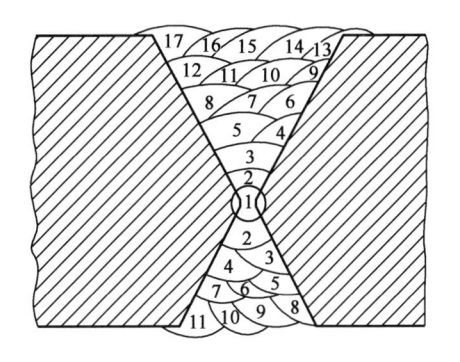

图 10-6 人孔凸缘的焊接层次

焊接时,先焊大坡口面的焊缝,各层各道的排列要均匀适当,避免产生夹渣和咬肉等缺陷。大坡口面焊缝焊完后,在小坡口面进行气刨清根、打磨、磁粉或渗透探伤,合格后再焊小坡口面的焊缝。由于该焊缝较短,层间温度容易偏高,所以,焊接时要经常测量温度,控制层间温度不超过预热温度。焊缝焊完后应立即进行后热消氢处理。

3.插管角焊缝的焊接工艺

插管角焊缝的焊接工艺规范,可按焊接工艺评定合格后的焊接规范进行。

由于球壳板上开孔的质量对插管角焊缝的焊接质量有很大影响,所以要重视开孔的质量。一般采用氧乙炔焰切割,坡口角度多采用50°,并且接管组装前要打磨坡口,使之露出金属光泽。该焊缝在焊接时要特别注意焊透。焊接层次如图10-7所示。

焊接时,先焊大坡口面的焊缝,每层每道要排列适当,每层的焊渣一定要清除干净。各层各道的起弧点要错开80mm。大坡口面焊缝焊完后,碳弧气刨清根、砂轮机打磨、磁粉或渗透探伤合格后方可进行小坡口面的焊接,如确因管径过细,小坡口面清根后也可直接焊接。焊后应立即进行后热消氢处理。

插管角焊缝的焊接,很容易产生焊接收缩裂纹,因此,应进行充分的预热。焊接顺序应考虑后面的施焊不应导致前面焊接区产生裂纹,可参考图10-8所示的焊接方法。

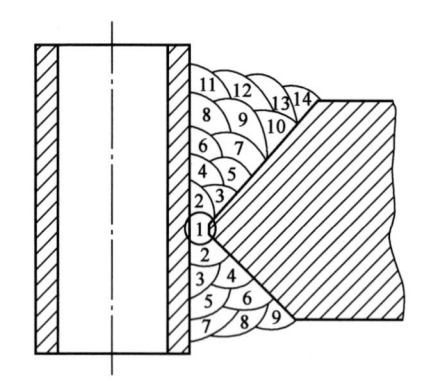

图10-7　插管角焊缝的焊接层次

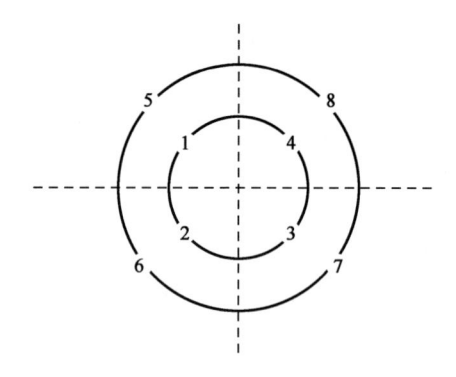

图10-8　插管角焊缝的焊接顺序
说明:图中数字表示焊缝的焊接顺序

4.赤道带纵缝的焊接工艺

赤道带纵缝共24条,由8名或24名焊工对称均匀分布施焊。赤道带纵缝里外共焊21道,大坡口面焊13道,小坡口面焊8道。焊接规范按立焊的焊接规范进行。焊接时,采用立向上焊,先焊大坡口面焊缝,合格后再焊小坡口面焊缝。焊接层次和整个赤道带的焊接顺序如图10-9所示。

每条纵向焊缝的焊接,可根据球罐的材质、容积等具体情况,选择以下焊接方法中的一种:

(1)按纵焊缝长度,大坡口面第一、二层采用分段退向焊,每段长600mm左右,每段连续焊完两层后再进行下一段的焊接。其余各层均为顺向连续焊,见图10-10(a)。

第十章 球罐的焊接

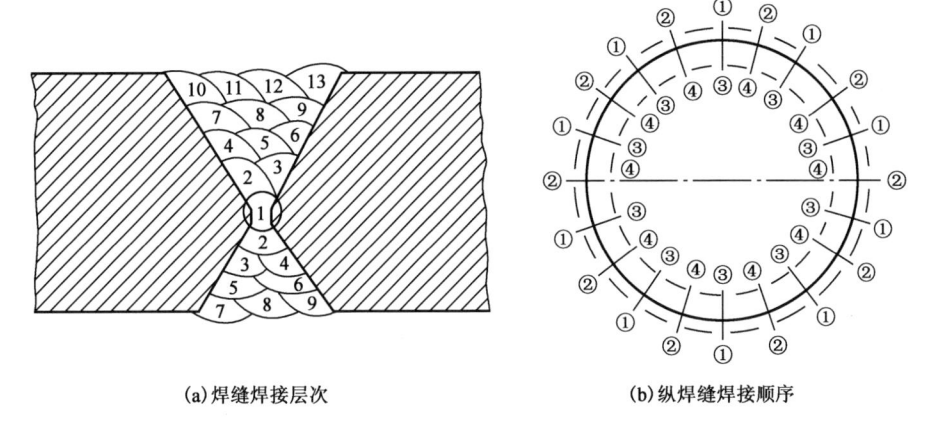

(a) 焊缝焊接层次

(b) 纵焊缝焊接顺序

图 10-9 赤道带纵焊缝焊接层次与顺序

(2) 将纵焊缝平均分成两段，先焊上段的大坡口面，焊接第一、二层时，按每小段 600mm 长分段退向焊。每小段连续焊完两层后，再进行下一小段的焊接。从第三层起每段按分段长度连续施焊，直至封面。上段大坡口面焊完后，再焊下段大坡口面，其焊接方法同上段相同。小坡口面仍分为两大段，先焊接上段，后焊接下段，每段每层连续施焊，见图 10-10(b)。

(3) 将纵焊缝平均分为三大段，焊接方法与分两大段时的焊接方法相同，见图 10-10(c)。

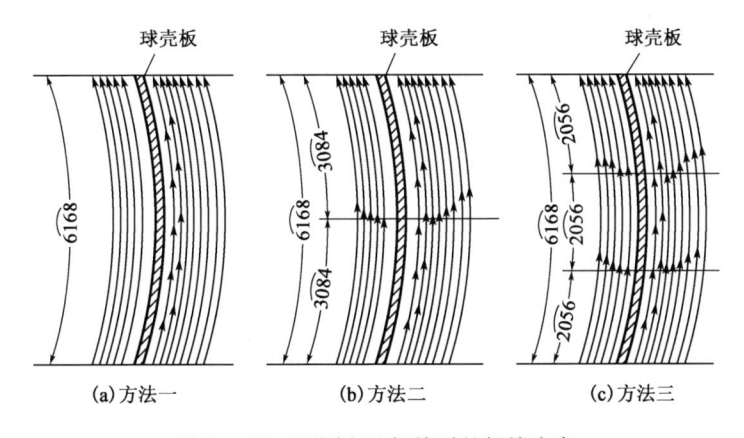

(a) 方法一 (b) 方法二 (c) 方法三

图 10-10 不同方法焊接时的焊接次序

大坡口面焊完后，进行碳弧气刨清根、砂轮机打磨、表面探伤合格后，再进行小坡口面焊缝的焊接。焊接时的预热温度参照表 10-1，层间温度不得低于预热温度，也不能超过太多。后热温度应为 200~250℃，后热时间应为 0.5~1h。

5. 上、下温带纵缝的焊接工艺

上、下温带板纵缝的焊接层数、方法、基本原则与赤道带纵缝的焊接工艺相同，略有不同的是上、下温带板焊缝的角度与赤道带焊缝的角度不一样，焊接时，焊接参数和操作方式有所不同，上温带纵缝的上部较平，呈平立焊位置，所需电流要大一些。在焊接上、下温带纵缝时，要控制焊接层次不能改变，焊接速度上可稍加变化。这样，即使是焊接电流稍有增大或减小，焊接速度也随之增大或减小，而总的焊接热输入变化是不大的。热输入的控制（整个焊缝的平均热输入的控制）主要取决于焊接层次的多少，只要控制住焊接层次，热输入就能够得到保证。

6. 上极板拼接焊缝的焊接工艺

上极板拼接焊缝的焊接可以采用在地面上进行组焊的施工方法，也可以采用分片组装成球后再进行焊接的施工方法。

（1）上极板采用在地面进行组焊的方法，要放到胎架上进行，其地面组焊的方法和基本要求同温带板地面组焊相同。上极板基本处于平焊位置，焊接规范参照平焊位置的规范。一般大坡口面焊13道，小坡口面焊8道，焊接层次如图10-11所示。

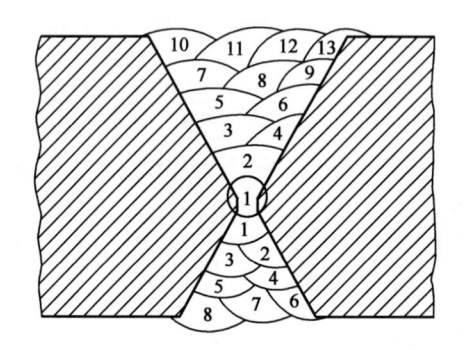

图10-11 上极板平焊的焊接层次

在焊接第一、二层焊缝时，采用分段退向焊，每段焊缝长600mm左右。其余各层（包括小坡口面）全部采用顺向连续焊。大坡口面焊缝焊完后，背面进行清根、打磨、磁粉或渗透探伤，合格后进行小坡口面焊缝的焊接。在焊接时，用曲率样板边焊边检查焊缝的角变形情况。

（2）上极板拼接焊缝在上极板与温带板组装成球后进行焊接时，外侧大坡口以平焊为主，而内侧小坡口为仰焊为主。焊接顺序与上述在地面组焊时相同。一般散装法组装时，上极板拼接焊缝多数采用成球后再进行焊接的工艺方法。

第十章 球罐的焊接

7. 下极板拼接焊缝的焊接工艺

下极板拼接焊缝的焊接与上极板相同。一般散装法组装时，下极板拼接焊缝主要采用成球后进行焊接的方法，但此时外侧大坡口以仰焊为主，而内侧小坡口为平焊为主。

8. 上、下温带与赤道带环缝的横焊工艺

上、下温带与赤道带的环缝(编号 AB、AC)，由 12 名焊工同时均布对称焊接。环焊缝为横焊位置，其施焊方向一律从左向右进行，内侧焊缝和外侧焊缝的焊接方向相反。环焊缝的横焊层次如图 10-12 所示。

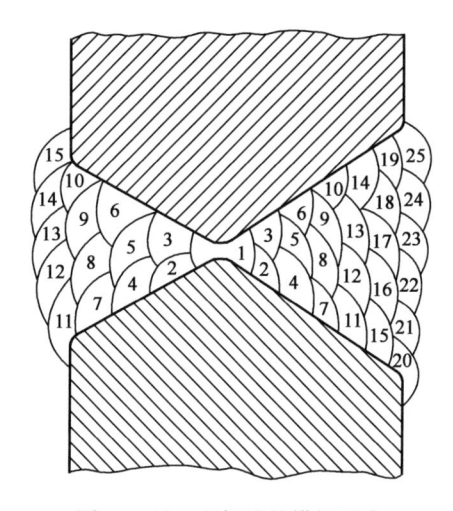

图 10-12 环焊缝的横焊层次

先焊大坡口面焊缝，第一、二、三层采用分段退向焊，每段长度为 600～700mm，每段的三层连续焊完，然后再焊下一段的三层，以此类推。除封面焊外，其余各层各道，每个焊工要从所分担区域的始点连续焊到终点，最后的封面层要采用分段退向焊。第一段的各道连续焊完后再焊下一段，以此类推。分段长度为 700～800mm，每段的接点要保证焊接质量，焊道的排列要均匀，平滑过渡。

焊接第一、二、三层时的起、熄弧点及层间要错开 50mm，各焊工交界处也要错开 50mm，其他各层的焊工交界处要错开 200mm，每层的各道要错开 80mm，如图 10-13 所示。

焊接环焊缝时，要注意焊接电流不要过大，控制焊接速度，避免产生咬边现象。横焊时，由于焊接线能量较小，故横焊时的预热温度可稍高一些，为 140

～160℃。

小坡口面的焊接须在气刨清根、砂轮机打磨、探伤合格后进行。除封面层采用分段退向焊外,其余各层均为顺向连续焊。

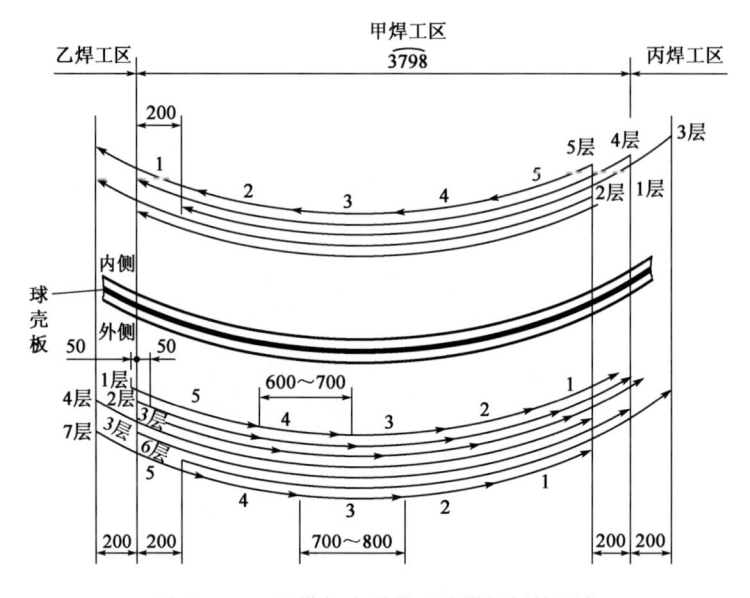

图 10-13 温带与赤道带环缝横焊焊接顺序

9.极板与温带环焊缝的横焊工艺

上极板与上温带、下极板与下温带之间环缝的焊接要求、焊接规范均与上、下温带与赤道带环焊缝的横焊工艺相同。只是焊缝所处的平面位置略有不同,施焊时,要注意焊条的倾角。

二、焊接工艺参数

焊接规范是决定焊缝质量的关键,焊接规范确定了焊接速度和热输入的大小。球罐焊接时的焊接规范来自于焊接试验结果和焊接工艺评定,焊接规范的内容主要是焊接层次和焊接工艺参数。

焊接层次的制订原则是根据板厚和每层的焊肉厚度来决定的,在多层多道焊中,使用 $\phi 3.2mm$ 焊条焊接时,每层焊肉厚度在 3～3.5mm。使用 $\phi 4mm$ 焊条焊接时,每层焊肉厚度在 4～4.5mm 为宜。

焊接规范中焊接电流、焊接速度的制订原则基本是按着预先给定的焊缝热输入的范围来制订的。表 10-3 为球罐定位焊及支柱与赤道板组合焊缝的焊接规范；表10-4为07MnCrMoVR(CF-62)钢、壁厚为40mm的2000m³球罐的焊接规范。

表10-3 定位焊、支柱与赤道板焊接规范

焊接位置	焊条直径(mm)	焊接电流(A)	焊接电压(V)	焊接速度(mm/min)	焊接热输入(kJ/cm)
平位	3.2	110～130	22～24	80～120	17～20
	4	160～180	24～26	100～160	24～26
立位	3.2	90～110	22～24	60～100	17～20
	4	140～160	24～26	100～140	25～28
横位	3.2	90～110	22～24	90～150	12～16
	4	150～170	24～26	100～170	15～18
仰位	3.2	110～130	22～24	80～120	16～18
	4	150～170	24～26	100～160	20～24

表10-4 2000m³ CF-62钢球罐焊接规范

焊接位置	焊接层次	焊条牌号	焊条直径(mm)	焊接电流(A)	焊接电压(V)	焊接速度(mm/min)	线能量(kJ/cm)	预热温度与层间温度(℃)
平焊	外1～13	J607RH	4	170～180	26～28	120～200	12～25	100～200
	内1～8	J607RH	4	170～180	26～28	120～200	12～25	100～200
立焊	外1～13	J607RH	4	140～150	24～26	80～150	12～30	100～200
	内1～8	J607RH	4	140～150	24～26	80～150	12～30	100～200
横焊	外1～13	J607RH	4	150～160	23～25	100～150	12～30	100～200
	内1～8	J607RH	4	150～160	23～25	100～150	12～30	100～200
仰(平)焊	外1～13	J607RH	4	170～180	26～28	120～200	12～30	100～200
	内1～8	J607RH	4	130～140	24～26	70～150	12～30	100～200

第四节　球罐的气体保护自动焊

大型球罐采用全位置自动焊接技术，对提高与稳定焊接质量，加快球罐建造进度，减轻焊接劳动强度，降低培训费用，提高劳动效率，具有十分突出的优点。由于球罐自动焊的熔敷速度快、效率高，穿透能力强，背面清根量小，焊接过程连续不间断，焊接飞溅极小，焊缝表面平整光滑，焊后无需打磨处理，所以

焊接效率高,是手工焊接的3～3.5倍。只要培养一批焊机操作手,熟悉设备性能,掌握与调变焊接参数,就可上岗施焊,不仅减少了焊工人数,而且大大减少了定期进行手弧焊工培训的费用。

球罐自动化焊接主要通过相应的全位置自动焊设备来实现,这种设备主要由焊接电源、爬行机构、焊接机构、送丝机构、柔性轨道或半柔性轨道等部分组成。其中,爬行机构和柔性或半柔性轨道是实现球罐全位置自动焊的核心部分。在自动焊接施工作业时,将轨道沿焊缝坡口的平行方向等距装配,爬行机构带着焊枪沿着轨道行进,实现自动焊接。

一、焊接材料选择和焊接工艺参数

球罐自动焊目前常用自保护焊和气体保护焊两种工艺,采用的保护气体有CO_2和$Ar+CO_2$混合气体。气体保护药芯焊丝直径通常选择1.2～1.6mm;自保护焊焊丝直径选择2.0～2.4mm。自保护自动焊不用外加保护气体,抗风能力强,比较适合现场组焊,但价格比较高。而气体保护焊需要辅助设施,在施工现场需要采取合适的防风措施。无论是采用自保护焊,还是采用气体保护焊,要保证焊接质量,必须正确选择和合理控制焊接电流、电弧电压、焊丝伸出长度、焊接送进速度、气体流量和焊丝倾角等参数。

以2000m^3四带式球罐的焊接为例:球罐球壳板材质为16MnR,壁厚42mm,上、下极板各有7块球壳板,上温带、赤道带各有20块球壳板。

球罐自动焊选择美国林肯公司设备,由DC-400型焊接电源、BUG-0型焊接小车、LN-9型送丝机和BGU-0型小车轨道组成。

焊前预热温度为125～150℃,后热温度为125～150℃。

(1)采用药芯焊丝CO_2气体保护自动焊,焊丝牌号选择为E712-C,焊丝直径为ϕ1.4mm,其纵向、环向内外焊缝的CO_2气体保护自动焊的焊接规范见表10-5。

表10-5 球罐CO_2气体保护自动焊工艺参数

焊缝	焊接材料	焊道层数	焊接电流(A)	电弧电压(V)	送丝速度(m/min)	焊接速度(cm/min)
纵向	E712-C ϕ1.4mm	外4～5层	180～280	22～28	1.6～2.4	5～8
		内3～4层				
环向	E712-C ϕ1.4mm	外5～6层	180～280	22～28	1.8～2.8	8～20
		内4～5层				

第十章　球罐的焊接

（2）采用自保护焊丝自动焊,焊丝牌号选择为 NR-203Ni,焊丝直径为 $\phi 2.0mm$,其纵向、环向内外焊缝自保护自动焊的焊接规范见表 10-6。

表 10-6　球罐自保护自动焊工艺参数

焊缝	焊接材料	焊道层数	焊接电流 (A)	电弧电压 (V)	送丝速度 (m/min)	焊接速度 (cm/min)
纵向	NR-203Ni $\phi 2.0mm$	外 5~6 层 内 3~4 层	150~220	19~22	1.8~2.7	4.5~6.5
环向	NR-203Ni $\phi 2.0mm$	外 5~6 层 内 4~5 层	190~260 150~190	19~22 24~26	1.6~3.0	6~20 8~20

二、焊接程序与操作要点

以 2000m³ 四带足球瓣混合式丙烯球罐为例来叙述自动焊的焊接程序与操作要点。

1. 自动焊焊接程序

自动焊焊接程序原则上先纵缝,后环缝,具体如下：

赤道带纵缝外侧——→赤道带纵缝外侧——→温带板纵缝内侧——→温带板纵缝内侧——→赤道带与温带环缝外侧——→赤道带与温带环缝内侧——→上极板纵缝外侧——→上极板纵缝内侧——→上极板与温带环缝外侧——→上极板与温带环缝内侧——→下极板纵缝内侧——→下极板纵缝外侧——→下极板与赤道带环缝内侧——→下极板与赤道带环缝外侧。

赤道带和温带纵缝各 20 条,由五台自动焊机对称分布,同时焊接,每台焊机各负责焊接 4 条焊缝,五台焊机的焊接速度和焊接规范保持一致。赤道带和温带环缝由五台自动焊机均匀分布,沿同一方向焊接。两台焊机之间的分段接口处,各层焊道的引弧点要错开 100mm 以上。焊接时,每一焊道均都焊两层,且焊到末端后,方可转入相隔的下一道焊接,以保证球壳焊缝在组焊中的可靠性,当焊道全部焊两层后,再进行填充盖面。各位置焊缝自动焊接层次排列如图 10-14 所示。

上述焊接顺序的缺点是自动焊设备里外搬动次数太多。球壳体自动焊的焊接施工顺序除遵循先外纵焊缝后内纵焊缝、先外环焊缝后内环焊缝的焊接程序外,为提高自动焊设备使用效率,减少其搬动次数,也可以改变为：先外纵焊缝后外环焊缝,再内纵焊缝后内环焊缝；先赤道带纵向焊缝后上温带纵向焊缝,

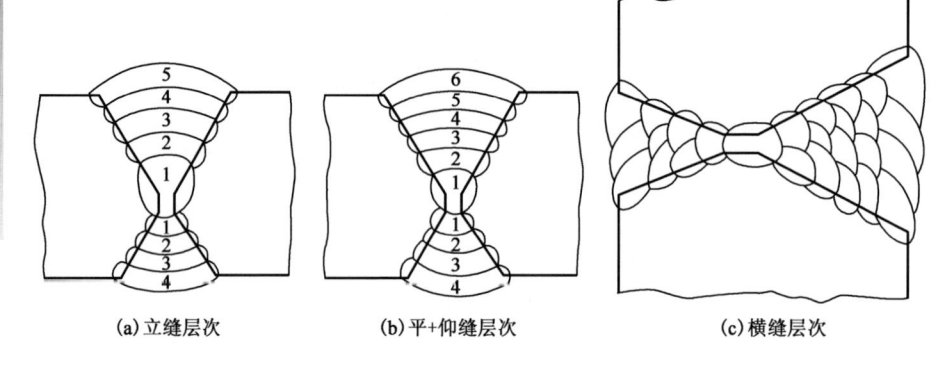

(a)立缝层次　　　(b)平+仰缝层次　　　(c)横缝层次

图 10-14　球壳板自动焊焊接层次

再下温带纵向焊缝的焊接程序。

采用这种焊接程序施工,要注意尽可能地使球罐各部位焊接应力均匀。施焊时,要使各纵向焊缝的焊接交叉错开,即在同一球带板上每隔 2~4 条纵向焊缝分别配置一台焊机同时施焊。对于环向焊缝,则是外半球先上后下,内半球先下后上,由多台焊机分段同时焊接。这种焊接工艺程序,不仅对球罐因焊接而产生的棱角变形进行了一定的补偿,而且也减少了大量的现场辅助作业量。

2. 自动焊操作要点

球壳板各位置焊缝自动焊的焊接操作要点如下。

1)立缝焊接

赤道带和温带纵缝大部分采用立焊,从赤道带下端往上,焊缝位置处于变化中,为保证焊枪始终处于合适角度,焊枪前倾角保持 90°~95°,发现角度发生偏差时,应及时调整焊枪角度。施焊时为保证焊缝的可靠性,将赤道带和温带纵缝分两段进行施焊,先焊上半部,焊一层后,再焊下半部。焊完两层后,再相隔一焊道进行焊接,全部纵焊缝焊两层后,再进行填充盖面。

(1)打底焊。打底焊采用立向上焊工艺,焊枪垂直于焊缝并对准焊缝中心,略向上倾 3°~5°(与垂直方向),采用之字形运条方式,坡口两侧可各设定 0.3s 驻留时间,中间不停留。焊接时焊缝坡口两侧要保证熔化均匀,通过微调摆频、摆宽、焊速来控制熔池均匀成型,应形成微平微凹的焊道,以便于清渣。焊接中防止焊偏而造成夹渣及未熔合等缺陷。

(2)填充焊。每层的填充焊根据焊缝宽窄情况设定驻留时间。以坡口每侧熔化 1~2mm 的标准来设定填充焊的摆宽。填充时注意观察熔池成型情况,如发现一侧成型不良,应检查焊枪嘴是否斜到一侧而造成焊道高低不平,此时应

第十章　球罐的焊接

及时调整焊枪嘴,并进行二次填充,对于焊缝低的一侧增加 0.1~0.2s 的驻留时间,以保证焊道平整。

(3)盖面焊。为保证焊缝的外观成型质量,对盖面焊的前一层焊缝应注意调节焊接速度,使盖面焊前的坡口深度保持在 2mm 左右,以利于盖面。

2)横缝焊接

横缝主要包括赤道带和温带上下四条环缝。焊机对称均布,同时、同速、同向施焊。焊施焊前,应将纵缝端部多余焊肉刨去,并进行修磨,以便于环缝焊接。每层间的起焊位置应错开 80~100mm,且离开丁字缝 200mm。

(1)打底焊。焊枪垂直于焊缝,焊枪略微向前倾斜 3°~5°,采用之字形运条方式,调整好摆宽,通过微调焊枪高度来保证焊缝坡口两侧熔化均匀,以免焊偏造成未熔合及夹渣。

(2)填充焊。采用多道焊,焊枪微摆,设定好摆宽和摆频。为消除底层焊肉可能存在的缺陷,在填充时尽量将焊丝中心对准底层焊道熔合处,并根据焊道实际情况,微调各参数,保证每层尽量平整。

(3)盖面焊。盖面焊前,坡口深度保持在 2mm 左右,施焊中第一道焊道及最后一道焊道最易出现咬边及流淌。焊接第一道焊道时要保证熔池略高于母材,坡口边侧熔化 1~2mm,以后每道焊道要保证熔池压到前一道焊道最高处,焊道成型略高于前一道焊道或与前一道焊道持平。最后一道焊道关系整个焊缝成型,采用第一道时的焊接方式,注意焊道不能咬边,坡口边侧熔化 1~2mm 为宜。

3)平焊+仰焊

平焊加仰焊位置主要指上、下极板的焊接位置,它由大坡口平焊位和背面小坡口仰焊位组成。

(1)打底焊。焊枪垂直于焊缝中心,并略向前倾 3°~5°,采用之字形运条方式,坡口两侧驻留时间设定由坡口大小而定,控制熔池成型,防止焊速过慢造成烧穿。

(2)填充焊。采用大电流快速焊来控制线能量,保证焊丝的摆宽正好熔化坡口 1~2mm 为宜。

(3)盖面焊。在盖面之前坡口深度控制在 2~3mm 左右,盖面时控制焊缝成型,两侧熔化 1~2mm。

(4)平焊。下极板纵缝由两台自动焊机从中心向两边焊,上极板纵缝从两侧向中心焊。

(5)仰焊。上、下极板及温带板的下侧处于仰焊位置,并逐渐成为 45°立焊位置。球罐仰焊焊道背面为60°小坡口,清根后的焊接采用正月牙形摆动方式,焊缝坡口填充至坡口深2mm处进行盖面。为保持焊缝成型良好,盖面时应适当微增焊速及摆频,并在与前面坡口交合处降低焊速,保持该处充分熔透。仰焊主要缺陷是焊枪偏心造成熔池流向一侧。

第五节 焊接缺陷的修补

一、球壳板缺陷的修复

球壳板的缺陷包括:坡口缺陷、表面损伤缺陷、夹层缺陷等。

1. 球壳板坡口缺陷的修复

球壳板运到施工现场后,安装单位要进行全面的复验,若发现制造厂切割的坡口因多种原因造成的凹凸不平、缺肉等缺陷,必须在组装前加以修复。

(1)球壳板坡口的孔洞缺陷,视缺陷的形状、大小及深浅程度而采用不同的方法进行修复。一般较浅的缺陷,可用砂轮直接清除氧化物和夹碳,使缺陷处露出金属光泽,并修磨成有利于焊接的形式,进行焊补。对于较深的缺陷,可采用碳弧气刨将缺陷处刨成有利于焊接的形式,然后用砂轮磨光,进行焊补。

(2)焊接前,不能急剧加热钢板,应对修补处进行预热,一般可以用氧乙炔焰进行加热。预热温度与正式焊接要求相同。预热面积从坡口端部起往里150mm,长度方向视缺陷的长度而定。

(3)焊补时,采用堆焊的方法进行,每层堆焊厚度不要太厚,一般不要超过4mm。焊条直径的选择视缺陷处的形式而定,一般情况下,可采用4mm焊条。线能量比正式焊接时的线能量相同或稍小。焊接层次视缺陷的深度、大小而定。

(4)焊接时的层间温度不要超过预热温度,使用测温表随时检查,如温度超高应停止焊接,待温度下降至预热温度后,再重新焊接。

(5)焊补后的焊肉高度应超出板面或坡口面2mm左右,然后将焊补处打磨成图样要求的坡口形式及尺寸。

(6)焊补处应做详细的位置记录和焊接记录,以供正式焊缝焊完后,进行射线探伤评定底片时参考。

第十章　球罐的焊接

2.球壳板表面缺陷的修复

(1)因电弧擦伤、机械损伤和工夹具焊接等原因使球壳板表面出现的缺陷,必须用砂轮打磨掉。修磨范围内的斜度至少为3:10,修磨后的球壳实际厚度不得小于设计厚度。磨除深度应小于球壳板名义厚度的5%,且不应超过2mm。如超过时,应进行焊接修补。

(2)每块球壳板有多处需要焊接修补时,每块的修补面积应在50cm² 以内;如有两处或两处以上修补时,任何两处的边缘距离应在50mm以上;修补总面积应小于该球壳板面积的5%。

(3)焊补处的预热温度、焊接规范与球罐相应位置焊缝的焊接规范相同。如需预热时,预热面积应以焊补处为中心,在半径为150mm的范围内预热。预热可采用氧乙炔焰或电加热两种方法。

(4)当球壳板表面因划伤及成型加工产生的伤痕等缺陷的形状比较平缓时,可直接进行修补。当直接堆焊可能导致裂纹产生时,应采用砂轮将缺陷清除后再进行焊接修补,修补后的焊缝表面应打磨平缓或加工成具有1:3及以下坡度的平缓凸面,且高度应小于1.5mm。

(5)焊补前,应将缺陷处打磨成有利于焊接的沟槽。焊补后,将焊缝磨成略高于母材的圆滑过渡的凸面,但高度不得大于1.5mm。经磁粉探伤无裂纹为合格。

(6)当焊补深度超过3mm时(从球壳板表面算起),还应进行射线探伤。

二、焊缝缺陷的修复

1.焊缝表面缺陷的修复

(1)焊缝表面的气孔、夹渣及焊瘤等缺陷,应本着焊缝打磨后不低于母材的原则,用砂轮磨掉缺陷。如磨除缺陷后,焊缝低于母材,需要进行焊补,焊补工艺与正式焊缝焊接时相同。焊缝表面缺陷当只需打磨时,应打磨平缓或加工成具有1:3及以下坡度的斜坡。

(2)焊缝两侧的咬边和焊趾裂纹必须采用砂轮磨除,并打磨平缓或加工成具有1:3及以下坡度的斜坡,如图10-15所示,打磨深度不得超过0.5mm,且磨除后球壳的实际板度不得小于设计厚度。当不符合要求时应进行焊接修补。焊缝两侧的咬边和焊趾裂纹等表面缺陷进行焊接修补时,应采用砂轮将缺陷磨除,并修整成便于焊接的凹槽,再进行焊接,焊补长度不得小于50mm。

(3)对于高强钢、低温钢咬边和焊趾裂纹部位进行焊接修补时,在修补的焊道上应加焊一道凸起的回火焊道,如图 10-16 所示,然后磨去回火焊道多余的焊缝金属,使其与主体焊缝平滑过渡。

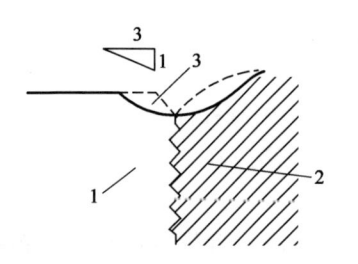

图 10-15 焊缝两侧的焊接缺陷用砂轮修磨示意图
1—母材;2—焊缝金属;3—修磨后的表面

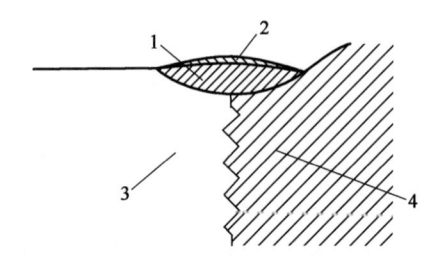

图 10-16 焊接修补的回火焊道
1—修补焊道;2—回火焊道;3—母材;4—焊缝金属

2. 焊缝内部缺陷的修复

球罐焊完后,所有对接焊缝都要进行射线探伤或超声波探伤。存在超标缺陷的焊缝都要进行修复。

(1)要认真核对超标缺陷的性质、长度、位置是否与球罐上要返修的位置相符,防止因位置不准而造成不必要的返修。返修部位要在球罐内外侧划出明显的标记。

(2)为了更准确地清除缺陷,应用超声波定位,以确定是在里侧返修还是在外侧返修。

(3)可采用碳弧气刨清除缺陷,在气刨过程中要注意观察缺陷是否刨掉。如发现缺陷已经刨掉,应停止气刨。如没有发现缺陷,可继续气刨,但深度不得超过 2/3 球壳板厚度。如超过板厚 2/3 处仍有缺陷,则应先在该状况下进行刨槽的打磨和焊接,然后在其背面再次清除缺陷,并重新打磨补焊。气刨工必须了解所刨缺陷的具体情况。

(4)气刨的深度以刨出缺陷为准,气刨长度不得小于 50mm,气刨的刨槽两端过渡要平缓,以利于多层焊接时的端部质量。气刨后经打磨、表面探伤合格后方可焊接。

(5)焊缝返修的焊接工艺规范与球罐正式焊缝焊接时相同。如需预热时,预热范围以补焊部位为中心至少每侧 150mm 以上,并取较高的预热温度;修补的焊层必须在两层以上;严格控制焊接线能量,且不应在其下限值附近焊接短焊道,接近上限时不得多层连续焊接。

（6）选择水平较好的焊工进行焊补工作，以确保一次返修合格。

（7）焊接修补后，应按有关标准规定立即进行后热消氢处理。

（8）同一部位的返修次数不得超过两次，如超过两次，必须编制超次返修方案及措施，焊补前应经制造（安装）单位技术总负责人批准。焊补次数、部位和焊补情况应记入球罐质量证明书。焊缝返修时，焊缝的内外侧各作为一个返修部位。

（9）焊缝返修部位修补后，要打磨成圆滑过渡形式，经外观检查、射线或超声探伤以及磁粉或渗透探伤检验合格后，才能确认焊缝返修合格。

第六节　焊后整体热处理

一、焊后整体热处理的作用

焊后热处理的目的是改善其焊接接头的性能和消除焊接残余应力。

球罐在组装焊接过程中焊缝处会产生较大应力（组装应力、温差应力和组织应力等），焊缝附近存在着淬硬组织和扩散氢，这些都是使球罐产生延迟裂纹和应力腐蚀裂纹的重要因素，从而可能导致球罐早期破损和事故的发生。

在球罐制作时存在人孔结构与焊接结构、支柱与球瓣的焊接结构、人孔补强与球瓣的焊接结构。这些结构由于施焊截面大，拘束应力大，有必要对这些结构单独进行焊后热处理。

对球罐进行焊后整体热处理是消除焊缝应力、释放焊缝中的残余氢、改善和提高焊缝综合机械性能的有效方法，从而极大地提高球罐安全使用的可靠性。

二、焊后热处理条件与温度

1. 球罐焊后热处理条件

球罐焊后是否进行整体热处理，主要应由设计根据介质特性、使用温度、钢材性质、钢材厚度而确定。国家标准 GB 50094—2010《球形储罐施工规范》中对球罐焊后是否需要进行整体热处理的规定如下：

(1)设计图样要求进行焊后整体热处理的球罐。

(2)盛装有应力腐蚀及毒性程度为极度危害或高度危害介质的球罐。

(3)名义厚度大于34mm(当焊前预热100℃及以上时,名义厚度大于38mm)的碳素钢制球罐和07MnCrMoVR钢制球罐。

(4)厚度大于30mm(当焊前预热100℃及以上时,名义厚度大于34mm)的Q345R和Q370R的钢制球罐。

(5)任意厚度的其他低合金钢球罐。

2. 球罐整体热处理的恒温温度

热处理恒温温度应按设计文件要求,如果设计文件未提出要求时,也可参照表10-7进行。

表10-7 常用钢材热处理温度

钢 号	热处理温度(℃)
Q245R	600±25
Q345R	600±25
Q370R	565±25
07MnCrMoVR、07MnNiMoVDR	565±20
16MnDR	600±25

三、焊后热处理方法

球罐的焊后热处理可分为:现场焊后整体热处理、局部热处理、分件热处理。

1. 现场焊后整体热处理

焊后整体热处理的方法有内燃法、热风法、电热法、火焰加热法、化学反应等。目前国内多采用内燃法,其他方法或不经济,或效果不佳,较少采用。

内燃法热处理是以球罐本身作为燃烧室,燃料在其内部空间燃烧,球罐外部采用保温隔热以达到适宜的热处理温度。这种方法在我国已多次成功使用,特别适用于大型球罐的现场热处理,是其他热处理方法不能代替的。由于整体热处理加热均匀,消除残余应力的效果较好,消除残余应力可达到85%以上。

采用的燃料有液体的(如轻质油)和气体的(如丙烷)两种。

内燃法的关键在两方面:一是保温措施的恰当有效;二是燃烧嘴(喷嘴)的设计,要防止熄火与回燃。

2.局部热处理

在球罐的局部采用电阻加热、远红外加热、工频感应加热、火焰加热等方式,对球罐进行消除应力处理。局部热处理时,加热器应严格布置在焊缝及近缝区,并覆盖保温材料进行保温。相关标准规定,加热宽度应为板厚的6倍,焊缝每侧的保温宽度应大于板厚的10倍。加热区布置一定量的加热电偶,并采用自动控温设备控制升温、保温和降温过程及温度的显示和记录,同时打印出工艺曲线。并通过温度显示随时调节各组加热器的功率,达到温度均匀。

四、焊后整体热处理施工工艺

焊后整体热处理常用燃油内燃方法。燃油内燃法为内热式热处理,它是将球罐作为炉膛,球罐外壁隔热保温,在球罐内部安装燃油燃烧装置,使燃油在球罐内雾化燃烧,以明火加热方式提供热处理过程所需要的热量,以此对球罐加温来达到热处理的目的。

燃油内燃法采用高压多孔喷嘴,使压缩空气与轻柴油在球罐内部雾化点燃后对球罐加热,通过调节压缩空气和燃油流量来控制火焰达到控制温度的目的。在工程实践中应根据现场球罐的参数进行热工计算,确定喷嘴、空气压缩机、油泵、流量计、供风管道的规格型号。热处理操作包括保温系统、测温系统、加热系统及支柱柱脚移动系统的操作。

燃油内燃法焊后整体热处理施工过程如下:

热处理前准备 → 测温点的安装 → 铺设保温棉 → 安装燃烧器 → 连接油路、电路及测温系统 → 热处理。

1.热处理前的准备工作

热处理工作应在本体焊接工作全部结束后、球罐焊接后总体几何尺寸和无损检测结果合格后进行,热处理前的准备工作及施工程序应按下列规定进行:

(1)调整脚手架,以便于保温、热处理操作及防火安全。

(2)搭设防雨、防风棚;准备消防灭火设施。

(3)松开地脚螺母、调整支柱,使其能自由膨胀位移并保持垂直,安装柱腿热膨胀位移监视装置。

卸除地脚螺母后,在基础底板上置入减摩装置或涂上黄油,以减少球罐在热处理过程中膨胀位移的摩擦力。应根据理论膨胀量与实测膨胀量之差及时调整,以免柱腿由于外力作用而造成塑性变形,一般每升高100℃调整一次。柱腿膨胀位移量的计算：
$$A = \phi \times L \times t \times 1/2$$

式中　ϕ——球罐内径，mm；

　　　L——钢的线膨胀系数，14.9×10^{-6}；

　　　t——恒温最高温度，℃。

(4)产品焊接试板已放在球罐热处理过程中高温区的外侧。

(5)断开与球体相连接的平台、过桥、梯子等附件，以确保球体自由膨胀和位移。

(6)拆开与热处理无关之球罐接管管口，并用盲板封闭。

(7)在防爆区域施工应考虑采取隔离或屏蔽处理等安全措施。

(8)热处理前，热电偶及记录仪表应经计量校验合格并在有效期内。

2.测温点的安装

测温点均匀地布置在球罐外表面，相邻测温点的间距宜小于4.5m，测温点的分布按垂直高度划分，且按圆周均布，各层之间测点按"品"字形布置。距上下人孔与球壳板环焊缝边缘200mm范围内应设测温点各1个；产品焊接试板应设测温点1个，测温点总数参照表10-8的规定。

表10-8　测温点数表

球罐容积(m³)	50	120	200	400	650	1000	1500	2000	2500	3000	4000	≥5000
测温点数	≥8	≥10	≥10	≥14	≥22	≥25	≥30	≥32	≥36	≥40	≥45	≥50

注：上表测温点数不包括产品试板应的测温点。

测温用的热电偶可用储能焊或螺钉固定于球罐外表面上，如图10-17所示，热电偶和补偿导线应固定。热电偶应依次编号，固定热电偶时螺钉旋入不可太松或太紧。

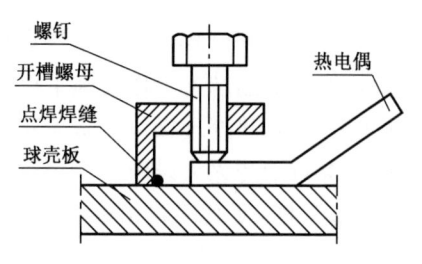

图10-17　热电偶固定方法

3.铺设保温棉

如图10-18所示，将保温棉被挂在保温钉上，每层、块接缝严密，内外层接缝应相互错开200～300mm，每一保温层中，相邻两保温棉被之间应搭接100mm以上，保温棉被与球壳板外壁应贴紧，最大间隙不得超过20mm，外层用铁丝网捆住，在热处理过程中保温棉被不得松动、脱落。保温效果直接影响加热速度和温差均匀性，在具体实施中如果不严加控制，往往造成下极板保温棉被下坠，从而出现与球壳板严重脱离的现象，影响热处理质量。

图10-18 球罐现场保温

球罐上的人孔、接管、连接板均进行保温，从支柱与球壳板连接焊缝的下端算起向下不少于1000mm长度范围内的支柱应进行保温。

4. 安装燃烧器

将燃烧器安装在下极人孔处，用螺栓紧固在下人孔法兰上，观察镜以操作人员能够看见罐内燃烧情况为宜；操作台一般放置在与记录仪相临近处，便于协调；助燃器置于燃烧器的上方，下部与液化气瓶相连，由液化气瓶直接供气，助燃器起点火和辅助燃烧的作用。

5. 连接油路、电路及测温系统

空压机、油泵、液化气瓶就位并配置风、油、气管（均用夹布胶管），注意安全距离及防火措施。空压机、油泵、长图记录仪、燃烧器、操作台安装完毕进行试运转，对油气系统应进行吹扫，调整好风、油压力，使其一切正常以备点火。

6. 热处理

燃料油由油罐流经燃烧器后被雾化点燃前，先用手动方法启动油泵，将管线内空气通过放空阀放出，直至流出的燃油无泡沫状为止，再用手动方法调试风机运转，一切运转正常后，打开液化气阀，将燃烧器调至自动状态，严格按操作规程进行自动点火燃烧。

(1)升温。升温阶段,在400℃及以下可不控制升温速度;在400℃以上时,升温速度宜控制在50~80℃/h的范围内。

(2)恒温。整体消除应力热处理达到预定的热处理温度,需要一定的保持时间以使应力松弛过程得以充分进行,以达到较好的消除应力和改善接头性能的效果。通常情况下,热处理温度最少保持时间按球壳板厚度每25mm恒温1h计算且不少于1h。

(3)降温。降温阶段,降温速度宜控制在30~50℃/h的范围内,400℃以下可在空气中自然冷却。

(4)温差。热处理温差是热处理时各测点中最高温度和最低温度的差值,反映了球罐整体温度均匀性,温差越小,表明各处温度越均匀、残余应力消除得越充分。在400℃以上升温和降温阶段,球壳表面上任意两测温点的温差不得大于120℃。热处理时,保温层外表面温度不宜大于60℃。

(5)柱脚移动。热处理过程中,应监测支柱底板位移。温度每变化100℃应调整一次,及时调整柱脚移动,以保持支柱的垂直度,移动柱脚时应平稳缓慢。

(6)热处理工艺曲线。如图10-19所示。

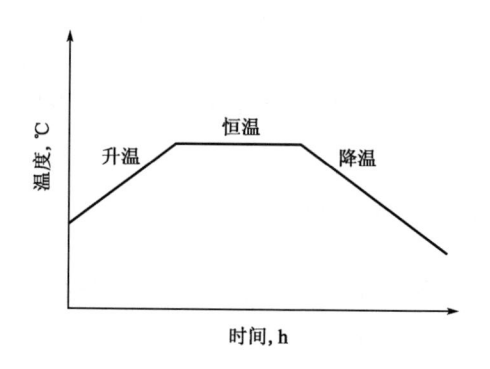

图10-19 热处理曲线

五、高效燃烧器内燃油法球罐整体热处理

高效燃烧器内燃油法(DCS自动控制)是我国多年来普遍采用的球罐现场整体热处理方法,这种方法是把燃油高速喷嘴安放在球罐下人孔,以球罐本身当燃烧室,球罐外表面包敷保温材料进行保温,球罐上方安装一个临时简易烟囱排烟,球罐外表面安置一定数量的热电偶,并连接自动测温仪表记录和控制

第十章　球罐的焊接

加热温度,组成一个完整的加热系统,把球罐整体加热。

实践表明,高效燃烧器内燃油法稳定可靠,加热均匀,简便易行,适于快速施工,加热能力强,易于控制,适于大小各类球罐,也可用于其他容器和壳体结构的焊后整体热处理施工。

高效燃烧器内燃油法热处理工装,一般由燃烧系统、供油系统、温控系统、保温系统、烟道系统、支柱移动系统和附属机构(点火装置、蜂鸣报警装置、比例调节器)、导流装置组成。如图 10-20 所示。

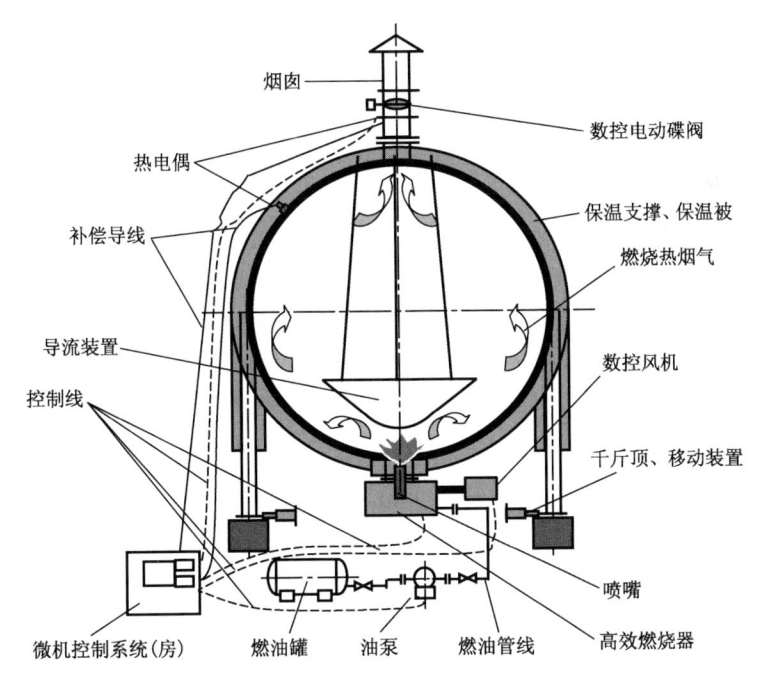

图 10-20　高效燃烧器内燃油法热处理工艺装置示意图

1. 燃烧系统

燃烧系统由工业高效燃烧器(喷嘴)、数控风机组成。燃烧器与球罐底部的人孔法兰相对接,并与数控风机匹配。燃料采用 0# 或 -10# 轻质柴油(按气温选标号)。采用 DCS 控制系统对热处理过程进行智能化控制。在开启温控柜开关后,系统程控器开启,根据程控器设定好的程序,燃烧器上的鼓风机首先运转。进行一段时间的吹扫后,油泵开始运行,燃油通过油泵送入,由电磁阀控制经喷嘴呈雾状喷出,由电子点火器自动点火燃烧。燃烧器上的鼓风机按预先设定的风油比送风、雾化柴油。在燃烧过程中,可调节燃烧器的输出功率(OP

值),使燃烧器比例调节器动作,达到所需的燃烧值,以满足工艺要求。

2. 供油系统

供油系统由储油罐(由热工计算储油量,储油量应为球罐热处理全周期耗油量的 1.5 倍)、过滤器、油泵、管道、控制柜(包括流量计和控制阀组)、压力表组成。油泵须一用一备,保障热处理燃油不间断供给。

3. 温控系统

温控系统由热电偶、补偿导线、长图自动平衡记录仪和 DCS 控制系统组成。球罐壳板温度由热电偶检测经补偿导线冷端补偿后,显示在长图自动平衡记录仪、显示仪表和 DCS 控制系统上位机的工况表上,操作人员依据显示的温度进行实时监控。

4. 温度监测

温度监测配置两套系统,一套是长图自动平衡记录仪,可打点记录测温点温度,另一套是 DCS 控制系统,3s 扫描一个测温点,巡回检测各测温点的温度,并与设置的热处理工艺曲线进行比较对照,从而向燃烧器给出具体燃油控制量,同时按工艺每 30min 打印 1 份各点温度的报表。

5. 烟道系统

烟道系统一般由烟囱(由 ϕ500mm×4mm×1000mm 两节钢管组成)、伞形帽和内置旋转碟阀组成。旋转碟阀可根据 DCS 控制系统给出的开度信号,自动开闭阀板,从而控制罐内的压力和烟气带出的热量。

6. 附属机构

(1)点火装置。高效燃烧器配备由光敏电阻和点火电极构成的点火装置,当燃烧器正常燃烧时,强光照射光敏电阻,使光敏电阻阻值趋向无穷大,整个点火装置没有电流通过,此时不进行点火操作。相反的时候,光敏电阻阻值趋向无穷小,使点火电极产生火花,点燃雾化燃油,保证燃烧器持续稳定燃烧。

(2)蜂鸣报警装置。该装置接受来自工控机的故障信息,及时发出报警的特殊声音,提醒操作者注意。

(3)比例调节器。高效燃烧器上配备 1 个凸轮盘机构和 1 个球罐热处理二次进风的专用风门,二者共同构成比例调节器。在自动状态下,比例调节器通过仪表的电信号进行风油比例调节。在自动调整仪表损坏的情况下,也可手动调节。

(4)均温导流装置。内部均温导流装置选择圆锥形翻边结构,其直径由球体直径定,骨架为 φ12mm 的圆钢,拉筋为 φ18mm 的圆钢。导流装置以上人孔及接管为着力点,下端距下人孔 4500mm,悬挂在球罐内部,外敷绝热材料以反射来自燃烧器火焰的热气流和热辐射,使之形成涡流,以便先加热赤道带以下区域,然后在上人孔处汇集,由烟囱排出,从而达到快速均温的目的。

7. 热处理关键过程控制

1)点火操作

接通用户配电盘侧电源开关,向控制系统供电后,打开温控柜控制电源开关,在上位机"系统工艺参数表"中设定喷嘴控温仪回路调节器为手动状态,调整其输出功率(OP 值)为最小,然后启动程控器进行点火。

2)升温操作

将系统控制柜控温热电偶开关置于"自动"位置,由上位机根据实时计算结果自动选择控温热电偶。球罐本体和试板温度全部由计算机通过控温仪回路调节器、温度巡检仪和比例控制器进行自动控制。根据工艺曲线要求,燃烧器自动调节火焰大小。

3)控制调节

通过计算机中"系统工艺参数表"调整恒温温度和允许温差参数,同时调节燃烧器的输出功率(OP 值),以保证恒温时的工艺要求。

4)降温操作

降温阶段,燃烧器熄灭,可通过由上位机启动鼓风机来向罐内送风的方法,保证降温的工艺要求。

六、安全与环境控制要求

(1)参加热处理人员须经过专门的技术培训和安全教育。球罐热处理工作应设立技术总负责人,负责指挥热处理的安全、质量和进度。

(2)严格按施工程序施工,不得违反工艺程序。热处理后不得直接在球壳板上进行焊接施工。

(3)施工人员进入现场须按规定穿戴安全防护品,戴好安全帽,登高作业应系好安全带和拴挂安全网。

(4)热处理现场不应有其他易燃易爆物品,并应配备足够的防火器材。

(5)所有电线、电缆及接头应绝缘良好,并安装漏电开关,且做好球罐外壳及各电气设备的接零、接地工作。热处理期间严禁停电、停水。

(6)脚手架的搭设应安全可靠,竹、木制脚手架板距罐最少在 500mm 以上,以防着火。

(7)采用燃油法热处理时,球罐底部应设安全防护栏,以防火焰反喷烧伤人。

(8)现场应设醒目警戒标识,并应有专职安全人员监督检查。非参加热处理施工的人员不得进入热处理施工现场。

(9)做好文明施工,材料、设备要安放整齐、有序,保证道路畅通。

(10)施工完毕,应及时清理现场,做到"工完、料尽、场清"。

第十一章 储罐附件安装与防腐保温

储罐附件是为了完成储罐的正常作业,保障安全生产,必须配置的相应设备。储罐防腐能有效控制物料、大气、雨水等有害物对储罐的腐蚀,延长储罐使用寿命。储罐保温可以大幅减少能量的损失,降低能耗。附件安装及防腐保温施工质量的好坏与储罐安全生产密切相关。

第一节 储罐附件安装

附件是储罐自身的重要组成部分,它的设置可以保证物料收发、储存作业,便于储罐清洗和维修管理,保证使用安全。

一、附件分类

目前,对储罐附件的分类尚无统一规定,习惯上多按照附件的作用、应用范围等进行分类。

需要说明的是,依据现行储罐设计标准 GB 50341—2014《立式圆筒形钢制焊接油罐设计规范》,抗风圈、加强圈和包边角钢均属于罐壁设计范畴。但现行的储罐施工规范则有不同的规定,如 GB 50128—2014《立式圆筒形钢制焊接储罐施工及验收规范》将抗风圈、加强圈和包边角钢归类为构件,并且该标准修订后将其划分为附件。考虑本书以施工为主,因此,将抗风圈、加强圈和包边角钢的安装放在本章进行讲解。

1. 按作用分类

按储罐附件的作用可分为功能性附件和安全类附件两类。功能性附件是指具有一定的使用功能,保证储罐正常生产所需的附件,主要包括:人孔、透光孔、清扫孔、接管、加热器、梯子平台、温度计、液面计等。安全类附件是指对储罐的安全生产具有重要影响的附件,主要包括:防火器、呼吸阀、安全阀、通风管、胀油管、避雷针及静电接地装置、泡沫发生器、保险活门、起落管等。

2. 按应用范围分类

按应用范围可将附件分为通用附件和专用附件，通用附件是指各类储罐普遍使用的附件，主要包括：人孔、清扫孔、阻火器、通气孔、接管、梯子平台、温度计、液面计、包边角钢等。专用附件是指特殊储罐或储存特定油品需配备的专用附件，如内浮顶储罐专用的通气孔、静电导出装置、自动通气阀等，外浮顶储罐专用的滑动扶梯、中央排水管、紧急排水口、抗风圈、加强圈等。

二、附件介绍

储罐的附件应根据储罐的形式、设计压力、设计温度、介质特性等条件进行选择。下面以最常见的拱顶储罐、外浮顶储罐、球罐三种类型储罐为例介绍储罐的附件。

1. 拱顶储罐的附件

拱顶储罐附件包括：人孔、排污孔、接管、阻火器、通气管、量油孔、透光孔、泡沫发生器、呼吸阀、液位计和梯子平台等。如图 11-1 所示，以某 $3000m^3$ 立式拱顶储油罐为例，介绍拱顶储罐常用附件。

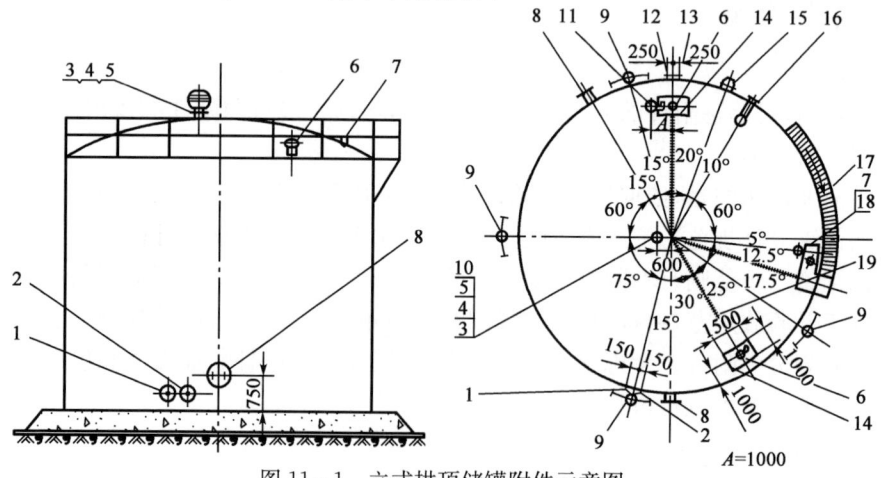

图 11-1 立式拱顶储罐附件示意图

1—凝结水出口接合管；2—蒸汽进口接合管；3—罐顶接合管(接阻火器)；4—阻火器；5—通气管；6—透光孔；7—罐顶接合管(接量油孔)；8—人孔；9—泡沫发生器；10—呼吸阀；11—罐顶接合管(扫线管)；12—进油结合管；13—出油结合管；14—透光孔平台；15—带放水管排污孔；16—浮子式液位计；17—盘梯；18—量油孔；19—踏步

第十一章　储罐附件安装与防腐保温

1）人孔、透光孔

人孔(图11-2)是供清洗和维修储罐时,操作人员进出储罐而设置的。人孔一般装在罐壁最下层圈板上,且和罐顶上方采光孔相对,人孔的规格一般为DN500mm、DN600mm、DN750mm(浮顶储罐的浮顶上至少设置1个人孔,且每个舱室设置一个人孔)。透光孔装于罐顶,用于检修和检查时采光和通气,一般为DN500mm。人孔及透光孔主要由短节、法兰、法兰盖以及密封垫片和紧固件组成。

图11-2　罐壁人孔图

2）量油孔

量油孔是为检尺、测温、取样所设,安装在罐顶平台附近。每个储罐只装一个量油孔,它的直径为150mm,距罐壁距离多为1m。

3）泡沫发生器

泡沫发生器(图11-3)又称消防泡沫室,是固定于储罐上的灭火装置。泡沫发生器一端和泡沫管线相连,一端带有法兰焊在罐壁最上一层圈板上。灭火泡沫在流经消防泡沫室空气吸入口处,吸入大量空气形成泡沫,并冲破隔离玻璃进入罐内(玻璃厚度不大于2mm),从而达到灭火的作用。

4）接合管

接合管是接管在油品储罐上的专有名词,其他介质储罐上一般称为接管。接合管主要用于连通储罐与外部的工艺管道、安全阀、液位计等。按接合管安装的位置可分为罐壁接合管(图11-4)和罐顶接合管(图11-5)。

图 11-3　泡沫发生器图

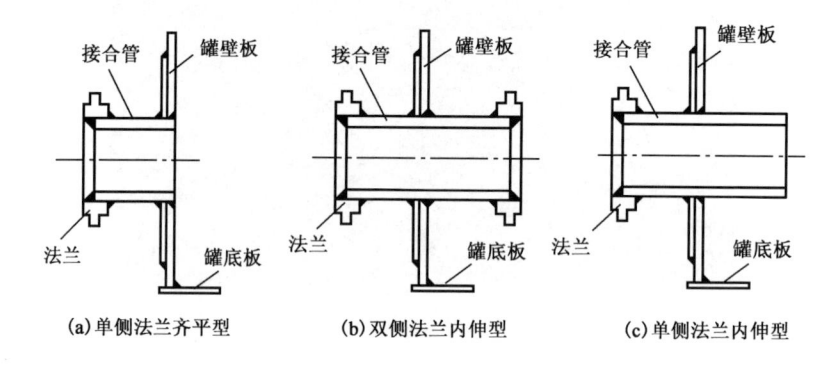

(a) 单侧法兰齐平型　　(b) 双侧法兰内伸型　　(c) 单侧法兰内伸型

图 11-4　油罐壁板接合管示意图

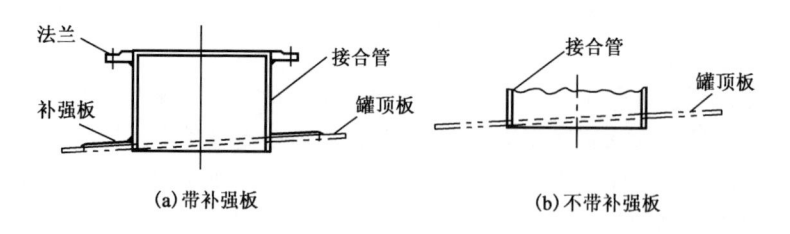

(a) 带补强板　　(b) 不带补强板

图 11-5　油罐顶板接合管示意图

5) 梯子平台

梯子是专供操作人员上罐检尺、测温、取样、巡检而设置的,它有直梯、斜梯、盘梯、旋梯等多种类型。平台主要用于工艺操作的平台,也是操作人员上下

第十一章 储罐附件安装与防腐保温

储罐时进行休息的场地。梯子及平台上设有护栏,用于保护操作人员的安全。一般来说,小型储罐多用直梯,大中型储罐多用盘梯,当多台储罐距离较近时,多采用组合式联合平台。

2. 外浮顶储罐附件

与拱顶储罐相比较,外浮顶储罐所用附件除了人孔、接合管、泡沫发生器、盘梯等通用附件之外,还有转动浮梯、中央排水管、抗风圈、加强圈等专用附件,见图 11-6。

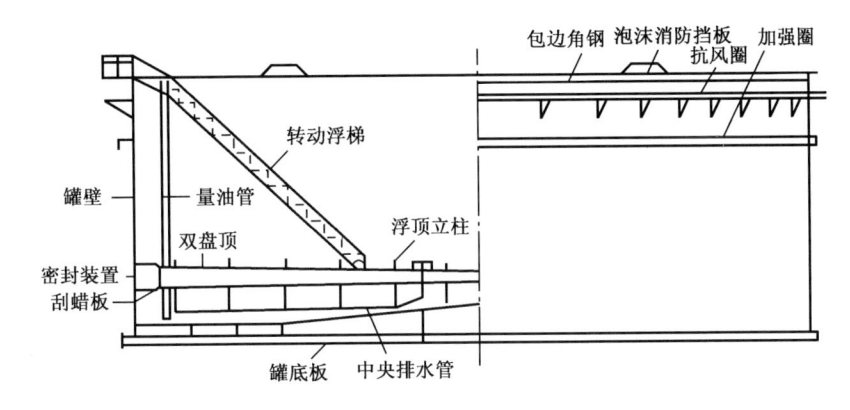

图 11-6 双盘外浮顶储罐附件示意图

1)转动浮梯

转动浮梯是外浮顶储罐的专用附件,它是为了操作人员从盘体顶部平台下到浮顶上而设置的。当浮顶随着储罐内液面上下移动时,转动扶梯的上端可以绕安装在平台附近的铰链旋转,下端通过滚轮沿浮顶上的轨道进行水平滑动。浮顶到最低位置时,转动扶梯的仰角不得大于60°。

2)中央排水管

外浮顶储罐的浮顶暴露于大气中,降落在浮顶上的雨雪如不能及时排除,就有可能造成浮顶沉没,中央排水管就是为了及时排放积存在浮顶上的雨水而设置的。由于浮顶需要上下浮动,就必须保证排水管也能够上下伸展。

在 SY/T 0511.6—2010《石油储罐附件 第 6 部分:浮顶排水管系统》中,将中央排水管称为浮顶排水管系统。浮顶排水管系统组成部分包括:过滤罩、集水坑、单向阀、连接管、旋转接头/挠性接头/挠性管、管件和截断阀。浮顶排水管系统分为旋转接头排水管系统、挠性接头(内曲型)排水管系统、挠性接头(外曲型)排水管系统、挠性管式排水管系统四种形式,其中比较常见的是旋转接头排水管系统(图11-7)。

3. 球罐附件

球罐所用附件主要有梯子平台(图11-8)、消防喷淋装置、安全阀、压力表、温度计、人孔等。与立式储罐相比,比较特殊的附件是盘梯、旋梯和喷淋装置。

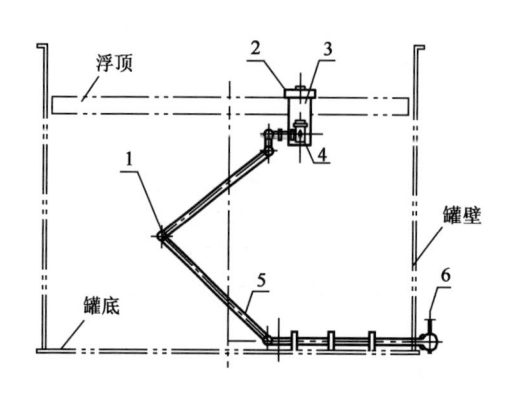

图11-7 旋转接头排水管系统
1—旋转接头;2—过滤罩;3—集水坑;
4—单向阀;5—连接管;6—截断阀

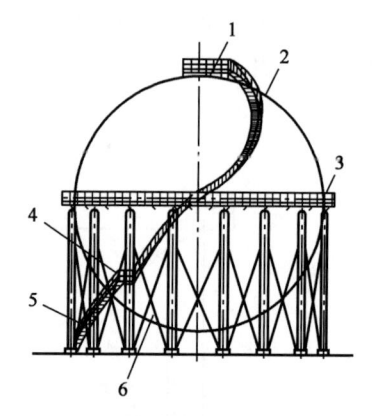

图11-8 球罐梯子平台示意图
1—顶部操作平台;2—上部盘梯;
3—中部平台;4—中间平台;
5—下部盘梯;6—罐体

1)盘梯

由于球罐是一个球体,球罐外部赤道之上多设计为近似于球面螺旋线形的盘梯,赤道之下多为圆柱面螺线盘梯,赤道处设置围绕全球体的中部平台,或只设较小的中间平台。这种设计具有三个优点:一是整体行程较短,行走舒适;二是耗用钢材较少;三是梯子与球罐曲率协调一致,美观大方。

2)旋转梯

对于低温储罐、高强钢制球罐和介质有应力腐蚀的球罐,需经常对球壳内外壁焊缝进行检查,以便及时发现和消除在使用过程中产生的延迟裂纹和应力腐蚀裂纹,避免事故发生。为便于检查,可采用储罐内外的旋转梯(图11-9)。由于转梯结构复杂、耗钢量大,又减少了物料的装填量,一般只用于1000～4000m^3的中型储罐。

3)喷淋装置

球罐上设置喷淋装置(图11-10)主要起消防和降温两个作用。当发生火灾时,喷淋装置自动启动,向整个罐体均匀淋水,淋水量按球罐外表面积计算,不少于9L/(min·m^2)。当夏季室外温度过高时,为防止罐内储存的液化石油

第十一章　储罐附件安装与防腐保温

气、可燃气体等介质热膨胀造成罐内超压,通过喷淋装置进行洒水降温。喷淋装置多采用环形冷却水管,材质为镀锌钢管,为防止水垢和灰尘堵塞洒水孔,口径设计为 4mm 以上。

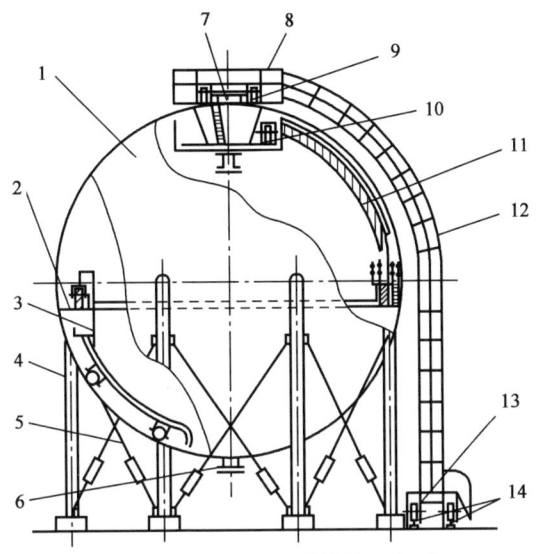

图 11-9　球罐内外旋转梯示意图

1—球体;2—内部中间平台;3—下部内转梯;4—支柱;5—拉杆;6—底部人孔;7—顶部人孔;
8—外转梯上部平台;9—外转梯上滚轮;10—顶部内转梯平台;11—上部内转梯;
12—外转梯;13—外转梯下滚轮;14—外转梯底部轨道

图 11-10　球罐喷淋管图

三、附件安装

储罐附件的安装难度较小,本章重点介绍盘梯、转动浮梯、抗风圈、加强圈的安装程序及要求,其余附件的安装仅进行简单介绍。

1. 盘梯

盘梯(图 11-11)具有占地面积小、节省钢材的优点,在储罐设计中得到了广泛应用,是最常见的梯子类型。为适合人的行走,盘梯自上而下沿罐壁做逆时针方向盘旋,使工作人员下梯时可右手扶栏杆。梯子坡度为 30°~40°,踏步高度不超过 25cm,宽度为 20cm 左右,梯宽度为 65cm。梯子外侧设 1m 高栏杆作扶手。

(a) 立式拱顶罐盘梯　　(b) 球罐盘梯

图 11-11　储罐盘梯实物图

1) 盘梯施工程序

铺设平台→盘梯放样→盘梯内外侧板、踏步、三脚架预制→盘梯预制→三脚架安装→盘梯安装→平台安装→扶手栏杆安装

2) 盘梯预制

预制时按图样要求对钢材进行划线,放出侧板、踏步的切割线,并进行复验。为保证加工精度,宜采用剪板机或全、半自动火焰切割机进行切割。在侧板上划出踏步安装线,然后进行侧板和踏板的组装,组装后测量组装偏差,合格后进行焊接。

大型储罐一般以中间平台为分界点,分两段或多段进行预制。没有中间平台的小型储罐盘梯一般进行整体预制。

3）盘梯安装

（1）储罐安装（图11-12）过程中，及时安装盘梯及支架，不带侧板的盘梯可在罐壁安装过程中安装，有侧板的盘梯应在罐壁板全部安装后安装。

图11-12　盘梯安装图

（2）施工程序及要点：按图样要求在罐壁上划出盘梯支架和平台支架的安装位置线；检查位置线无误后安装支架、平台、盘梯，焊接后安装盘梯栏杆；栏杆本身的接头及立柱下部的固定端均应采用等强连续焊，立柱间的水平距离不得大于1000mm，栏杆高度允许偏差±5mm。

2. 转动浮梯

转动浮梯（图11-13）用于外浮顶储罐的罐顶。

图11-13　外浮顶储罐转动浮梯实物图

1)预制

(1)构件长度方向可拼接,拼接焊缝应为全熔透的对接焊缝,在焊接时注意不能采用连续焊,应进行跳焊,且焊接时注意电流、电压,焊工不宜过多,1~2名为宜。

(2)转动浮梯组装时,踏步轴之间应保持相互平行,各级踏步应保持水平,各部旋转机构转动灵活。

(3)转动浮梯分段预制时,其中一段预留300mm调整量。

2)转动浮梯安装

转动浮梯在大罐充水试验前安装完毕,其施工程序及要点如下:

(1)划出顶部平台的安装位置线,顶部平台安装后,确定浮梯的一个中心点,将这个中心点投影在浮盘上,划出这个点与浮盘中心的连线,即为浮梯安装中心线的投影,也是轨道的安装中心线。

(2)分段预制的浮梯,在浮顶上将两节组为一体,检查其不直度,合格后进行焊接,其焊缝为等强连续焊。

(3)安装轨道,以中心线为基准,划出各支腿安装位置线,将支脚定位焊后,安装横杆,用水平尺将横杆顶部找平后进行点固焊,最后安装轨道,轨道与中心线平行。

(4)安装浮梯,将顶部固定后,确认转动浮梯轨道中心线与转动浮梯中心线同在一个铅垂面内为合格。

(5)浮梯的检验应在罐体充水过程中进行,浮梯上端的转轴和下端的滚轮应转动灵活,梯子下端的滚轮应始终处于轨道上,浮梯升降自如。

3.抗风圈及加强圈

抗风圈及加强圈(图11-14)主要起到增加罐体强度,保证在强风等恶劣天气情况下的储罐安全性。

图11-14 外浮顶储罐抗风圈及加强圈图

第十一章　储罐附件安装与防腐保温

1)预制

腹板用样板下料后,将三段为一组进行组对、焊接,然后安装加强槽钢。预制后的尺寸检查应符合图 11-15、表 11-1、图 11-16、表 11-2 的规定。

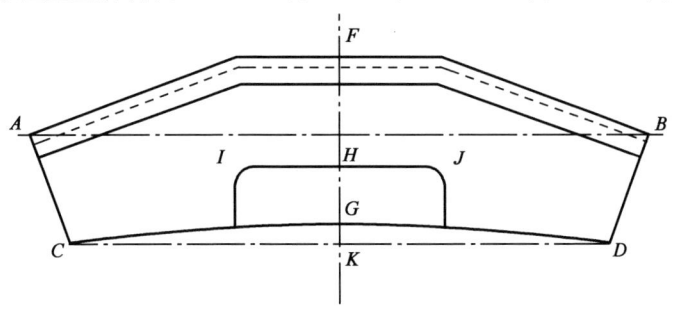

图 11-15　"Ⅰ"型抗风圈

表 11-1　"Ⅰ"型抗风圈预制后尺寸允许偏差

测 定 位 置	允许偏差(mm)	测 定 位 置	允许偏差(mm)
AB,CD	±3.0	GK	±5.0
AC,BD,FG	±2.0	HG,HI,HJ	±3.0

图 11-16　"Ⅱ"型抗风圈

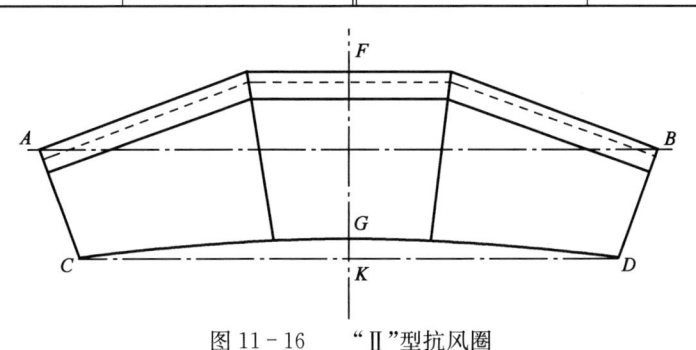

表 11-2　"Ⅱ"型抗风圈预制后尺寸允许偏差

测 定 位 置	允许偏差(mm)	测 定 位 置	允许偏差(mm)
AB,CD	±6.0	AC,BD,FG	±2.0
GK	±4.0		

2)抗风圈、加强圈安装

(1)在抗风圈或加强圈所在的一圈壁板立缝焊完并检查合格后,上一圈壁板安装前进行。

(2)施工程序及要点:

①抗风圈、加强圈在安装前,按图样划出其安装位置线和支撑位置线,抗风

圈、加强圈离环缝的距离不应小于150mm。

②调整曲率：壁板应按照抗风圈、加强圈的曲率进行调整。

③沿组装线一周安装组焊卡具(刀板或三角架)，卡具每隔2.5~3m一个。

④抗风圈、加强圈吊到卡具上，边组装边定位焊。

⑤抗风圈、加强圈自身为对接全焊透，先焊抗风圈或加强圈的对接焊缝，后焊和壁板的连接焊缝，上侧采用连续角焊，下侧采用间断焊。

⑥安装护栏：护栏的立柱、扶手、护腰、护脚板本身的接头及立柱下部的固定端均采用等强连接，立杆之间的水平距离应满足图样要求。

⑦质量标准：栏杆高度允许偏差±5mm，立柱间距允许偏差±10mm。

4. 罐壁接管安装

接管(图11-17)应在罐壁滚圆成型后，热处理前进行安装，其余需要消除应力热处理的壁板，在罐体成型后进行安装。其施工程序及要点如下：

图11-17 储罐接管图

(1)在罐壁上按图样划出接管安装位置线，按样板划出开孔线，其中心位置偏差不大于10mm，接管或接管补强板外缘与罐壁纵向焊缝的距离不得小于200mm，与环缝之间的距离不得小于100mm。

(2)采用气割进行壁板开孔时，应清除表面氧化物或淬硬层，并按设计规定进行监测。

(3)安装接管时，接管伸出长度允许误差±5mm，法兰的螺栓孔应跨中安装，凡位于浮顶行程范围内的罐壁接管内侧应与罐内壁平齐，接管对接焊缝按设计要求进行检测。

第十一章　储罐附件安装与防腐保温

(4)设计无规定时,补强板(图 11-18)规格按表 11-3 选用。补强板的曲率应和罐壁板的外曲率相同,并开 M6～M10 的信号孔,分块补强板在每块板上开信号孔。

(5)在安装过程中,法兰密封面应保护好,不得有焊瘤与划痕,法兰与接管的轴线应垂直,其倾斜不应大于法兰外径的 1‰,且不大于 3mm;

(6)正式封孔时所用的垫片应耐油,紧固螺栓时,应对称紧固,切不可一次紧固到位,螺栓外露长度均匀。

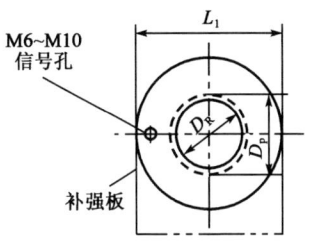

图 11-18　补强圈图

(7)补强板焊完后应做气密试验,在信号孔通入 100～200kPa 的压缩空气,检查焊缝的严密性,无渗漏为合格。

表 11-3　罐壁开口接管及补强圈规格

公称直径 DN(mm)	接管直径×壁厚(mm×mm)	补强圈尺寸 L_1/D_p(mm/mm)
80	ϕ89×7.5(6)	180/93
100	ϕ108×8.5(6)	200/112
	ϕ114×8.5*(6)	200/118
150	ϕ159×10(7)	300/163
	ϕ168×11(7)*	300/172
200	ϕ219×13(8)	400/223
250	ϕ273×13(8)	180/277
300	ϕ325×13(10)	550/329
350	ϕ377×13(11)	620/381
400	ϕ426×13(12)	680/430
450	ϕ480×13	760/484
500	ϕ530×3	840/534
600	ϕ630×13	980/634

注:* 表示大外径接管;括号内的数值为最小壁厚。
　　L_1——补强圈外径;D_p——补强圈内径。

5.量油管与导向管

量油管与导向管应在上水之前安装完毕。其施工程序及要点如下:

(1)导向管由于过长,不便于长距离运输,需要分段进行预制,现场组对焊接。组对前应先将盖板、密封板和压板按顺序套在导向管上,并将其固定在导向管上部,调整直线度进行焊接。焊接应有防变形措施,焊后应再次检查直线度,导向管接口焊缝余高不得大于1mm。其直线度允许偏差不大于导向管长度的 1/1000,且不大于 10mm。

(2)按图样在浮盘上划出导向管安装位置线,开孔中心偏移不得大于10mm,补强板外缘与其他焊缝的距离应大于 50mm。

(3)浮船开孔时应先开舱顶板上的孔,后开舱底板上的孔。顶板上的孔开好后,用吊线法,确定底板上的开孔位置,以保证上下孔同心,并将补强板点焊在浮船板上。用手工气割开孔后,应清除表面氧化物并打磨。

(4)套管找正后进行焊接,其垂直度允许偏差为1mm,焊后套管与浮船间焊缝做煤油试漏。

(5)安装导向管及量油管时应用经纬仪对其垂直度进行测量。先将上面点焊,然后用经纬仪校正,合格后焊接上下固定端。

(6)盖板、密封板和压板依次安装。

(7)导轮与导向管间应留一定的间隙,调整好间隙后将导轮固定。

(8)最后安装量油管下端部的喇叭口和导向管下部的盲板。

第二节　储罐防腐

储罐的设计寿命一般为 20 年左右,但由于其储存的介质中多含有有机酸、无机盐、硫化物及微生物等杂质,会对钢铁造成腐蚀,很多没有进行防腐的储罐在使用 2~3 年后发生了严重的被腐蚀现象。当采用涂料保护、阴极保护或多种方法结合的防腐措施后,检修期可以延长 6 年左右。我国储罐防腐蚀技术最常用的是防腐涂料和阴极保护。防腐涂料隔离了腐蚀介质与储罐金属,是储罐防腐蚀的第一道防线,也是储罐最有效的防腐蚀技术。由于涂料涂层难免有针孔等缺陷,对于罐底板外侧和罐内壁等易发生腐蚀的部位,为有效控制腐蚀,多同时采用涂料保护和阴极保护技术进行联合保护。

一、表面处理

钢材表面会有各种杂物,包括污垢、灰尘、油脂、铁锈、湿气以及氧化皮等。如果涂料直接涂覆在这些物质上面,涂层就会失去附着力,从而起皮、脱落。钢材的表面处理是在两个重要的方面对涂料创造良好的基础:机械的和化学的。

第十一章　储罐附件安装与防腐保温

机械方面是可以给涂料提供一个锚固作用,化学方面是允许涂料分子与钢材表面形成密切的接触。钢制储罐表面处理主要是清除掉钢材表面的铁锈、涂层、焊接飞溅等影响防腐质量的各种杂物。

1. 执行标准

常用的储罐表面处理标准有国家标准和石油天然气行业标准,见表11-4。

表11-4　常用储罐表面处理标准

序号	标　准　号	标　准　名　称	主要应用范围
1	GB/T 8923.1—2011	涂覆涂料前钢材表面处理 表面清洁度的目视评定 第1部分:未涂覆过的钢材表面和全面清除原有涂层后的钢材表面的锈蚀等级和处理等级	新建储罐钢材的表面处理
2	GB/T 8923.2—2008	涂覆涂料前钢材表面处理 表面清洁度的目视评定 第2部分:已涂覆过的钢材表面局部清除原有涂层后的处理等级	旧储罐及表面有防腐涂层的钢材表面处理
3	GB/T 8923.3—2009	涂覆涂料前钢材表面处理 表面清洁度的目视评定 第3部分:焊缝、边缘和其他区域的表面缺陷的处理等级	储罐表面焊缝、钢材边缘和其他区域的表面缺陷(如压痕)
4	SY/T 0407—2012	涂装前钢材表面处理规范	钢材的溶剂清洗、工具除锈、喷(抛)射除锈、酸洗

2. 除锈方法及等级

除锈方法包括手工工具、动力工具、火焰、酸洗、抛丸、喷砂等,上述方法所能达到的清洁度和粗糙度有很大的不同。

1)除锈方法的比较

手工除锈是利用简单的钢丝刷、刮刀等工具用人力进行除锈,方法简单易行,但劳动强度大,生产效率低,且除锈质量差,一般只能除去疏松的或较轻的铁锈,不能去除较重的锈层和氧化皮。只有在其他除锈方法无法采用时,才被采纳。

动力工具除锈主要工具有砂轮、钢丝轮等。清理效率高于手工工具除锈,但劳动强度高、除锈成本高。它的最大缺点是抛光作用,而且无法将蚀点深处的锈和污物清理干净。

火焰除锈一般采用氧气—乙炔火焰加热钢铁表面,可以清除大量的锈和氧化皮以及表面的油污,但无法获得清洁的表面。

酸洗是将钢铁件浸没于酸性溶液中清除锈和氧化皮。经酸洗的钢铁需经缓蚀处理并干燥后涂上底漆。酸洗仅适用于小型工件。

抛丸是指以利用高速旋转的叶片产生的离心力和抛力,带动磨料对钢材进行打击和切削,从而除去表面的附着物,达到清理的目的。该方法不但可以除锈,还可以使钢铁表面得到强化,消除残余应力,提高乃疲劳性和抗应力腐蚀性能。但设备较多,不便于施工现场使用,多用于车间生产线流水作业。

喷砂的工作原理是以高压空气流将磨料推进喷枪,形成磨料流,磨料以极高的速度冲击钢材表面,除去铁锈。与抛丸相比,它具有投资省、占地少、机动和适应性强、磨料选用范围广、操作方便等优点,但开放式作业对环境会造成粉尘污染。

为测试各种除锈方法的效果,通过试验对比发现,在环境、涂漆等影响因素完全一致的条件下,钢材表面采用不同的除锈方法,经过 2a 的时间,钢材的腐蚀情况有很大的差异,见表 11-5。

表 11-5　不同除锈方法的腐蚀情况

序号	除锈方法	涂层的腐蚀情况
1	未处理	80%锈蚀
2	手工工具	55%锈蚀
3	动力工具	22%锈蚀
4	火焰	18%锈蚀
5	酸洗	15%锈蚀
6	抛丸	个别锈蚀
7	喷砂	个别锈蚀

储罐工程施工中,由于手工工具除锈效果差,基本不采用;火焰和酸洗、抛丸方法不便于现场作业,也不采用;喷砂除锈质量好,是罐体除锈最为常用的方法;动力工具除锈操作简便,是盘梯、支柱等附件的主要除锈方法。本节主要介绍常用的动力工具除锈和喷砂除锈。

2)动力工具除锈

动力工具一般有风动和电动两种,设备较为简单,且可根据储罐各部位的不同形状,选用相应的刷头,满足储罐各部位的除锈要求。动力工具除锈分为 St2、St3 两个等级。

动力工具包括电(风)动砂轮、电(风)动刷,如图 11-19 所示。除了这两类

第十一章　储罐附件安装与防腐保温

动力工具,还有风动打锈锤、针束除锈器、齿形旋转锤击除锈器等工具。

(a)电动砂轮　　　　　　　　　(b)电动刷头

图 11-19　电动除锈工具图

电(风)动砂轮主要用于清除毛刺、清理焊缝、打磨厚锈层。常用的几种砂轮机的规格型号见表 11-6。

表 11-6　常用砂轮机规格型号表

名　　称	规　格　型　号
端型砂轮机	SD100,SD150,SZD100,S_3S100
软轴砂轮机	S_3SR100,S_3SR150,S_3SR200
角型砂轮机	JSϕ125×90°,JSϕ180×90°,JSϕ125×100°,SJ90°
风砂轮机	S40,S60,S80,S125

电(风)动刷适用于除锈、除旧涂层、清理焊缝、去毛刺、去飞边等,使用灵活方便。影响除锈效果的主要因素是刷子的性能和刷面的运动速度。动力钢丝刷根据不同的用途,可做成轮形、杯形、伞形等形状。电动刷为储罐除锈最常用的工具,可用于钢管、钢板、型钢等各种钢材的除锈。但其除锈效果相对于喷砂除锈具有较大的差距,一般只用于对除锈等级要求不高的梯子平台、工艺配管等部位的除锈。

3)喷砂除锈

储罐多采用开放式喷砂除锈,其喷砂系统由压缩空气及配气、喷砂设备、回收装置、通风除尘等部分组成。工作过程如下:压缩空气经油水分离后进入配气罐,输入喷砂缸,喷砂缸内的磨料在压缩空气的推动下,经导管进入喷枪,从喷嘴射向工作表面。喷出的磨料通过筛网落入磨料坑,经回收处理后可输入磨料缸再用。筛网上的废弃物则转入废物箱。磨料室的含尘气体和磨料回收装置中的粉尘通过风机吸进除尘设备除尘,然后排放大气中。喷砂除锈有四个等级:Sa1、Sa2、Sa2½、Sa3。

(1)开放式喷砂根据设备的不同可以分为自流式、压力式和吸入式三种。

自流式:自流式采用的是固定枪嘴,磨料由储料仓自由落入喷枪混合室,然后喷出。这种方法适合自动化除锈,不适用储罐除锈。

压力式:如图 11-20 所示,压力式是将磨料和压缩空气在混合室内混合,在压缩空气的作用下经软管送到直射型喷枪并高速喷出。

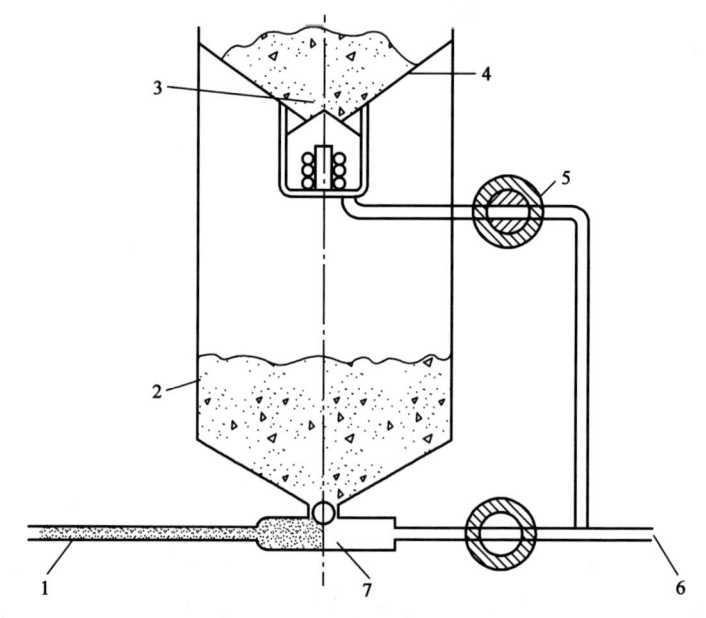

图 11-20 压力式喷砂示意图

1—喷枪接口;2—储料筒;3—锥形阀;4—加料漏斗;5—三通阀;
6—压缩空气进口;7—混合室

吸入式:吸入式是利用压缩空气流动时产生的负压,将磨料吸入,送至引射型喷枪并高速射出。

(2)喷砂常用磨料的特性见表 11-7。

表 11-7 喷砂常用磨料的特性

砂粒磨料	来源	主要化学成分	形状	松装密度 ($g \cdot cm^{-3}$)	破碎率 (%)	喷砂后钢材表面粗糙度 (μm)
激冷钢砂	人造	铁	多角形	7.65	0	80~100
激冷钢砂	人造	铁	多角形	7.40	8	80~100

第十一章　储罐附件安装与防腐保温

续表

砂粒磨料	来源	主要化学成分	形状	松装密度（g·cm^{-3}）	破碎率（%）	喷砂后钢材表面粗糙度（μm）
纯氧化铝	人造	铝	立方	3.80	24	70～90
再生氧化铝	人造	铝	立方	3.76	34	70～90
金刚砂	天然	铁石英	立方	4.09	46	70～90
碳化硅	人造	碳化硅	块状	3.81	57	70～90
标准砂	天然	石英	角状	2.62	84	20～40
矿渣	人造	硅酸铝镁	立方	2.79	61	40～50
燧石	天然	石英	有很好的角	2.61	67	40～50
石英砂	天然	石英	立方	2.61	77	40～50
石英砂	天然	石英	角状	2.63	90	40～50

需要指出的是，石英砂是储罐除锈最常用的喷砂磨料，硬度和价格均适中，但破碎率高，其粉尘会损害人体健康，要特别注意通风除尘，它与标准砂等均属一次性使用的磨料。激冷铁砂或棱角钢砂破碎率低，可循环多次使用，但容易受潮锈蚀，生锈后会影响喷砂的质量。

(3)为保证喷砂质量，应控制下列操作(图 11-21)。

(a)底板喷砂除锈 　　　　　　(b)壁板喷砂除锈

图 11-21　储罐喷砂除锈施工图

①喷砂距离对喷砂效率影响较大，其次是影响钢材表面粗糙度。一般选择范围为：钢材硬度≥HRC45，喷砂距离 100～150mm；硬度≥HRC20，喷砂距离 150～200mm；硬度≤HB150，喷砂距离 250～300mm。

②喷砂气体压力对钢材表面内应力影响最大，对薄壁、长细部位高压喷砂会使其变形。但随着喷砂气压的增加，会增强钢材表面活性，提高喷砂效率和增大粗糙度。对钢制储罐及其构件喷砂气压应不小于 0.5MPa。

③喷砂角度主要对钢材表面粗糙度有影响,喷砂角度由 30°～75°变化,随着喷砂角度的增大,粗糙度值增加,最佳喷砂角度一般为 70°～80°。

④喷砂时间对钢材表面活化程度有较大影响,一般喷砂时间越长,表面活性越大。但时间超过 20s 后,表面活性趋于饱和。粗糙度达到 Sa3 级的喷砂时间一般为 5～10s。

⑤喷砂后钢材表面应整体均匀,无任何杂物,显露出均匀的母材本色。

二、涂料防腐

将防腐涂料涂覆在储罐的表面,通过形成涂膜可以有效地保护钢材免受侵蚀,从而延长储罐的使用寿命。

1. 储罐的防腐涂层结构

储罐储存的介质不同,所处的气候环境不同,所选用的防腐涂料也有很大的差异,下面以原油储罐为例,介绍典型的储罐防腐涂料及结构,见表 11-8。

表 11-8　原油储罐防腐涂层结构

部位	序号	品种	涂料名称	建议道数	漆膜厚度（μm）
罐底板下表面	1	底漆、面漆	环氧煤沥青防腐涂料	2	>300
		合计		2	>300
罐底板内表面、距罐底 2m 以下的罐壁板内表面及内件等与底部沉降水接触的部分	1	底漆	环氧富锌底漆	1	>60
	2	面漆	无溶剂防腐涂料或无溶剂环氧玻璃鳞片涂料	2	>300
		合计		3	>360
罐壁内表面（距罐底 2m 以上至距罐顶 2m 以下）与油品接触部分	1	底漆	环氧导静电底漆（非碳系）	2	>80
	2	面漆	聚氨酯导静电面漆（非碳系）	2	>80
		合计		4	>160
浮盘底板下表面、侧面及附件等与油品接触部分	1	底漆	环氧导静电防腐涂料（非碳系）	2	>100
	2	面漆	环氧导静电防腐涂料（非碳系）	3	>150
		合计		5	>250

第十一章 储罐附件安装与防腐保温

续表

部位	序号	品种	涂料名称	建议道数	漆膜厚度（μm）
浮盘船舱内表面及附件防腐	1	底漆、面漆	无溶剂环氧涂料	2	>160
		合计		2	>160
罐壁板外表面不保温部分及附件、距罐顶2m的罐壁板内表面、浮盘上表面、抗风圈、加强圈等与大气直接接触部分防腐	1	底漆	环氧富锌底漆	1	>80
	2	中间漆	环氧云铁中间漆	1	>120
	3	面漆	丙烯酸聚氨酯面漆（脂肪族）	2	>60
		合计		4	>260
罐壁板外表面保温部分防腐	1	底漆	环氧富锌底漆	1	>80
	2	中间漆	环氧云铁中间漆	1	>120
	3	面漆	环氧面漆	2	>60
		合计		4	>260

2. 涂装方法

涂装是涂料施工的核心工序，它对涂料性能的发挥有重要的影响。涂装方法总的来说有手工工具涂装、机械工具涂装、器械设备涂装三种。手工工具涂装是传统的涂漆方法，包括刷涂、辊筒刷涂。机械工具涂装主要是喷枪喷涂，包括空气喷涂、无空气喷涂和热喷涂等方式。器械设备涂装包括浸涂、淋涂、静电喷涂和自动喷涂等，可进行自动化、连续化作业。

储罐常用的涂装方法主要有刷涂、辊筒刷涂、空气喷涂、无空气喷涂。

1）刷涂

刷涂是最简便的施工方法，所需工具简单，适用范围广泛，不受涂装场所、环境条件的限制，适用于刷涂各种材质、各种形状的被涂物，同时对涂料品种的适应性也很强。油性涂料、合成树脂涂料、水性涂料都可以采用刷涂的方法施工。刷涂时，涂料借助漆刷与被涂物表面直接接触的机械作用，能够很好地润湿被涂物的表面，并渗入微孔，因而增强了涂膜的附着力。刷涂的缺点是劳动强度大，生产效率低，涂膜易产生刷痕，装饰性差，尤其是对高固体含量涂料和快干涂料都有很大的限制。

刷涂的操作要领：刷涂时要紧握刷柄，拇指在前，食指、中指在后并抵住接近刷柄薄铁箍卡上部的木柄上，不使漆刷在手中任意松动。在刷涂过程中，刷柄应始终与被涂物表面处于垂直状态，用力要适度，以将约1/2长度的刷毛顺一个方向贴附在被涂物表面为佳,漆刷运行时的用力与速度要均匀。刷涂时应先将漆刷蘸上涂料,需使涂料浸满全刷毛的 1/2,漆刷黏附涂料后,应在涂料桶的边沿内侧轻拍一下,以便理顺刷毛,并去掉黏附过多的涂料。

刷涂通常可以按涂布、抹平、修复三个步骤进行,见图 11-22。涂布是将漆刷刷毛所含的涂料涂布在漆刷所及范围内的钢材表面,漆刷运行轨迹可根据所用涂料在钢材表面流平情况,保留一定间隔;抹平是将已涂布在钢材表面的涂料展开抹平,将所有保留的间隔面都覆盖上涂料,不使露底;修整是按一定方向刷涂均匀,消除刷痕与涂膜薄厚不均的现象。

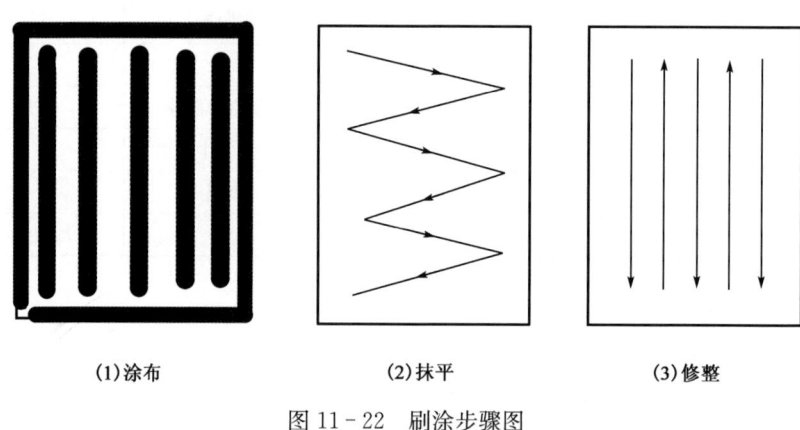

(1)涂布　　　　　(2)抹平　　　　　(3)修整

图 11-22　刷涂步骤图

2)辊筒刷涂

辊筒刷涂是指圆柱形辊刷黏附涂料后,借助辊刷在被涂物的表面滚动进行涂装。辊筒刷涂适合于大面积的涂装,可以代替刷涂,比刷涂的效率高 1 倍左右,但对狭小的被涂物,以及棱角、圆孔等形状复杂的部位涂装比较困难。

辊刷按照刷辊的形状可以分为通用型、特殊型和自动向刷辊供给涂料的压送式辊刷。储罐涂装施工多用通用型辊刷,通用型辊刷是指刷辊呈圆筒形状的辊刷,按照刷辊内径分为标准型、小型和大型,标准型内径为 38mm,辊幅为 100～220mm,一般被涂物的平面和曲面都适用;小型刷辊内径为 16～25mm,适用于被涂物的内角和拐角等部位;大型刷辊内径为 50～58mm,漆层含涂料量多,适用于太面积涂装,效率高。

辊刷的操作:

(1)首先在辊刷涂料盘内注入涂料,然后将辊刷在盘内滚动黏上涂料,并反复滚动使含漆层均匀地黏附涂料。

(2)辊刷涂装过程中,当刷辊压附钢材表面的初期,用力要轻,然后逐渐增大压附用力。使刷辊所黏附的涂料均匀地转移附着在钢材表面。

(3)刷辊通常应按照 W 形轨迹运行。滚动轨迹纵横交错,相互重叠,使涂膜厚度均匀。

(4)应根据涂料的特性与储罐的不同部位,选用合适的辊刷。辊刷使用后,应刮除残余的涂料,然后用相应的稀释剂清洗干净,晾干后妥善保存。

辊筒刷涂刷辊运行轨迹如图 11-23 所示。

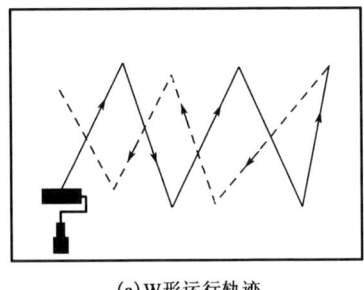

(a)W形运行轨迹　　(b)直线型运行轨迹

图 11-23　辊筒刷涂刷辊运行轨迹图

3)空气喷涂

空气喷涂是将压缩空气从空气帽的中心孔喷出,在涂料喷嘴前端形成负压区,使涂料容器中的涂料从涂料喷嘴喷出,并迅速进入高速压缩空气流,使液—气相急骤扩散,涂料被微粒化,呈漆雾状飞向并附着在被涂物表面,涂料雾粒迅速集聚流平成连续的涂膜。

空气喷涂设备包括喷枪和相应的涂料供给、压缩空气供给、涂装作业环境条件控制和净化等工艺设备。喷枪是最主要的设备,其技术性能对涂装质量的影响最大,其他工艺设备都是为了确保必要的工艺参数与涂膜质量,提供必要的技术条件。涂料供给设备包括储漆罐、涂料增压罐或增压泵。压缩空气供给设备包括空气压缩机、油水分离器、储气罐、输气管道。涂装作业净化设备包括排风机、空气滤清器、温度与湿度调节控制装置、具有除漆雾功能的喷漆室、废气废漆处理装置等。空气喷涂设备种类很多,应当根据被储罐的状况与材质、预定的涂层体系、对涂膜的质量要求、生产规模等因素正确地选择,组成合理的涂装生产设备体系。

空气喷涂的特点:

(1)涂装效率高,每小时可喷涂 $50\sim100m^2$,比刷涂快 8~10 倍。

(2)适应性强,几乎不受涂料品种和储罐状况的限制,可适用于各种涂装作业场所。

(3)漆膜质量好,空气喷涂所获得的涂膜平整光滑,可达到最好的装饰效果。

(4)空气喷涂时漆雾飞散,污染环境,涂料损耗大,涂料利用率一般为50%左右。

在喷涂作业时,要掌握好涂装距离、喷枪运行速度、喷雾图形的搭接等要领,才能获得满意的喷涂效果。其施工要点如下:

(1)喷涂距离是指喷枪前端与被涂物之间的距离,在一般情况下,使用大型喷枪喷涂时,喷涂距离应为20~30cm;用小型喷枪时,喷涂距离应为15~25cm,喷涂时,喷涂距离保持恒定是确保漆膜厚度均匀一致的重要因素之一。

(2)喷涂作业时,喷枪运行速度要适当,并保持恒定。喷枪的运行速度一般应控制在30~60cm/s范围内,当运行速度低于30cm/s时,形成的漆膜厚,易产生流挂;当运行速度大于60cm/s时,形成的漆膜薄,易产生露底的缺陷。

(3)喷雾图形的搭接是指喷涂时喷雾图形之间的部分重叠。由于喷雾图形中部漆膜较厚,边沿较薄,喷涂时必须使前后喷雾图形相互搭接,才能使涂膜均匀一致。搭接的宽度视喷雾图形的形状不同而各有差异,见表11-9。

表11-9 搭接的宽度和喷雾形状的关系

喷雾图形形状	重叠宽度	搭接间距
椭圆形	1/4	3/4
橄榄形	1/3	2/3
圆形	1/2	1/2

(4)涂料黏度影响涂料的喷出量,如用同一口径喷嘴喷涂不同黏度的涂料,由于从涂料罐前端这段通道所受的阻力是不同的,黏度高的涂料所受阻力大,涂料喷出量少,黏度低的涂料所受的阻力小,涂料喷出量自然多一些。

4)高压无空气喷涂

高压无空气喷涂不需要借助压缩空气喷出使涂料雾化,而是给涂料施加高压(通常为11~25MPa),使其从涂料喷嘴喷出,当涂料离开涂料喷嘴的瞬间,便以高达100m/s的速度与空气发生激烈的高速冲撞,使涂料破碎成微粒,在涂料粒子的速度尚未衰减前,涂料粒子不断地被粉碎,使涂料雾化,并黏附在储罐的表面。无空气喷涂设备由动力源、高压泵、蓄压过滤器、输漆管、涂料容器、喷枪等组成(图11-24)。

高压无空气喷涂的特点:

(1)涂装效率高。无空气喷涂的涂装效率比刷涂高10倍以上,比空气喷涂高3倍以上。对涂料黏度适应范围广,既可以喷涂普通的涂料,也可以喷涂高

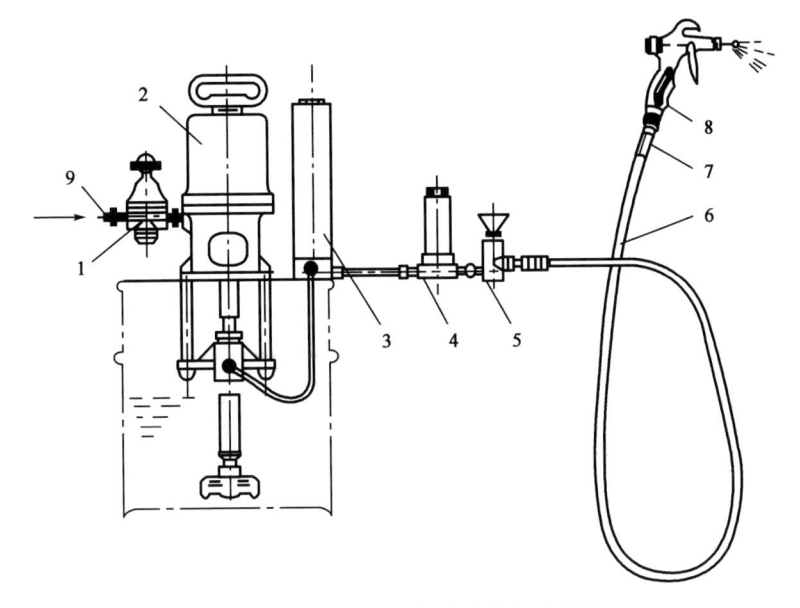

第十一章　储罐附件安装与防腐保温

图 11-24　高压无气喷涂设备示意图

1—调压阀；2—高压泵；3—蓄风器；4—过滤器；5—截止阀门；6—高压软管；7—旋转接头；
8—喷枪；9—压缩空气入口

黏度涂料，一次涂装可以获得较厚的涂层。

(2)涂膜质量好。无空气喷涂避免了压缩空气中的水分、油滴、灰尘对涂膜所造成的影响，可以确保涂膜的质量。

(3)对环境的污染减小。由于不使用空气雾化，漆雾飞散少，且涂料的喷涂黏度高，稀释剂用量减少，因而减少了对环境的污染。

(4)调节涂料喷出量和喷雾图形幅宽需要更换枪嘴。由于无空气喷枪没有涂料喷出量和喷雾幅宽调节机构，只有更换喷嘴才能达到目的，所以在涂装作业过程中不能调节涂料喷出量和喷雾图形幅宽。

3. 涂料防腐施工安全环保措施

(1)防腐施工前应制定防爆与安全疏散措施，涂装生产场所应有足够的防火间距，现场设置消防器材，并定期检查，保证处于有效状态。

(2)对施工操作人员进行安全教育，使之对使用的涂料的性能及安全措施有基本了解，并在操作中严格执行劳动保护制度，戴上橡皮手套和防护眼镜。

(3)施工现场必须具有良好的通风条件，在通风条件不良的情况下，必须安置临时通风设备。

(4)高空作业必须戴安全带。脚手板、架的铺设应符合其规范要求。操作者必须思想集中,不能麻痹大意,不能在工作中开玩笑,以防跌落。

(5)使用高压喷枪时,应进行液压和气密性试验,喷枪应有超压安全警报装置和接地装置。枪口不能对向人体且枪机应有自锁装置。

(6)涂料的加热严禁采用明火,可使用热水、蒸汽作热源,并在涂装区域内设置禁止烟火的安全标志。

(7)涂料的调配应在专门的调漆间进行,在搅拌、转移和输送时,应防止静电。涂料输送管路不得有泄漏,并有良好的接地装置。

(8)现场存放涂料不应超过一个班次的用量。废弃涂料和辅料严禁随意倾倒,沾有涂料的棉纱和抹布应放入专用的铁皮箱并当班清理。

(9)手上或皮肤上粘有涂料时,要尽量不用有害溶剂洗涤,可用煤油、肥皂、洗衣粉等洗涤,再用温水洗净。

(10)施工人员在操作时感觉头痛、心悸或恶心,应立即离开工作地点,到通风处休息。

(11)涂装设备在维护和修理时,严禁用电焊等明火作业,并应禁止敲击产生火花。

三、阴极保护施工

储罐底板一般是坐落在沥青砂垫层之上,沥青砂具有一定的防腐蚀作用。但随着沥青砂的老化,沥青砂垫层会逐渐开裂、破碎,使地下水通过沥青砂到达储罐底板。另外,随着储罐内液体高度的变化,储罐底板也会发生变形,将潮湿的空气吸入底板下面。当储罐底板边缘密封不好时,雨水也会渗入到底板下方,逐渐对罐底板产生腐蚀。因此,必须对储罐底板施加有效的防腐蚀措施,除了采取常规的涂刷涂料保护外,还多采用阴极保护。

对于罐底板外侧和罐内壁等易发生腐蚀的部位,为有效控制腐蚀,多同时采用涂料保护和阴极保护技术进行联合保护。

1. 阴极保护技术

阴极保护是指对储罐施加阴极电流,使储罐的电极电位向负偏移,使得钢材金属进入了免蚀区,从而实现储罐的防腐蚀。阴极保护分为外加电流阴极保护和牺牲阳极阴极保护两种。

1)牺牲阳极

牺牲阳极是将阳极材料和储罐连接在一起,从阳极材料上通过电解质向储罐提供一个阴极电流,使得储罐阴极极化,实现阴极保护。并且随着电流的不断流动,阳极材料不断消耗掉,这就是牺牲阳极名称的来由。

2)外加电流

外加电流是用金属导线将储罐接在直流电源的负极,使外加电荷流入储罐内,在钢材表面积聚起来,导致阴极表面金属电极电位向负方向移动,即产生阴极极化。施加的电流越大,电荷积聚就会越多,钢材表面的电极电位就越负,当表面阴极极化到一定值时,阴、阳极达到等电位,腐蚀电池的作用就被迫停止,从而防止储罐的腐蚀。

3)优缺点比较

牺牲阳极和强制电流两种阴极保护方法均有各自的优缺点,见表11-10。

表11-10 阴极保护方法优缺点对比表

保护方式	牺 牲 阳 极	外 加 电 流
优点	(1)不需要外部电源; (2)对临近金属构筑物干扰小; (3)管理维护工作量小; (4)工程费用与保护长度成正比; (5)保护电流分布均匀,利用率高	(1)输出电流连续可调,可满足较大的保护电流密度要求; (2)不受环境电阻率限制; (3)工程越大越经济; (4)对管道防腐覆盖层质量要求相对较低; (5)保护装置寿命长
缺点	(1)牺牲阳极易丢失,寿命短; (2)高电阻环境不宜使用; (3)保护电流不可调,驱动电流小; (4)对覆盖层质量要求高; (5)消耗有色金属,需定期更换; (6)杂散电流干扰大时不能使用	(1)需要可靠外部电源; (2)对临近金属构筑物干扰大,特别是辅助阳极附近; (3)需设阴极保护站,日常进行维护管理; (4)在需要较小电流时,无法减少最低限度的装置费用; (5)阳极地床不易维修,阳极产生气体不易排出,易产生气阻,增大地床电阻,影响地床寿命

4)储罐阴极保护方法的选用

储罐底板外壁可采用强制电流或牺牲阳极阴极保护,对于大型储罐,尤其是土壤电阻率较高时,宜选用强制电流阴极保护方式,而对于位于土壤电阻率低的环境中的小型储罐,宜采用牺牲阳极阴极保护。

储罐内壁根据储罐内部介质的不同,可选用外加电流或牺牲阳极阴极保护,如果介质中氯离子含量低,如淡水,可以采用外加电流阴极保护,而且电流密度也可以适当降低。对于油田污水罐或原油罐,由于污水的氯离子含量较大,除非污水在不停地流动、更换,否则,不能采用外加电流阴极保护。因为阳极反应会产生氯气,而氯气溶于水而形成盐酸,对于金属具有腐蚀性。油田污水罐多采用牺牲阳极阴极保护。

2.牺牲阳极材料及安装方式

通常纯金属作牺牲阳极都存在一些不足,通过合金元素来改性,就可大大提高其性能。常用的牺牲阳极材料有镁和镁合金、锌和锌合金、铝合金三大类。在选用牺牲阳极材料时,要考虑温度的影响。当温度高时,如50℃以上不能采用锌阳极,因为锌阳极电位在高温时会变正。由于镁阳极电位较低、消耗太快,而且容易发生过保护,也不经常采用。储罐上采用最多的是铝阳极(图11-25),由于其驱动电位较小、寿命长,已经得到广泛应用。

图11-25 铝阳极实物图

储罐主要有罐底网状阳极及罐内阳极两种牺牲阳极安装方式。

1)罐底网状阳极

(1)网状阳极是储罐底板外壁阴极保护的有效方式,已经在国内得到广泛应用。其安装程序为:牺牲阳极检查与验收→牺牲阳极填包料包装→牺牲阳极安装→测试桩制安→保护参数测试。

(2)网状阳极的主要施工要点:

①网状阳极敷设于储罐底板下表面的回填砂中,距罐底板外壁300mm。由相互垂直的混合金属氧化物阳极带和钛连接片垂直交叉焊接而成。

②由于阳极网处于储罐基础中,为保证牺牲阳极在土壤中性能稳定,阳极四周要填充适当的化学料包。牺牲阳极填包料有袋装和在现场钻孔中填装两种方法,袋装所用袋子必须是天然纤维织品,严禁使用化纤织物。现场钻孔填装效果虽好,但填料用量大,易将土粒带入填料中,影响填包质量。

③网状阳极施工时按设计间距逐根铺设导电片,两端用小沙袋压住,按设

计间距逐根铺设阳极带,并与导电片焊接。施工时避免脚踏阳极网。阳极网安装完毕后,回填罐基础。严禁采用机械设备直接碾压网状阳极,以避免损坏网状阳极。基础回填应根据土建专业要求进行,安装完毕后须检查网状阳极的连通性。

2)罐内阳极

罐内阳极保护的范围是罐壁下部1m及罐底板。罐内阳极是将牺牲阳极用焊接、螺栓固定等方式固定在罐内底板和底圈壁板上。布设在罐底的阳极通常采用放射性均匀布置(图11-26),力求得到均匀的电流分布,同时照顾边角位置上的电流分布。壁板上多采用焊接方式直接固定。

图11-26 储罐底板牺牲阳极安装图

3. 外加电流阴极保护施工程序及要点

当罐底对所需的阴极保护电流较大时,多采用强制外加电流(图11-27)。其电流、电压可根据需要任意调整。当罐底面积很大时,辅助阳极的布置对罐底板中心部位的保护起一定的作用。当保护的对象不是一座罐而是几座罐时,可以将几座罐作为一个联合体共同保护。

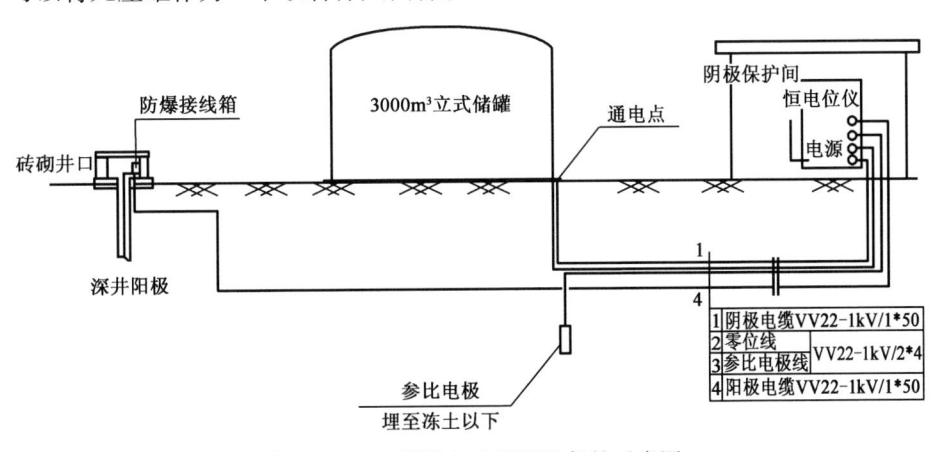

图11-27 储罐外加电流阴极保护示意图

1)施工程序

钻孔→地床安装(闭孔法、开孔法)→配套设备及附件安装(恒电位仪安装、电缆敷设、通电点及参比电极安装、测试桩制安)→阴极保护系统测试调试。

2)安装要点

(1)依据设计和现场实际情况选择钻孔位置,进行平整场地、开挖水池和泥浆池、安装钻机等准备工作,条件具备后按设计孔径及深度进行钻孔(图11-28)。

图11-28 钻孔施工图

(2)在地面将阳极和透气管安装固定支架后,卡装在套管内,阳极电缆从透气管内引出,在阳极、透气管与套管之间填充并夯实焦炭粉等填料(降阻剂),套管内两端用钢板封堵并留出穿透气管的孔。阳极下井使用吊车或卷扬机,安装各组阳极达到设计深度。检查阳极安装深度等各项技术指标符合要求后,在阳极上部回填500mm河卵石,河卵石上部回填土夯实至地表,地床顶部为砖砌井口。

(3)恒电位仪用来给储罐底板外壁提供保护电流,设备对交流电源的基本要求是能满足长期不间断供电,恒电位仪的安装、使用及注意事项见产品说明书及专业图样。

(4)阳极连接电缆与钛连接片间用阳极电缆接头连接,电缆接头是将钛棒与电缆压制在一起制成的,另一端连接一段钛片。接头规格应与阳极输出电流配套供货。为确保系统的可靠性和电流分布均匀,一般在罐底采用6个阳极电缆接头。罐底阳极电缆接头的电缆长度应使该电缆能够连接到防爆接线箱的接线柱上。阳极电缆接头在与电缆连接处用胶密封,并用收缩套包裹。阴极电缆、零位电缆与罐底边缘板上表面的连接应采用铝热焊。

(5)参比电极用于检测储罐下表面不同区域的保护电位。根据罐体直径大小,一般 $10\times10^4\text{m}^3$ 以上大型储罐采用 4 支长效参比电极,距离罐底下表面 300mm,其中 3 支为长效饱和 $Cu/CuSO_4$ 参比电极,另外 1 支为高纯锌参比电极。参比电极周围水平方向 1m 范围、参比电极上表面至沥青砂垫层之间 200mm 范围内填细砂,以免回填基础时损坏参比电极,参比电极在安装前在水中浸泡 24h 或按照产品说明书规定的时间浸泡,然后通过基础环墙预留孔接入测试箱。

(6)通电点是向储罐施加阴极保护电流的接入点。它与恒电位仪的负极相连,一般大型立式储罐在罐底边缘板表面设置通电点一处,在该处焊接阴极电缆及零位电缆。

(7)接通电流,按照仪器说明书开启恒电位仪,给定电位约−1.5V,对罐底进行电位测试,调整给定电位值,直至电位达到要求。

第三节 储 罐 保 温

绝热是利用一些具有特殊性能的工程材料构成的绝热结构来减少其结构内外因温差形成的热流传递的相关措施。绝热的目的是满足工艺生产,保持和发挥生产能力,减少冷(热)损失,节约能源,防止表面凝露或烫伤,改善工作环境等。同此,同属于绝热工程的保冷和保温具有基本相同的绝热原理,基本相同的绝热结构与绝热措施,以及基本一致的绝热目的。

按储罐贮存的介质温度进行划分,把介质温度低于常温的绝热措施称为保冷,把介质温度高于常温的绝热措施称为保温,两者在工程上合称为绝热,习惯上常将保冷与保温统称为保温。

一、绝热材料

绝热材料可分为主绝热材料和辅助材料两大类。

1. 主绝热材料

储罐施工常用的主绝热材料包括供保温使用的岩棉、矿渣棉、超细玻璃棉、硅酸铝棉、复合硅酸铝镁等,用于保冷的泡沫玻璃、聚苯乙烯泡沫塑料、硬质聚氨酯泡沫塑料等。其主要技术指标及性能见表 11-11。

表 11-11 常用主绝热材料性能及参数

名称		适用温度（℃）	容积密度（kg/m³）	热导率70℃[W/(m·℃)]	特点
硅酸铝纤维制品	毡板	900	96 128 192	≤0.056	耐高温,导热系数低,容重轻,抗拉强度大,弹性好,无毒
超细玻璃棉制品	毡	-100～+300	≥24	≤0.049	容积密度特小,热导率低,耐热抗冻,耐酸抗腐,不烂不蛀,化学稳定性强,无毒无味,施工方便
	板毡	-100～+300	24 32	≤0.049 ≤0.047	
		-100～+300	40 48	≤0.044 ≤0.043	
		-100～+400	64～120	≤0.042	
硅酸钙制品	微孔硅酸钙	≤550	170 220 240	0.055 0.062 0.064	热导率低,容积密度小,机械强度好,施工方便
岩棉及矿渣棉制品	毡棉	400	60～80	≤0.049	容积密度小,热导率小,耐温高,来源广,价廉,宜填充结构或现场制毡,机械强度好,抗酸碱性能好,在潮湿时能保证绝热和力学性能,不可燃,超过极限温度会熔结和变黑,热抗震性好,施工时粉尘大
		600	100～120	≤0.049	
		80	350	≤0.044	
		100～120	350	≤0.046	
		150～160	350	≤0.048	
泡沫塑料类	可发性自燃聚苯乙烯板	-65～+70	≥30	0.041(20℃)	容积密度小,热导率小,耐震动,抗压强度良好,施工方便,保冷性能好
	硬质聚氨酯板	-65～+80	30～60	0.0275(25℃)	容积密度小,绝热性能好,机械强度高,不能吸水

第十一章　储罐附件安装与防腐保温

续表

名称		适用温度 (℃)	容积密度 (kg/m³)	热导率 70℃ [W/(m·℃)]	特点
泡沫玻璃	板	200~+4000	150~+80	0.0275(24℃) 0.0634(24℃)	机械强度高,用于较宽的温度范围,吸水性能差,渗透率很低,防水、抗酸、抗碱,不易腐蚀,不易燃,是比较理想的保冷材料

2. 辅助材料

辅助材料主要包括镀锌薄钢板、铝合金薄板、铁丝网、捆扎铁丝、捆扎钢带、玻璃布、自攻螺钉、自锁紧板、黏结剂、沥青玛蹄脂、密封胶泥、耐磨涂料、玻璃涂塑窗纱等。

二、保温结构

要获得良好的绝热效果,除了选材之外,另一个主要问题就是保温结构的选择。保温结构不仅仅是一个绝热层,还要考虑防腐、防潮及防水。一个完整的保温结构应该包括防腐层、绝热层、防水防潮层、保护层。防腐层施工已在上节进行了介绍。防水防潮层主要用于保冷结构,储罐上应用的较少,本节也不进行介绍。

储罐按形状、工艺条件和保温材料的不同,保温结构也有较大的差异。保温结构可以有多种分类方法,如从储罐的外形分为立式圆筒形、球形等;从绝热材料分为硬质材料、软质材料;从温度分为保温和保冷;从保温层数分为单层和多层;此外根据施工方法的不同,分为捆扎、粘贴、浇筑、喷涂、充填、拼砌及可拆卸等结构。本节以最常见的捆扎式多层保温为例介绍储罐保温结构。

1. 保温结构组成

储罐保温结构的基本组成是防腐层、保温层和保护层,储罐多采用捆扎式多层保温结构(图 11-29)。

2. 保温层

为支撑保温层,需要在储罐外壁设置支承件。支承件一般使用扁钢、角钢、钢板等材料制成。

将岩棉等保温材料敷设在罐外壁上,可以减少罐内部的热量流失。保温材

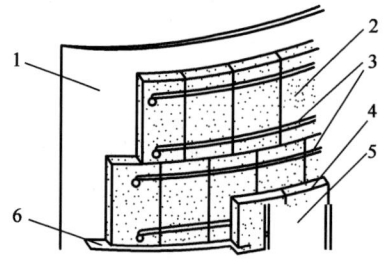

图 11-29 保温结构示意图
1—罐壁及外防腐层；2—第一层保温板；
3—镀锌钢带；4—第二层保温板；
5—保护层；6—支承件

料敷设后,需要用镀锌铁丝、镀锌钢带等材料捆扎牢固,每块保温材料捆扎不少于 2 道。分层敷设的保温材料应分层捆扎。

3.保护层

保护层可以防止保温层遭受水分侵入或外力破坏,使保温结构外观整洁、美观,延长保温使用年限。保护层按材质可分为金属保护层、抹面保护层及毡、布类保护层,储罐一般采用金属材料,如镀锌薄钢板、铝合金薄板、彩钢板等,靠相互咬接、插接或用自攻螺钉、抽芯铆钉连接构成。

立式储罐由于高度较高,为增强保护层刚度,多采用瓦楞板形式。球罐由于球体结构的特殊性,需要根据球面的曲率,将保护层材料裁剪成梯形,最后拼接而成(图 11-30)。

(a)立式储罐保护层　　(b)球罐保护层

图 11-30 储罐保护层图

三、保温施工

储罐按规定进行水压试验及无损检测后,即可进行保温施工。

1.施工程序

施工准备→材料检验→支撑件安装→除锈防腐施工→保温层施工→保护层施工。

2.施工要点

1)支撑件安装

(1)储罐外壁一般每隔 1~3m 设置一圈支承件,支撑件多使用扁钢、角钢、钢板等材料制成,采用焊接方法固定在罐壁上(图 11-31)。

(2)支承件环向应水平,相邻两圈支承件间距误差不大于 10mm,支承件伸出长度小于绝热层厚度 10~20mm。

(3)不锈钢储罐上的支撑件,应该采用不锈钢制作,当采用碳钢制作时,应在储罐上焊接不锈钢垫板。

2)保温层施工

(1)保温层施工时应从底层支承件开始,由下向上敷设。当保温层总厚度超过 100mm 的,应分层施工,各层厚度应接近。保温层采用分层敷设时,同层错缝,错缝距离不小于 100mm,上下层压缝,压缝距离不小于 50mm,层间不允许有缺肉现象。保温层的对接缝隙应进行严缝处理,缝隙不大于 5mm(图 11-32)。

图 11-31 支撑件焊接图　　图 11-32 储罐保温层施工图

(2)采用硬质保温材料施工时,需要在支承件下面留设伸缩缝,伸缩缝宽度为 25mm,伸缩缝内的杂物需清除干净,然后选择使用温度高于设计温度的软质材料填充严密。多层保温时,各层都要留伸缩缝,并应错开,错开间距不小于 100mm。

(3)球罐采用硬质保温材料时,宜选用规格 350mm×350mm 或 600mm×600mm 的球面弧形板。计算保温层分带数、每带块数及加工尺寸,将板材加工成等腰梯形,切割面应平整,尺寸要准确。

(4)保温材料应与储罐表面贴紧,用镀锌钢带或铁丝绑扎牢固。多层保温时,应逐层进行绑扎。每块保温材料至少捆扎两道铁丝,并将接头嵌入保温材料中。

3)保护层施工

储罐保温层施工完毕并经检验合格后,应及时进行保护层的施工。

(1)金属保护层下料前,应现场实测储罐的外表面尺寸,确定下料规格。下料尺寸应包括必要的咬口和搭接量,并进行放样校核。根据成型要求,分别进行压线、滚圆、折方、压槽、咬口等预制加工。

(2)金属保护层自下而上进行敷设,并使金属保护层紧贴保温层。金属保护层环向接缝采用搭接或插接,纵向接缝采用搭接或咬接(图11-33)。储罐纵向接缝、环向接缝搭接量不应少于50mm,搭接接缝采用抽芯铆钉或自攻螺钉紧固,间距为150~200mm,金属保护层分段固定在支承件上。

(a)搭接接缝　　　　(b)插接接缝　　　　(c)咬接接缝

图11-33　保护层接缝形式示意图

(3)立式储罐金属保护层采用竖槽形压型板排版拼装,自下而上每条槽应对应,其相邻环缝应错位1/2板长且互相平行,纵缝始终保持在同一中心线上且互相平行(图11-34)。

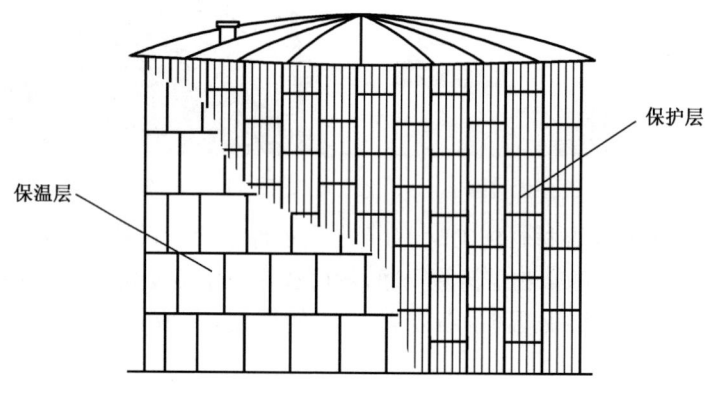

图11-34　立式储罐金属保护层示意图

(4)立式储罐罐顶无隔热层时,将金属压型板上部顶住防水檐并固定。立式储罐罐顶有隔热层时,应保证顶板及壁板保护层连接牢固、密封良好。

(5)球罐金属保护层需预制成等腰梯形平板,其高度尺寸一般为500~800mm,下底宽度尺寸一般为350~600mm。金属保护层纵向接缝的凸筋应相互交错地排列在通过球心的同一端面上。金属保护层环向接缝与纵向接缝保持垂直,并在同一水平线上。

(6)人孔、法兰、结合管等经常拆卸的部位,一般应制成各种可拆式的保温罩,既方便,又能保证主体保温结构不受牵连。

第十二章　储罐的无损检测

钢制焊接储罐在制造和安装过程中,需对储罐钢板、储罐上配件及储罐焊缝进行严格的无损检测,无损检测是确保储罐质量及最终交付合格成品的重要保证。本章主要介绍立式储罐和球罐在施工过程中常用的无损检测方法。

第一节　概　　述

一、无损检测方法分类和用途

无损检测(NDT)是指对材料或工件实施一种不损害或不影响其未来使用性能或用途的检测手段。

1. 无损检测方法分类

无损检测包含了许多种可有效应用的方法。依据 GB/T 9445—2008《无损检测人员资格鉴定与认证》标准,将无损检测按照以下几种方法进行分类:辐射方法、声学方法、电磁方法、表面方法、泄漏方法、红外方法。

1)辐射方法

按辐射方法分为射线(X 和 γ)照相检测、射线实时成像检测、计算机层析照相检测、中子辐射照相检测。

2)声学方法

按声学方法分为超声波检测、声发射检测、电磁声检测、衍射时差法超声检测(TOFD)。

3)电磁方法

按电磁方法分为涡流检测、漏磁检测。

4)表面方法

按表面方法分为磁粉检测、渗透检测、目视检测。

5)泄漏方法

包括泄漏检测。

6)红外方法

红外方法包括红外热成像检测。

以上所列的无损检测方法中射线检测(RT)、超声波检测(UT)、磁粉检测(MT)、渗透检测(PT)是常用的无损检测方法。

2.无损检测的用途

通过无损检测能发现材料或工件的内部和表面所存在的缺陷,能测量工件的几何特征和尺寸,能测定材料或工件的内部组成、结构、物理性能和状态等。无损检测能应用于产品设计、材料选择、加工制造、成品检验、在役检查(维修保养)等多方面,在质量控制与降低成本之间能起最优化作用。无损检测还有助于保证产品的安全运行和有效使用。

二、无损检测方法选择原则

任何一种无损检测方法都不是万能的。因此,在无损检测中,应尽可能多采用几种检测方法,互相取长补短,取得更多的缺陷信息,从而对实际情况有更清晰的了解。储罐实际检测时,为提高检测可靠性,在遵循承压设备安全技术法规和相关产品标准及有关技术文件和图样规定的基础上,根据受检设备的材质、结构、制造方法、工作介质、使用条件和失效模式,及预计可能产生的缺陷种类、形状、部位和方向等,来选择适宜的无损检测方法。射线检测能确定缺陷平面投影的位置、大小,可获得缺陷平面图像并能据此判定缺陷的性质,并且射线底片可长期保存,是储罐检测的首选手段。与射线检测相比,超声波可检测厚度较大的材料,具有检测速度快、费用低,对危害性较大的面积性缺陷检测灵敏度较高等优点,能对缺陷进行定位定量,对人体无伤害,是储罐检测的主要检测方法之一,一般与射线检测联合使用。对于原材料的进场检验以及钢板坡口、焊缝及热影响区、罐体耐压试验前后的复验,则以磁粉检测和渗透检测为主。

三、储罐预制安装单位的检测责任

在球罐的工厂预制生产过程中,预制单位必须满足生产许可资源条件要求,并建立与预制球罐相适应的质量保证体系,预制单位应对产品的制造质量负责,并保证质量体系正常运转,预制单位应具有压力容器制造许可证。预制单位在完成产品的检测后要认真做好无损检测的原始记录,检测部位图应清晰、准确地反映实际检测的方位（射线照相位置、编号、方向等），正确填发报告，妥善保管好无损检测档案和底片（包括原始记录），保存期限不应少于七年，七年后若用户需要可转交用户保管。预制单位的球罐产品由第三方质量技术监督局监督检验合格后方可出厂。

储罐现场安装单位应根据图样设计要求及相关标准向监理提出检测申请，由监理指定检测单位进行无损检测，或向独立第三方检测单位提出检测委托，委托单内容应包括：工程名称、图样编号、工程编号、建设单位、监理单位、施工单位、材质、工件规格、坡口形式、工件表面状态、焊接方法、焊缝设计系数、检测执行标准、检测方法、检测比例、检测数量、合格等级、检测期限等。检测单位根据委托单实施检测任务。

四、无损检测机构具备的基本条件和要求

在储罐预制、安装运行体系中，无损检测机构既不隶属于预制单位也不属于安装单位，它作为独立的第三方主要完成储罐预制安装单位委托的检测任务。

1. 检测机构应当具备以下基本条件

（1）能够独立公正地开展检测工作。

（2）单位负责人应当是专业工程技术人员，技术负责人应当具有Ⅲ级（或者工程师）持证资格。

（3）具有与其承担的检测项目相适应的技术力量，持证检测人员、专业工程技术人员数量应当满足相应规定要求。

（4）具有与其承担的检测项目相适应的检验检测仪器、设备和设施。

（5）具有与其承担的检测项目相适应的检测、试验、办公场地和环境条件。

（6）建立质量管理体系，并能有效实施。

（7）具有检测工作所需的法规、安全技术规范和有关技术标准。

2. 检测机构基本要求

检验检测机构应当严格按照国家有关法律、法规、规章及安全技术规范，客观、公正、及时地依法实施检测工作，保证检测结论真实、可靠，并对检测结果负责，检测结果应由经检测机构授权的技术负责人签署。

五、无损检测人员的基本要求

无损检测技术实施质量的高低与从业人员有着密切的关系。无损检测人

员只有具有较高的技术水平、熟练的操作技能,才能获得高可靠性的检测结果。因此,对无损检测人员要进行等级培训,使检测人员通过培训达到等级所规定的技术水平和操作技能,对无损检测人员基本要求如下:

(1)无损检测人员应按照《特种设备无损检测人员考核与监督管理规则》进行考核,取得资格证书,方能承担与资格证书的种类和技术等级相对应的无损检测工作。由取得Ⅱ级以上资格证书的人员进行检测并签发检测报告。Ⅰ级资质人员仅做检测的辅助工作。X射线检测的人员亦需持有省级卫生防疫部门颁发的射线安全操作资格证书。

(2)射线检测人员的未经矫正或经矫正的近(距)视力和远视力不低于5.0(小数记录值为1.0),并1a检查1次。

(3)磁粉检测和渗透检测人员的未经矫正或经矫正的近(距)视力和远视力不低于5.0(小数记录值为1.0),并1a检查1次,不得有色盲。

(4)检测单位必须配备无损检测责任师,应由具有无损检测高级(Ⅲ级)资格者担任。

六、储罐检测应符合的标准及相应规范

储罐预制、安装时的无损检测要依据相应的标准、规范进行,主要应用的标准规范如下:

(1)GB 50128—2014《立式圆筒形钢制焊接储罐施工规范》。
(2)GB 50236—2011《现场设备、工业管道焊接工程施工规范》。
(3)GB/T 3323—2005《金属熔化焊焊接接头射线照相》。
(4)GB 50094—2010《球形储罐施工规范》。
(5)GB 12337—2014《钢制球形储罐》。
(6)JB/T 4730.1—2005《承压设备无损检测 第1部分 通用要求》。
(7)JB/T 4730.2—2005《承压设备无损检测 第2部分 射线检测》。
(8)JB/T 4730.3—2005《承压设备无损检测 第3部分 超声检测》。
(9)JB/T 4730.4—2005《承压设备无损检测 第4部分 磁粉检测》。
(10)JB/T 4730.5—2005《承压设备无损检测 第5部分 渗透检测》。
(11)JB/T 7902—2006《无损检测 射线照相检测用线型像质计》。
(12)GBZ 128—2002《职业性外照射个人监测规范》。
(13)GBZ 117—2006《工业X射线探伤放射卫生防护标准》。
(14)GBZ 132—2008《工业γ射线探伤放射防护标准》。

第二节 储罐射线检测

一、射线检测原理

射线在穿透物体过程中会与物质发生相互作用,因吸收和散射而使其强度减弱,强度衰减程度取决于物质的衰减系数和射线穿透物质的厚度。如果被透照物体(工件)的局部存在缺陷,且构成缺陷的物质的衰减系数又不同于工件,局部区域的透过射线强度就会与周围产生差异。把胶片放在合适的位置使其在透过的射线的作用下感光,经过暗室处理后得到底片。底片上各点黑化程度取决于射线照射量(射线强度和照射时间),由于缺陷部位和完好部位的透照射线强度不同,底片上相应部位就会出现黑度差异。底片上相邻区域的黑度差异定义为"对比度"。把底片放在观片灯光屏上借助透过光线观察,可以看到由对比度构成的不同形状的影像,评片人员据此判断缺陷情况并评价工件质量。图 12-1 为焊缝射线检测示意图。

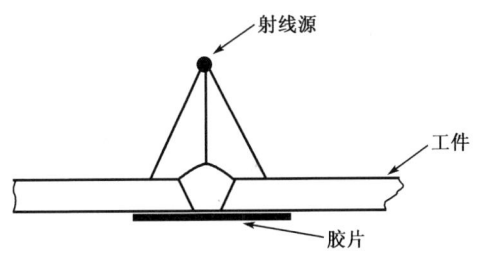

图 12-1 射线检测示意图

二、焊缝射线检测常用范围

射线检测用于储罐的预制、安装过程中焊缝对接接头的无损检测。用于制作焊接接头的金属材料包括碳素钢、低合金钢、不锈钢等。射线检测时应用的射线包括 X 射线和 γ 射线。X 射线主要用于立式储罐的对接焊缝检测,根据储罐技术标准或规范的有关规定以局部检测为主。γ 射线主要用于检查球罐的对接焊缝,由全景曝光完成焊缝检测,有局部焊缝检测和焊缝 100% 检测两种。

常规射线发生装置产生的 X 射线能量较低,射线能量一般不超过 420kV,检测最大工件厚度达到 80mm 以上时,应当采用高能 γ 射线或 1MeV 以上的 X 射线设备进行透照。

三、立式储罐的 X 射线检测

1. 立式储罐射线检测部位及比例

1)罐底板焊缝检测

(1)厚度大于或等于 10mm 的罐底边缘板,每条对接焊缝的外端 300mm,应进行射线检测。

(2)厚度小于 10mm 的罐底边缘板,每个焊工施焊的焊缝,应按(1)所述方法至少抽查一条。

2)罐壁板焊缝检测

(1)罐壁板纵向对接焊缝:

① 底圈壁板当厚度小于或等于 10mm 时,应从每条纵向焊缝中任取 300mm 进行射线检测;当板厚大于 10mm、小于或等于 25mm 时,应从每条纵向焊缝中任取 2 个 300mm 进行射线检测,其中一个位置应靠近底板;当板厚大于 25mm 时,每条焊缝应进行 100% 射线检测。

② 其他各圈壁板,当板厚小于 25mm 时,每一焊工焊接的每种板厚(板厚差不大于 1mm 时可视为同等厚度),在最初焊接的 3m 焊缝的任意部位取 300mm 进行射线检测。以后不考虑焊工人数,对每种板厚在每 30m 焊缝及其尾数内的任意部位取 300mm 进行射线检测;当板厚大于或等于 25mm 时,每条纵向焊缝应 100% 射线检测。

③ 当板厚小于或等于 10mm 时,底圈壁板除本款①项规定外,25% 的 T 字缝应进行射线检测,其他各圈壁板,按本款②项中射线检测部位的 25% 应位于 T 字缝处;当板厚大于 10mm 时,全部 T 字缝应进行射线检测。

(2)罐壁板环向对接焊缝:

罐壁板每种板厚(以较薄的板厚为准),在最初焊接的 3m 焊缝的任意部位取 300mm 进行射线检测。以后对每种板厚,在每 60m 焊缝及其尾数内的任意部位取 300mm 进行射线检测。上述检查均不考虑焊工人数。

(3)射线检测不合格时,如缺陷的位置距离底片端部不足 75mm,应在该端延伸 300mm 作补充检测,如延伸部位的检测结果不合格,应继续延伸检查。

2. 立式储罐射线检测工艺

1)射线机的选择

在保证 X 射线穿透工件的前提下,尽量选用较低的管电压,一般 X 射线探伤机适用于厚度<50mm 的钢板焊缝探伤。

2)透照方式、射线照相质量等级检测结果的规定

(1)储罐对接焊缝的射线检测采用单壁透照法。

(2)射线照相质量等级应按 JB/T 4730.2—2005《承压设备无损检测 第 2 部分 射线检测》标准中 AB 级的要求执行。

(3)对标准屈服强度大于 390MPa 的钢板或厚度不小于 25mm 的碳素钢或厚度不小于 16mm 的低合金钢的焊缝，Ⅱ级合格；其他Ⅲ级合格。

3)胶片、暗袋、增感屏、显定影药液的选择

(1)检测胶片选用应符合标准要求。

(2)暗袋、增感屏可根据一次透照长度的需要，选择规格适宜的暗袋和增感屏进行组合。

(3)处理药液必须选择与胶片配套的专用显、定影药液。

4)焊缝的表面质量要求及检测时机

焊缝的表面质量(包括焊缝的余高)应经质量检查员检查合格。表面的不规则状态在底片上的影像应不掩盖焊缝中的缺陷或与之相混淆，否则应做适当处理，对接接头外观检查合格后方可进行无损检测。标准屈服强度大于 390MPa 的钢板，焊接完毕后至少经过 24h 方可进行无损检测。

5)透照条件

射线源至被检焊缝上表面的距离 f(mm)，应满足下式要求：

$$f \geqslant 10db^{2/3} \tag{12-1}$$

式中　d——射线源焦点尺寸,mm；

　　　b——工件上表面至胶片的距离,mm。

透照焦距不得低于 600mm。

6)透照片数

采用单壁透照法时，透照片数应根据 JB/T 4730.2—2005《承压设备无损检测 第 2 部分 射线检测》规定的允许的透照厚度比和被检焊缝的长度来确定。

7)无用射线和散射线的屏蔽

(1)为减少无用射线和散射线的影响，应采用适当的屏蔽措施限制受检部位的照射面积。如金属增感屏、铅板、滤波板、准直器等。

(2)对初次制定的检测工艺或使用中检测的工艺条件、环境发生变化时,应进行背散射防护检查，其方法是：在暗盒背面贴附一个"B"的铅字标记，按检测工艺的规定进行透照和暗室处理。若在底片上出现黑度低于周围背景黑度的"B"字影像，则说明背散射防护不够，应增大背散射铅板的厚度。若底片上不出

现"B"字影像或出现黑度高于周围背景黑度的"B"字影像,则说明背散射防护符合要求。

8) 定位标记和识别标记

(1) 表明焊缝透照部位的标记称为定位标记,检测中需采用铅字作为定位和底片搭接标记。

(2) 识别标记包括:工件编号、焊缝编号、焊工编号、底片编号、规格及厚度、透照日期、中心标记等,透照返修部位还应有返修标记 R1、R2……(其数码 1 表示返修次数),割除应放置割除标记 G,扩探部位应有 K 标记。

9) 标记位置

上述定位标记和识别标记均需在底片上适当位置显示,并离焊缝边缘至少 5mm。

10) 曝光曲线

(1) 在检测前,应依据选定的设备、胶片、增感屏、显定影药及暗室处理条件,每台射线机分别绘制曝光曲线,或制作射线检测工艺评定片,以便作为选取射线能量、曝光量及焦距等工艺参数的依据。

(2) 当焦距为 700mm 时,为达到规定的底片黑度,曝光量推荐选用不低于 15mA·min,当焦距改变时可按平方反比定律对曝光量推荐值进行换算。

11) 像质计的选择及放置

(1) 像质计应按照射线透照方式选择及放置,透照的公称厚度依据 JB/T 4730.2—2005《承压设备无损检测 第 2 部分 射线检测》标准规定来选择。

(2) 像质计放置包括单壁透照、双壁单影透照及双壁双影透照像质计的放置。

12) 胶片的处理

(1) 可采用自动冲洗或手工冲洗方式处理,推荐采用自动冲洗方式处理。

(2) 胶片处理一般应按胶片的使用说明书的规定进行。

13) 底片质量

(1) 选择的曝光条件应使底片有效评定区域内的黑度均满足标准要求。

(2) 像质计灵敏度值应根据透照厚度确定。

(3) 底片上的像质计影像位置正确,各种标记齐全,且不掩盖被检焊缝影像。

(4) 底片在评定前,首先要检查底片的黑度、像质指数、标记的摆放及底片的处理质量是否符合要求,对于不符合评定要求的底片应重新透照。

14) 焊缝的质量分级

根据焊缝内缺陷的性质和数量,将焊缝质量分为四级。

(1) Ⅰ级对接焊接接头不允许有裂纹、未熔合、未焊透和条形缺陷。

(2) Ⅱ级和Ⅲ级对接焊接接头不允许有裂纹、未熔合和未焊透缺陷。

(3) 对接焊接接头超过Ⅲ级者为Ⅳ级。

15) 检测结果评定

检测结果由Ⅱ级人员按图样、业主、监理要求使用的标准进行评定,评定结果由Ⅲ级人员审核,评定结果详细记录。

16) 缺陷的返修

当检测时,发现焊缝缺陷超出设计单位、业主或监理所要求的标准规定的界限时,必须进行返修。应及时将返修通知单送交工程检测监理。在接到监理的返修复探检测指令后,检测单位须按原检测方法进行复探。同一部位的返修次数不得超过2次。

17) 检测报告

(1) 焊缝透照后应由Ⅱ级人员出具检测报告,其内容至少应包括:产品(工程)名称、检验部位、检验方法、透照规范、缺陷名称、评片级别、返修次数及日期等,检验报告需经评片和复评人员签字,保证检测结果有可追溯性。

(2) 检验报告和底片必须妥善保存至少 7a,以备随时核查。

三、球罐的射线检测

1. 球罐的检测部位、比例及合格级别

(1) 根据 GB 50094—2010《球形储罐施工规范》的规定,符合下列条件之一的球罐球壳的对接焊缝或所规定的焊缝,必须按照设计图样规定的检测方法,进行 100% 的射线或超声检测。

① 设计压力大于或等于 1.6MPa,且划分为第Ⅲ类压力容器的球罐。

② 按分析设计标准设计的球罐。

③ 采用气压或气液组合耐压试验的球罐。

④ 钢材标准抗拉强度下限值大于或等于 540N/mm^2 的球罐。

⑤ 设计图样规定应进行全部射线或者超声检测的球罐。

⑥ 嵌入式接管与球壳连接的对接焊缝。

⑦ 以开孔中心为圆心、开孔直径的 1.5 倍为半径的圆内包容的焊缝,以及公称直径大于 250mm 的接管与长颈对焊法兰、接管与接管连接的焊缝。

⑧被补强圈和垫板所覆盖的焊缝。

(2)球壳对接焊缝的局部检测方法应按设计文件执行,检查长度不得少于各焊缝长度的20%,局部检测部位应包括所有的焊缝交叉部位及每个焊工所施焊的部分部位。

(3)球罐对接焊缝射线检测应符合国家现行标准 JB/T 4730.2—2005《承压设备无损检测 第2部分 射线检测》的有关规定,其质量要求和合格级别应符合下列规定:

①进行100%射线检测时,射线检测技术等级不应低于 AB 级,合格级别不应低于Ⅲ级。

②按设计图样要求进行局部无损检测时,射线检测技术等级不应低于 AB 级,合格级别不应低于Ⅱ级。

2.球罐的射线检测工艺

球罐的 X 射线检测可参照立式储罐的检测方法,这里介绍 γ 射线检测工艺。

1)γ射线源的选择原则及透照方式

按以下原则选择 γ 射线源:

(1)半衰期长。

(2)比活度高。

(3)能量适当,以适应透照球罐厚度要求。

(4)便于运输、储存和安装。

推荐使用 Ir-192、Co-60 射线源。由于球形储罐结构的特点,将 γ 源放在球罐的中心,采用源在内中心透照方式一次透照即可完成所有焊缝的检测。

2)检测时机

采用标准抗拉强度大于540MPa 或有延迟裂纹倾向的钢材制造的球罐,应在焊接结束36h 后进行检测,其他钢材制造的球罐应在焊接结束24h 后,方可进行焊缝的射线检测。

3)胶片及增感屏的选择

(1)为提高射线透照底片质量,宜选择粒度细、反差高、感光速度低的胶片。

(2)γ射线全景曝光检测应采用金属增感屏。

4)标记和布片

(1)焊缝划线分等份。

(2)每张底片上应有识别标记和定位标记,且应与球罐上相应受检区或标识一致。

(3)布片时焊缝应位于胶片中间,并与罐壁紧贴,100%布片时相邻两暗袋之间的搭接长度不小于20mm。

5)像质计的选择及放置

(1)选择 2# 线型像质计(FE6/12)。

(2)线型像质计应放在射源一侧的焊缝表面上,金属丝横跨且垂直于焊缝。当射源一侧无法放置像质计时,也可放在胶片一侧的焊缝表面上,但像质数应提高一级或通过对比试验来确定。像质计放在胶片一侧的焊缝表面上时,应附加"F"标记以示区别。

(3)由于采用的是全景曝光技术,在球罐赤道带纵缝上每隔90°放置一个像质计,上、下极边板纵缝各放置一个像质计,上、下极纵缝上各放一个,即可符合周向曝光的有关规定。

6)γ射线源的固定

(1)球罐检测时,γ射线机输源管的固定。

由于球罐上、下人孔过球心,故在输源管上从源头处向下量出球罐半径并标记位置,将输源管与尼龙绳系紧,从下人孔把输源管提起,使标记达球壳内壁处,即源头达球心,固定在上、下人孔处的横杆上,调至中心系紧即可。

(2)送源前操作人员应对γ射线机进行操作训练,送源、收源时还应随身携带剂量仪。

7)曝光时间的确定

曝光时间确定方法如下:

(1)计算法。可通过公式来计算所需的曝光时间:

$$t = \frac{X \times r^2 \times 2^{\frac{T}{d}}}{A \times k \times (1+n)} \qquad (12-2)$$

式中　X——照射量,伦琴R;

　　　r——射源到胶片的距,m;

　　　T——透照厚度,cm;

　　　d——半价层,cm;

　　　A——射源活度,Ci;

　　　n——散射比;

　　　k——与射源对应的常数。Ir-192:$k=0.472$R·m²/(h·Ci);Co-60:$k=1.32$R·m²/(h·Ci)。

(2)试验片取样法。作为计算法的补充,必要时还可采用曝光计算尺法和曝光曲线法进行计算。但是曝光时间不管是用计算法、曝光计算尺法,还是用曝光曲线查出的，考虑到各方面因素的变化，为保证全景曝光后的底片均能达到标准规定的黑度，在赤道带至下极板人孔与球壳的对接焊缝之间的母材上，装两行试验片，在达到曝光时间之前，提前10%～20%的时间收回源，在第一行每隔一片取下一张进行暗室处理，测定其底片黑度值，如达到规定黑度值，则曝光结束，否则需继续增加曝光时间。

8）胶片的处理

胶片的处理应按胶片的使用说明书或公认的有效方法处理。可采用自动冲洗或手工冲洗方式。

9）底片质量

(1)像质质数：要求达到像质指数见表12-1。

表12-1 像质指数

要求达到的像质指数	线径(mm)	透照厚度 T_A(mm)
11	0.32	>15～25
10	0.40	>25～30
9	0.50	>32～40
8	0.63	>40～55

(2)黑度：γ射线透照时黑度应控制在2.0～4.0之间。

(3)影像识别要求：底片上的像质计影像位置正确，各种标记齐全，且不掩盖被检焊缝影像。底片有效评定区内不应有因胶片处理不当引起的缺陷或其他妨碍底片评定的伪缺陷。

10）缺陷的等级评定

底片评定等级应符合JB/T 4730.2—2005《承压设备无损检测 第2部分 射线检测》的有关规定，球罐对接焊缝内不允许存在裂纹、未熔合、未焊透缺陷。球罐对接焊缝的缺陷等级评定要求达到Ⅱ级以上为合格。

四、射线安全防护措施

不论是X射线检测还是γ射线检测都是放射性辐射，对人体会有不同程度的损害，因此，在应用射线检测时，应根据其产生的有害物质，按有关法规或标准要求进行必要的防护和监测，对相关的检测人员应采取必要的劳动保护措施。

(1)建立完善的安全防护管理体系,严格按照射线防护程序作业,射线防护安全管理实施作业保证体系,做到全员管理,分工负责,让业主放心。

(2)设立射线安全防护小组。γ源曝光前24h,书面通知有关单位,避开警戒区域。警戒区域周围设红灯、警戒绳、警示牌警示。设值守人员4人以上,监理或甲方巡检人员如要进到警戒区域内,或遇有紧急情况时,可提前通知安全防护小组,检测单位应采取措施,把源收回,待源收回后,用剂量仪测定周围环境安全,确认合格后,用书面通知监理或甲方进入警戒区内巡检,巡检作业完毕后,用书面通知检测单位重新开始射线探伤。

第三节　储罐超声检测

一、超声波检测原理

在均匀的材料中,缺陷的存在将造成材料的不连续,这种不连续往往又造成声阻抗的不一致,根据反射定理,超声波在两种不同声阻抗的介质的交界面上将会发生反射,反射回来的能量的大小与交界面两边介质声阻抗的差异和交界面的取向、大小有关。脉冲反射式超声波探伤仪就是根据这个原理设计的。图12-2为焊缝超声波检测示意图。

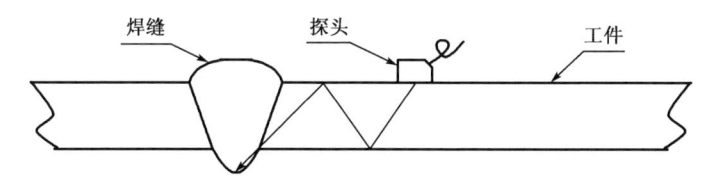

图12-2　焊缝超声波检测示意图

二、超声波检测常用范围及仪器

超声检测方法适用于母材厚度8～400mm,全熔化焊对接焊缝内部缺陷的检测,及相关支承件和结构件的超声波检测,适用于碳素钢、低合金钢制产品用板材的超声波检测。采用的仪器为A型脉冲反射式超声波探伤仪,仪器的工作频率范围为 1~5MHz,采用的探头一般为 2~5MHz 频率的 K 值探头。

三、储罐超声波检测

1. 储罐的检测部位、比例及合格级别

(1)大于等于 12mm 的立式储罐罐底弓形边缘板应在两侧 100mm 范围内按 JB/T 4730.3—2005《承压设备无损检测 第 3 部分 超声检测》的规定进行超声检查,达到Ⅲ级标准为合格。

(2)符合下列条件的球壳用钢板,应逐张进行 100％超声检测。

①厚度大于 30mm 的 Q245R 和 Q345R 钢板。

②厚度大于 25mm 的 15MnVR 和 15MnVNR 钢板。

③厚度大于 20mm 的 16MnDR 和 09Mn2VDR 钢板。

④调质状态供货的钢板。

⑤球罐上、下极板和支柱连接的赤道板。

(3)球壳板周边 100mm 的范围内应按 JB/T 4730.3—2005《承压设备无损检测 第 3 部分 超声检测》的规定进行超声检测。

(4)球罐组焊前球壳板应进行超声检测抽查,抽查数量不得少于球壳板总数的 20％,且每带不少于 2 块,上、下极板各不少于 1 块。

(5)球罐每条焊缝要求 100％X 射线检测后,还必须对每条焊缝进行 20％的超声检测复检。由施工单位提出检测申请,由工艺监理下达超声复检指令,执行标准 JB/T 4730.3—2005《承压设备无损检测 第 3 部分 超声检测》,Ⅰ级合格,报告的审查由无损检测责任师负责。

(6)对局部检测的对接接头,不低于Ⅱ级为合格。

2. 储罐的超声检测工艺

1)设备的选择及检测方式

采用的仪器为 A 型脉冲反射式超声波探伤仪,仪器的工作频率范围为 1~5MHz。检测钢板采用直探头,检测焊缝采用的探头一般为 2~5MHz 频率的 K 值斜探头,利用一次反射法在焊缝的单面双侧对整个焊接接头进行检测。当母材厚度>46mm 时,采用双面双侧的直射波检测。对于要求比较高的焊缝,根据实际需要也可将焊缝余高磨平,直接在焊缝上进行检测。检测区域的宽度是焊缝本身加上焊缝两侧各相当于母材厚度 30％的一段区域,而且最小为 10mm。

第十二章 储罐的无损检测

2)试块的选择

(1)采用双晶探直探头检测厚度不大于 20mm 的钢板时,采用 CBⅠ试块。

(2)用单直探头检测厚度大于 20mm 的钢板时,采用 CBⅡ试块。

(3)探测焊缝用 CSK-ⅠA 试块(主要用于测定斜探头前沿距离、折射角等)。

(4)探测焊缝用 CSK-ⅢA 试块(主要用于绘制距离—波幅曲线)。

3)检验准备

(1)仪器扫描线比例的调节:用水平法或深度法调整仪器的扫描线比例,当板厚小于 20mm 时采用水平法,当板厚大于 20mm 时,采用深度法。

(2)距离—波幅曲线:采用工艺卡规定的仪器和探头在规定的横孔试块上实测数据绘制而成,该曲线族由测长线、定量线、判废线组成。表面耦合损失及材质损失应计入距离—波幅曲线。

(3)检测区域及探头移动区域:检测区域及探头移动区域的宽度应符合工艺卡规定的相关标准要求。应清除探头移动区的焊接飞溅、铁屑、油污及其他杂质。表面粗糙度为 $6.3\mu m$。根据工件的厚度不同可采用直射法、一次反射法或二次反射法。必须保证检测到整个焊缝截面。

(4)表面要求:焊缝表面应经外观检查合格,当焊缝表面及检测区域表面的不规则状态影响检测结果评定时,应做适当的修磨。

(5)耦合剂:选用机油或糨糊做耦合剂,在试块上调节仪器和检测产品应采用相同的耦合剂。

4)现场检测

(1)校验:每次检测前应在规定的试块上对扫描线比例和距离—波幅曲线灵敏度进行校验,校验点不少于 3 个。检验过程中每隔 4h 或检测工作结束后,应对扫描线比例和灵敏度进行校验。在扫描比例校验时,如发现校验点的反射波比距离—波幅曲线增加 2dB 以上,仪器灵敏度应重新调整,应对已经记录的缺陷参数重新评定。

(2)探伤灵敏度:探伤灵敏不低于最大声程处的评定线灵敏度来选取灵敏度(例如,对 20mm 厚的钢板对接焊缝为 40mm,从距离—波幅曲线上查深度 40mm 对应的评定线灵敏度作为探伤灵敏度)。同时应考虑表面耦合损失补偿。检测横向缺陷时应将各线灵敏度提高 6dB。

(3)探头扫查速度:探头的扫查速度不大小 150mm/s,探头每次扫查的覆盖率应大于探头直径的 15%。

(4)扫查方式:主要采用锯齿形扫查(在保持探头垂直焊缝作前后移动的同时还应作 10~15mm 的左右转动)。当发现缺陷后为确定缺陷的位置、方向和

345

形状,观察缺陷的动态波形和区分缺陷信号或伪缺陷信号,还要辅以前后、左右、转角、环绕等四种扫查方式进行扫查。应保证扫查到全部焊缝截面及热影响区。

(5)缺陷的定量:对于所有反射波幅超过定量线的缺陷,均应确定其位置、最大反射波幅和缺陷当量,并做详细记录。缺陷指示长度的测定采用以下方法:

①当缺陷反射波只有一个高点,且位于Ⅱ区时,用6dB法测其指示长度。

②当缺陷反射波峰值起伏变化,有多个高点,且位于Ⅱ区时,应以端点6dB法测其指示长度。

③当缺陷反射波峰位于Ⅰ区,如认为有必要记录时,将探头左右移动,使波幅降到评定线,以此测定缺陷指示长度。

四、储罐超声波检测结果评定

由超声波检测Ⅱ级人员进行,在实际检测时根据缺陷波的形态,依据标准对焊缝进行等级评定。

(1)不允许存在下列缺陷:反射波幅位于Ⅲ区的缺陷,检测人员判定为裂纹等危害性的缺陷。

(2)最大反射波幅位于Ⅱ区的缺陷,根据其指示长度按上表的规定进行评级。要求达到Ⅰ级为合格。

(3)最大反射波幅低于定量线的非裂纹类缺陷,均评为Ⅰ级。

(4)不合格的缺陷应返修处理。返修部位及热影响区仍按本工艺进行检测和等级评定。

五、检测报告

由超声波检测Ⅱ级人员出具报告,超声波检测Ⅲ级人员审核检测报告,报告包括以下内容:

(1)应符合检测工艺规定的标准要求,并配合委托单位技术人员绘制无损检测竣工图,资料报告及时存档。

(2)报告的内容应至少应包括工件名称、材质、编号、委托单位、仪器型号、探头、试块、耦合剂、测定方法、测量部位和数据、测量部位草图、测量数据的最大值和最小值、操作人员、校核人员、测定日期等。检测报告保存期限至少7a。

六、TOFD 超声波检测技术

1. TOFD 检测工作原理

TOFD 技术采用一发一收两个宽带窄脉冲探头进行检测，探头相对于焊缝中心线对称布置。发射探头产生非聚焦纵波波束以一定角度入射到被检工件中，其中部分波束沿近表面传播被接收探头接收，部分波束经底面反射后被探头接收。接收探头通过接收缺陷尖端的衍射信号及其时差来确定缺陷的位置和自身高度。

2. TOFD 检测技术优越性

（1）一次扫查几乎能够覆盖整个焊缝区域（除上下表面盲区），可以实现非常高的检测速度。

（2）可靠性要好，对于焊缝中部缺陷检出率很高。

（3）能够发现各种类型的缺陷，对缺陷的走向不敏感。

（4）可以识别向表面延伸的缺陷。

（5）采用 D－扫描成像，缺陷判读更加直观。

（6）对缺陷垂直方向的定量和定位非常准确，精度误差小于 1mm。

（7）和脉冲反射法相结合时检测效果更好，覆盖率 100%。

3. TOFD 检测技术局限性

（1）近表面存在盲区，对该区域检测可靠性不够。

（2）对缺陷定性比较困难。

（3）对图像判读需要丰富经验。

（4）横向缺陷检出比较困难。

（5）对粗晶材料，检出比较困难。

（6）对复杂几何形状的工件比较难测量。

第四节　储罐渗透检测

一、渗透检测原理

渗透检测是基于液体的毛细作用（或毛细现象）和液体染料在一定的条件下的发光现象。

渗透检测的工作原理是：工件表面被施涂含有荧光染料或着色染料的渗透剂后，在毛细作用下，经过一定时间，渗透剂可以渗入表面开口缺陷中。去除工件表面多余的渗透剂，经干燥后，再在工件表面施涂吸附介质——显像剂。同样在毛细作用下，显像剂将吸引缺陷中的渗透剂，即渗透剂回渗到显像剂中。在一定的光源下(黑光或白光)，缺陷处的渗透剂痕迹被显示(黄绿色荧光或鲜艳红色)，从而探测出缺陷的形貌及分布状态。

二、渗透检测常用方法及选用

渗透检测适用于非多孔性金属材料或非金属材料制承压设备在制造、安装及使用中产生的表面开口缺陷的检测，例如，裂纹、疏松、气孔、夹渣、冷隔、折叠和氧化斑疤等。

渗透检测方法常用的有水洗型渗透检测法，后乳化型渗透检测法和溶剂去除型渗透检测法。

渗透检测方法的选用，首先应满足检测缺陷类型和灵敏度的要求。选用中，必须考虑被检工件表面粗糙度、检测批量大小和检测现场的水源、电源等条件。此外，检测费用也是必须考虑的。不是所有的渗透检测灵敏度级别、材料和工艺方法均适用于各种检验要求。灵敏度级别达到预期检测目的即可，并不是灵敏度级别越高越好。相同条件下，荧光法比着色法有较高的检测灵敏度。

对于细小裂纹、宽而浅裂纹、表面光洁的工件，宜选用后乳化型荧光法或后乳化型着色法，也可以采用溶剂去除型荧光法。

疲劳裂纹、磨削裂纹及其他微小裂纹的检测，宜选用后乳化型荧光渗透检测法或溶剂去除型荧光渗透检测法。

对于批量大的工件检测，宜选用水洗型荧光法或水洗型着色法。

大工件的局部检测，宜选用溶剂去除型着色法或水洗型着色法。

对于表面粗糙且检测灵敏度要求低的工件，宜选用水洗型荧光法或水洗型着色法。

检测场所无电源、水源时，宜选用溶剂去除型着色法。

三、储罐渗透检测

1. 储罐上的检测部位、比例及合格级别

(1)立式储罐的渗透检测要求应按 GB 50128—2014《立式圆筒形钢制焊接

第十二章 储罐的无损检测

储罐施工规范》的规定执行：

①标准屈服强度大于390MPa的立式储罐钢板经火焰切割的坡口、厚度大于等于12mm的罐底弓形边缘板，对坡口表面进行渗透检测或磁粉检测。

②标准屈服强度大于390MPa的立式储罐边缘板的对接焊缝，根部焊道焊接完成后，应进行渗透检测，在最后一层焊接完毕后，应再次进行渗透检测或磁粉检测。

③底板三层钢板重叠部分的搭接接头焊缝和对接罐底板的T字焊缝的根部焊道焊完后，在沿三个方向各200mm范围内，应进行渗透检测，全部焊完后，应进行渗透检测或磁粉检测。

④对标准屈服强度大于390MPa罐内角焊缝、接管角焊缝、补强板角焊缝进行渗透检测。

(2)球罐的渗透检测应按GB 50094—2010《球形储罐施工规范》的规定执行。

球罐的下列部位应在压力试验前(整体热处理之前)进行渗透检测。

①球壳对接焊缝内、外表面，人孔、接管的凸缘与球壳板对接焊缝内、外表面。

②人孔及公称直径大于或等于250mm接管的对接焊缝的内、外表面；公称直径小于250mm接管的对接焊缝的外表面。

③人孔、接管与球壳板连接的角焊缝的外表面。

④补强板、垫板、支柱及其他角焊缝的外表面。

⑤工卡具焊迹打磨后及球壳体缺陷焊接修补和打磨后的部位。

压力试验以后应进行渗透检测，渗透检测应在射线和超声检测发现缺陷修补后进行。标准抗拉强度大于540MPa钢材制造的球罐焊接结束36h，其他钢材焊接结束24h后，方可进行渗透检测。由施工单位提出检测申请，比例符合设计图样要求，复检部位应包括接管与球壳板连接焊缝内外表面、补强圈、垫板、支柱与球壳连接的角焊缝及其他角焊缝的外表面、工卡具焊迹打磨与壳体缺陷焊接修补和打磨后的部位。

钢材标准抗拉强度下限值大于或等于$540N/mm^2$的低合金钢制球罐，应在热处理后和耐压试验后进行100%表面无损检测。

渗透检测合格等级按标准JB/T 4730.5—2005《承压设备无损检测 第5部分 渗透检测》执行，Ⅰ级合格，报告的审查由无损检测责任师负责。

2.储罐的渗透检测工艺

1)渗透探伤剂及灵敏度对比试块选用

(1)渗透探伤剂包括：渗透剂、清洗剂、显像剂(渗透探伤剂应对被检工件无腐蚀),渗透探伤剂应采用经国家有关部门鉴定过的产品,并有出厂合格证,不同型号的渗透探伤剂不应混合使用。

(2)现场检测推荐选用溶剂去除型渗透探伤剂。

(3)试块采用 JB/T 4730.5—2005《承压设备无损检测 第 5 部分 渗透检测》标准规定的 LY12 硬铝合金试块(A 型双比试块)和镀铬试块(B 型试块),并预先应保存试块缺陷复制板。

2)渗透检测操作规程

(1)预处理。预处理部位包括焊缝及其两侧至少 25mm 的邻近区域表面。采用机械方式(如打磨)清除被检表面的焊渣、飞溅、铁锈及氧化皮。采用溶剂清洗被检表面的油脂等。清洗后的表面应自然干燥。

(2)渗透处理。采用喷罐喷涂方法施加渗透剂。当环境温度为 10~50℃,渗透时间不少于 10min,在渗透时间内保持被检表面全部润湿,当环境温度低于 10℃或高于 50℃时,应按 JB/T 4730.5—2005《承压设备无损检测 第 5 部分 渗透检测》标准附录 B 的要求对操作方法进行修正,并在报告中注明。

(3)去除处理。在清洗多余渗透剂时,既要防止清洗不足而造成缺陷显示痕迹识别困难,也要防止清洗过度。宜使用清洁、干燥、不起毛的棉布或吸湿纸依次擦拭被检部位的渗透剂,直至大部分的渗透剂被清除后,再用蘸有清洗剂的布进行擦拭,把被检部位上多余的渗透剂擦净,擦拭时不得往复擦拭,禁止向被检部位直接喷清洗剂。

(4)干燥处理。采用自然干燥法,不得加热干燥。干燥时间为 5~10min。

(5)显像处理。将显像剂薄而均匀地喷洒在整个被检表面上,并保持一段时间。在环境温度为 10~50℃,显像时间一般不少于 7min。当环境温度低于 10℃或高于 50℃时,显像时间应按 JB/T 4730.5 标准附录 B 的要求对操作方法进行修正,并在报告中注明。

喷洒显像剂时,喷嘴离被检表面距离为 300~400mm,喷洒方向与被表面夹角为 30°~40°。

(6)观察、评定、记录。

观察显示迹痕应在显像剂施加后 7~30min 内完成。应使被检表面的光照度大于 1000LX。当出现显示迹痕时,必须确定迹痕是真缺陷还是假缺陷。必要时应用 5~10 倍放大镜进行观察或进行复验。

缺陷迹痕的记录应采用照相、录像和可剥性塑料薄膜等方式记录,同时应用草图进行标示。应记录缺陷的位置、性质、数量和长度。

(7)后处理。检测结束后,为防止残留的显像剂腐蚀工件表面或影响其使用,应清除残余显像剂。清除方法可用刷洗、水洗、布或纸擦除等方法。

(8)复检的程序。

①检测结束时,用试块验证检测灵敏度不符合要求。

②发现检测过程中操作方法有误或技术条件改变时。

③不能确定显示迹痕是否为缺陷迹痕。

④缺陷迹痕显示的性质、分类和长度难以准确判断。

⑤供需双方对检测结果有争议时。

⑥经返修后的部位。

四、渗透检测结果评定

检测结果依据 JB/T 4730.5—2005《承压设备无损检测 第 5 部分 渗透检测》标准,由渗透检测Ⅱ级人员评定。

(1)不允许任何裂纹和白点存在。

(2)焊接接头和坡口的质量按检测评定标准执行。

五、检测报告

报告的内容应符合标准要求,报告应包括:委托单位、工件名称、编号、形状、尺寸、材质及热处理状态、检测部位、检测比例、渗透剂牌号、检测方法;渗透剂类型、显像方式、操作条件;渗透温度、渗透时间、乳化时间、水压及水温、干燥温度和时间、显像时间、操作方法;预清洗方法、渗透剂施加方法、乳化剂施加方法、清洗方法、干燥方法、显像剂施加方法;检测结果及缺陷等级评定、检测标准名称、缺陷示意图、检测人员、责任人员签字及其技术资格、检测日期。

检测报告保存期限至少 7a。

第五节 储罐磁粉检测

一、磁粉检测原理与磁化方法

磁粉检测是利用磁现象来检测材料和工件的方法。铁磁性材料工件被磁化后,由于不连续性的存在,使工件表面和近表面的磁感应线发生局部畸变而产生漏磁场,吸附施加在工件表面的磁粉,在合适的光照下形成目视可见的磁痕,从而显示出不连续性的位置、大小、形状和严重程度。通常把影响工件使用性能的不连续性称为缺陷。

根据工件的几何形状、尺寸大小和欲发现缺陷的方向而在工件上建立的磁场方向,将磁化方法一般分为周向磁化、纵向磁化和多向磁化。

(1)周向磁化有通电法、中心导体法、偏置芯棒法、触头法、感应电流法和环形件绕电缆法。

(2)纵向磁化有线圈法、磁轭法以及永久磁化法。

(3)多向磁化有交叉磁轭法、交叉线圈法、直流磁轭与交流通电法、直流线圈与交流通电法和有相移的整流电磁化法。

二、磁粉检测常用范围选用

磁粉检测适用于检测铁磁性材料制承压设备的原材料、零部件和焊接接头的工件表面与近表面尺寸很小、间隙极窄和目视难以看出的缺陷,例如裂纹、白点、发纹、折叠、疏松、冷隔、气孔和夹杂等缺陷。不适用于奥氏体不锈钢和其他非铁磁性材料的检测。

三、储罐的磁粉检测

1. 储罐的检测部位、比例及合格级别

(1)球罐的下列部位应在压力试验前(整体热处理之前)进行磁粉检测,由施工单位提出检测申请,由监理下达磁粉检测指令,执行标准 JB/T 4730.4—2005《承压设备无损检测 第 4 部分 磁粉检测》,Ⅰ级合格,报告的审查由无损检测责任师负责。

①球壳对接焊缝内、外表面,人孔、接管的凸缘与球壳板对接焊缝内、外表面。

②人孔及公称直径大于或等于 250mm 接管的对接焊缝的内、外表面;公称直径小于 250mm 接管的对接焊缝的外表面。

③人孔、接管与球壳板连接的角焊缝的外表面。

④补强板、垫板、支柱及其他角焊缝的外表面。

⑤工卡具焊迹打磨后及球壳体缺陷焊接修补和打磨后的部位。

第十二章　储罐的无损检测

（2）标准屈服强度大于390MPa的立式储罐钢板经火焰切割的坡口,厚度大于等于12mm的罐底弓形边缘版,应按 GB 50128—2014《立式圆筒形钢制焊接储罐施工规范》的规定对坡口表面进行渗透检测或磁粉检测。

（3）标准屈服强度大于390MPa的立式储罐钢板表面疤痕应在磨平后进行渗透检测或磁粉检测。

（4）立式储罐罐底板三层钢板重叠部分的搭接接头焊缝和对接罐底板的T字焊缝全部焊完后,在沿三个方向各200mm范围内,应进行渗透检测或磁粉检测。

2. 储罐的磁粉检测工艺

1）检测设备、材料及磁化方法的选择

（1）磁粉探伤机有多种,常选择旋转磁场式探伤仪和便携式磁扼探伤仪等。

（2）使用 HB-1 型商品磁膏（黑色）,磁悬液配制方法为:每 100mm 磁膏在 1000mL 水中分散,搅拌均匀后使用,使用前在梨形沉淀管中测定其浓度。

（3）对接焊缝采用 A-30/100 灵敏度实验片,角焊缝采用 C-8/50 灵敏度实验片,在同等操作条件下,检测前后应各作一次灵敏度测试。采用湿式连续法测量。

2）检测灵敏度的确定

磁粉检测灵敏度,从定量方面来说,是指有效地检出工件表面或近表面某一规定尺寸大小缺陷的能力。从定性方面来说,是指检测最小缺陷的能力,可检出的缺陷越小,检测灵敏度就越高。

检测灵敏度的确定主要依靠标准试件来检验,常见的标准试件分为人工缺陷标准试片和试块及自然缺陷试块。

3）检测顺序

（1）储罐磁粉检测的检测顺序应遵循自上而下的顺序,目的是防止流动的磁悬液冲刷正被检测的区域,影响对磁痕的观察和评定。

（2）磁粉检测应安排在焊接工序完成后进行,对有延迟裂纹倾向的材料应在焊接完成 24h 之后进行磁粉检测。

4）磁粉检测操作规程

（1）预处理操作步骤。

①被检表面不规则部位应用砂轮机打磨或钢丝刷清扫,有油污的部位应用有机溶剂擦除,以保证被检测部位表面清洁（包括热影响区）。

②被检区必须经外观检查合格后方可探伤,磁粉探伤时为提高反差可在被检表面涂布一薄层反差增强剂。

③预处理范围应从探伤部位向四周扩展 25mm。

(2)磁化工件及磁悬液的施加程序。

①采用湿式连续法检测,磁悬液必须在通电时间内施加完毕,通电时间为 1～3s,停施磁悬液 1s 后才可停止磁化。为保证磁化效果应至少反复磁化 2 次,磁悬液应均匀喷洒在被检部位。

②电磁轭的极间距控制在 75～200mm 之间,检测的有效区为两极连线两侧各 50mm 范围内,磁化区域每次应有 15mm 重叠,每一磁化区域至少进行两次以上磁化,两次磁化方向应相互垂直。

③采用旋转磁场探伤仪时,行走速度不大于 3m/min,检查纵缝时应自上而下行走。

④检测开始时,应将灵敏度试片刻槽一面朝向工件贴在有效被检区内,以确定有效被检区内的灵敏度是否符合要求,如达不到要求应查明原因,调整磁轭间距、磁悬液浓度或从磁化装置及表面状况等方面查找原因。

⑤检测时磁极与工件应接触良好,防止漏检。

(3)施加磁悬液。因属连续法,应在磁化工件的同时施加磁悬液,磁悬液要均匀地喷洒在被检工件表面上,注意已形成的磁痕不要被流动的磁悬液所破坏。

(4)磁痕的观察分析。

① 被检部位的可见光照度应不小于 1000LX,辨认细小缺陷时用 2～10 倍的放大镜。

② 认真观察工件表面磁痕的形成及浓度情况,并进行分析判别,当不能辨别磁痕的真伪时,应重复磁粉探伤全过程。

③ 磁痕的记录应采用照相、录像和可剥性塑料薄膜等方式记录,同时应用草图进行标示。应记录缺陷的位置、性质、数量和长度。

(5)退磁。由于轻微的剩磁对罐和罐区工艺管道的正常运行无影响,因而可不考虑退磁。

(6)后处理。检测结束后应把被检表面的磁悬液清理干净,防止生锈及污染。

(7)出现下列情况之一时应复验:

①检测结束时,用灵敏度试片验正检验灵敏度不符合要求。

②发现检测过程中操作方法有误。

③供需双方有争议或认为有其他需要。

④经返修后的部位。

四、磁粉检测结果评定

检测结果由磁粉检测Ⅱ级人员评定,依据 JB/T 4730.4—2005《承压设备无损检测 第4部分 磁粉检测》标准不得出现下列缺陷:
(1)任何裂纹和白点。
(2)任何横向缺陷显示。
(3)任何长度大于1.5mm的线型缺陷显示。
(4)单个尺寸大于或等于2mm的圆形缺陷显示;

五、检测报告

检测报告由磁粉检测Ⅱ级人员出具,报告的内容应符合标准要求,包括:被检工件材质、热处理状态及表面状态,检测装置的名称、型号;磁粉种类及磁悬液浓度;施加磁粉的方法;磁化方法及磁化规范;检测灵敏度校验及试片名称;缺陷记录及工件草图(或示意图);检测结果及缺陷等级评定、检测标准名称;检测人员和责任人员签字及其技术资格;检测日期。

第六节 储罐的检测实例

一、立式储罐检测实例

1.立式储罐 X 射线检测实例

某油田原油生产运行库一座立式浮顶储油罐,材质 SPV490Q,底圈罐壁40mm,罐底板厚度22mm,加垫板8mm,材质 SPV490Q,依据 GB 50128—2014《立式圆筒形钢制焊接储罐施工规范》、JB/T 4730.2—2005《承压设备无损检测 第2部分 射线检测》制定罐底 X 射线检测工艺卡。

1)排版示意图
罐底边缘板焊缝100%X射线检测排版示意图见图12-3。

2)射线机的选择

设备型号/编号：丹东华日 XXG-3005/7129。

3)透照方式、射线照相质量等级检测结果执行标准

选择单壁单影透照法，照相质量等级 AB 级，合格级别为 Ⅱ 级，执行标准 JB/T 4730.2—2005《承压设备无损检测 第2部分 射线检测》。

4)胶片、暗袋、增感屏、显定影药液的选择

胶片选用 IXF100，暗袋规格 360mm×80mm，铅箔增感屏前屏厚 0.03mm、后屏 0.03mm，显影药型号 G-30 套药。

5)透照工艺参数

透照厚度 30mm、焦距 700mm、管电压 245kV、管电流 5mA、曝光时间 5min、像质计 10/16。

6)透照部位

透照部位见示意图 12-4。

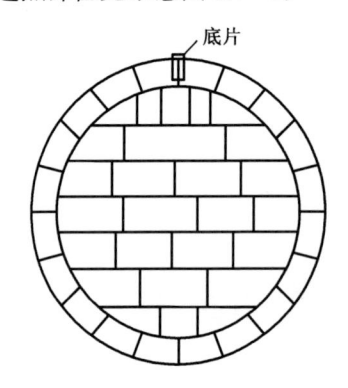

图 12-3 罐底边缘板排版示意图 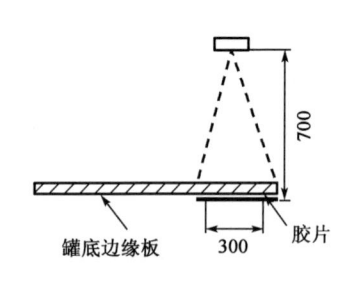　　图 12-4 罐底板射线透照示意图

7)胶片的处理

选用自动冲洗机处理底片，洗片机型号 GALEN Ⅲ，显影时间 2min，显影温度 28℃。

8)底片质量

要求像质指数≥11、底片黑度范围 2.0～4.0。

9)焊缝的质量分级

Ⅱ级对接焊接接头要求无裂纹、未熔合和未焊透及超标的气孔、夹渣缺陷。

10)检测结果评定

检测结果由射线检测Ⅱ级人员按标准进行评定，评定结果由射线检测Ⅲ级人员审核。

2. 立式储罐超声检测实例

某油田原油库立式储油罐,某圈壁板厚 20mm,材质 SPV490Q,依据 GB 50128—2014《立式圆筒形钢制焊接储罐施工规范》对罐壁板进行 100% 超声检测,制定钢板超声检测工艺。

1)设备的选择及检测方式

选择仪器型号 HS610e,检测面单面单侧,检测区域 100mm 平行线,检测方法直射法。

2)探头及试块的选择

单晶直探头,频率 5MHz,晶片尺寸 ϕ14mm,CBⅡ型试块。

3)超声工艺参数

扫描灵敏度 CBⅡ试块波幅 50%,波高+10dB,扫描比例深度 2∶1,扫描速度 120~140mm/s,补偿 4dB、耦合剂为糨糊。

4)检测部位

检测部位见示意图 12-5。

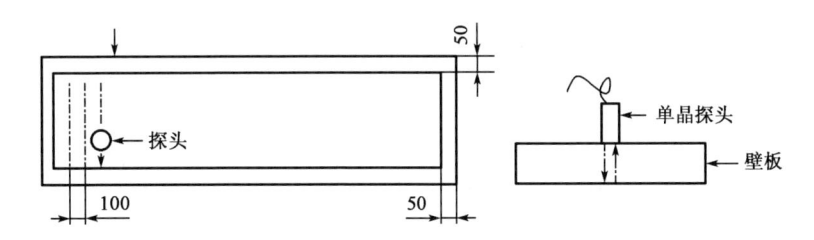

图 12-5 钢板超声检测示意图

5)检测标准、比例及合格级别

执行 JB/T 4730.3—2005《承压设备无损检测 第 3 部分 超声检测》标准,检测比例 100%,合格级别Ⅰ级。

6)检测结果评定

超声检测Ⅱ级人员根据实际检测时缺陷波的形态,依据标准对焊缝进行等级评定。

二、球罐的检测实例

1. 球罐的 γ 射线检测

某工程建造 2 台 2000m³ 球罐,球罐壁厚 46mm,材质为 Q345R,由某检测公司负责球罐的无损检测。

1) 球壳板对接焊缝检测部位及比例

球壳板对接焊缝采用γ射线进行100%射线探伤,全部底片必须符合规范、标准要求。依据相关标准规范制定工艺。

(1) 球罐焊缝布片排版图见图12-6。

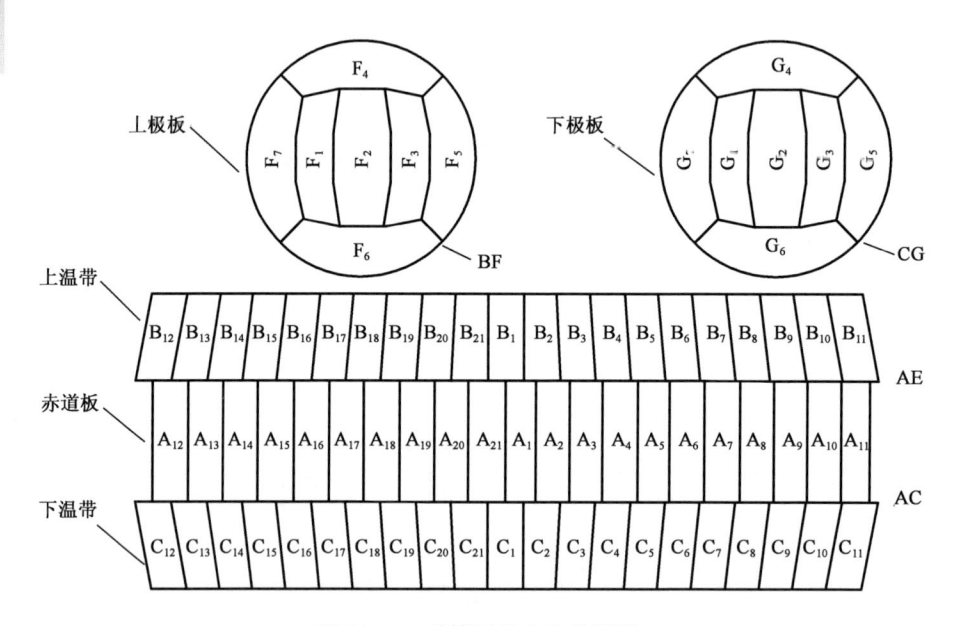

图12-6 球罐焊缝布片排版图

(2) 各焊道拍片数量见表12-2。

图12-2 各焊道拍片数量

带板	编号	拍片数量
上极板	BF	6×4=24张片,有效片长$L=300mm$
上极板	$F_1 \sim F_6$	22×6=132张片,有效片长$L=370mm$,两端有效片长$L=350mm$
上温带	$B_1 \sim B_{21}$	21×23=483张片,有效片长$L=370mm$,两端有效片长$L=350mm$
赤道板	AB	125张片,有效片长$L=350mm$
赤道板	$A_1 \sim A_{21}$	21×25=525张片,有效片长$L=370mm$,两端有效片长$L=350mm$
赤道板	AC	125张片,有效片长$L=350mm$
下极板	$G_1 \sim G_6$	22×6=132张片,有效片长$L=370mm$,两端有效片长$L=350mm$
下极板	CG	6×4=24张片,有效片长$L=300mm$
下温带	$G_1 \sim G_{21}$	21×23=483张片,有效片长$L=370mm$,两端有效片长$L=350mm$

第十二章　储罐的无损检测

(3)射源设备型号为 TS-1(Ir192),透照方式中心内透法。

(4)射线照相质量等级 AB 级,检测标准 JB/T 4730.2—2005《承压设备无损检测 第 2 部分 射线检测》,合格级别Ⅱ级。

(5)胶片选用 IXFT4,暗袋规格 420mm×110mm,铅箔增感屏前屏厚 0.1mm、后屏 0.16mm,显影药型号 AGFA 浓缩药水。

(6)透照工艺参数:透照厚度 46mm、焦距 6150mm、源强度 70Ci、曝光时间 40h、像质计 6/12。

(7)透照部位见图 12-7。

(8)胶片处理使用自动洗片机,型号 AGFA,显影时间 8min,显影温度 28℃。

(9)底片质量要求像质指数≥8,底片黑度范围 2.0~4.0。

(10)底片由射线检测Ⅱ级人员评定,等级按 JB/T 4730.2—2005《承压设备无损检测 第 2 部分 射线检测》中的有关规定,球罐对接焊缝内不允许存在裂纹、未熔合、未焊透缺陷。球罐对接焊缝的缺陷等级评定要求达到Ⅱ级以上为合格

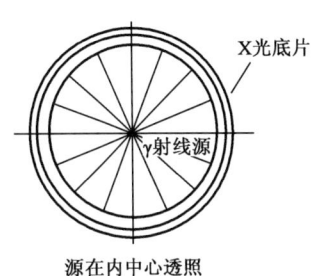

图 12-7　球罐透照部位示意图

2)返修部位对接焊缝 100%X 射线检测工艺

不合格焊口局部返修部位用 X 射线拍片,制定焊缝 X 射线检测工艺。

(1)射线机使用设备型号 RF-300EG-S2。

(2)透照方式选择单壁单影透照法,照相质量等级 AB 级,合格级别为Ⅱ级,执行标准 JB/T 4730.2—2005《承压设备无损检测 第 2 部分 射线检测》。

(3)胶片选用天津Ⅲ型,暗袋规格 430mm×110mm,铅箔增感屏前屏厚 0.03mm、后屏 0.03mm,显影药型号 G-30 套药。

(4)透照工艺参数:透照厚度 46mm、焦距 700mm、管电压 285kV、管电流 5mA、曝光时间 10min、像质计 6/12。

(5)透照部位见图 12-8。

(6)选用手工冲洗底片,显影时间 5min,定影时间 15min,水洗条件 30min,显影、定影、水洗温度 20℃。

(7)底片质量要求像质指数≥8,底片黑度范围 2.0~4.0。

(8)Ⅱ级对接焊接接头要求无裂纹、未熔合和未焊透及超标的气孔、夹渣缺陷。

(9)检测结果由射线检测Ⅱ级人员按标准进行评定,评定结果由射线检测

Ⅲ级人员审核。

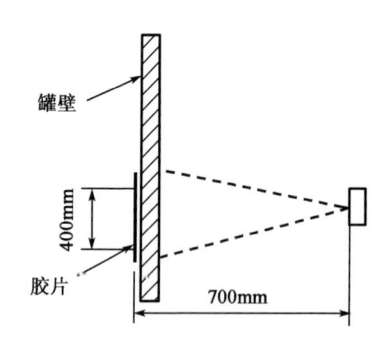

图 12-8 返修部位透照示意

2.球罐焊缝超声检测实例

某工程建造 4 台 2000m³ 球罐,球罐壁厚 46mm,材质为 Q345R,编制焊缝超声检测工艺。

1)设备的选择及检测方式

选择仪器型号 UFD-330,检测面单面双侧全声程,检测区域焊缝及热影响区。检测方法:前、后、左右、转角。探头移动区不小于 1.25P。

2)探头及试块的选择

探头型号:斜探头,2.5P13×13K2-D;试块型号:CSK-ⅠA、CSK-ⅢA

3)超声工艺参数

灵敏度选择测长线 $\phi1×6$—9dB,定量线 $\phi1×6$—3dB,判废线 $\phi1×6$+5dB,仪器调试深度 1∶1,补偿 4dB,耦合剂为糨糊。

4)罐壁焊缝超声检测部位

罐壁焊缝超声检测部位见图 12-9。

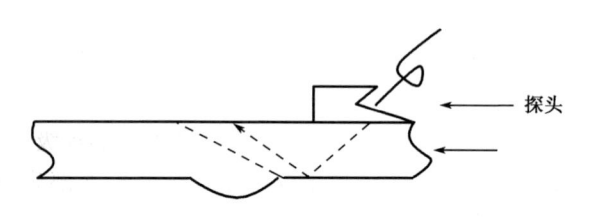

图 12-9 焊缝超声检测示意图

5)检测标准、比例及合格级别

执行 JB/T 4730.3—2005《承压设备无损检测 第 3 部分 超声检测》标准,检测比例 100%,合格级别Ⅰ级。

6)检测结果评定

Ⅱ级人员依据标准、实际检测时缺陷波的形态,对焊缝进行等级评定,检测人员必须持证上岗,操作人员必须具备 UT-Ⅱ级资格,才能签发合格报告。

3.球罐渗透检测实例

某工程建造 4 台 2000m³ 球罐,球罐壁厚 46mm,材质为 Q345R,编制焊缝渗透检测工艺。

1)检测准备

(1)检测人员必须持证上岗,操作人员必须具备 PT-Ⅱ级资格,才签发合格报告。

(2)本球罐采用渗透检测,球壳板对接焊缝跟焊部位气刨清根后进行100%渗透检验,支柱上段与球壳板连接(角接)进行100%渗透检验。

(3)渗透检测前,焊缝应打磨,由监理外观检查合格后进行。

2)检测标准、比例及合格级别

执行 JB/T 4730.5—2005《承压设备无损检测 第5部分 渗透检测》标准,检测比例100%,合格级别Ⅰ级。

3)渗透探伤剂及灵敏度对比试块选用

(1)渗透探伤剂选择同型号的 DPT-5 渗透探伤剂。

(2)灵敏度对比试块选择 LY12 硬铝合金试块(A 型双比试块)和镀铬试块(B 型试块)。

4)渗透检测方法

(1)溶剂去除法。

(2)渗透探伤剂宜采用喷涂的方法施加。

5)渗透检测步骤及工艺参数

①预清洗。

②喷涂渗透剂。

③渗透时间 7～10min。

④清除多余渗透剂。

⑤喷涂显像剂 7～10min。

⑥自然光环境下观察评定。

⑦后清理被检部位。

6)渗透检测

检测示意图见图 12-10。

7)渗透检测结果评定

检测结果由Ⅱ级人员评定,不允许任何裂纹和白点存在,焊接接头和坡口的质量按 JB/T 4730.5—2005《承压设备无损检测 第5部分 渗透检测》标准评定。

4. 球罐磁粉检测实例

某工程建造 4 台 2000m^3 球罐,球罐壁厚 46mm,材质为 Q345R,编制焊缝磁粉检测工艺。

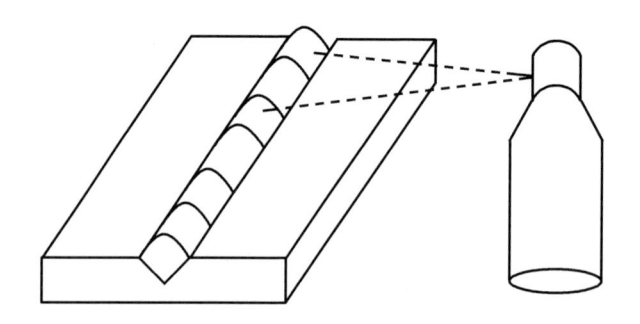

图 12-10 渗透检测示意图

1)检测准备

(1)检测人员必须持证上岗,操作人员必须具备 MT-Ⅱ级资格,方可签发检测报告。

(2)本球罐采用磁粉检测,磁粉检测前焊缝外观检查合格,获得监理单位和甲方同意,焊接结束 24h 后进行。

(3)球罐经表面打磨和外观检查合格后,进行 100% 磁粉检测,执行 JB/T 4730.4—2005《承压设备无损检测 第 4 部分 磁粉检测》,Ⅰ级合格,发现缺陷后,经表面打磨后,再重新进行磁粉检测。

(4)热处理前球壳板对接焊缝、支柱上段与支柱下段(对接)、吊耳痕迹(表面)、球壳板外表面电弧痕迹(表面)进行 100% 磁粉检验。

(3)采用符合标准的探伤仪和黑光灯,最终实际测试灵敏度符合标准要求(黑光灯测定用荧光磁粉检测灵敏度 30/100 试片,符合要求方为合格)。

(4)磁粉探伤时严防磁粉液流入探头和黑光灯上。

(5)球内侧焊缝采用荧光磁粉检验,球外侧采用黑磁粉检验。

2)检测标准、比例及合格级别

执行 JB/T 4730.4—2005《承压设备无损检测 第 4 部分 磁粉检测》标准,检测比例 100%,合格级别Ⅰ级。

3)设备、磁粉及灵敏度对比试片选用

仪器型号 CJE-A,磁粉选用非荧光磁悬液,标准试片型号 A_1-30/100。

4)磁粉检测方法

磁化方法:磁轭法。检测方法:连续法。

5)磁粉检测工艺参数

纵向磁化,磁轭间距 150mm,磁化时间 1~3s,磁悬液浓度 15g/L。

第十二章 储罐的无损检测

6）渗透检测

渗透检测见图 12-11。

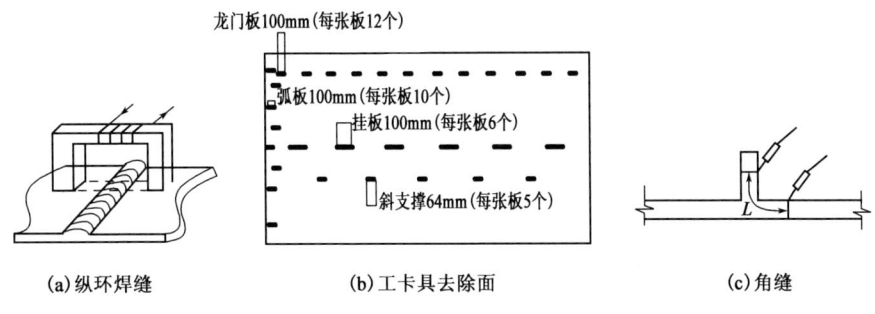

图 12-11 渗透检测部位示意图

7）磁痕观察

在磁痕形成后,在日光或白光照明下立即进行观察。

8）磁粉检测结果评定

检测结果由磁粉检测Ⅱ级人员依据 JB/T 4730.4—2005《承压设备无损检测 第 4 部分 磁粉检测》标准评定,磁痕记录采用照相法、贴印、橡胶铸型复印法留存。

第十三章 储罐的质量检验、试验与交工验收

储罐的质量检验和试验,是保证产品质量的重要手段。因此储罐的质量检验和试验必须严格按照国家、行业标准、规范、规程、设计图样及施工组织设计和施工工艺所规定的要求进行。

储罐的质量检验和试验工作要做到及时、准确和不漏项。要认真填写好检验和试验记录,各项记录应做到真实、齐全和无误,同时有关人员应签字并标注检验和试验工作的日期。

第一节 立式储罐的质量检验与试验

立式储罐的质量检验与试验主要包括基础质量验收、储罐几何尺寸检验、储罐充水试验、基础沉降观测等内容。

一、基础质量验收

储罐施工前应按相应的基础设计图及相应规范的要求对基础进行检查验收,并核对基础施工单位提供的基础检查记录。基础验收时,应对基础中心标高、基础环梁、沥青砂垫层等项目按国家有关标准进行检验。验收标准参见表 13-1。

表 13-1 储罐基础验收标准

项目	序	检查项目	允许偏差或允许值(mm)	检验方法
主控项目	1	混凝土强度	设计文件要求	查试块记录或取心试压
	2	基础表面高差	参照下文支撑罐壁的基础表面规定	水准仪或拉线测量
	3	沥青砂垫层表面平整度	参照下文沥青砂层表面规定	水准仪或拉线测量

第十三章　储罐的质量检验、试验与交工验收

续表

项目	序	检查项目	允许偏差或允许值(mm)	检验方法
一般项目	1	罐基础直径	+30 0	盘尺测量
	2	罐基础中心标高	±20	水准仪测量
	3	环墙宽度	+20 0	水平仪、拉线和尺测量
	4	环墙最大允许裂缝宽度	0.3	水平仪、拉线和尺测量

1. 支承罐壁的基础表面

基础表面高差应符合下列规定：

(1)有环梁时，每10m弧长内任意两点的高差不应大于6mm，且整个圆周长度内任意两点的高差不应大于12mm。

(2)无环梁时，每3m弧长内任意两点的高差不应大于6mm，且整个圆周长度内任意两点的高差不应大于20mm。

2. 沥青砂层表面

沥青砂层表面应平整密实，无凸出的隆起、凹陷及贯穿裂纹。沥青砂表面凹凸度应按下列方法检查：

(1)当储罐直径等于或大于25m时，以基础中心为圆心，以不同半径作同心圆，将各圆周分成若干等份，在等分点测量沥青砂层的标高。同一圆周上的测点，其测量标高与计算标高之差不应大于12mm。同心圆的直径和各圆周上最少测量点数应符合表13-2的规定。

表13-2　检查沥青砂层表面凹凸度的同心圆直径及测量点数

储罐直径 D(mm)	同心圆直径(m)					测量点数				
	Ⅰ圈	Ⅱ圈	Ⅲ圈	Ⅳ圈	Ⅴ圈	Ⅰ圈	Ⅱ圈	Ⅲ圈	Ⅳ圈	Ⅴ圈
$D \geqslant 76$	$D/6$	$D/3$	$D/2$	$2D/3$	$5D/6$	8	16	24	32	40
$45 \leqslant D < 76$	$D/5$	$2D/5$	$3D/5$	$4D/5$	—	8	16	24	32	—
$25 \leqslant D < 45$	$D/4$	$D/2$	$3D/4$	—	—	8	16	24	—	—

(2)当储罐直径小于25m时，可从基础中心向基础周边拉线测量，基础表面每100m² 范围内测点不应少于10点(小于100m² 的基础按100m² 计算)，基础表面凹凸度不应大于25mm。

二、立式储罐几何尺寸检验

储罐几何尺寸应符合设计及规范的要求,它是储罐正常运行的必要条件,因此从储罐预制到组装、焊接等过程均需严格把关,这对控制储罐整体几何尺寸具有重要意义。

1. 预制的质量检验

1)检验样板的要求

储罐在预制、组装及检验过程中所使用的样板,应符合下列规定:

(1)被检部位的曲率半径小于或等于 12.5m 时,弧形样板的弦长不应小于 1.5m;曲率半径大于 12.5m 时,弧形样板的弦长不应小于 2m。

(2)所有直线样板的长度不应小于 1m。

(3)测量焊缝角变形的弧形样板,其弦长不得小于 1m。

2)壁板预制

(1)罐壁板预制尺寸的允许偏差应符合表 13-3 的规定,尺寸的测量部位如图 13-1 所示。

表 13-3 壁板尺寸允许偏差

测量部位		板长 $AB(CD) \geqslant 10\text{m}$	板长 $AB(CD) < 10\text{m}$
宽度 AC、BD、EF(mm)		±1.5	±1
长度 AB、CD(mm)		±2	±1.5
对角线之差 $\|AD-BC\|$(mm)		≤3	≤2
直线度	AC、BD(mm)	≤1	≤1
	AB、CD(mm)	≤2	≤2

(2)壁板滚制后,立放在平台上用样板检查,垂直方向上用直线样板检查,间隙不应大于 2mm;水平方向上用弧形样板检查,间隙不应大于 4mm。抽查 20%,且不应少于 3 圈,用样板和钢板尺或塞尺检查(水平方向检查方法如图 13-2 所示)。

(3)单面倾斜式基础的底圈壁板应根据测量基础倾斜度,按计算尺寸在每张底圈壁板上放样,切割后其长度允许偏差应符合表 13-3 的规定,宽度各位置偏差不应大于 2mm。

3)底板预制

(1)底板预制前应绘制排版图,并应符合下列规定:

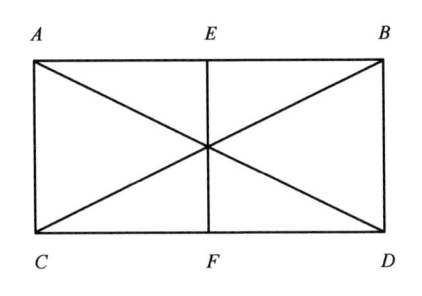

第十三章　储罐的质量检验、试验与交工验收

图 13-1　壁板尺寸测量部位

图 13-2　壁板水平方向检查示意图

①弓形边缘板沿罐底半径方向的最小尺寸,不应小于 700mm。非弓形边缘板最小直边尺寸,不应小于 700mm(图 13-3)。

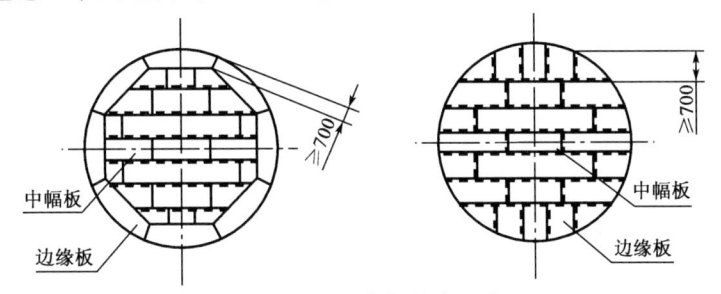

图 13-3　边缘板最小尺寸

②中幅板的宽度不应小于 1000mm,长度不应小于 2000mm;与弓形边缘板连接的不规则中幅板最小直边尺寸,不应小于 700mm。

③抽查数量为 20%,用钢盘尺、钢卷尺、钢板尺对实物进行测量。

(2)当中幅板采用对接接头时,中幅板的尺寸允许偏差应符合表 13-3 的规定。

(3)弓形边缘板的尺寸允许偏差,应符合表 13-4 的规定(图 13-4)。抽查 20%,且不应少于 5 块,用钢盘尺、钢卷尺和钢板尺检查。

表 13-4　弓形边缘板尺寸测量部位

测　量　部　位	允许偏差(mm)
长度 AB、CD	±2
宽度 AC、BD、EF	±2
对角线之差 $\vert AD-BC \vert$	≤3

4)浮顶和内浮顶预制

(1)浮顶和内浮顶的预制,应绘制排版图,并应符合上述"底板预制"中第

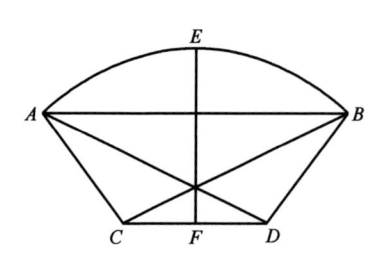

图 13-4 弓形边缘板尺寸测量部位

(1)条的规定。

(2)浮舱边缘板的预制应符合上述"壁板预制"中第(1)、(2)条的规定,浮舱底板及顶板预制后,其平面度用直线样板检查,间隙不应大于 4mm。

(3)浮舱进行分段预制时,应符合下列规定:

①浮舱底板、顶板平面度用直线样板检查,间隙不应大于 4mm。

②浮舱内外边缘板用弧形样板检查,间隙不应大于 10mm。

③浮舱几何尺寸的允许偏差,应符合表 13-5 的规定(图 13-5)。

表 13-5 分段预制浮舱几何尺寸的允许偏差

测量部位	允许偏差(mm)
高度 AE、BF、CG、DH	±1
弦长 AB、EF、CD、GH	±4
对角线之差 |AD-BC|、|CH-DG|、|EH-FG|	≤6

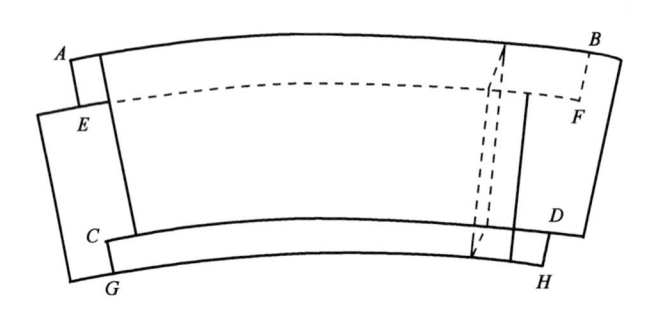

图 13-5 分段预制浮舱几何尺寸测量部位

5) 固定顶预制

(1) 固定顶顶板预制前应绘制排板图,并应符合下列规定:

① 顶板任意相邻焊缝的间距,不应小于 200mm。

② 单块顶板本身的拼接,宜采用对接。

(2) 加强肋加工成型后,用弧形样板检查,其间隙不应大于 2mm。

(3) 顶板成型后脱胎。用弧形样板检查,其间隙不应大于 10mm。

6) 构件预制

抗风圈、加强圈、包边角钢等弧形构件加工成型后,用弧形样板检查,其间

第十三章　储罐的质量检验、试验与交工验收

隙不应大于 2mm。放在平台上检查,其翘曲变形不应超过构件长度的 0.1%,且不应大于 6mm。

2. 组装的质量检验

1)罐底组装

(1)中幅板采用搭接接头时,其搭接宽度宜为板厚的 5 倍,允许偏差为±5mm,且不小于 30mm,搭接间隙不应大于 1mm,用钢板尺检查。

(2)搭接接头三层钢板重叠部分,应将上层底板切角,切角长度应为搭接长度的 2 倍,其宽度应为搭接长度的 2/3(图 13-6)。

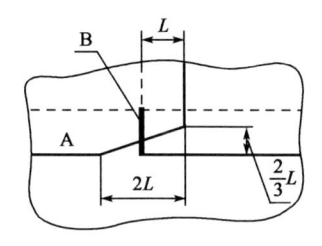

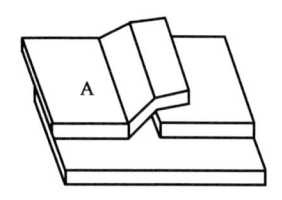

图 13-6　底板三层钢板重叠部分的切角
A—上层底板;B—A 板覆盖的焊缝;L—搭接宽度

2)罐壁组装

(1)立式圆筒形储罐底层壁板垂直度偏差不应大于 3mm(图 13-7);相邻两壁板上口水平允许偏差不应大于 2mm,在整个圆周上任意两点的水平允许偏差不应大于 6mm。可用水准仪、钢盘尺、钢板尺、样板尺和线坠进行检查,抽查 20%,且不少于 5 处。

图 13-7　底层壁板垂直度测量示意图

(2)立式圆筒形储罐其他各层壁板的垂直度允许偏差不应大于该圈壁板高度的3‰。

(3)底圈壁板组装焊接后,壁板的内表面任意点半径的允许偏差,应符合表13-6的规定。

表13-6 底圈壁板内表面任意点半径的允许偏差

储罐直径 D(m)	半径允许偏差(mm)	储罐直径 D(m)	半径允许偏差(mm)
$D \leqslant 12.5$	±13	$45 < D \leqslant 76$	±25
$12.5 < D \leqslant 45$	±19	$D > 76$	±32

(4)壁板组装时,应保证内表面齐平,错边量应符合下列规定:

①纵向焊缝错边量:焊条电弧焊时,当板厚小于或等于10mm时,不应大于1mm;当板厚大于10mm时,不应大于板厚的10%,且不大于1.5mm;自动焊时,均不应大于1mm。

②环向焊缝错边量:焊条电弧焊时,当上层壁板厚度小于或等于8mm时,任何一点均不应大于1.5mm;当上层壁板厚度大于8mm时,任何一点均不应大于板厚的20%,且不应大于2mm;自动焊时,均不应大于1.5mm。

(5)组装焊接后,纵焊缝的角变形用1m长的弧形样板检查,环焊缝角变形用1m直线样板检查并应符合表13-7的规定。

表13-7 罐壁焊缝的角变形

板厚 δ(mm)	角变形(mm)	板厚 δ(mm)	角变形(mm)
$\delta \leqslant 12$	$\leqslant 12$	$\delta > 25$	$\leqslant 8$
$12 < \delta \leqslant 25$	$\leqslant 10$		

(6)组装焊接后,罐壁的局部凹凸变形应平缓,不应有突然起伏,且应符合表12-8的规定,检查用样板长度按上述的规定采用。

表13-8 罐壁的局部凹凸变形

板厚 δ(mm)	罐壁局部凹凸变形(mm)	板厚 δ(mm)	罐壁局部凹凸变形(mm)
$\delta \leqslant 12$	$\leqslant 15$	$\delta > 25$	$\leqslant 10$
$12 < \delta \leqslant 25$	$\leqslant 13$		

3)固定顶组装

(1)固定顶安装前,应按表13-6的规定检查包边角钢的半径偏差。

(2)罐顶支撑柱的垂直度允许偏差,不应大于柱高的0.1%,且不应大于10mm。

(3)顶板应按画好的等分线对称组装。顶板搭接宽度允许偏差为±5mm。

4)浮顶组装

(1)浮顶板的搭接宽度允许偏差应为±5mm。

(2)浮顶内、外边缘板的组装,应符合下列要求:

①内、外边缘板对接接头的错边量不应大于板厚的0.15倍,且不应大于1.5mm。

②外边缘板垂直的允许偏差,不应大于3mm。

③用弧形样板检查内、外边缘板的凹凸变形,弧形样板与边缘板的局部间隙不应大于10mm。

5)附件安装

(1)罐体的开孔接管,应符合下列要求:

①开孔接管的中心位置偏差,不应大于10mm;接管外伸长度的允许偏差,应为±5mm。

②开孔补强板的曲率,应与罐体曲率一致。

③开孔接管法兰的密封面不应有焊瘤和划痕,法兰的密封面应与接管的轴线垂直,且应保证法兰面垂直或水平,倾斜不应大于法兰外径的1%,且不应大于3mm,法兰的螺栓孔应跨中安装。

④抽查数量为20%,可用样板、钢盘尺和钢板尺检查。

(2)量油管和导向管的垂直度允许偏差,不得大于管高的0.1%,且不应大于10mm。

(3)刮蜡板应紧贴罐壁,局部的最大间隙不应超过5mm。

(4)转动浮梯中心线的水平投影,应与轨道中心线重合,允许偏差不应大于10mm。

(5)上述附件安装后应全数进行观察检查,允许偏差项用钢板尺检查。

3.焊接的质量检验

储罐的焊接质量关系到它的严密性及强度,因而焊接是储罐安装的一个重要环节。

1)焊缝的外观检查

(1)焊缝应进行外观检查,检查前应将熔渣、飞溅清理干净。

(2)焊缝应具有平滑的细鳞状表面,无褶皱和未焊满的凹陷,并与母材平缓连接。

(3)焊缝表面及热影响区严禁有裂纹;焊缝表面严禁有气孔、夹渣、弧坑和未焊满等缺陷。

(4)焊缝表面质量及检查方法见表13-9。

表 13-9　焊缝表面质量及检查方法

项 目			允许偏差(mm)	检验方法
对接焊缝	咬边	深度	≤0.5	用焊接检验尺检查罐体各部位焊缝
		连续长度	≤100	
		焊缝两侧总长度	≤10%L	
	凹陷	环向焊缝 深度	≤0.5	
		环向焊缝 长度	≤10%L	
		环向焊缝 连续长度	≤100	
		纵向焊缝	不允许	
壁板焊缝	棱角	$\delta \leq 12$	≤10	用1m长样板检查
		$12 < \delta \leq 25$	≤8	
		$\delta > 25$	≤6	
对接接头的错边量	纵向焊缝	$\delta \leq 10$	≤1	用刻槽直尺和焊接检验尺检查
		$\delta > 10$	≤δ/10 且 ≤1.5	
	环向焊缝	$\delta < 8$(上圈壁板)	≤1.5	
		$\delta \geq 8$(上圈壁板)	≤2δ/10 且 ≤3	
角焊缝焊脚	搭接焊缝		按设计要求	用焊接检验尺检验
	罐底与罐壁连接的焊缝			
	其他部位的焊缝			
浮顶储罐对接焊缝余高	壁板内侧焊缝		≤1	用刻槽直尺和焊接检验尺检查
	纵向焊缝	$\delta \leq 12$	≤1.5	
		$12 < \delta \leq 25$	≤2.5	
		$\delta > 25$	≤3.0	
	环向焊缝	$\delta \leq 12$	≤2.0	
		$12 < \delta \leq 25$	≤3.0	
		$\delta > 25$	≤3.5	
	罐底焊缝余高	$\delta \leq 12$	≤2.0	
		$12 < \delta \leq 25$	≤3.0	

2)焊缝的无损检测

为确保储罐焊接质量的可靠,采用无损检测方法来控制和监督储罐焊接工艺与质量是必不可少的。储罐无损检测主要是对储罐底板周边、罐壁板对接焊缝进行射线检测以及罐盘管对接焊缝的射线检测,有时根据需要对罐底板非周边焊缝进行磁粉检测。

(1)罐底焊缝的检查。

①所有焊缝应采用真空箱法进行严密性试验,试验负压值不得低于53kPa,无渗漏为合格。具体试验方法如下:

在罐底板焊缝表面刷上肥皂水或亚麻籽油,将真空箱扣在焊缝上,其周边应用玻璃腻子密封。真空箱通过胶管连接到真空泵上,进行抽气,观察经验校合格的真空表,当真空度达到0.053MPa时,所检查的焊缝表面如果无气泡产生则为合格。若发现气泡,做好标记进行补焊,补焊后再进行真空试漏直至合格,如图13-8所示。

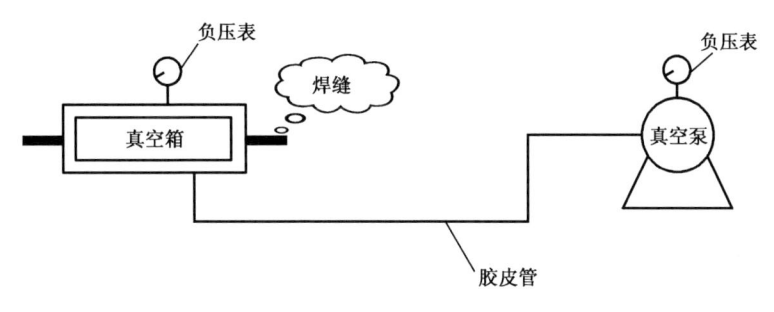

图13-8 真空试漏示意图

②标准屈服强度大于390MPa的边缘板的对接焊缝,在根部焊道焊接完毕后,应进行渗透检测,在最后一层焊接完毕后,应再次进行渗透检测或磁粉检测。

③厚度大于或等于10mm的罐底边缘板,每条对接焊缝的外端300mm,应进行射线检测;厚度小于10mm的罐底边缘板,每个焊工施焊的焊缝,应按上述方法至少抽查一条。

④底板三层钢板重叠部分的搭接接头焊缝和对接罐底板的T字焊缝的根部焊道焊完后,在沿三个方向各200mm范围内,应进行渗透检测;全部焊完后,应进行渗透检测或磁粉检测。

(2)罐壁焊缝的检查。

①纵向焊缝:

(a)当底圈壁板厚度小于或等于10mm时,应从每条纵向焊缝中任取300mm进行射线检测;当板厚大于10mm且小于或等于25mm时,应从每条纵向焊缝中任取2个300mm进行射线检测,其中一个位置应靠近底板;当板厚大于25mm时,每条焊缝应进行100%射线检测。

(b)其他各圈壁板,当板厚小于 25mm 时,每一焊工焊接的每种板厚(板厚差不大于 1mm 时可视为同等厚度),在最初焊接的 3m 焊缝的任意部位取 300mm 进行射线检测。以后不考虑焊工人数,对每种板厚在每 30m 焊缝及其尾数内的任意部位取 300mm 进行射线检测;当板厚大于或等于 25mm 时,每条纵向焊缝应进行 100% 射线检测。

(c)当板厚小于或等于 10mm 时,底圈壁板除(a)项规定外,25% 的 T 字缝应进行射线检测,其他各圈壁板,按(b)项中射线检测部位的 25% 应位于 T 字缝处;当板厚大于 10mm 时,全部 T 字缝应进行射线检测。

②环向对接焊缝:每种板厚(以较薄的板厚为准),在最初焊接的 3m 焊缝的任意部位取 300mm 进行射线检测。以后对于每种板厚,在每 60m 焊缝及其尾数内的任意部位取 300mm 进行射线检测。上述检查均不考虑焊工人数。

③T 字焊缝的检测,除上述规定外,罐壁 T 字焊缝检测位置应包括纵向和环向焊缝各 300mm 的区域。

④当板厚大于 12mm 时,可采用衍射时差法超声检测代替射线检测。

⑤射线检测或超声波检测不合格时,如缺陷的位置距离底片端部或超声检测端部不足 75mm,应在该端延伸 300mm 作补充检测,如延伸部位的检测结果不合格,应继续延伸检查。

(3)底圈罐壁与罐底的 T 形接头的罐内角焊缝,应进行下列检查:

①当罐底边缘板的厚度大于或等于 8mm,且底圈壁板的厚度大于或等于 16mm,或钢板标准屈服强度大于 390MPa 的任意厚度的壁板和底板,在罐内及罐外角焊缝焊完后,应对罐内角焊缝进行磁粉检测或渗透检测,在储罐充水试验后,应用同样方法进行复验。

②底圈罐壁和罐底采用标准屈服强度大于 390MPa 的钢板时,罐内角焊缝的初层焊道焊完后,还应进行渗透检测。

(4)浮顶底板、单盘板的焊缝,应采用真空箱法进行密封性试验,试验负压值不得低于 53kPa,保持时间不低于 5s,以无渗漏为合格;浮舱内外边缘板及隔舱板的焊缝,应采用煤油试漏法进行严密性试验;浮舱顶板的焊缝,应采用真空箱法进行密封性试验或逐舱鼓入压力为 785Pa(80mm 水柱)的压缩空气进行严密性试验,稳压时间不小于 5min,均以无泄漏为合格。

(5)在钢板标准屈服强度下限值大于 390MPa 的钢板上,或在厚度大于 25mm 的碳素钢及低合金钢钢板上的接管角焊缝和补强板角焊缝,应在焊完后或消除应力热处理后及充水试验后进行渗透检测或磁粉检测。

(6)开孔的补强板焊完后.由信号孔通入 100~200kPa 压缩空气,检查焊缝严密性,无渗漏为合格。

(7)焊缝无损检测的方法和合格标准,应符合国家现行标准 JB/T 4730.2—2005《承压设备无损检测 第 2 部分 射线检测》的相关规定。

4. 罐体几何尺寸检验

储罐施工完毕后,对罐体的几何形状和尺寸进行检查。

1)罐底

罐底焊接后,其局部凹凸变形的深度,不应大于变形长度的 2%,且不大于 50mm,单面倾斜式罐底不大于 40mm(表 13-10)。

2)罐壁

罐壁组装焊接后的几何形状和尺寸,应符合下列规定(表 13-10):

(1)罐壁高度允许偏差,不应大于设计高度的 0.5%,且不得大于 50mm。

(2)罐壁垂直度的允许偏差,不应大于罐壁高度的 0.4%,且不得大于 50mm。

(3)罐壁焊缝角变形和罐壁的局部凹凸变形,应符合"罐壁组装"的有关规定。

(4)底圈壁板内表面半径的允许偏差,应在底圈壁板 1m 高处测量,并应符合表 13-6 的规定。

(5)底圈壁板外表面沿径向至边缘板外缘的距离不应小于 50mm,且不应大于 100mm。

3)罐顶

(1)浮顶局部凹凸变形,应符合下列规定(表 13-10):

表 13-10 罐体几何形状和尺寸

项 目			允许偏差(mm)	检验方法
罐底		局部凹凸变形	≤2%L 且≤50	钢尺测量
罐壁		高度允许偏差	≤5%H 且≤50	钢尺测量
		垂直度允许偏差	≤4%H,且≤50	经纬仪、吊线测量
罐顶	浮顶	浮船顶板局部凹凸变形	≤15	直尺测量
		单盘板局部凹凸变形	不影响外观和浮顶排水	目测、充水测量
		固定顶局部凹凸变形	≤15	弧形样板测量

①浮舱顶板的局部凹凸变形,应用直线样板测量,不得大于 15mm。

②单盘板的局部凹凸变形,不明显影响外观及浮顶排水。

(2)外浮顶的外边缘板与底圈壁板之间的间隙在安装位置允许偏差为

±15mm；在充水试验过程中，浮顶在任何其他高度的允许偏差为±50mm。

(3)内浮顶组装、焊接后的几何尺寸应符合下列规定：

①内浮顶外边缘板的半径允许偏差为±10mm。

②浮顶外边缘板焊接完毕后，其垂直偏差为±3mm，用弧形样板测量其内弧，间隙不应大于8mm。

③内浮顶外边缘板与底圈壁板之间的间隙在安装位置允许偏差为±10mm。

(4)固定顶的局部凹凸变形，应采用样板检查，间隙不得大于15mm。

三、储罐充水试验

储罐建造完毕后，应进行充水试验，充水试验是储罐投用前检验储罐质量的重要一环。

1. 检查内容

(1)罐底严密性。

(2)罐壁强度及严密性。

(3)固定顶的强度、稳定性及严密性。

(4)浮顶及内浮顶的升降试验及严密性。

(5)浮顶排水管的严密性。

(6)基础的沉降观测。

2. 充水试验要求

(1)充水试验前，所有附件及其他与罐体焊接的构件应全部完工，并检验合格。

(2)充水试验前，所有与严密性试验有关的焊缝，均不得涂刷油漆。

(3)一般情况下，充水试验应采用洁净淡水。特殊情况下，如采用其他液体进行充水试验，必须经有关部门批准。

(4)水温不应低于5℃。特殊情况下，如采用其他液体为充水试验介质，必须经有关部门批准。对于不锈钢储罐，水中氯离子含量不得超过25mg/L；铝浮顶试验用水不应对铝有腐蚀作用。

3. 充水试验过程

1)罐底严密性试验

罐底的严密性，应以罐底无渗漏为合格，若发现渗漏，应将水放净，对罐底进行试漏,找出渗漏部位,按规定进行补焊。

2)罐壁的强度及严密性试验

(1)在向罐内充水过程中,应对逐节壁板和逐条焊缝进行外观检查。充水到最高操作液位后,应保持48h,如无异常变形和渗漏,罐壁的严密性和强度试验即为合格。

(2)试验中罐壁上若有少量渗漏处,修复后可采用煤油渗漏法复检;对于有大量渗漏显著变形的部位,修复时应将水位降至渗漏处300 mm以下进行,修复后应重新做充水试验。

3)固定顶的试验

(1)固定顶的严密性试验和强度试验按如下方法进行:在罐顶装U形压差计,当罐内充水高度低于最高操作液位1m时,将所有开口封闭,继续充水,罐内压力(通过观测U形压差计)达到设计规定的压力后,暂停充水。在罐顶焊缝表面上涂以肥皂水,如未发现气泡且罐顶无异常变形,则罐顶的严密性和强度试验为合格。

(2)固定顶的稳定性试验通过充水到设计最高操作液位,用放水方法来进行。试验时,关闭所有开口进行放水,当罐内压力达到设计规定的负压值时,罐顶无异常变形和破坏现象则认为罐顶稳定性试验合格。

(3)罐顶试验时,要注意由于气温骤变而造成罐内压力的波动,应随时注意控制压力,确保试验安全。

4)浮顶的试验

(1)浮顶的严密性试验。

①浮顶单盘板应采用真空试漏法检查(试漏方法与底板真空试漏法基本相同),以试验真空度达到0.053MPa时不漏为合格。

②浮顶船舱的内外侧板、隔舱板及底板三者之间所有连接焊缝,均应在顶板组装前采用煤油渗透法检查。

煤油渗透法:将焊缝能够检查的一面清理干净,在焊缝表面涂上白垩粉浆。待白垩粉浆晾干后,在焊缝另一面涂上煤油,经0.5h后进行检查,以白垩粉上无油渍为合格。

③浮顶的每个船舱内均应注入空气(试验压力为785Pa,即80mm水柱),用肥皂水检查全部未经煤油渗透法检查的焊缝,以不泄漏为合格,如图13-9所示。

(2)浮顶的升降试验。

浮顶的升降试验是通过储罐充水、放水来实现的。在升降试验过程中,应

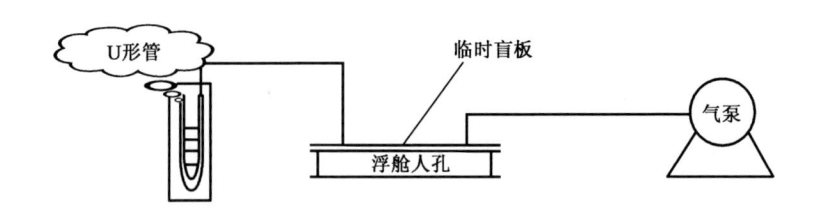

图 13-9　浮舱气密试验示意图

检查浮顶升降是否均匀平稳,密封装置和导向机构有无卡涩现象,浮顶与水接触部分有无渗漏现象。

浮顶升降试验时,应将中央排水管的出口打开,检查有无漏水现象;检查转动浮梯是否灵活。

5)内浮顶试验。

(1)内浮顶的严密性试验。

内浮盘板应采用真空试漏法检查,其试验真空度达到 0.053MPa 时不泄漏为合格。边缘侧板与内浮盘板之间的焊缝及边缘侧板的对接焊缝均应采用煤油渗透法检查其严密性。

(2)内浮顶的升降试验。

储罐充水、放水时,进行内浮顶的升降试验。内浮顶从最低支撑位置上升到设计要求的最高位置又下降到最低支撑位置的过程中,应检查其升降是否平稳,密封装置、导向机构以及滑动支柱有无卡涩现象,内浮顶及附件是否与固定顶及安装在固定顶或罐壁上的附件相碰。并应在内浮顶漂浮状态下检查内浮盘板与边缘侧板的全部焊缝有无渗漏现象。

6)开孔补强板的严密性试验

开孔补强板焊接完毕后,应检查其焊缝严密性。方法是:先将试验焊缝表面焊渣、锈泥等清除干净,通过补强板的信号孔通入 0.1~0.2MPa 的压缩空气,在开孔补强板内、外周边焊缝处及与罐体的内外连接缝上涂以肥皂水进行试漏,以不产生气泡为合格。若有泄漏,补焊后应重新试验,直至合格。试验完毕后,信号孔严禁焊、铆堵死。

7)中央排水管的严密性试验

中央排水管应做严密性试验,其方法及要求为:向中央排水管内充水,水满后用盲板将管头临时堵死。通过试压泵进行试压,升压要缓慢。观测已设置好的压力表上的压力值,当压力值达到 390kPa 时,停止升压并保持压力 30min 后检查焊缝,以无渗漏现象为合格。

第十三章 储罐的质量检验、试验与交工验收

8)基础的沉降观测

基础沉降观测一般与充水试验同步进行。

(1)在储罐基础圆周上每隔10m弧长处设一个观测点,点数宜设置成4的整倍数,且不得少于4点。

(2)基础沉降观测是通过向罐内逐级充水实现的。在充水前,应将各观测点的标高用水准仪测量出来,并填写基础沉降观测记录。测量时应注意天气、风力及温度的变化。

(3)基础沉降观测方法如下:

①对于坚实地基基础,一般沉降量较小,第一台罐可先充水到罐高的1/2,用水准仪测量各测点的标高,并与充水前观测到的标高进行对照,计算出实际不均匀沉降量。当不均匀沉降量不大于5mm/d时,可继续充水到罐高的3/4进行观测。当不均匀沉降量仍不大于5mm/d时,可再继续充水到最高操作液位进行观测。充水保持48h后再进行1次观测,当沉降量无明显变化时,即可放水;当沉降量有明显变化时,则应保持最高操作液位,进行每天的定期观测,直至沉降稳定为止。若不均匀沉降超过允许偏差,应进行处理。

当第一台罐基础沉降量符合要求,且其他储罐基础构造和施工方法与第一台罐完全相同,对其他储罐的充水试验,可取消充水到罐高的1/2和3/4时的两次观测。

②储罐建造地区,由于其地质条件的不同,有的储罐可能建造在软弱地基上,其沉降量一般较大。当沉降量可能超过300mm或可能发生滑移失效时,应控制向罐内充水的速度,一般以0.6m/d为宜,当水位高度达到3m时,停止充水,每天定期进行沉降观测并绘制时间—沉降量曲线图。当日沉降量减少时,可继续充水,但应减少日充水高度,以保证在载荷增加时,日沉降量仍保持下降的趋势。当罐内水位接近最高操作液位时,应在每天清晨做1次观测后再充水,并在当天傍晚再做1次观测,当发现沉降量增加,应立即把当天充入的水放掉,并以较小的日充水量重复上述的沉降观测,直到沉降量无明显变化、沉降稳定为止。

③不均匀沉降允许偏差值不应超过设计文件的要求。当设计文件无要求时,储罐基础直径方向的沉降差不得超过表13-11的规定,支撑罐壁的基础部分不应发生沉降突变;沿罐壁圆周方向任意10m弧长内的沉降差不应大于25mm。

表 13-11　储罐基础径向沉降差允许值

外浮顶罐与内浮顶罐		固定顶罐	
罐内径 D(m)	任意直径方向最终沉降差允许值(m)	罐内径 D(m)	任意直径方向最终沉降差允许值(m)
$D \leqslant 22$	$0.007D$	$D \leqslant 22$	$0.015D$
$22 < D \leqslant 30$	$0.006D$	$22 < D \leqslant 30$	$0.010D$
$30 < D \leqslant 40$	$0.005D$	$30 < D \leqslant 40$	$0.009D$
$40 < D \leqslant 60$	$0.004D$	$40 < D \leqslant 60$	$0.008D$
$60 < D \leqslant 80$	$0.003D$	$60 < D \leqslant 80$	$0.007D$
>80	$<0.0025D$	>80	$<0.007D$

第二节　球形储罐的质量检验与试验

球罐的建造是一个复杂的系统工程,要确保球罐的安全使用,必须控制好施工各环节,加强全过程的质量检验工作,同时对各种记录应履行必要的签字手续,以保证质量控制的可追溯性。

一、基础质量验收

球罐组装前必须按设计要求及施工规范对基础进行验收(图 13-10),其偏差应符合表 13-12 的规定,基础混凝土的强度不低于设计要求的 75% 方可进行安装。

验收方法:采用水准仪、经纬仪及钢尺进行现场实地测量。

表 13-12　基础各部尺寸允许偏差

序号	项　目		允 许 偏 差
1	球壳中心圆直径(D_b)	球罐容积<2000m³	±5mm
		球罐容积≥2000 m³	±D_i/2000mm
2	基础方位		1°
3	相邻支柱基础中心距(S)		±2mm
4	支柱基础上的地脚螺栓中心与基础中心圆的间距(S_1)		±2mm

第十三章　储罐的质量检验、试验与交工验收

续表

序号	项　　目		允许偏差
5	支柱基础地脚螺栓预留孔中心与基础中心圆的间距(S_2)		±8mm
6	基础标高	采用地脚螺栓固定的基础　各支柱基础上表面的标高	$-D_i/1000$mm且不低于-15mm
		采用地脚螺栓固定的基础　相邻支柱的基础标高差	4mm
		采用预埋垫板固定的基础　各支柱基础垫板上表面标高	-3mm
		采用预埋垫板固定的基础　相邻支柱基础垫板标高差	3mm
7	单个支柱基础上表面的水平度	采用地脚螺栓固定的基础	5mm
		采用预埋垫板固定的基础地脚板	2mm

注：D_i为球罐设计内径。

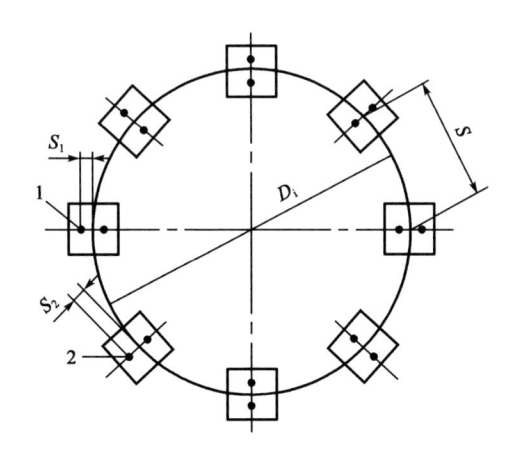

图 13-10　基础各部位尺寸检查
1—地脚螺栓；2—地脚螺栓预留孔

二、球形储罐的质量检验

1. 预制的质量检验

1）球壳板表面质量检验

(1)球壳的结构形式应符合设计图样要求，每块球壳板本身不得拼接。

(2)制造单位提供的球壳板表面不得有裂纹、气泡、结疤、折叠、夹杂、分层等缺陷，当存在裂纹、气泡、结疤、折叠、夹杂、分层等缺陷时，应进行修补。

(3)球壳板厚度应进行抽查，厚度应符合图样要求。抽查数量应为球壳板数量的20%，且每带不应少于2块，上、下极板不应少于1块，每张球壳板的检

测不应少于 5 点。抽查若有不合格,应加倍抽查;若仍有不合格,应对球壳板逐张检查。

2)球壳板曲率的检验

(1)检验样板要求:检验球壳板曲率的样板应该曲率精度高、不变形,最好用 0.75~1mm 的冷轧钢板,按实际计算半径准确划线,然后精确加工而成。样板做成后应进行理论检验,按样板弦长划分若干尺寸段,将分段各点所对应之弦高计算出结果,然后与样板各点实际弦高对照,看是否一致,如图 13-11 所示。

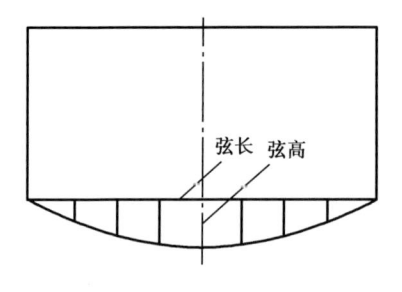

图 13-11 检验样板的方法

(2)球壳板曲率检查所用的样板及球壳板与样板允许间隙应符合表 13-13 的规定。图 13-12 为球壳板曲率允许偏差,检测人员必须注意,在使用样板时就力求达到正确位置,样板应垂直球面。允许偏差≤3mm 的位置,应在样板的端部或是样板中间。

表 13-13 样板及球壳板与样板允许间隙

球壳板弦长	样板弦长	允许间隙 e(mm)
≥2000	2000	3
<2000	与球壳板弦长相同	3

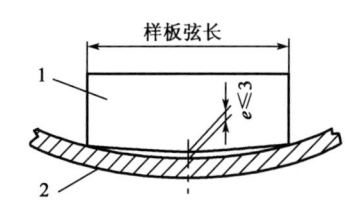

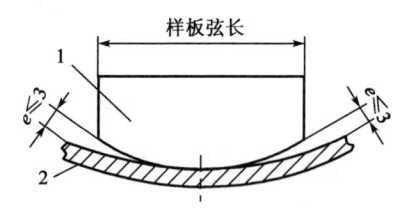

图 13-12 球壳板曲率检查
1—样板;2—球壳板

(3)在检查球壳板曲率时应将球壳板放置在胎架上,来控制由于球壳板自重引起的变形,以免产生变形而影响检查精度。

3)球壳板几何尺寸的检验

球壳板几何尺寸包括每块板 4 条弦长、两条对角线长以及两条对角线的距离,即检验每块板的翘曲度,检验几何尺寸及位置如图 13-13 所示。

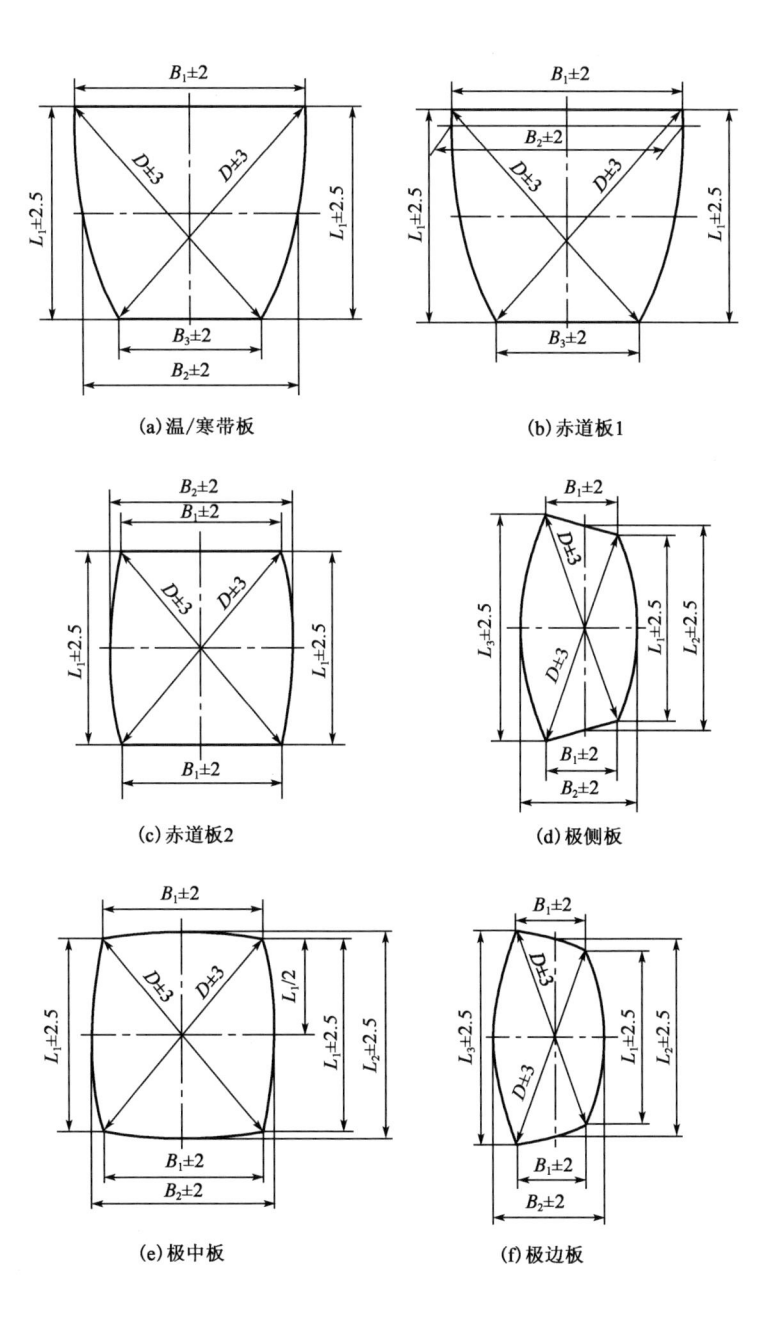

第十三章 储罐的质量检验、试验与交工验收

(a) 温/寒带板

(b) 赤道板1

(c) 赤道板2

(d) 极侧板

(e) 极中板

(f) 极边板

图 13-13 球壳板几何尺寸检查

(1)球壳板几何尺寸允许偏差。

球壳板几何尺寸允许偏差应符合表 13-14 的规定。

表 13-14　球壳板几何尺寸允许偏差

序号	项目	允许偏差(mm)
1	长度方向弦长 L_1,L_2	±2.5
2	任意宽度方向弦长	±2
3	对角线弦长 D	±3
4	两条对角线间的距离	5

(2)几何尺寸检验工具及检验方法。

国家标准规定的检验项目主要是弦长尺寸,一般采用钢带尺,钢带尺一定要经国家检测部门认可方可使用。当坡口切割后检验弦长时,应用专用工具将球壳板恢复到无坡口几何尺寸的位置进行测量,以便消除测量误差,如图 13-14 所示。应用专用工具也避免了由于切割坡口造成的误差,及在测量时影响理论弦长误差。

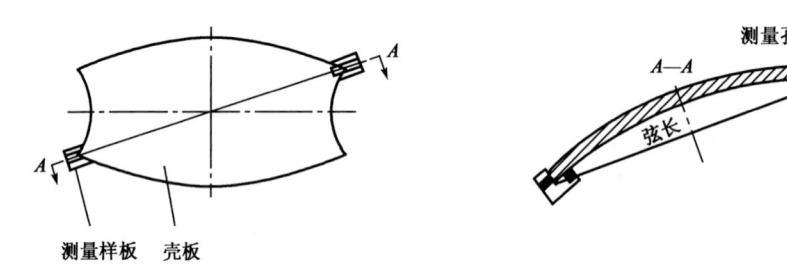

图 13-14　测量弦长专用工具

4)球壳板翘曲度的检验

球壳板翘曲度检验方法是通过看两对角是否在同一平面内,若两对角线不相交,则说明球壳板四角不在同一平面内,即认为有翘曲存在。球壳板翘曲度检验如图 13-15 所示,极板一般为圆形,如圆周边不在同一平面内,两直径中心不相交即认为有翘曲变形。

测量时应用 0.2mm 钢丝,借助专用工具,测量结果应符合表 13-14 第 4 项的要求。

5)支柱的质量检验

(1)支柱全长长度允许偏差为 3mm。

(2)支柱与底板焊接后应保持垂直,其垂直度允许偏差为 2mm(图 13-16)。

(3)支柱全长的直线度偏差应小于或等于全长的 1/1000,且不应大

第十三章 储罐的质量检验、试验与交工验收

于10mm。

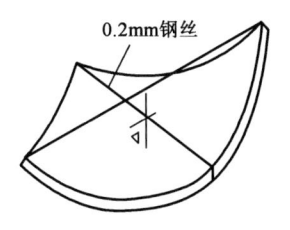

(a) 各带板翘曲度测量示意图　(b) 极板翘曲度测量示意图

图 13-15　球壳板翘曲度检验

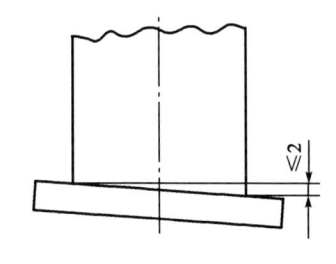

图 13-16　支柱与底板垂直度偏差检查(单位:mm)

2. 组装的质量检验

球罐现场组装质量是球罐整体质量控制的最重要阶段,应严格控制组装过程的各个环节,坚持按程序检查,并做好记录,重点检查错边、上下口齐平度、角变形、圆度等项目,使每道组装工序处于良好的控制状态,以满足球罐设计、施工的规范和标准要求。如发现问题,及时采取措施,确保球罐质量。

1)球壳板组装的检验

(1)球壳板组对错边量:球壳板组对错边量 b 不应大于球壳板的名义厚度1/4,且不大于3mm(图13-17和图13-18),当两板厚度不等时可不计入两板差值,组对错边量的检查宜沿对接接头每500mm测量一点。

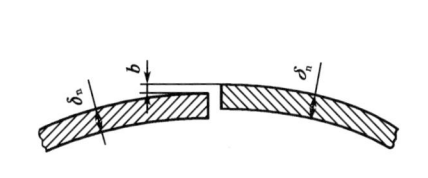

图 13-17　等厚度球壳板组装时的对口错边量

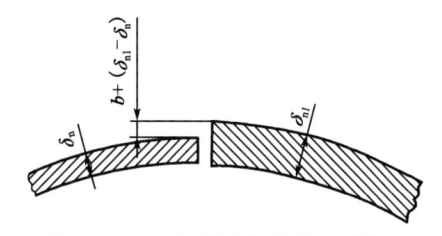

图 13-18　不等厚度球壳板组装时的对口错边量

(2)球壳板组对棱角度:球壳板组装时用弦长不小于1m的样板检查,球壳板组装后的棱角(图13-19),应按下式计算,且不大于7mm。

$$E = l_1 - l_2 \tag{13-1}$$

$$l_2 = |R - R_0| \tag{13-2}$$

式中　E——棱角值,mm;

l_1——最大棱角处球壳板的实测径向距离,mm;

l_2——标准球壳与样板的径向距离,mm;
R——球壳的设计内半径或外半径,mm;
R_0——样板的曲率半径,mm。

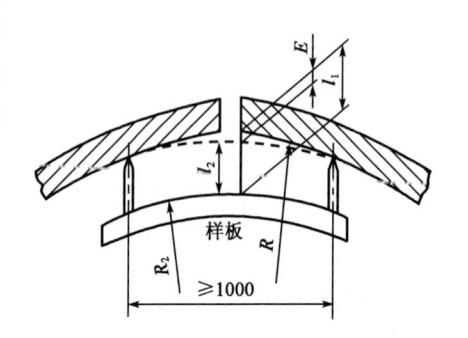

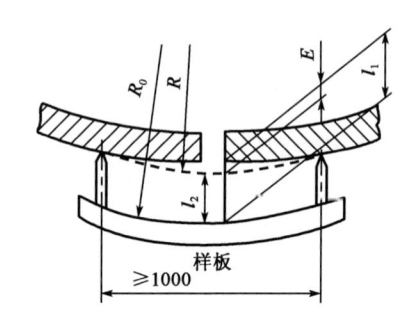

图 13-19　球壳板组装时的棱角检查

(3)球罐直径:球罐组装时应对球罐的最大直径与最小直径之差进行控制,两极间的内直径、赤道截面的最大内直径和最小内直径之间相互之差,均应小于设计内径的 3‰,并应符合下列规定:

①5000m³ 以下的球罐不应大于 50mm。
②5000m³ 及以上的球罐不应大于 70mm。

各带组装时的各带直径尺寸控制如图 13-20 所示。

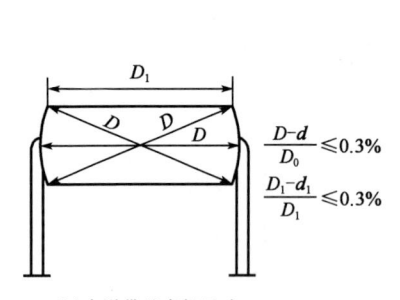

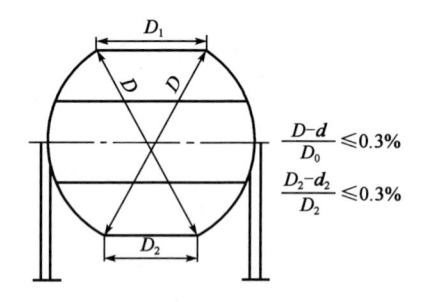

(a)赤道带处直径尺寸　　(b)温(寒)带处直径尺寸

图 13-20　各带组装过程各带直径尺寸控制

D_0—设计值;D、d—实测直径最大值与最小值;D_1、D_2—实测最大直径;d_1、d_2—实测最小直径

2)支柱安装的检验

支柱的安装尺寸控制如图 13-21 所示,应符合下列规定:

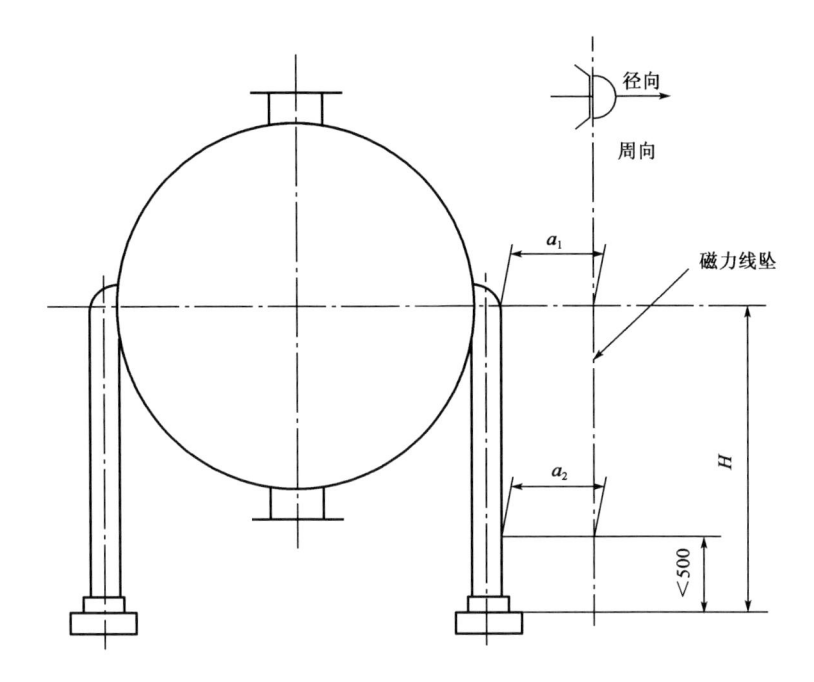

第十三章 储罐的质量检验、试验与交工验收

图 13-21 支柱安装尺寸图

(1)支柱用垫铁找正时,每组垫铁的高度不应小于 25mm,且不宜多于 3 块。斜垫铁应成对使用,并应接触紧密。找正完毕后,点焊应牢固。

(2)支柱安装找正后,应在球罐径向和周向两个方向检查球罐支柱的垂直度。当支柱高度小于或等于 8000mm 时,垂直度允许偏差 12mm;当支柱高度大于 8000mm 时,垂直度允许偏差为支柱高度的 1.5‰,且不大于 15mm。

3)零部件安装的检验

人孔及接管等受压元件的安装,应符合下列要求:

(1)开孔位置允许偏差为 5mm。

(2)开孔直径与组装件直径之差宜为 2~5mm。

(3)接管外伸长度及位置允许偏差为 5mm。

(4)除设计规定外,接管法兰面应与接管中心轴线垂直,且应使法兰面水平或垂直,其偏差不得超过法兰外径的 1%,且不应大于 3mm,法兰外径小于 100mm 时按 100mm 计。

(5)以开孔中心为圆心,开孔直径为半径的范围外,采用弦长不小于 1m 的样板检查球壳板的曲率,其间隙不得大于 3mm。

3. 焊接的质量检验

焊接是影响球罐质量的关键工序，在焊接过程中必须严格控制和检验。

1）焊缝外观检验

焊缝及热影响区不应有裂纹、气孔、未熔合、咬边、夹渣、凹坑、未焊满等缺陷。焊缝余高应符合表 13‐15。

表 13‐15 对接焊缝余高

焊缝深度 δ(mm)	焊缝余高(mm)	
	焊条电弧焊	药芯焊丝气体保护
≤12	0～1.5	0～3
12＜δ≤25	0～2.5	0～3
25＜δ≤50	0～3	0～3
＞50	0～4	0～3

注：焊缝深度是指单面焊为母材厚度；双面焊为坡口钝边中点至母材表面的深度，两侧分别计算。

2）产品焊接试板检验

产品焊接试板是球罐制造工序质量的一项综合反映，在某种程度上代表了焊缝和热影响区的金相组织和力学性能状态，在信息上可以说是球罐的"全息照片"，是球罐总体质量的一项十分重要的评定指标，具有无法替代的重要性。因此，为检验球罐焊接接头的力学性能和弯曲性能，在球罐焊接施工时，要焊接和检验球罐产品的焊接试板。

(1) 每台球罐按施焊位置（包括立焊、横焊和平焊加仰焊三个位置）各做一块产品焊接试板，试板尺寸为 360mm×650mm。试板的钢号、厚度、热处理工艺均应与球壳板相同，并应由施焊球罐的焊工在与球罐焊接相同的条件和相同的焊接工艺情况下焊接。

(2) 产品焊接试板焊完后进行检验，其检查项目包括：外观检验、无损检测、力学性能试验等。

①外观检验时，用肉眼或放大镜检查焊缝正面及背面的缺陷性质、位置、数量和尺寸，不得超过规定。焊缝的形状和尺寸均应符合设计要求，不合格者重新焊接。

②无损检测采用 100%射线或超声检测，检验焊缝内部质量。

③力学性能试验主要做拉伸、弯曲和冲击试验。拉伸、冷弯在常温下进行，冲击试验温度为设计温度或按设计规定进行。

3)焊缝的无损检测

(1)射线检测和超声检测。

①焊缝的射线检测和超声检测应按国家现行标准 JB/T 4730.1~6—2005《承压设备无损检测》进行,焊缝射线检测可选用 X 射线检测法或 γ 射线全景曝光检测法;超声检测可采用衍射时差法、可记录的脉冲反射法和不可记录的脉冲反射法超声检测。当采用不可记录的脉冲反射法超声检测时,应采用射线检测或衍射时差法超声检测作为附加局部检测。

②符合下列条件之一的球形储罐球壳的对接焊缝或所规定的焊缝,必须按设计图样规定的检测方法进行 100% 的射线或超声检测:

(a)设计压力大于或等于 1.6MPa,且划分为第Ⅲ类压力容器的球形储罐。

(b)按分析设计标准设计的球形储罐。

(c)采用气压或气液组合耐压试验的球形储罐。

(d)钢材标准抗拉强度下限值大于或等于 $540N/mm^2$ 的球形储罐。

(e)设计图样规定进行全部射线或者超声检测的球形储罐。

(f)嵌入式接管与球壳连接的对接焊缝。

(g)以开孔中心为圆心、开孔直径的 1.5 倍为半径的圆内包容的焊缝,以及公称直径大于 250mm 的接管与长颈对焊法兰、接管与接管连接的焊缝。

(h)被补强圈和垫板所覆盖的焊缝。

③球壳对接焊缝的局部检测方法应按设计文件执行,检查长度不得少于各焊缝长度的 20%,局部检测部位应包括所有的焊缝交叉部位及每个焊工所施焊的部分部位。

④焊缝复检应符合下列规定:

(a)对于进行 100% 射线检测或超声检测且钢材标准抗拉强度下限值大于或等于 $540N/mm^2$、厚度大于 20mm 的球形储罐,应采用与原检测方法不同的检测方法进行复测。

(b)钢材标准抗拉强度下限值大于或等于 $540N/mm^2$ 的低合金钢制球形储罐,热处理后的复检应符合设计图样的规定。

(c)设计图样规定应复检的球形储罐。

(d)复检比例不应少于被检测焊缝长度的 20%,复检部位应包括所有的焊缝交叉部位。

⑤球形储罐焊缝的射线或超声检测应符合国家现行标准 JB/T 4730.1~6—2005《承压设备无损检测》的规定,其质量要求和合格级别应符合下列规定:

(a)进行 100% 无损检测的对接焊缝,采用射线检测时,射线检测技术等级不低于AB级,合格级别不低应于Ⅱ级;采用脉冲反射法超声检测时,超声检测技术等级不应低于B级,合格等级不应低于Ⅰ级。

(b)按设计图样要求进行局部无损检测的对接焊缝,采用射线检测时,射线检测技术等级不低于AB级,合格级别不低应于Ⅲ级;采用脉冲反射法超声检测时,超声检测技术等级不应低于B级,合格等级不应低于Ⅱ级。

(c)采用衍射时差法超声检测的对接焊缝,合格级别不应低于Ⅱ级。

⑥经100%射线或超声检测的对接焊缝检出超标缺陷时,应清除缺陷并在焊接修补后,对焊接修补部位按原检测方法重新检查,直至合格。局部检测的对接焊缝在检测部位发现超标缺陷时,应在该检测部位两端的延伸部位分别增加不少于250mm的补充检测;若仍存在不允许的缺陷,应对该焊缝进行全部检测。

⑦有延迟裂纹倾向的材料和钢材标准抗拉强度下限值大于或等于540N/mm² 钢材制造的球形储罐对接焊缝的无损检测,应在焊接完成36h后进行,其他钢材制造的球罐应在焊后24h进行。

(2)表面无损检测。

①球罐的下列部位应在耐压试验前(如球罐需焊后整体热处理时应在热处理前)进行磁粉检测或渗透检测。

(a)球壳对接焊缝内、外表面,人孔、接管的凸缘与球壳板对接焊缝内、外表面。

(b)人孔及公称直径大于或等于250mm接管的对接焊缝的内、外表面,公称直径小于250mm接管的对接焊缝的外表面。

(c)人孔、接管与球壳板连接的角焊缝内、外表面。

(d)补强圈、垫板、支柱及其他角焊缝的外表面。

(e)工卡具焊迹打磨后及球壳体缺陷焊接修补和打磨后的部位。

② 球罐热处理后和耐压试验后的磁粉检测或渗透检测的复查比例应符合设计图样要求。要求进行局部复查的球罐,复查部位应包括对接焊缝交叉部位,接管与球壳板连接焊缝内外表面,补强圈、垫板、支柱与球壳连接的角焊缝及其他角焊缝的外表面,工卡具焊迹打磨和壳体缺陷焊接修补和打磨后的部位。

③钢材标准抗拉强度下限值大于或等于540N/mm² 低合金钢制球形储罐,应在热处理后和耐压试验后进行100%表面无损检测。

④磁粉检测和渗透检测应按国家现行标准JB/T 4730.1～6—2005《承压设备无损检测》的有关规定执行。

第十三章　储罐的质量检验、试验与交工验收

⑤磁粉检测和渗透检测部位不应有任何裂纹和白点,其他缺陷应符合国家现行标准 JB/T 4730.1~6—2005《承压设备无损检测》规定的Ⅰ级标准。

⑥磁粉检测和渗透检测发现的超标缺陷,应按现行国家标准 GB 50094—2010 的有关规定进行修磨或焊接修补,并应对该部位按原检测方法重新检查,直至合格。对局部表面检测、热处理和耐压试验后复检发现的超标缺陷,应在该缺陷的延伸部位增加检测长度,增加的长度应为该焊缝长度的 10% 且不应少于 250mm;若仍存在不允许的缺陷,则应对该焊接接头进行全部检测。

4. 球罐的几何尺寸检验

球罐的几何尺寸检验主要是对几项数据进行复查,其中包括:球罐内径,在中心线处的垂直高度,总容积,赤道线水平圆周长度及外径,球壳板的厚度,球罐总高度等。

1) 球罐内径测量

焊接后,球罐两极间的内直径、赤道截面的最大内直径和最小内直径之差与设计内径之差,均应小于球罐设计内径的 7‰,其中 5000m³ 以下的球罐不应大于 80mm,5000m³ 及以上的球罐不应大于 100mm。

(1) 内径直接测量。

球罐的内径宜用钢板和钢卷尺测量,如图 13-22 所示内径测量方法,水平方向的直径亦可采用外径吊线坠法测定。测量时应分别沿水平和垂直方向测定,水平方向不宜少于 6 个数据,垂直方向不宜少于 2 个数据,其中必须包括一个铅垂方向的直径,如图 13-23 所示。

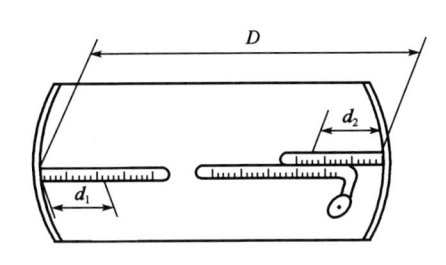

图 13-22　内径测量方法

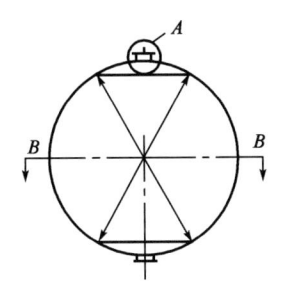

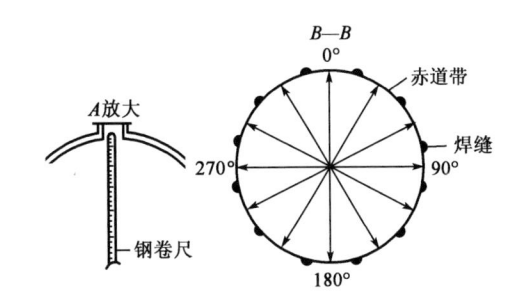

图 13-23　内径测量位置示意图

(2) 内径间接计算。

为计算内径,先求出球罐外部周长在赤道线以上 H 高度处测量时的数值:

$$L_e = \sqrt{(L_1^2 + 4\pi^2 H^2)} \qquad (13-3)$$

式中　L_e——赤道线处外部周长,mm;

　　　L_1——赤道线以上 H 高度处实测的周长,mm;

　　　H——实测的水平大圆周长至赤道线垂直高度,mm。

分别测出通过上、下极板的垂直大圆的外圆周长 L_2 及与此大圆垂直的另一大圆的外周长 L_3,再按 L_e、L_2、L_3 的值求出球罐的内外直径,即:

$$D_n = \frac{1}{\pi}(L_n + N\Delta L) \qquad (13-4)$$

$$d_n = \frac{L_n + N\Delta L + \Delta E}{\pi} - 2s \qquad (13-5)$$

式中　D_n——分别按 L_1、L_2、L_3 求出的外径(D_1、D_2、D_3),mm;

　　　d_n——内经(d_1,d_2,d_3),mm;

　　　L_n——水平大圆赤道线外周长 L_e、垂直大圆外周长 L_2 及与之呈 90°的垂直大圆外周长 L_3,mm;

　　　$N\Delta L$——周长修正量,mm;

　　　ΔE——钢卷尺修正量,mm;

　　　s——球罐钢板平均厚度,mm。

其中钢卷尺受温度影响会产生测量误差,因此,须进行修正。钢卷尺在任意温度下换算到 20℃ 修正量按下式求出:

$$\Delta E = 1 + \alpha(t - 20) \qquad (13-6)$$

式中　t——测量温度,℃;

　　　α——碳钢线膨胀系数。

钢卷尺在任意温度下的长度 L_1,换算成 20℃ 时的长度为:

$$L_{20} = L_1 \times \Delta E \qquad (13-7)$$

2) 球罐中心线垂直高度

球罐中心线处的内部垂直高度可由下式求出:

$$d = \sqrt{d_m^2 + 4m^2} \qquad (13-8)$$

式中　d——球罐中心线处内部垂直总高度,mm;

　　　d_m——距中心线 m 处实测的内部垂直高度,mm;

　　　m——实测处与中心线间距离,mm。

第十三章　储罐的质量检验、试验与交工验收

3)球罐总容积

球罐总容积 V 按下式计算：

$$V = \frac{4}{3} \times \pi \times r_1 \times r_2 \times r_3 = 4.189 \times r_1 \times r_2 \times r_3 \qquad (13-9)$$

式中　r_1、r_2、r_3——水平大圆赤道线及呈 90°的两垂直大圆的内半径，mm。

4)赤道线水平圆周长度及外径

(1)采用拉垂直线的方法测球罐外径，如图 13-24 所示。在最低端外壁画出两条大于球罐外径的平行线 B_1B_2 和 C_1C_2，两条平行线的水平直线的宽度与两壁边缘宽度相等。

从球罐上极板中心 A 点分别吊下两条铅垂线，并和球罐水平大圆赤道 D、D′点相切，使两个铅垂中心定在 B_1B_2 和 C_1C_2 平行线的 1/2 处，并做好标记。测量出 BC 间的距离，即为水平大圆赤道的外径。用此方法，测出几个外径，取其平均值，即为球罐的外径。

(2)用经纬仪测球罐外径，如图 13-25 所示。经纬仪设置在离下极板中心 500mm 内，并调整好，使目镜中心距球罐基准高度为 H，选择起始点，定好偏转角，在仪器三脚架中间高出地面的水平基准位置上标出经纬仪垂直中心点 a，再从上极板中心点，缓缓吊下带吊锤的卷尺，并与球罐赤道线水平大圆相切，卷尺锤尖与地面 B 接触时，经纬仪目镜与划板十字准确地照准带锤卷尺的边缘，即为第一点，然后将水平度盘调零。

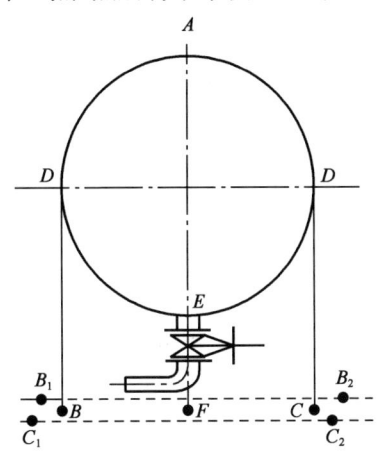

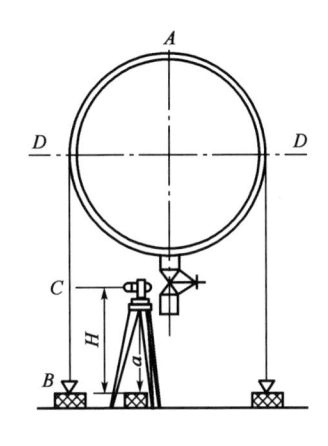

图 13-24　拉垂线法　　　　图 13-25　经纬仪测量法

调整卷尺 BC 段高度，使其和 H 相等，在 B 点固定一个标记画出锤尖点，使 B 点与 a 点在同一水平线上。

从第一点开始，依次将经纬仪偏转一定角度 α，分别自上极点 A 吊放带锤卷尺，按上述方法测量，并编号，将角度与测量值记录下来。测完最后一点后再瞄准第一点，两点读数差应≤30s。拿开经纬仪，依次将经纬仪的 0 点对准仪器垂直中心点 a 的固定标记上，依次读数和记录 a 点至带锤卷尺在各个固定标记上锤尖点的距离 s，并按 s 值的大小，用下列公式计算第 n 点的水平大圆赤道线处的外直径 d_n 为：

$$d_n = \frac{\sqrt{s_{(n-1)\alpha}^2 + s_{(n-1)\alpha+90°}^2} \cdot \sqrt{s_{(n-1)\alpha+90°}^2 + s_{(n-1)\alpha+180°}^2}}{L_{(n-1)\alpha+90°}} \tag{13-10}$$

球罐平均外径为：

$$\overline{d} = \frac{1}{N}\sum_{n=1}^{N} d_i \tag{13-11}$$

式中　d_n——第 n 点的水平圆赤道线外径，mm；

　　　n——点的顺序；

　　　α——各点的角度，(°)；

　　　$s_{(n-1)\alpha}, s_{(n-1)\alpha+90°}, s_{(n-1)\alpha+180°}$——自第 n 点起经纬仪分别偏转 $(n-1)\alpha$，$(n-1)\alpha+90°$，$(n-1)\alpha+180°$时，经纬仪中心点 C 到吊锤带尺的实测距离，mm；

　　　$\overline{d}$——储罐平均外径(水平大圆赤道线处平均外径)，mm；

　　　d_i——第 i 点平均外径，mm。

　　　N——所定的测点数。

(3)球罐赤道线水平周长通常在球罐赤道线以上 H 的位置，沿球罐壁每隔 1～2m 作一个水平放尺，如图 13-26 所示为测量赤道水平圆周方法。将钢卷尺沿所画标记绕罐壁一周，量出外圆周长(测量二次)，两次测量的端点错位应＜50cm，两次读数差不应大于±3mm，否则需另行测量，取其平均值，最后量出 H 的数值，算出球罐直径。

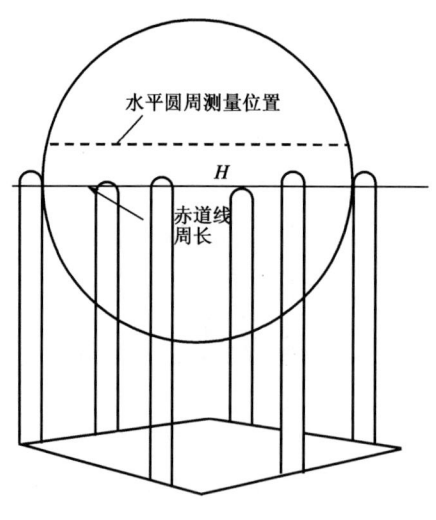

图 13-26　测量赤道线水平圆周方法

5)球罐球壳厚度

球罐球壳厚度通常使用超声

波测厚仪,分别测出赤道板、温带板及上、下极板的厚度,并取其平均值。

6)球罐内部高度

球罐内部高度是指垂直中心线上的内部总高度,其测量方法:可在距中心线适当处测量内部总高度,然后算出中心线上的内部总高度或用带铅垂的钢卷尺从上极板中心孔放下,测内部总高度。

三、球罐的耐压试验和泄漏试验

球罐的耐压试验和泄漏试验是在热处理之后进行。耐压试验主要目的是检查球罐的强度,除设计有特殊规定外,不应用气体代替液体进行压力试验,而泄漏试验主要是检查球罐的所有焊缝和连接部位是否有渗漏之处。气密试验的试验压力除设计有规定之外,不应小于球罐设计压力。在泄漏试验时,应随时注意环境温度变化,防止发生超压现象。

1. 耐压试验

球形储罐必须按照设计图样规定的试验方法进行耐压试验,耐压试验包括液压试验、气压试验和气液组合试验。球罐的耐压试验是用水或其他适当的液体作为加压介质,在容器内施加比它的最高工作压力还要高的试验压力。在试验压力下,检查球罐是否有渗漏和明显塑性变形,目的是检验球罐是否达到设计要求,验证其是否能保证在设计压力下安全运行所必需的承压能力,同时也可以通过局部的渗漏现象发现其潜在的局部缺陷。

1)液压试验

(1)介质选择:球罐液压试验采用清洁水作为介质。

(2)介质温度:压力容器压力试验的温度问题过去并没有引起人们的重视,一般情况下,做压力试验都是用常温的水,只是在温度较低的情况下从预防试验管道冻结的角度考虑水温的要求。近几年来,由于容器在压力试验过程中产生脆性破裂的事例逐渐增增多,而且认为脆性破裂与压力、温度有关,于是压力试验的介质温度引起了人们的重视,因此,现行国家标准 GB 50094—2010 中规定,试验时球壳温度应比球壳板无延性转变温度高 30℃,并应符合设计图样的规定。

(3)试验压力:球罐压力试验是验证其是否达到设计强度的一种手段。球罐在使用过程中,有时可能因受环境温度的急剧升高、仪器设备出现故障的影响,造成使用压力超过设计压力。为保证球罐在使用过程中安全可靠性,同时对球罐的承压能力进行实际考验,要求进行液压试验时的试验压力不应小于设计压力的1.25倍。

2)试验程序与方法

(1)试验前的准备工作如下：

①球罐的水压试验必须在罐体及接管所有焊缝焊接合格、整体热处理进行完之后、基础二次灌浆达到强度要求、支柱找正固定的基础上进行。

②试压前应先将罐体内的所有残留物清除干净,并选择清洁的工业用水做加压介质。

③将球罐人孔、安全阀座孔及其他接管孔用盖板封严,在罐体顶部留一个安装截止阀的接管以便充水加压时空气由此排出,在底部选一管孔作为进水孔,且应安装截止阀以便保压时防止泵渗漏引起压降。

④应合理选择试压泵。一般选用电动试压泵最为合适,但不能使用一般的给水泵。

⑤为了确保试验压力的准确性,一般安装两块压力表。一块安装在罐体上部,另一块安装在进水口的截止阀后面。压力表的最大量程应为试验压力的1.5~2.0倍,压力表的等级应不低于1.5级,并且经计量部门检验合格。水压试验所用设备的连接方法如图13-27所示。

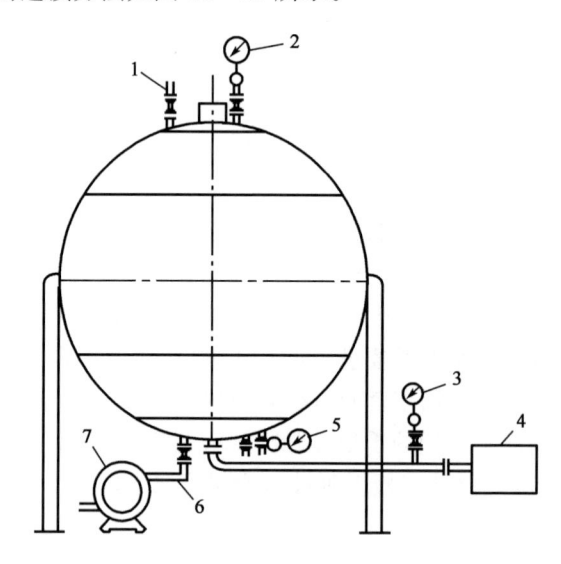

图13-27　水压试验所用设备连接

1—放空口;2—顶部压力表;3—试压泵出口处压力表;4—试压泵;
5—底部压力表;6—进水、排水管线;7—上水、排水泵

第十三章　储罐的质量检验、试验与交工验收

(2)试压过程与检验方法如下：

试压装置安装妥善以后，即可向球罐内充水。此时球罐顶部的排气管上的截止阀应打开，使球罐内的空气不断排出，直至球罐内全部充满水并从排气管中排出水后，将此阀关闭。同时关闭与进水源相连的进水阀。试验泵开始工作，压力缓慢上升。试验过程中，应保持球罐外表干燥。

压力试验应按下列步骤进行：

①压力升至试验压力的50%时，保压足够的时间，对球罐的所有焊缝和连接部件做初次渗漏检查，确认无渗漏后继续缓慢升压。

②压力升至设计压力时，保压足够的时间，对球罐的所有焊缝和连接部件进行检查，确认无渗漏后继续升压。

③压力升至试验压力时，保持30min，然后将压力降至设计压力进行检查，检查期间压力应保持不变，以无渗漏无异常现象为合格。

④当球罐试压完毕后，即可打开下部的排水管把水全部排放干净，打开人孔盖自然通风干燥。不应该把装满水的球罐长时间密闭放置，以避免气温突变对球罐产生较大的压力。

3)气压试验

当球罐按要求必须进行气压试验时，应按下列规定执行：

(1)气体试验必须采取安全措施，并经单位技术负责人批准，试验时应有本单位安全部门监督检查，气压试验必须设两个或两个以上安全阀和紧急放空阀。

(2)气压试验的试验压力应符合设计图样规定，且不应小于球罐设计压力的1.1倍。

(3)气压试验介质应采用空气、氮气或其他惰性气体。

(4)试验时球壳温度应比球壳板无延性转变温度高30℃，并应符合设计图样的规定。

(5)气压试验应按下列步骤进行：

①压力升高至试验压力的10%时，保持足够的时间，对球罐的所有焊缝和连接部位作初次泄漏检查，确认无泄漏后继续升压。

②压力升至试验压力的50%时，应保持足够的时间，再次进行检查，确认无渗漏后按规定试验压力的10%逐级升压。

③压力升至试验压力后，保压10min后，降至设计压力进行检查，以无泄漏和无异常现象为合格。

④缓慢泄压。

(6)气压试验时,应监测环境温度的变化和监测压力表读数,不得发生超压。

4)气液组合试验

采用气液组合试验时,其充水重量和试验压力应符合设计图样规定,试验压力不小于球形储罐设计压力的1.1倍。试验用水、气体应分别采用清洁水、干燥洁净的空气或氮气,试验温度、试验的升降压要求、安全防护要求以及试验的合格标准,则应符合气压试压的有关规定。

2. 泄漏试验

球罐的泄漏试验(即气密性试验)是检验球罐的焊缝及接管部位是否有泄漏现象的一种手段,要求作气密性试验的球罐一般应在液压试验合格后进行。

1)试验介质与试验压力

除设计规定外,气密性试验使用的压缩气体(加压介质)一般应为干燥、清洁的压缩空气、氮气或惰性气体。由于球罐的容积比较大,气密性试验又在施工现场上进行,故球罐气密性试验的加压介质一般采用压缩空气。采用压缩空气作为加压介质既经济又方便。气密性试验的试验压力应符合设计图样规定。如果设计规定球罐以气体为压力试验既的试验介质进行压力试验,则气密性试验可与压力试验同时进行,试验压力应按试验的压力进行。

2)试验程序与方法

(1)试验前准备工作如下:

首先要封好球罐各接管的阀门,接好经过标准计量部门所检验的压力表和安全阀。压力表的量程应为试验压力的1.5~2倍,精度不低于1.5级,安全阀的开启压力应调到试验压力加上0.05MPa。为保证试验压力的准确性,应安装两块压力表:一块安装在球罐上面,另一块安装在分气缸与球罐连接的进气管上。按图13-28将设备安装好,开动空压机对罐体进行充气。

(2)试压步骤与检验方法:

①压力升至试验压力的50%后,应保压足够时间,并对球罐所有焊缝和连接部位进行检查,确认无渗透后继续升压。

②压力升至试验压力后,保压10min后应对连接部位进行检查,以无渗漏为合格。如有渗漏,应在处理后重新进行气密试验。

③试验完毕后,应立即卸压。卸压时应缓慢进行,直至常压为止。

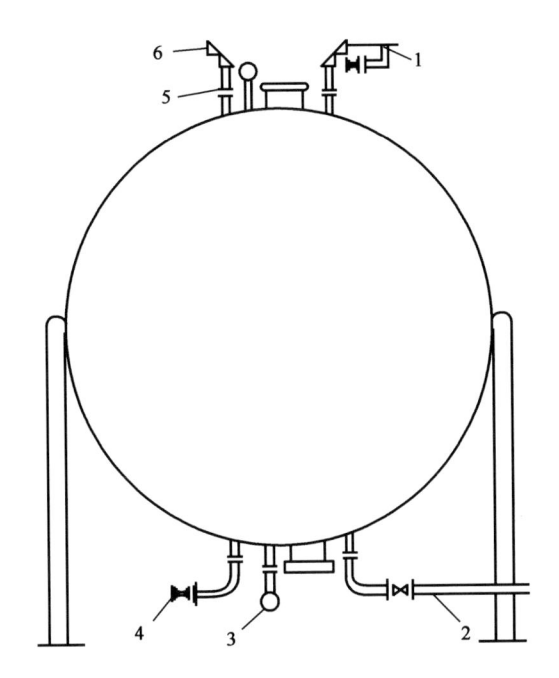

第十三章　储罐的质量检验、试验与交工验收

图 13-28　气密试验所用设备连接
1—本体安全阀；2—压缩空气进口；3—附加压力表；
4—放空口；5—本体压力表；6—附加安全阀

3. 基础沉降观测

球罐在进行水压试验充水的同时，对基础进行观测。在各支柱上焊有永久性的水平测定板，以便测定每根支柱的沉降量。沉降量应按下列步骤进行测定：

(1) 充水前。

(2) 充水到球壳内直径的 1/3 时。

(3) 充水到球壳内直径的 2/3 时。

(4) 充满水时。

(5) 充满水 24h 后。

(6) 放水后。

支柱基础沉降应均匀，放水后不均匀沉降量不应大于基础中心圆直径的 1‰，相邻支柱基础沉降差不应大于 2mm。如果大于此要求时，应采用有效的补救措施进行处理。

第三节　储罐的交工验收

一、立式储罐的交工验收

立式储罐的交工验收是将储罐从施工单位移交到使用单位的法定程序，是储罐竣工验收的重要内容，是确保储罐安全运行的重要环节。通过验收可为储罐的使用管理提供有利条件和基础资料。施工完毕后应按照单位工程进行交工验收。

1. 储罐交工验收的主要内容

(1)对储罐的设计、安装全过程进行系统的检验和总结。
(2)评定工程质量，确定有关问题的处理原则。
(3)办理储罐工程的移交。
(4)储罐档案资料的移交、保修手续等。

2. 储罐交工验收的标准

(1)GB 50128—2014《立式圆筒形钢制焊接储罐施工规范》。
(2)SY 4202—2007《石油天然气建设工程施工质量验收规范 储罐工程》。
(3)SH/T 3530—2011《石油化工立式圆筒形钢制储罐施工技术规程》。
(4)GB 50202—2002《建筑地基基础工程施工质量验收规范》。
(5)SH/T 3528—2014《石油化工钢制储罐地基与基础施工及验收规范》。
(6)GB 50341—2003《立式圆筒形钢制焊接油罐设计规范》。
(7)SH 3046—1992《石油化工立式圆筒形钢制焊接储罐设计规范》。
(8)HG 21502.1—1992《钢制立式圆筒形固定顶储罐系列》。
(9)NB/T 47003.1—2009《钢制焊接常压容器》。
(10)SH/T 3537—2009《立式圆筒形低温储罐施工技术规程》。
(11)GB 50393—2008《钢制石油储罐防腐蚀工程技术规范》。
(12)JB/T 4730.1~6—2005《承压设备无损检测》。

3. 交工验收组织机构

储罐验收工作由建设、设计、施工、使用单位及上级业务机关的人员共同组

第十三章　储罐的质量检验、试验与交工验收

成的交工验收组织机构,通常下设工艺技术、工程质量、安全环保、竣工档案等各专业小组加以实施。

4. 储罐验收的程序

1) 准备工作

拟定好验收初步方案。施工单位要准备好工程情况介绍、对存在问题提出的处理意见,以及验收证书和施工技术资料、图样、签证、施工记录等资料。同时,为便于验收顺利进行,应备齐验收所需工具和仪器。

2) 实施现场检测

这是具体进行现场验收的阶段,由各专业按计划分工负责实施。

(1) 外观检查。

在外观上检查工程有无明显的施工缺陷,质量是否完好;储罐附件是否齐全,并对工程质量做出鉴定。

(2) 测试数据。

用仪器、仪表检查测试储罐的安装施工质量,如接地电阻、标高等。

(3) 查阅施工验收技术资料。

根据施工图样、技术要求与单项工程验收记录,对有关土建和工艺安装情况进行全面检查,了解各项工程的施工质量情况,以便从中发现问题,正确评估工程质量。

(4) 调查。

向有关单位了解工程的某些问题,弄清事情的本来面目,以便做出正确结论。

(5) 注意事项。

查阅资料中,要特别重视储罐整体充水试验资料是否符合技术要求,检测内容是否齐全,数据是否准确。

现场验收中应逐一核对油罐附件是否齐全,技术状态是否良好。

3) 评定工程质量,确定有关问题的处理原则

在现场检查的基础上,对全部工程质量进行评定,做出结论,写入记录。

对于剩余工程也叫尾项工程(即个别未完工程项目和总体验收质量不合格的项目),认真慎重地进行研究,协商讨论,明确决定具体负责处理的单位、完成时间和复查验收方法等。

4) 签署工程移交证明书

按照一定的格式签署验收证件,如验收鉴定报告书、工程质量综合评定表、剩余工程项目处理决定等。

5. 交工验收应提交的资料

竣工验收后,施工单位应向使用单位齐全、完整地移交如下技术文件:
(1) 储罐交工验收证明书。
(2) 竣工图及排版图。
(3) 设计修改文件。
(4) 材料和附件出厂质量合格证书或检验报告。
(5) 储罐基础检查记录。
(6) 储罐罐体几何尺寸检查记录。
(7) 隐蔽工程检查记录。
(8) 焊缝射线探伤报告。
(9) 焊缝超声波探伤报告。
(10) 焊缝磁粉探伤报告。
(11) 焊缝渗透探伤报告。
(12) 衍射时差法超声检测报告。
(13) 焊缝返修记录。
(14) 强度及严密性试验报告。
(15) 基础沉降观测记录。

二、球形储罐的交工验收

凡球罐工程必须按合同的规定和设计要求全部完成,并符合设计、预制和安装的验收规范要求,交工文件资料齐全,具备投产和使用条件时,就应组织球罐交工验收并办理移交手续。球形储罐完成合同及设计文件所规定的全部内容,并达到设计要求,能正常工作,经检查验收合格后,办理移交手续,即为球罐交工验收结束。

1. 球罐交工验收的主要内容

球罐交工验收的主要内容是:
(1) 对球罐的设计、预制、安装全过程进行系统的检验和总结。
(2) 对工期、质量、成本进行分析。
(3) 办理储罐竣工结算。
(4) 球罐档案资料的移交、球罐保修手续等。

2. 球罐交工验收的标准

球罐的验收除应遵守下列标准外,还应遵守现行国家有关行业标准、规范

第十三章　储罐的质量检验、试验与交工验收

及球罐各类合同(包括监理合同)、技术要求的内容等。

(1)GB 50094—2010《球形储罐施工规范》。

(2)GB 12337—2014《钢制球形储罐》。

(3)GB 150—2011《压力容器》释义。

(4)GB 713—2008《锅炉和压力容器用钢板》。

(5)JB/T 4730.1～6—2005《承压设备无损检测》。

(6)GB/T 229—2007《金属材料夏比摆锤冲击试验方法》。

(7)NB/T 47015—2011《压力容器焊接规程》。

(8)JB/T 4711—2003《压力容器涂敷与运输包装》。

3.交工验收组织机构

最终交工验收要成立验收组,验收组由监检单位、建设单位、监理单位、设计单位、预制单位及其他有关部门组成。

验收组负责审查球罐档案资料,并实地察验球罐基础工程、球罐本体及辅助设备安装情况,并对球罐设计、施工和质量等方面做出全面的评价。不合格的球罐不予以验收,对遗留问题提出具体解决意见,限期落实完成。

4.球罐验收的程序

1)初步验收

由监检单位、建设单位、设计单位、预制单位、安装单位和监理单位进行分阶段验收,主要是检查和评定球罐设计、预制和安装的质量,检查交工资料和验收文件,为今后球罐最终交工做好准备。

2)提出交工验收申请

经初步验收确认球罐达到交工验收标准、交工资料、验收文件齐全准确,并征求和听取有关部门对球罐的意见,可提出交工验收申请。

3)交工验收

成立交工验收组,并按以下工作程序完成交工验收工作:

(1)验收组召开预备会议确定验收日程,听取和审议初步验收情况报告、球罐交工验收报告书,建设、设计、安装和监理等有关单位有关工作情况总结。

(2)审议、审查球罐交工资料。

(3)现场察验球罐工程建设情况。

(4)对审议、审查和察验中发现的问题提出要求,由有关单位落实整改措施和限期完成计划。

(5)球罐各项技术指标达到交工验收要求后,可签署和颁发球罐交工验收鉴定书。

(6)对球罐交工验收开会进行总结。

5. 交工验收应提交的资料

交工资料是最终整体验收的依据,资料必须与施工同步,项目齐全、内容充实、记录完整、格式统一,并有有关部门的公章、责任人员签章。

1)球罐预制单位提供的技术文件

球罐预制单位对每台球罐应提供下列技术文件:

(1)球壳板及其组焊件的出厂合格证。

(2)材料质量证明书(或复印件)。

(3)材料代用审批文件。

(4)球壳板与人孔、接管、支柱的组焊记录。

(5)无损检测报告。

(6)球壳排版图。

当有标准规定或图样有要求时,还应提供下列技术文件:

(1)与球壳板焊接的焊件热处理报告。

(2)球壳板热压成型工艺试验试板的力学和弯曲性能报告。

(3)球壳板材料的复检报告。

(4)极板试板焊接接头的力学和弯曲性能检验报告。

2)球罐安装单位提供的技术文件

安装单位对每台球罐应提供下列技术文件:

(1)球罐竣工验收证书。

(2)监检证书。

(3)竣工图。

(4)球壳板及其组件的质量证明书。

(5)球罐基础检验记录。

(6)球罐施焊记录(附焊缝布置图)。

(7)焊接材料质量证明书或复检报告。

(8)产品焊接试板试验报告。

(9)焊缝返修记录(附检测位置图)。

(10)焊缝无损检测报告、测温点布置图及自动记录温度曲线。

(11)球罐焊后整体热处理报告。

(12)球罐几何尺寸检查记录。

第十三章　储罐的质量检验、试验与交工验收

(13)球罐支柱检查记录。
(14)球罐压力试验报告。
(15)球罐气密性试验报告。
(16)基础沉降观测记录。
(17)设计变更通知单。

参 考 文 献

[1] 王嘉麟.球形储罐建造技术[M].北京:中国建筑工业出版社,1990.
[2] 王嘉麟,侯贤忠,刘家发,等.球形储罐焊接工程技术[M].北京:机械工业出版社,2000.
[3] 周陆,白玉,孙培林.油田地面工程施工[M].北京:石油工业出版社,2007.
[4] 周陆.油气集输[M].北京:石油工业出版社,1987.
[5] 徐英,杨一凡,朱萍,等.球罐和大型储罐[M].北京:化学工业出版社,2005.
[6] 范继义.油罐[M].北京:中国石化出版社,2007.
[7] 化工设备设计编委会.球形容器设计[M].上海:上海科学技术出版社,1985.
[8] 梁桂芳.切割技术手册[M].北京:机械工业出版社,1997.
[9] 龚克崇,盖仁柏.设备安装技术使用手册[M].北京:中国建材工业出版社,1995.
[10] 贾庆山.储罐基础工程手册[M].北京:中国石化出版社,2002.
[11] 徐至钧.大型储罐基础设计与地基处理[M].北京:中国石化出版社,1999.
[12] 王仲生.无损检测诊断现场实用技术[M].北京:机械工业出版社,2002.
[13] 郑俊杰.地基处理技术[M].武汉:华中科技大学出版社,2004.
[14] 何利民,高祁.油气储运工程施工[M].北京:石油工业出版社,2007.
[15] 何利民,高祁.大型油气储运设施施工[M].东营:中国石油大学出版社,2007.
[16] 徐志钧,燕一鸣.大型立式圆柱形储液罐制造与安装[M].北京:中国石化出版社,2003.
[17] 陈允仁,金维昂,李明.油气储运建设工程手册[M].北京:中国建筑工业出版社,1999.
[18] 中国建筑第七工程局编.建筑工程施工技术标准[S].北京:中国建筑工业出版社,2007.
[19] 夏季真.无损检测导论[M].广州:中山大学出版社,2010.
[20] 全国锅炉压力容器无损检测人员资格鉴定考核委员会.射线探伤[M].北京:劳动人事出版社,1989.
[21] 全国锅炉压力容器无损检测人员资格鉴定考核委员会.超声探伤[M].北京:劳动人事出版社,1989.
[22] 全国锅炉压力容器无损检测人员资格鉴定考核委员会.磁粉探伤[M].北京:劳动人事出版社,1989.
[23] 全国锅炉压力容器无损检测人员资格鉴定考核委员会.渗透探伤[M].北京:劳动人事出版社,1989.
[24] 徐彦,杨光兴.Ir^{192}射线照相技术在400m^{3}球罐检测中的应用[J].无损探伤,1990,19(4):4-8.
[25] 蒋危平.超声波探伤仪及数字化超声波探伤仪[J].无损检测,1997,19(2):57-58.
[26] 袁榕,等.球形储罐的建造技术及其发展趋势[J].压力容器,1997,14(1):49-60.
[27] 彭晓顺.球形储罐球壳板的计算及分瓣方法的比较[J].压力容器,1997,14(5):37-40.

参 考 文 献

[28] 朱保国.混合式球罐球壳极带板的计算及应用[J].石油化工设备,1997,26(2):31-34.
[29] 窦万波,等.球罐瓣片放样尺寸计算[J].压力容器,1995,12(6):83-85.
[30] 王仲仁,等.十四面球形容器的整体液压成型[J].压力容器,1990,7(2):25-27.
[31] 史益敏.大型储罐的制作与安装技术[J].上海建设科技,2006,4(1):57-58.
[32] 张铁生.球罐无模充液爆炸成型技术[J].压力容器,1991,8(5):61-64.
[33] 张士宏,等.双层球罐无模成型技术研究[J].压力容器,1993,10(1):52-55.
[34] 王凤志,等.带支柱球罐整体无模成型工艺的试验研究[J].压力容器,1996,13(5):24-27.
[35] 刘桂英,等.大直径球片坡口半自动气割成型[J].压力容器,1995,12(4):71-73.
[36] 官云胜,等.大直径球壳板坡口半自动气割胎具的设计计算[J].石油工程建设,1997,23(4):47-49.
[37] 张立权,等.压力容器的焊接和无损检测技术进展[J].中国锅炉压力容器安全,1998,14(1):4-11.
[38] 沈莉莉,等.球壳板的尺寸控制[J].压力容器,1995,12(4):68-69.
[39] 龚敬文,等.国产化首台CF-62钢制1500m³大型低温乙烯球罐的制造[J].压力容器,1995,12(4):49-53.
[40] 陈定岳,等.大型薄壁球罐制造中几个问题的探讨[J].压力容器,1997,14(1):74-76.
[41] 陈定岳.大型薄壁球罐的自动焊组焊特点[J].压力容器,1998,15(4):43-64.
[42] 辛忠仁,等.法国进口5000m³天燃气球罐的建造[J].中国锅炉压力容器安全,1998,14(1):17-22.